首届全国教材建设奖全国优秀教材一等奖
"十二五"普通高等教育本科国家级规划教材
"十三五"国家重点出版物出版规划项目
现代机械工程系列精品教材

机械制造技术基础

第 4 版

主　编　卢秉恒
副主编　赵万华　洪　军
参　编　张　俊　金　涛　张会杰

机械工业出版社

本书荣获首届全国教材建设奖全国优秀教材一等奖，是"十二五"普通高等教育本科国家级规划教材、"十三五"国家重点出版物出版规划项目——现代机械工程系列精品教材，也是普通高等教育"十一五"国家级规划教材。本书在第3版的基础上进行了较大幅度的修订，使得全书内容系统性增强，知识体系更加科学、完整。在内容的编排上力求精练，符合人们的认知规律，从对加工方法的认识到完成加工成形的装备，从加工、装配过程的设计到质量的控制，使得本书更加适合当前教学使用。

本书内容包括：零件的增减材成形方法、机械加工方法及其装备，包括机床、刀具、夹具；传统加工工艺过程设计以及数控加工工艺过程设计，机械加工质量的分析与控制。全书以系统的观点构建了机械制造技术基础的知识体系。

本书可作为普通高等院校机械工程及自动化专业主干技术基础课教材，也可作为工业工程、管理工程和工业设计等有关专业本科生和研究生的教学参考书，还可作为装备制造企业中的工程技术人员解决实际问题的重要参考资料。

图书在版编目（CIP）数据

机械制造技术基础/卢秉恒主编. —4版. —北京：机械工业出版社，2017.9（2025.6重印）

全国优秀教材一等奖

"十三五"国家重点出版物出版规划项目. 现代机械工程系列精品教材. "十二五"普通高等教育本科国家级规划教材

ISBN 978-7-111-58311-0

Ⅰ.①机… Ⅱ.①卢… Ⅲ.①机械制造工艺-高等学校-教材 Ⅳ.①TH16

中国版本图书馆 CIP 数据核字（2017）第 253794 号

机械工业出版社（北京市百万庄大街22号　邮政编码100037）
策划编辑：刘小慧　责任编辑：刘小慧　王勇哲　程足芬　刘丽敏
责任校对：杜雨霏　封面设计：张　静
责任印制：刘　媛
三河市骏杰印刷有限公司印刷
2025年6月第4版第17次印刷
184mm×260mm・18.25印张・1插页・495千字
标准书号：ISBN 978-7-111-58311-0
定价：59.00元

电话服务　　　　　　　　网络服务
客服电话：010-88361066　　机　工　官　网：www.cmpbook.com
　　　　　010-88379833　　机　工　官　博：weibo.com/cmp1952
　　　　　010-68326294　　金　书　网：www.golden-book.com
封底无防伪标均为盗版　　　机工教育服务网：www.cmpedu.com

第 4 版前言

本书第 3 版自 2008 年出版至今，已近 10 年的时间，发行了 16 万余册，得到了兄弟院校的认可和大力支持。在这些年的使用过程中，广大高校基本上肯定了第 3 版的内容选择以及编排，同时一些兄弟院校也提出了很多宝贵和建设性的意见。

由于"机械制造技术基础"课程的改革力度较大，内容宽泛，这就要求教材的内容要更加精炼、系统，方能给学生建立起完整的知识体系。第 3 版教材在知识体系方面已经比较合理，从零件成形原理与方法，到工艺装备以及制造过程的设计和质量控制，脉络分明，条理清晰，但是在局部内容的筛选与精炼方面还存在不足，为此，对第 3 版教材进行了修订工作。

本书主要修订了以下内容：

1) 删除了第七章的内容，原因一是先进制造技术发展很快，内容及范围不断扩展，很难以一章的内容体现出有代表性的先进制造技术；二是这部分内容与教材前面的内容关联性和本质联系并不大；三是因为课程学时的限制，很多院校没有时间讲授。

2) 把原来的第五章和第六章的次序进行了调换，这样在知识体系的逻辑和层次上更加合理，在装备和工艺制订讲授完后再讲授加工质量的控制，使得前面内容的知识体系更加系统完整。

3) 将数控加工工艺过程分析与设计内容，放在第五章工艺规程设计中作为第四节，数控加工工艺过程分析与设计本属于工艺规程制订的范畴，这次修订补充后使得内容更加完整。考虑到在机械精度设计课程中已经学习过原来的第六章第四节工艺尺寸链，故对此内容进行了精简。精简后放在本书第五章第三节加工余量及工序尺寸的"三"中，这样使得这部分内容学习的目的更加明确（主要是用来确定工序尺寸或验算设计尺寸在加工过程中是否得到保证），逻辑上更加科学合理。

4) 对第一章第二节中的"八、特种加工"进行了标题升级作为第三节，其目的是提升切削方法实现减材成型或制造的地位，除已编写的特种工艺外，适当增加了水切割、磁流变抛光等概念。

5) 对全书的思考与练习题进行了重新编写。

本次修订工作由卢秉恒教授任主编，赵万华教授、洪军教授任副主编。赵万华教授修订了第一章、第五章和第六章，洪军教授修订了第三章，张俊教授对第二章进行了修订，金涛讲师修订了第三章、第四章以及全书的思考与练习题，张会杰博士编写了第五章的数控加工工艺过程分析与设计一节。全书由卢秉恒教授统稿。在修订过程中，还得到机械工业出版社刘小慧老师的大力支持和帮助，在此表示衷心的感谢！

修订过程中，由于编者水平有限，疏漏之处在所难免，恳请使用本书的广大师生、读者以及同仁多提宝贵意见，以求不断完善本书的内容。

编　者

第3版前言

本书第2版出版两年来，发行了2万余册，得到了兄弟院校的大力支持，在两年的使用中，兄弟院校提出了很多宝贵和建设性的意见。

由于《机械制造技术基础》教材的改革力度较大，内容宽泛，这就要求教材内容要更加精炼、系统，方能给学生建立起完整的知识体系。第2版教材在知识的体系方面已经比较合理，从零件成形原理与方法，到工艺装备以及制造过程的设计和质量控制，脉络分明，条理清晰，但是在局部内容的筛选与精炼方面还存在不足，为此，对第2版教材进行了修订工作。

本书主要修订了以下内容：

1) 在绪论中增加了"单工序与制造系统""机器与零件"两部分内容，其目的是让学生了解随着制造技术的发展，加工设备的多功能化以及集成化越显突出。过去一台设备只能完成一道工序，而现在一台设备不仅能完成多道工序，甚至可以进行车、铣等复合加工。通过介绍机器与零件，使学生建立机械产品从设计到制造的总体思路，即设计是由功能需求到机器、再到零件的过程，而制造是由零件到机器的过程。

2) 在第二章、第三章中，将原来第七章高速切削部分的内容精简后加入第二章，单列为一节，第七章有关高速机床部分的内容精简后前移到第三章，也单列一节，这样使内容更加完整，进一步增强了知识的系统性。

3) 在第四章增加了调刀基准的概念，主要是为了使学生在分析定位误差时更容易理解定位误差产生原因的本质。同时增加了组合定位方案的分析和定位误差的计算。

4) 重新编写了第五章、第六章的内容，将原来第六章"零件获得加工精度的方法"移到第五章第一节中，将原来第六章第七节"工艺性问题"分解到零件和产品的分析中。如此编排可使知识点更加系统完整，以便在讲授或学生学习时保持思路连贯。第3版大大精简了机械加工中振动一节的内容。从机械加工过程的角度介绍了振动的基本概念，包括振动类型以及抑振措施等，具体的振动原理可通过学习其他课程获得。

5) 重新编写了第七章"快速成形技术"一节，增加了"精密超精密加工技术"一节，删除了原来"高速机床"一节，精简了微细加工部分的内容。

6) 对全书的思考与练习题进行了重新编写。

本次修订是在充分借鉴西安交通大学的经典教材——顾崇衔教授编著的《机械制造工艺学》（第3版）（陕西科学技术出版社，1991年）和龚定安教授编著的《机床夹具设计》（西安交通大学出版社，1992年）的基础上，经过精简编写而成。在此谨向前辈们表示敬意。

本次修订工作由卢秉恒教授任主编，赵万华教授、洪军教授任副主编；绪论、第五章、第六章由赵万华教授负责修订；金涛老师编写了第七章第二节，并修订了第三章、第四章的部分内容以及全书的思考与练习题；魏正英副教授对全书的标准、符号等进行了校对。全书由卢秉恒教授统稿。浙江大学谭建荣教授、西安交通大学陈人亨教授对全书进行了审定,在此表示衷心的感谢!

  本次修订过程中,由于编者水平有限,疏漏之处在所难免,恳请使用本书的广大师生、读者以及同仁多提宝贵意见,以求不断完善本书的内容。

编 者

第 2 版前言

本书是一本改革力度大的教材，涵盖了过去课程体系中的机床概论、切削原理与刀具、机床夹具原理、机械制造工艺学等课程的内容，于 1999 年出版后，至今经历了 5 年的教学实践，得到了很多兄弟院校的大力支持，提出了许多宝贵意见和建设性的建议。5 年里部分院校也编写了多本《机械制造技术基础》教材。

本次修订是在总结 5 年实践经验的基础上，参照其他版本的同类教材，汲取了使用该教材院校提出的建设性意见，根据全国高等工业学校教学指导委员会机械制造教学指导小组审议通过的教学大纲修订而成。在内容编排和体系构成上进行了较大的调整，遵循了学生认识机械制造技术的认知规律，首先是加工方法，然后是实现加工方法的工艺系统的构成，包括机床、刀具、切削原理以及夹具等章节，进而介绍了工艺规程的设计、制造质量的控制，最后给出了 3 种先进的制造技术。教材的内容选择是在继承原有教材的基础上，力求精练。所选内容均可在课堂中讲授，带 * 号的小字印刷部分供学生课外自学，也可以课堂讲授。学时仍按照 60 学时左右设计，讲授时可根据学时的多少进行删减。

本次修订由卢秉恒教授任主编，赵万华教授、洪军副教授任副主编。第一、第七章由卢秉恒教授编写，绪论、第二章、第四章、第六章由赵万华教授编写，第三章、第五章由洪军副教授编写，李涤尘教授、丁玉成教授、唐一平教授、金涛博士也参加了部分章节的材料收集、内容删减等工作。全书由卢秉恒教授统稿。西安交通大学陈人亨教授对全书进行了审定，西安理工大学黄玉美教授、西北工业大学范伟政教授对内容的选择提出了很多建设性的意见。在此表示衷心的感谢！

本书充分借鉴了顾崇衔教授等编著的《机械制造工艺学》教材，在此对我国从事机械工程科研和教育的老前辈——顾崇衔教授表示崇高的敬意，并谨以此书敬献给导师顾崇衔教授。

修订过程中，由于编者水平有限，疏漏之处在所难免，恳请使用本书的广大师生、读者及同仁多提宝贵意见，以求改进。

编　者

第1版前言

本书为"机械工程及自动化"专业重点改革教材，属"九五"规划国家级重点教材，是机械工程及自动化专业的主干技术基础课教材。本书考虑了原机械制造专业部分课程（如机械制造工艺学、金属切削原理与刀具、机床夹具、金属工艺学、机床概论等）的基本内容及先进制造技术的发展，结合国内外同行教改实践及科研成果编写而成。

本书讲授前，希望学生已经过金属工艺学的实践环节。本书第六章的内容可供师生选用，也可采用专家、教授开设系列讲座的方式进行教学，以求通过研讨使学生了解制造技术的新进展。本书按60个课内学时编写。

高校师生对制造类课程的改革呼声已久，不少院校都做了很多尝试。尽管如此，由于本书改革力度大，编者经验不足，对本书内容的取舍、繁简深浅的把握很难准确，论述中也可能有谬误之处，因此恳切希望使用本书的广大师生、读者多提宝贵意见，以求改进。

本书由卢秉恒教授任主编，于骏一、张福润教授任副主编。第一章、第六章以卢秉恒教授为主编写，第二章由华中理工大学熊良山、张福润教授编写，第三章由西安交通大学毛世民博士编写，第四章、第五章分别由吉林工业大学包善斐、于骏一两位教授编写。第六章的编写中梁正和、王平、李宝明、赵万华、洪军等博士也参加了工作。全书由华中理工大学师汉民教授主审、西安交通大学陈人亨教授协助审定。全书编写工作中一直得到西安交通大学顾崇衔教授的全面指导，吴序堂、沈允文、黄玉美等教授提出了许多宝贵意见。本书的编写得到华中理工大学杨叔子院士的大力支持。对以上所有给予我们支持的先生们，特致以衷心的感谢。

编 者
1999年5月

目　录

第4版前言
第3版前言
第2版前言
第1版前言
绪论　1

第一章　机械加工方法　3

第一节　零件的成形原理　3
第二节　机械加工方法　4
第三节　特种加工　8
思考与练习题　13
参考文献　13

第二章　金属切削原理与刀具　15

第一节　切削运动与要素　15
第二节　刀具的结构　17
第三节　刀具的材料　26
第四节　金属切削过程及其物理现象　30
第五节　切削力与切削功率　33
第六节　切削热与切削温度　38
第七节　刀具磨损与刀具寿命　42
第八节　切削用量的选择及工件材料加工性　45
第九节　高速切削及刀具　48
思考与练习题　54
参考文献　55

第三章　金属切削机床　56

第一节　概述　56
第二节　金属切削机床部件　60
第三节　常见的金属切削机床　77
第四节　数控机床　84
思考与练习题　96
参考文献　96

第四章　机床夹具原理与设计　97

第一节　机床夹具概述　97
第二节　工件在夹具中的定位　102
第三节　定位误差分析　115
第四节　工件在夹具中的夹紧　122
第五节　各类机床夹具　128
第六节　现代机床夹具　135
第七节　机床夹具设计的基本步骤　141
思考与练习题　143
参考文献　145

第五章　工艺规程设计　146

第一节　概述　146
第二节　机械加工工艺规程设计　150
第三节　加工余量及工序尺寸　161
第四节　数控加工工艺过程分析与设计　172
第五节　机械加工工艺过程的技术经济分析及工艺文件　177
第六节　制订机械加工工艺规程实例——车床主轴箱箱体工艺规程的制订　182
第七节　机器装配工艺规程设计　187
思考与练习题　210
参考文献　213

第六章　机械制造质量分析与控制　214

第一节　机械加工精度的基本概念　214
第二节　影响加工精度的因素及其分析　216
第三节　加工误差的综合分析　252
第四节　机械加工表面质量　261
第五节　机械加工过程中振动的基本概念　274
思考与练习题　278
参考文献　281

绪　论

一、制造业与制造技术

制造业是一个国家的立国之本，是一个国家的民族产业和支柱产业，也是反映一个国家经济实力的重要标志，是为国家创造财富的重要产业。据统计，1990 年 20 个工业化国家制造业所创造的财富占国民生产总值（GDP）的比例平均为 22.15%。

制造技术支持着制造业的发展，先进的制造技术能使一个国家的制造业乃至国民经济处于有竞争力的地位。忽视制造技术的发展，就会导致经济发展步入歧途。当今信息技术的发展，使传统制造业革新了它原来的面目，但这绝不是削弱了它的重要地位，这一点为不少国家经济发展的历史所证明，如美国近年来的发展情况即是一例。第二次世界大战以来，美国一直是制造业大国，但在 20 世纪 70 年代到 80 年代之间，一度受到所谓制造业已成为"夕阳工业"的思潮影响，结果使美国在汽车、家电的生产方面受到了日本的有力挑战，丧失了许多市场，导致了 20 世纪 90 年代初的经济衰退。这一严重局面使得美国决策层重新审视自己的产业政策，先后制定实施了一系列振兴制造业的计划，并特别地将 1994 年确定为美国的先进制造技术年，制造技术是美国当年财政重点扶植的唯一领域。这些措施，使先进制造技术在美国得到长足的发展，其结果促进了美国经济的全面复苏，夺回了许多原先失去的市场。

近年来，我国的制造技术与制造业迅速发展，改革开放以来，开放与引进在一定程度上促进了我国制造业的发展及制造技术的提高，但与工业发达国家相比，我们还存在着十分明显的差距。由于技术、管理、投入不足等许多方面的因素，有些差距还有加大的趋势，我国制造业正承受着国际市场的巨大压力。我国现在已经是制造大国，要想成为制造强国，还有很长的路要走。目前在尖端设备的制造、大型装备的制造方面我国还主要依赖进口，如高速高精度机床、制造集成电路的光刻设备、600MW 以上的大型发电机组等，并且还常常受到国外的出口限制，因此，为振兴我国制造业，必须走自主发展的道路。

二、单工序与制造系统

制造技术已从单工序的研究发展到制造系统的研究。随着计算机技术、控制技术的发展，过去只能完成单工序加工的设备，现在的加工功能越来越强，多工位的加工机床也越来越多，并且已经研制开发出车、铣复合的加工设备，随着功能的增强，自动化程度也越来越高。五自由度、六自由度联动机床已在生产中应用，这类设备本身就构成了复杂的制造系统，随着CNC 技术的发展和在制造中的应用，柔性制造系统（FMS）、计算机集成制造系统（CIMS）将越来越成熟和得到进一步应用，因为这种制造系统适应了多品种、小批量的市场需求。

在制造系统中，包含了三种流，即物质流、信息流和资金流。物质流主要指由毛坯到产品的有形物质的流动；信息流主要指生产活动的设计、规划、调度与控制，而资金流则包括了成本管理、利润规划及费用流动等。为使整个制造系统有效地运行，三种流必须通畅、协调。

随着制造技术的发展，制造技术不再仅仅是以力学、切削理论为主要基础的一门学科，而是涉及了机械科学、系统科学、信息科学、材料科学和控制技术的一门综合学科。虽然我们使用的理论工具有了变化，学习的目的仍是研究如何最优地由原材料获取产品，以使企业得到良好的经济效益和社会效益。单工序加工是复杂制造系统的基本单元，只有掌握了基本单元相关的知识和技术，才有可能进一步研究更复杂的制造系统，单元加工过程的质量控制无疑是制造系统质量控制的基础，因此应首先掌握单工序的相关知识。

三、零件与机器

零件是机器的组成单元，装配时机器是由零件单元逐一装配而成，而在设计时却是从整台机器开始的。一种新产品（机器）的开发内容包括概念设计、方案设计、详细设计、样机试制与评审、工艺设计、新产品鉴定、试销、生产准备、批量生产。在方案设计阶段往往需要设计多种方案，通过性能、成本等的对比，经评审最后确定一种方案。在详细设计阶段，是从绘制产品（机器）的总装图开始，在完成产品的总装图设计后，再进行拆画零件图，在零件图上除标注正确的几何尺寸外，还要根据机器的性能要求标注出零件的精度要求。可见零件的精度要求来自于机器，这部分的内容可参见第五章。其中如果有外购的零部件，必须设计好之间的连接形式以及具体尺寸、精度要求等。值得注意的是，随着计算机软件技术的发展，目前在设计上广泛采用三维设计软件，不仅方便直观，更易于进行后续的 CAE 分析和 NC 代码的生成。

而在制造过程中，是先加工出合格的零件，然后再通过合理的装配工艺将零件装配成满足一定功能的机器。本书在第五章重点介绍了保证装配精度的基本方法，以及零件精度和装配精度之间的关系等。

四、本课程的内容与学习要求

本课程主要介绍了机械产品中零件的成形方法、机械加工过程及其装备、加工质量控制等。包括了金属切削过程及其基本规律、机床、刀具、夹具的基本知识、机械加工和装配工艺规程的设计、机械加工精度及表面质量的概念及其控制方法等。

制造实际上不仅局限于机械制造，也应包括汽车、电子、仪器仪表、医疗器械、轻工乃至信息产业产品的制造。本书为了使学生既有较强的机械制造技术的知识基础，又有较强的就业适应能力，拟以机械制造为主，将部分内容拓宽至适应其他制造业，即向大制造内容扩展。这一扩展主要是为了扩展学生视野，增强其就业适应能力。

通过本课程的学习，要求学生能对机械制造有一个总体的、全貌的了解与把握，能掌握金属切削过程的基本规律；掌握机械加工的基本知识；能选择加工方法与机床、刀具、夹具及加工参数；具备制订工艺规程的能力和掌握机械加工精度和表面质量分析的基本理论和基本知识；初步具备分析解决现场工艺问题的能力。

五、本课程的学习方法

金属切削理论和机械制造工艺知识具有很强的实践性，因此，学习本书时必须重视实践环节，仅通过课堂上听教师的讲授或自己自学教材是远远不够的，必须通过实验、现场实习以及工厂调研来更好地体会、加深理解，应该在不断的实际训练中加深对书中基本知识的理解与应用。本书给出的仅是基本概念与理论，真正的掌握与应用必须在不断的实践—理论—实践的循环中善于总结、思考、分析、应用，才能达到真正掌握的程度。

各类学校的不同专业在应用本教材时，可以根据需要安排学时。本书的有些章节，也可以采取课堂讲授以外的方式进行，如第二章、第三章可以通过认知实习了解掌握；第四章、第五章可以结合课程设计来进行。

第一章
机械加工方法

第一节　零件的成形原理
第二节　机械加工方法
第三节　特种加工
　　　　思考与练习题
　　　　参考文献

现代机械产品的制造过程中，对较复杂的零部件，通常是利用多种不同的制造方法有机结合的方式，如通过增材制造成形，再利用减材制造提高精度等，最终达到产品的制造要求。

第一节　零件的成形原理

机器或设备中的零件要完成一定的功能，首先必须具备一定的形状。这些形状可以基于不同的成形原理来实现。

按照零件由原材料或毛坯制造成为零件过程中质量 m 的变化，可分为 $\Delta m<0$，$\Delta m = 0$，$\Delta m>0$ 三种原理，不同原理采用不同的成形工艺方法。

$\Delta m<0$，材料去除原理，如传统的切削加工方法，包括磨料磨削、特种加工等，在制造过程中通过逐渐去除材料而获得需要的几何形状。

$\Delta m = 0$，材料基本不变原理，如铸造、锻造及模具成形（注塑、冲压等）工艺，在成形前后，材料主要是发生形状变化，而质量基本不变。

$\Delta m>0$，材料累加成形原理，如 20 世纪 80 年代出现的快速原形（Rapid Prototyping）技术，在成形过程中通过材料累加获得所需形状。

一、减材制造技术（$\Delta m<0$）

减材制造技术主要指切削加工，这是本书重点讲述的内容。切削加工是通过刀具和工件之间的相对运动及相互力的作用实现的。工件往往通过夹具安装在机床上，机床带动刀具或工件或两者同时进行运动。切削过程中，有力、热、变形、振动、磨损等现象发生，这些运动的综合决定了零件最终获得的几何形状及表面质量。如何正确选择机床、刀具、夹具、加工方法及切削用量是本书阐述的重要内容。

对于加工精度及表面粗糙度要求特别高的零件，需要采取精加工及超精加工工艺。精加工及超精加工的尺寸精度往往达到亚微米乃至纳米（nm）级。这些工艺在航空航天、计算机产品等领域有着广泛的应用。

特种加工是指利用电能、光能或化学能等方法完成材料的去除成形方法，这些方法主要适合于加工超硬、易碎等常规机械加工方法难以加工的场合。如当前发展比较快的三束加工，包括激光束、电子束、离子束的加工，在微细加工中有广泛的应用。另外近几年发展的高压水射流等加工方法，也有其显著的优点。特种加工方法另有教科书可供参考。

二、等材制造技术（$\Delta m = 0$）

等材制造技术的工艺内容主要由材料成形课程讲授，主要是指用模具成形的方法，成形前后，材料质量基本不变，只是形状的改变。此处值得注意的是，统计数据表明，机电产品40%~50%的零件是由模具成形的，因此模具的作用是显而易见的。模具可分为注塑模、压铸模、锻模、冲压模、吹塑模等。在我国模具的设计与制造是一个薄弱环节。模具制造精度一般要求较高，其生产方式往往是单件生产。模具的设计要用到 CAD、CAE 等一系列技术，是一个技术密集型的产业。

三、增材制造技术（$\Delta m > 0$）

增材制造是依据三维 CAD 数据连接材料制作物体的过程，相对于减材制造技术它通常是逐层累加的过程。这一工艺方法的长处是可以成形任意复杂形状的零件，而无需刀、夹具等专用装备。这一工艺由于成形速度快，但技术发展之初只能成形原型，所以被称为快速原形技术，即 RP 技术（Rapid Prototyping）。RP 技术与快速精铸技术（Quick Casting）及快速模具制造技术（Rapid Tooling）等相结合，可以为小批量或大批量生产服务，因而 RP 技术成为加速新产品开发及实现并行工程的有效技术。一些工业发达国家（如美、日等）已经全面应用这一技术来提高制造业的竞争能力。

RP 技术已形成了几种成熟的工艺方法，进入了商品化阶段。目前商业化的设备主要有光固化法（Stereolithography，SL）、叠层制造法（Laminated Object Manufacturing，LOM）、激光选区烧结法（Selective Laser Sintering，SLS）、熔积法（Fused Deposition Modeling，FDM）、3D打印（3D Printing，3DP，是指采用打印头实现材料累加的工艺方法）。这些工艺各自特点不同，各有不同的适用场合。

需要指出的是，近年来人们将这种增材制造技术称为 3D 打印技术。3D 打印技术直接取材于工程材料，其制造的产品或零件可直接（或只经少量的机械加工）作为产品或功能零件使用，从而实现真正意义上的快速制造。3D 打印技术使用的材料种类相当广泛，比如玻璃纤维、耐用性尼龙材料、石膏材料、铝合金、钛合金、不锈钢、橡胶类材料、生物材料、食品材料等。现在，利用 3D 打印设备可以"打印"出真实的 3D 物体，在科研、生产领域以及人类的日常生活中发挥着极为重要的作用。关于 RP 技术以及 3D 打印技术的详细内容，请参阅相关的专著或教材。

第二节 机械加工方法

采用机械加工方法获得零件的形状，是通过机床利用刀具将毛坯上多余的材料切除来获得的。根据机床运动的不同、刀具的不同，可分为不同的加工方法，主要有：车削、铣削、刨削、磨削、钻削、镗削等。本节对这些主要方法进行简要介绍。

一、车削

如图 1-1 所示，车削方法的特点是工件旋转，形成主切削运动，因此车削加工后形成的面主要是回转表面，也可加工工件的端面。通过刀具相对工件实现不同的进给运动，可以获得不同的工件形状。当刀具沿平行于工件旋转轴线运动时，就形成内、外圆柱面；当刀具沿与轴线相交的斜线运动时，就形成锥面。仿形车床或数控车床，可以控制刀具沿着一条曲线进给，从而形成特定的旋转曲面。采用成形车刀横向进给时，也可加工出旋转曲面来。车削还可以加工螺纹面、端平面及偏心轴等。车削加工精度一般为 IT8~IT7，表面粗糙度 Ra 值为 6.3~1.6μm。精车时，可达 IT6~IT5，表面粗糙度 Ra 值为 0.4~0.1μm。车削的生产率较高，切削过程比较平稳，刀具较简单。

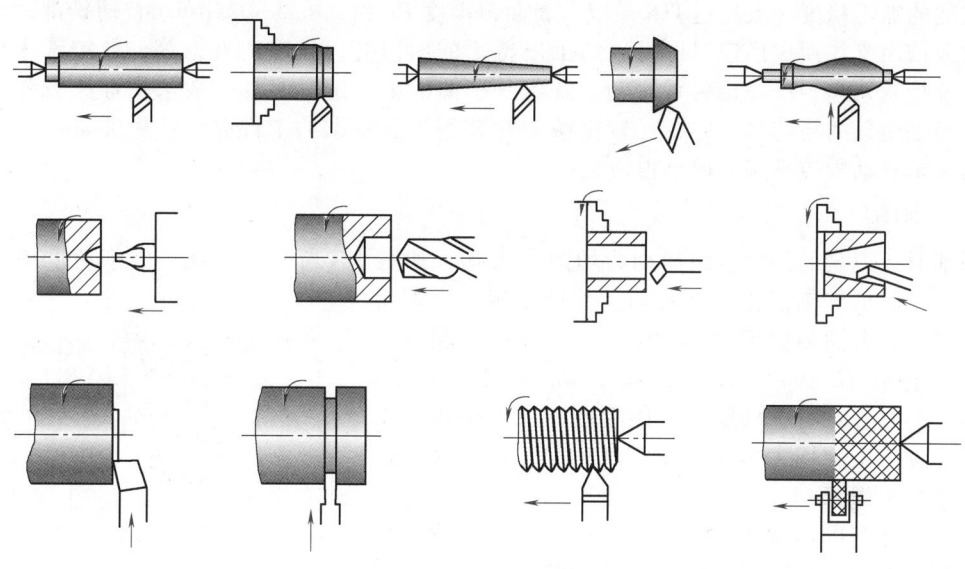

图 1-1　车床加工的典型工序

二、铣削

如图 1-2 所示，铣削的主切削运动是刀具的旋转运动，工件通过装夹在机床的工作台上完成进给运动。铣削刀具较复杂，一般为多刃刀具。不同的铣削方法，铣刀完成切削的切削刃不同，卧铣时，平面的形成是由铣刀外圆面上的刃形成的；立铣时，平面是由铣刀的端面刃形成的。提高铣刀的转速可以获得较高的切削速度，因此生产率较高。但由于铣刀刀齿的切入、切出会形成冲击，切削过程容易产生振动，因而限制了表面质量的提高。这种冲击，也加剧了刀具的磨损和破损，往往导致硬质合金刀片的碎裂。铣削时，铣刀在切离工件的一段时间内，可以得到一定冷却，因此散热条件较好。

按照铣削时主运动速度方向与工件进给方向的相同或相反，又分为顺铣和逆铣，如图 1-3 所示。

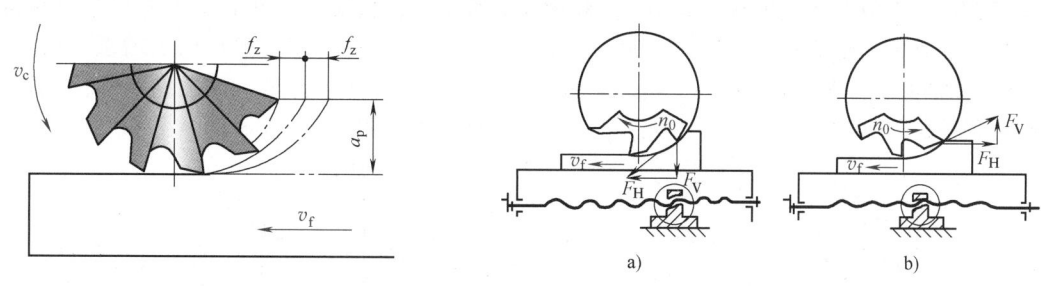

图 1-2　铣削加工　　　　图 1-3　顺铣和逆铣
　　　　　　　　　　　　　　a）顺铣　b）逆铣

顺铣时，铣削力的水平分力与工件的进给方向相同，而工作台进给丝杠与固定螺母之间一般又有间隙存在，因此切削力容易引起工件和工作台一起向前窜动，使进给量突然增大，容易引起打刀。逆铣则可以避免这一现象，因此，生产中多采用逆铣。在顺铣铸件或锻件等表面有硬皮的工件时，铣刀齿首先接触工件的硬皮，加剧了铣刀的磨损，逆铣则无这一缺点。

但逆铣时,切削厚度从零开始逐渐增大,因而切削刃开始经历了一段在切削硬化的已加工表面上挤压滑行的阶段,也会加速刀具的磨损,同时,逆铣时,铣削力具有将工件上抬的趋势,也易引起振动,这是逆铣的不利之处。

铣削的加工精度一般可达IT8~IT7,表面粗糙度Ra值为6.3~0.8μm。普通铣削一般能加工平面或槽面等,用成形铣刀也可以加工出特定的曲面等,如铣削齿轮等。数控铣床可通过数控系统控制几个轴按一定关系联动,铣出复杂曲面来,这时刀具一般采用球头铣刀。数控铣床在加工模具的模芯和型腔、叶轮机械的叶片等形状复杂的工件时,应用非常广泛,因而相应的多轴联动数控铣床发展也很快。

三、刨削

刨削时,刀具的往复直线运动为切削主运动,如图1-4所示。因此,刨削速度不可能太高,生产率较低。刨削比铣削平稳,其加工精度一般可达IT8~IT7,表面粗糙度Ra值为3.2~1.6μm,精刨时平面度可达0.02/1000,表面粗糙度Ra值可达0.8~0.4μm。牛头刨床一般只用于单件生产,加工中小型工件;龙门刨床主要用来加工大型工件,加工精度和生产率都高于牛头刨床。

插床实际上可以看作立式的牛头刨床,主要用来加工键槽等内表面。插齿机的插刀与转动的工件形成展成运动,可加工出渐开线齿轮的齿面。

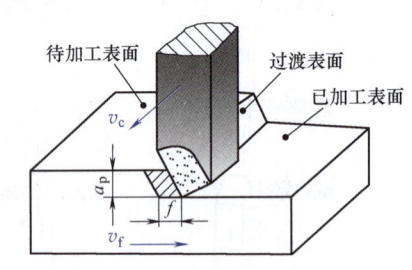

图1-4 刨削加工

四、钻削与镗削

在钻床上,用旋转的钻头钻削孔,是孔加工最常用的方法,钻头的旋转运动为主切削运动,钻头的轴向运动是进给运动,如图1-5所示。钻削的加工精度较低,一般只能达到IT13~IT11,表面粗糙度Ra值一般为12.5~0.8μm。单件、小批生产中,中小型工件上较大的孔($D<50$mm),常用立式钻床加工;大中型工件上的孔,用摇臂钻床加工。精度高、表面质量要求高的小孔,在钻削后常常采用扩孔和铰孔来进行半精加工和精加工。扩孔采用扩孔钻头,铰孔采用铰刀进行加工。铰削加工精度一般为IT9~IT8,表面粗糙度Ra值为1.6~0.4μm。扩孔、铰孔时,扩孔钻和铰刀均在原底孔的基础上进行加工,因此无法提高孔轴线的位置精度以及直线度。而镗孔时,镗孔后的轴线是以镗杆的回转轴线决定的,因此可以校正原底孔轴线的位置精度。镗孔可在镗床上或车床上进行,如图1-6和图1-7所示。在镗床上镗孔时,镗刀与车刀基本相同,不同之处是镗刀随镗杆一起转动,形成主切削运动,而工件不动。镗孔加工精度一般为IT10~IT8,表面粗糙度Ra值为3.2~0.8μm。数控钻床、数控镗床主要是实现孔轴线的位置控制,因此只要控制刀具移到孔中心的坐标上即可,即实现点位控制。

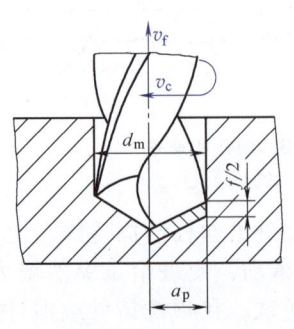 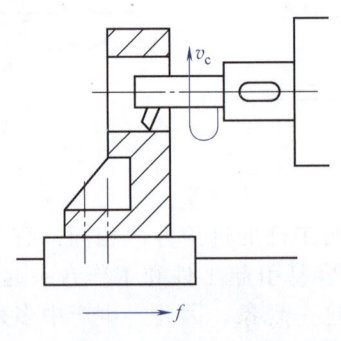 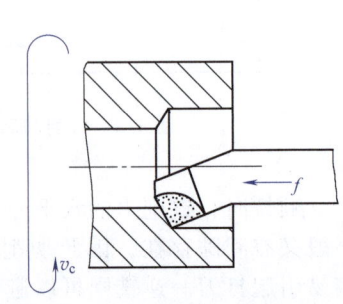

图1-5 钻削加工　　图1-6 镗削加工　　图1-7 车床镗孔

五、齿面加工

齿轮齿面的加工运动较复杂，根据形成齿面的方法不同，可分为两大类：成形法和展成法。成形法加工齿面所使用的机床一般为普通铣床，刀具为成形铣刀，需要两个简单的成形运动：刀具的旋转运动（主切削运动）和直线移动（进给运动）。展成法加工齿面的常用机床有滚齿机（如Y3150E型滚齿机）、插齿机等。

在滚齿机上滚切斜齿圆柱齿轮时，一般需要两个复合成形运动：由滚刀的旋转运动B_{11}和工件的旋转运动B_{12}组成的展成运动；由刀架轴向移动A_{21}和工件附加旋转运动B_{22}组成的差动运动。前者产生渐开线齿形，后者产生螺旋线齿长。图1-8所示为滚齿机滚切斜齿圆柱齿轮的传动原理，共由四条传动链组成：①速度传动链："电动机-1-2-u_v-3-4"，即主运动传动链，使滚刀和工件共同获得一定速度和方向的运动；②展成传动链："4-5-$\sum$-6-7-u_x-8-9"，产生展成运动并保证滚刀与工件之间的严格运动关系（工件转过一个齿、滚刀转过一个齿）；③轴向进给传动链："9-10-u_f-11-12"，使刀架获得轴向进给运动；④差动传动链："12-13-u_y-14-15-$\sum$-6-7-u_x-8-9"，保证差动运动的严格运动关系（刀架移动一个导程，工件附加转1转）。四条传动链中，速度传动链和轴向进给传动链为外联系传动链。滚切直齿圆柱齿轮时，不需要差动运动。滚切蜗轮的传动原理与滚切圆柱齿轮相似。

图1-9所示为Y3150E型滚齿机的外形图。立柱2固定在床身1上，刀架溜板3可沿立柱上的导轨做轴向进给运动。滚刀安装在刀杆4上，可随刀架体5倾斜一定的角度（滚刀安装角），以便用不同旋向和螺纹升角的滚刀加工不同的工件。加工时，工件固定在工作台9的心轴7上，可沿床身导轨做径向进给运动或调整径向位置。

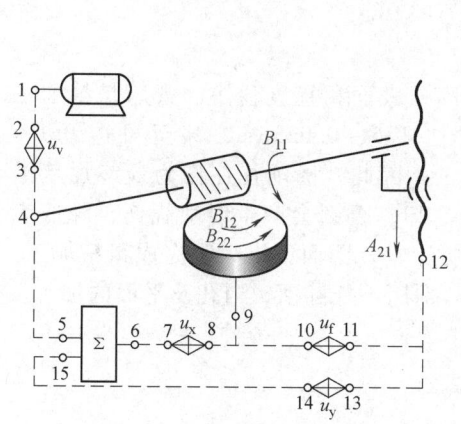

图1-8　滚齿机滚切斜齿圆柱齿轮的传动原理

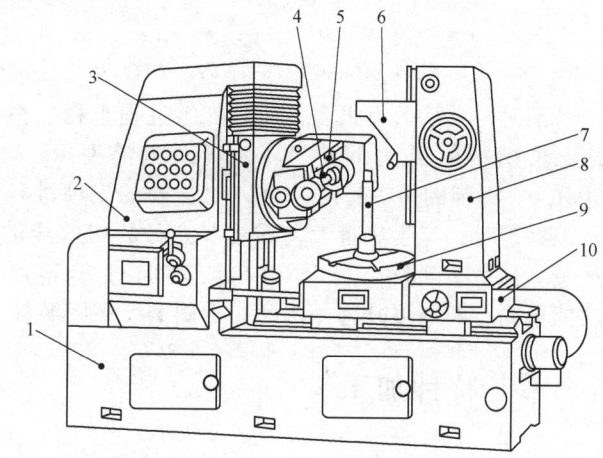

图1-9　Y3150E型滚齿机

1—床身　2—立柱　3—刀架溜板　4—刀杆　5—刀架体
6—支架　7—心轴　8—后立柱　9—工作台　10—床鞍

六、复杂曲面的数控联动加工

三维曲面的铣削加工主要采用数控铣的方法。

数控技术的出现为曲面加工提供了更有效的方法。在数控铣床或加工中心上加工时，曲面是通过球头铣刀逐点按曲面坐标值加工而成。在编制数控程序时，要考虑刀具半径补偿，因为数控系统控制的是球头铣刀球心位置轨迹，而成形面是球头铣刀切削刃运动的包络面。曲面加工数控程序的编制，一般情况下，可由CAD/CAM集成软件包（大型商用CAD软件都有CAM模块）自动生成，特殊情况下，还要二次开发。采用加工中心加工复杂曲面的优点是加工中心上有刀库，配备多把刀具，对曲面的粗、精加工及凹曲面的不同曲率半径的要求，都可选到合适的刀具。同时，通过一次装夹，可完成各主要表面及辅助表面如孔、螺纹、槽等的加工，有利于保证各加工表面的相对位置精度。

七、磨削

磨削以砂轮或其他磨具对工件进行加工，如图1-10所示。其主运动是砂轮的旋转运动。砂轮上的每个磨粒都可以看成一个微小刀齿，砂轮的磨削过程，实际上是磨粒对工件表面的切削、刻削和滑擦三种作用的综合效应。磨削中，磨粒本身也会由尖锐逐渐磨钝，使切削能力变差，切削力变大，当切削力超过粘结剂强度时，磨钝的磨粒会脱落，露出一层新的磨粒，这就是砂轮的"自锐性"。但切屑和碎磨粒仍会阻塞砂轮，因而，磨削一定时间后，需用金刚石刀具等对砂轮进行修整。

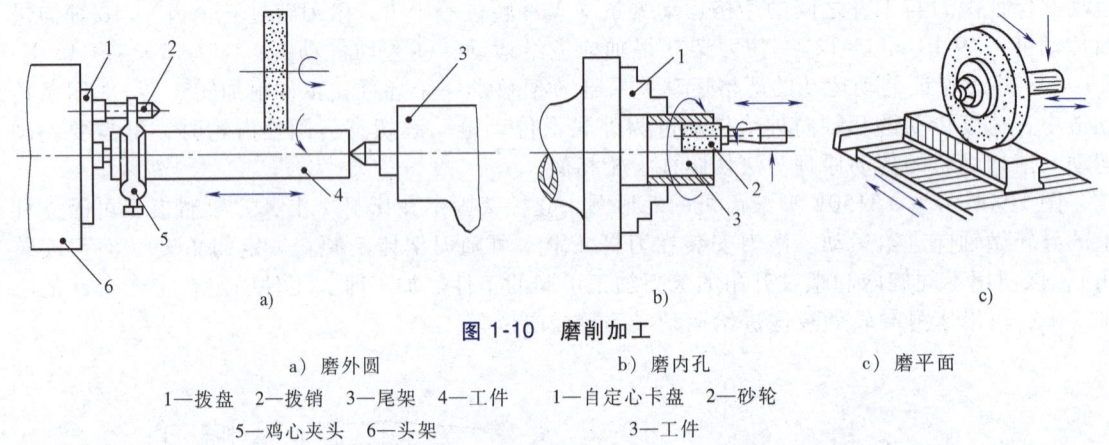

图1-10 磨削加工
a) 磨外圆　　　　　　　b) 磨内孔　　　　　　　c) 磨平面
1—拨盘　2—拨销　3—尾架　4—工件　　1—自定心卡盘　2—砂轮
5—鸡心夹头　6—头架　　　　　　　　　　3—工件

磨削时，由于刀刃很多，所以加工过程平稳、精度高，表面粗糙度值小。磨床是精加工机床，磨削精度可达IT7~IT5，表面粗糙度Ra值可达1.6~0.025μm，甚至可达0.1~0.008μm。磨削的另一特点是可以对淬硬的工件进行加工，因此，磨削往往作为最终加工工序。但磨削时，产生热量大，需要有充分的切削液进行冷却，否则会产生磨削烧伤，降低表面质量。强力磨削技术，可以在单位时间内达到很大的切除量，因而可以一次完成粗精加工。按功能不同，磨削可分为外圆磨、内圆磨、平面磨等，分别用于外圆面、内孔及平面的加工。

第三节　特种加工

工业的发展提出了许多传统切削加工方法难以完成的加工任务，如具有高硬度、高强度、高脆性或高熔点的各种难加工材料（如硬质合金、钛合金、淬火工具钢、陶瓷、玻璃等）零件的加工，具有较低刚度或复杂曲面形状的特殊零件（如薄壁件、弹性元件、具有复杂曲面形状的模具、叶轮机的叶片、喷丝头等）的加工等。特种加工方法正是为完成这些加工任务而产生和发展起来的。

特种加工方法区别于传统切削加工方法，而是利用化学、物理（电、声、光、热、磁）或电化学方法对工件材料进行去除的一系列加工方法的总称。这些加工方法包括：化学加工（CHM）、电化学加工（ECM）、电化学机械加工（ECMM）、电火花加工（EDM）、电接触加工（RHM）、超声波加工（USM）、激光束加工（LBM）、离子束加工（IBM）、电子束加工（EBM）、等离子体加工（PAM）、电液加工（EHM）、磨料流加工（AFM）、磨料喷射加工（AJM）、液体喷射加工（HDM）、高压水射流加工（Water Jet，WJ）、磁流变抛光（Magnetorheological finishing，MRF）及各类复合加工等。

一、电火花加工

电火花加工是利用工具电极和工件电极间瞬时火花放电所产生的高温，熔蚀工件材料来获得工件成形的。电火花加工在专用的电火花加工机床上进行，图 1-11 所示为电火花加工机床的工作原理。电火花加工机床一般由脉冲电源、自动进给机构、机床本体及工作液及其循环过滤系统等部分组成，工件固定在机床工作台上。脉冲电源提供加工所需的能量，其两极分别接在工具电极与工件上。当工具电极与工件在进给机构的驱动下在工作液中相互靠近时，极间电压击穿间隙而产生火花放电，释放大量的热，工件表层吸收热量后达到很高的温度（10000℃以上），其局部材料因熔化甚至汽化而被蚀除下来，形成一个微小的凹坑。工作液循环过滤系统强迫清洁的工作液以一定的压力通过工具电极与工件之间的间隙，及时排除电蚀产物，并将电蚀产物从工作液中过滤出去。多次放电的结果是工件表面产生大量凹坑。工具电极在进给机构的驱动下不断下降，其轮廓形状便被"复印"到工件上（工具电极材料尽管也会被蚀除，但其速度远小于工件材料）。

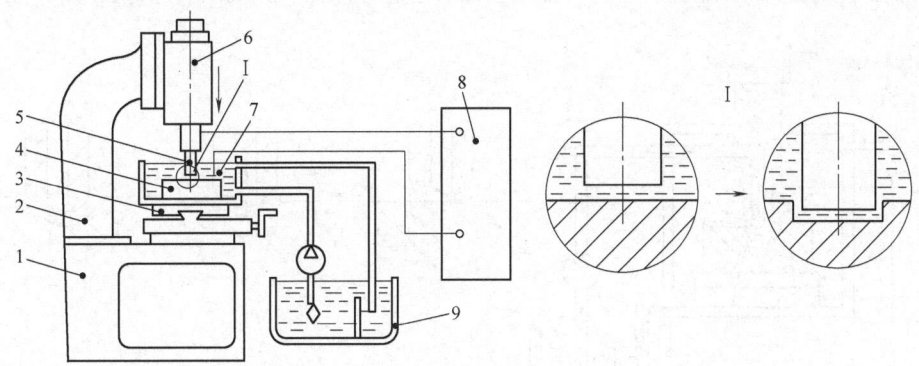

图 1-11 电火花加工原理示意图
1—床身 2—立柱 3—工作台 4—工件电极 5—工具电极
6—进给机构 7—工作液 8—脉冲电源 9—工作液循环过滤系统

电火花加工机床已有系列产品，根据加工方式，可将其分成两种类型：一种是用特殊形状的电极工具加工相应工件的电火花成形加工机床（如前所述）；另一种是用线（一般为钼丝、钨丝或铜丝）电极加工二维轮廓形状工件的电火花线切割机床。

图 1-12 所示为电火花线切割加工机床的工作原理。贮丝筒 1 正反方向交替转动，带动电极丝 4 相对工件 5 上下移动；脉冲电源 6 的两极分别接在工件和电极丝上，使电极丝与工件之间发生脉冲放电，对工件进行切割；工件安放在数控工作台上，通过工作台驱动电动机 2，在垂直电极丝的平面内相对于电极丝做二维曲线运动，将工件加工成所需的形状。目前的电火花线切割机床还能实现电极丝的摆动，从而能加工出锥面等形状。

电火花加工的应用范围很广，适用于加工各种硬、脆、韧、软和高熔点的导电材料，可以加工各种型孔（圆孔、方孔、异形孔）、曲线孔和微小孔（如拉丝模和喷丝头小孔），也可以加工各种立体曲面型腔，如锻模、压铸模、塑料模的模膛；既可以用来进行切断、切割，也

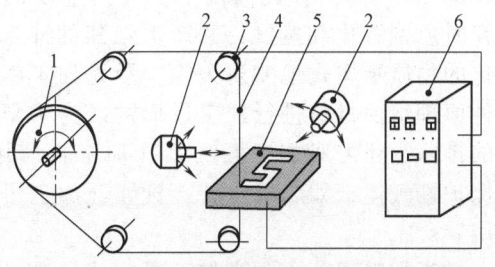

图 1-12 电火花线切割加工机床的工作原理
1—贮丝筒 2—工作台 X-Y 向驱动电动机
3—导轮 4—电极丝 5—工件 6—脉冲电源

可以用来进行表面强化、刻写、打印铭牌和标记等。

二、电解加工

电解加工是利用金属在电解液中产生阳极溶解的电化学原理对工件进行成形加工的一种方法。电解加工的原理如图1-13所示。工件接直流电源正极，工具接负极，两极之间保持狭小间隙（0.1~0.8mm），具有一定压力（0.5~2.5MPa）的电解液从两极间的间隙中高速（15~60m/s）流过。当阴极工具向阳极工件不断进给时，在面对阴极的工件表面上，金属材料按阴极型面的形状不断溶解，电解产物被高速电解液带走，于是工具型面的形状就相应地"复印"在工件上。

电解加工具有以下特点：①工作电压小（6~24V），工作电流大（500~20000A）；②能以简单的进给运动一次加工出形状复杂的型面或型腔（如锻模、叶片等）；③可加工难加工材料；④生产率较高，为电火花加工的5~10倍；⑤加工中无机械切削力或切削热，适于易变形或薄壁零件的加工；⑥平均加工公差可达±0.1mm左右；⑦附属设备多，占地面积大，造价高；⑧电解液既腐蚀机床，又容易污染环境。

电解加工主要用于加工型孔、型腔、复杂型面、小直径深孔、膛线以及进行去毛刺、刻印等。

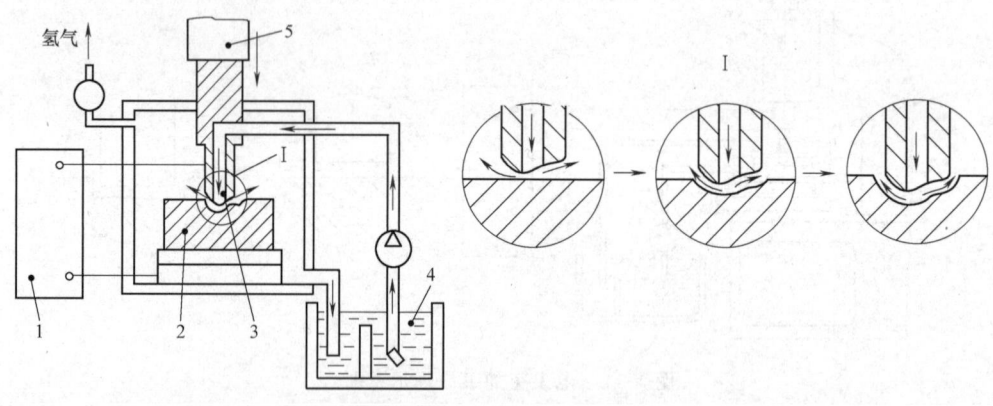

图1-13　电解加工的原理
1—直流电源　2—工件　3—工具电极　4—电解液　5—进给机构

三、激光加工

激光是一种能量密度高、方向性好（激光束的发散角极小）、单色性好（波长和频率单一）、相干性好的光。由于激光的上述四大特点，通过光学系统可以使它聚焦成一个极小的光斑（直径几微米至几十微米），从而获得极高的能量密度（10^7~10^{10}W/cm^2）和极高的温度（10000℃以上）。在此高温下，任何坚硬的材料都将瞬时急剧熔化和蒸发，并产生强烈的冲击波，使熔化的物质爆炸式地喷射去除。激光加工就是利用这种原理熔蚀材料进行加工成形的。为了帮助熔蚀物的排除，还需对加工区吹氧（加工金属用），或吹保护性气体，如二氧化碳、氩等（加工可燃物质时用）。

激光加工工艺由激光加工机完成，激光加工机通常由激光器、电源、光学系统和机械系统等组成，如图1-14所示。激光器（常用的有固体激光器和气

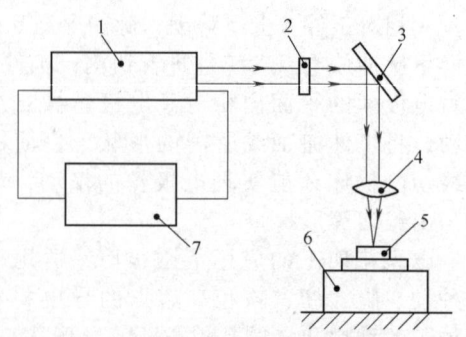

图1-14　激光加工机示意图
1—激光器　2—光阑　3—反射镜
4—聚焦镜　5—工件　6—工作台　7—电源

体激光器）把电能转变为光能，产生所需的激光束，经光学系统聚焦后，照射在工件上进行加工。工件固定在三坐标精密工作台上，由数控系统控制和驱动，完成加工所需的进给运动。

激光加工具有以下特点：①不需要加工工具，故不存在工具磨损问题，同时也不存在断屑、排屑的麻烦；②激光束的功率密度很高，几乎对任何难加工的金属和非金属材料（如高熔点材料、耐热合金及陶瓷、宝石、金刚石等硬脆材料）都可以加工；③激光加工是非接触加工，工件无受力变形；④激光打孔、切割的速度很高（打一个孔只需 0.001s，切割 20mm 厚的不锈钢板，切割速度可达 1.27m/min），加工部位受热的影响较小，工件热变形很小。另外，激光切割的切缝窄，切割边缘质量好。

目前，激光加工已广泛用于金刚石拉丝模、钟表宝石轴承、发散式气冷冲片的多孔蒙皮、发动机喷油嘴、航空发动机叶片等的小孔加工，以及多种金属材料和非金属材料的切割加工。在大规模集成电路的制作中，已采用激光焊接、激光划片、激光热处理等工艺。

四、超声波加工

超声波加工是利用超声频（16~25kHz）振动的工具端面冲击工作液中的悬浮磨粒，由磨粒对工件表面撞击抛磨来实现对工件加工的一种方法，其加工原理如图 1-15 所示。超声波发生器将工频交流电能转变为有一定功率输出的超声频电振荡，通过换能器将此超声频电振荡转变为超声机械振动，借助于振幅扩大棒把振动的位移幅值由 0.005~0.01mm 放大到 0.01~0.15mm，驱动工具振动。工具端面在振动中冲击工作液中的悬浮磨粒，使其以很大的速度，不断地撞击、抛磨被加工表面，把加工区域的材料粉碎成很细的微粒后打击下来。虽然每次打击下来的材料很少，但由于打击的频率高，仍有一定的加工速度。由于工作液的循环流动，被打击下来的材料微粒被及时带走。随着工具的逐渐进给，工具的形状便"复印"在工件上。

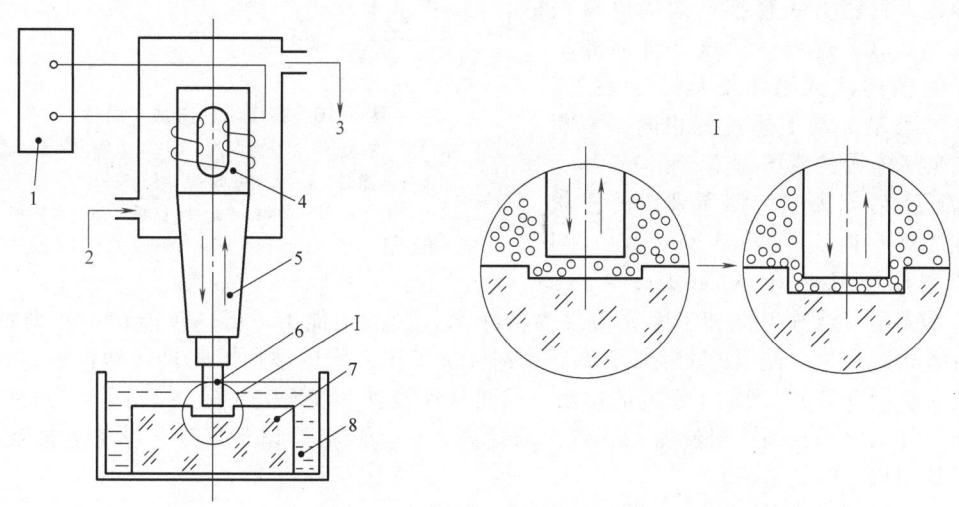

图 1-15 超声波的加工原理
1—超声波发生器　2、3—冷却水　4—换能器　5—振幅扩大棒
6—工具　7—工件　8—工作液

工具材料常采用不淬火的 45 钢，磨料常采用碳化硼、碳化硅、氧化铅或金刚砂粉等。

超声波加工适宜加工各种硬脆材料，特别是电火花和电解加工无法加工的不导电材料和半导体材料，如玻璃、陶瓷、石英、锗、硅、玛瑙、宝石、金刚石等；对于导电的硬质合金、淬火钢等也能加工，但加工效率比较低。适用于超声波加工的工件表面有各种型孔、型腔及成形表面等。

超声波加工能获得较好的加工质量，一般尺寸精度可达 0.01~0.05mm，表面粗糙度 Ra 值为 0.4~0.1μm。

在加工难切削材料时，常将超声振动与其他加工方法配合进行复合加工，如超声车削、超声磨削、超声电解加工、超声线切割等，这些复合加工方法把两种甚至多种加工方法结合在一起，能起到取长补短的作用，使加工效率、加工精度及工件的表面质量显著提高。

五、高压水射流加工

水射流加工的基本原理是利用增压器将水加压，达到 10~400MPa 甚至更高的压力。水获得压力能，再从细小的喷嘴（0.15~0.35mm）喷射而出，将压力能转换为动能，从而形成高速射流（300~1000m/s）。水射流加工正是利用这种高速射流的动能对工件表面进行冲击、破坏，从而达到去除材料的加工目的。

高压水射流加工原理如图 1-16 所示，一般由油压和水压两部分组成。工作过程如下：当换向阀的电磁铁 1DT 通电时，油压泵将油经单向阀、换向阀注入增压器低压缸左端，活塞向右移动。此时，水泵将水经单向阀注入高压缸左端，进行增压。高压水从高压缸经单向阀排出，进入蓄能器稳压。打开喷嘴前的控制阀，高压水即可从喷嘴流出。由于射流的负压作用，磨料被吸入管道，夹带水流从喷嘴喷出，对工件进行切割加工。当高压缸的水排尽，行程开关使换向阀的电磁铁 1DT 断电，2DT 通电，油压泵将油经单向阀、换向阀注入增压器低压缸右端，活塞向左移动。与上述过程相同，不断往复，形成连续的高压射流。

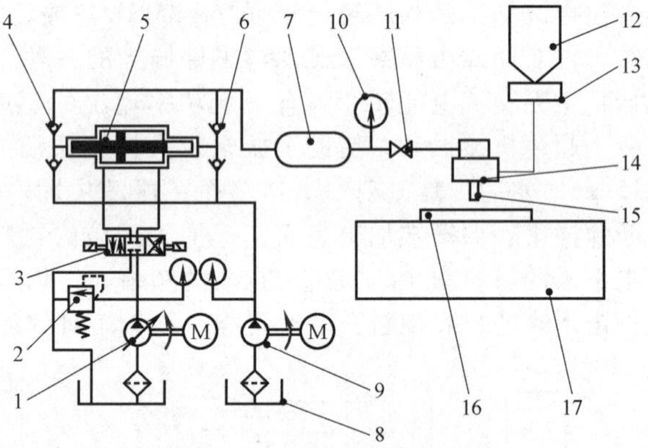

高压水射流加工按照所采用的介质不同分为纯水射流（Water Jet，WJ）和磨料水射流（Abrasive Water Jet，AWJ）

图 1-16 高压水射流加工原理
1—柱塞泵 2—溢流阀 3—换向阀 4—单向阀组 5—增压器
6—蓄能器 7—水箱 8—水泵 9—压力表
10—开关阀 11—磨料 12—磨料阀 13—水喷嘴
14—混砂管 15—工作台 16—废料回收 17—废料箱

两种基本类型。纯水射流加工因介质仅为洁净水，其加工能力较低，仅能切割较薄的零件，但其设备相对简单，使用成本较低；磨料水射流加工因在水中添加了磨料（橄榄石、石榴石、氧化铝、金刚砂等），增加了水流的重量，因而其动能进一步增大，提高了水射流的冲击、破坏作用，加工能力比纯水射流加工有较大的提高，但其缺点是设备复杂、设备磨损及辅材消耗大，使用成本较高。

高压水射流加工具有以下主要特点：

1) 可切割范围广。磨料水射流可以广泛地应用于多种工件材料的加工，其用途和优势主要体现在难加工材料方面，如陶瓷、硬质合金、高速工具钢、淬火钢、钨钼钴合金、耐蚀合金、耐热合金、钛合金、不锈钢、高锰钢、高硅铸铁、可锻铸铁、复合材料等一般工程材料。AWJ 还可扩展 EDM 和激光加工对某些惰性和非传导材料的加工能力。

2) 切割质量好。具有平滑的切口，不会产生粗糙的、有毛刺的边缘。

3) 无热反应区。由于采用水和磨料加工，自然起到冷却作用，热效应极小。

4) 无需更换刀具。使用一个喷嘴即可加工不同材料和形状的工件，效率较高。

5) 加工环境较好。由于采用水和磨料加工，且使用的磨料在加工中不会产生有害气体，并可直接排出，不会污染环境。

六、磁流变抛光

磁流变抛光是一种通过所谓磁流变液体抛光获得超高精度光学元件表面的加工技术，在国防、航天、航空、激光核聚变等很多领域具有极为重要的作用。而磁流变液是由磁敏颗粒、表面活性剂及稳定剂按一定比例在基液中混合而成的悬浮液。当其受到强磁场作用后，磁敏颗粒被磁化，呈链状或纤维状排列，导致整个流体的黏度增大、流动性降低，而表现出类固体性质；当磁场消失时，磁敏颗粒又恢复到原来的自由无序状态，从而恢复流体的性能。磁流变液是一种智能材料，可在 1ms 的时间内实现固-液两相的可逆转换。

磁流变抛光是利用磁流变抛光液在梯度磁场中发生流变效应的原理，使液体迅速变硬，形成所谓的 Bingham 流体，由其中的抛光磨粒去除工件的表面材料，其加工原理如图 1-17 所示。工件与抛光轮之间具有大小可调的间隙，称为抛光区域。磁场发生器位于抛光区域的正下方，磁场发生器使抛光区域形成一个梯度磁场，梯度方向垂直于工件表面，磁流变抛光液通过回转的抛光轮循环地经过抛光区域，一旦经过抛光区域，磁流变抛光液在梯度磁场的作用下就转变成 Bingham 流体，在抛光区域就形成一个缎带凸起，凸起部分与工件表面接触，且具有快速的相对运动，这样就使工件表面受到很大的剪切力，从而使工件表面的材料被去除，实现抛光的目的。对磁流变抛光设备的设计和制造而言，可采用从单轴到多轴联动的数控机床，以适应不同型面、不同复杂程度的工件的加工。

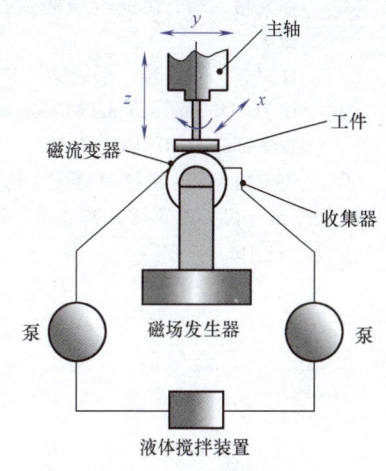

图 1-17　磁流变抛光原理

流变抛光方法的特点如下：①适用于抛光任何几何形状的光学零件；②加工速度快，效率高；③表面质量高，加工表面的粗糙度可达纳米级；④不存在工具磨损问题；⑤抛光碎片及抛光热能及时被带走，避免影响加工精度；⑥不产生亚表面破坏层；⑦无需其他专用工艺装备；⑧易于实现数控。

思考与练习题

1-1　特种加工在成形工艺方面与切削加工有什么不同？

1-2　简述电解加工、电火花加工、激光加工、超声波加工、水射流加工以及磁流变抛光的表面成形原理和应用范围。

1-3　车削加工都能成形哪些表面？

1-4　镗削与车削有哪些不同？

1-5　简述滚切斜齿轮时的四条传动链。

参考文献

[1]　顾崇衔，等. 机械制造工艺学 [M]. 3 版. 西安：陕西科学技术出版社，1991.

［2］ Leo Alting. Manufacturing Engineering Processes ［M］. 2nd ed. Boca Raton, FL, U, 1994.
［3］ 卢秉恒. RP 技术与快速模具制造 ［M］. 西安：陕西科学技术出版社，1998.
［4］ 张根宝. 先进制造技术 ［M］. 重庆：重庆大学出版社，1996.
［5］ 先进生产模式与制造哲理研讨会论文集 ［C］. 大连：1997.
［6］ 卢秉恒，等. 快速响应制造，迎接 21 世纪的制造方式 ［C］. 1997 年海峡两岸五所交大学术交流会.
［7］ 许绍李，张庚森，邓胜梁. 市场营销学 ［M］. 西安：西安交通大学出版社，1994.
［8］ IF TOMM International Micromechanism Symposium. The Centennial Memorial Hall ［C］. Tokyo Institute of Technology. TOKYO, 1993.
［9］ 卢秉恒，等. 机械制造技术基础 ［M］. 北京：机械工业出版社，1999.
［10］ 成连民，李蓓智，杨建国，等. 磁流变抛光工艺参数的研究 ［J］. 机械设计与研究，2009（8）：11-16.

第二章
金属切削原理与刀具

第一节　切削运动与要素
第二节　刀具的结构
第三节　刀具的材料
第四节　金属切削过程及其物理现象
第五节　切削力与切削功率
第六节　切削热与切削温度
第七节　刀具磨损与刀具寿命
第八节　切削用量的选择及工件材料加工性
第九节　高速切削及刀具
思考与练习题
参考文献

只有在理解金属切削原理之后，设置合理的参数，选择合适的刀具，才能加工出合格的产品。

金属切削过程是刀具与工件的相互作用过程。在此过程中，为了能去除工件上的多余材料，对刀具结构及其材料需提出相应的要求。本章主要介绍切削运动及其要素、刀具的结构、材料以及切削过程出现的物理现象。

第一节　切削运动与要素

一、切削运动

金属切削加工是利用刀具切去工件毛坯上多余的金属层（加工余量），以获得具有一定尺寸、形状、位置精度和表面质量的机械加工方法。刀具的切削作用是通过刀具与工件之间的相互作用和相对运动来实现的。

刀具与工件间的相对运动称为切削运动，即表面成形运动。切削运动可分解为主运动和进给运动。

1) 主运动是切下切屑所需的最基本运动。在切削运动中，主运动的速度最高，消耗的功率最大。主运动只有一个，如车削时工件的旋转运动、铣削时铣刀的旋转运动。

2) 进给运动是多余材料不断被投入切削，从而加工出完整表面所需的运动。进给运动可以有一个或几个。例如车削时车刀的纵向和横向运动，磨削外圆时工件的旋转和工作台带动工件的纵向移动。

切削运动及其方向用切削运动的速度矢量来表示。如图2-1所示，用车刀进行普通外圆车削时的切削运动，图中主运动切削速度 v_c，进给速度 v_f 和切削运动速度 v_e 之间的关系为：

$$\vec{v}_e = \vec{v}_c + \vec{v}_f$$

二、切削三要素

在切削过程中，工件上通常存在着3个不断变化的表面，如图2-1所示。

已加工表面：工件上已切去切屑的表面。

待加工表面：工件上即将被切去切屑的表面。

加工表面（过渡表面）：工件上正在被切削的表面。

切削要素包括切削用量和切削层的几何参数。

(1) **切削用量** 切削用量是切削时各参数的合称，包括切削速度、进给量和切削深度（背吃刀量）三个要素，它们是设计机床运动的依据。

1) **切削速度 v**。在单位时间内，刀具和工件在主运动方向上的相对位移，单位为 m/s。若主运动为旋转运动，则计算公式为

$$v = \frac{\pi d_w n}{1000 \times 60}$$

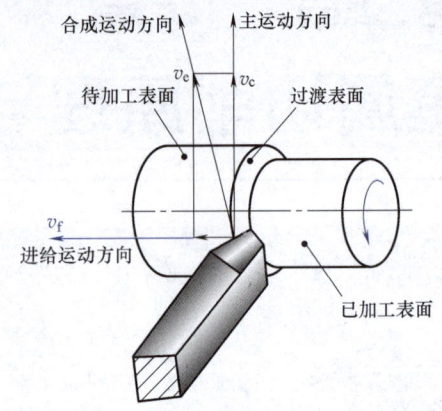

图 2-1 切削运动车切削表面

式中 d_w——工件待加工表面或刀具的最大直径（mm）；

n——工件或刀具每分钟转数（r/min）。

若主运动为往复直线运动（如刨削），则常用其平均速度 v 作为切削速度，即

$$v = \frac{2 L n_r}{1000 \times 60}$$

式中 L——往复直线运动的行程长度（mm）；

n_r——主运动每分钟的往复次数（次/min）。

2) **进给量 f**。在主运动每转一转或每一行程时（或单位时间内），刀具和工件之间在进给运动方向上的相对位移，单位是 mm/r（用于车削、镗削等）或 mm/行程（用于刨削、磨削等）。进给量还可以用进给速度 v_f（单位是 mm/s）或每齿进给量 f_z（用于铣刀、铰刀等多刃刀具，单位为 mm/齿）表示。一般情况下

$$v_f = nf = nzf_z$$

式中 n——主运动的转速（r/s）；

z——刀具齿数。

3) **背吃刀量（切削深度）a_p**。待加工表面与已加工表面之间的垂直距离（mm）。车削外圆时为

$$a_p = \frac{d_w - d_m}{2}$$

式中 d_w、d_m——待加工表面和已加工表面的直径（mm）。

(2) **切削层几何参数** 切削层是指工件上正被切削刃切削的一层金属，亦即相邻两个加工表面之间的一层金属。以车削外圆为例（图 2-2），切削层是指工件每转一转，刀具从工件上切下的那一层金属。切削层的大小反映了切削刃所受载荷的大小，直接影响到加工质量、生产率和刀具的磨损等。

1) **切削宽度 a_w**。沿主切削刃方向度量的切削层尺寸（mm）。车外圆时，有

$$a_w = \frac{a_p}{\sin \kappa_r}$$

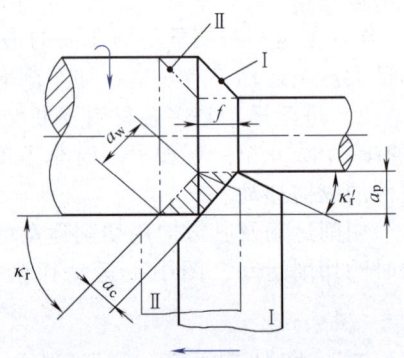

图 2-2 切削用量与切削层数

式中 κ_r——切削刃和工件轴线之间的夹角。

2) 切削厚度 a_c。两相邻加工表面间的垂直距离（mm）。车外圆时，有

$$a_c = f\sin\kappa_r$$

3) 切削面积 A_c。切削层垂直于切削速度截面内的面积（mm²）。车外圆时，有

$$A_c = a_w a_c = a_p f$$

第二节 刀具的结构

一、刀具的角度

1. 刀具切削部分的组成

切削刀具种类繁多，结构也多种多样，下面以外圆车刀为例进行说明。外圆车刀是最基本、最典型的切削刀具，如图 2-3 所示。其切削部分（又称刀头）由前面、主后面、副后面、主切削刃、副切削刃和刀尖所组成，统称为"三面两刃一尖"。其定义分别如下：

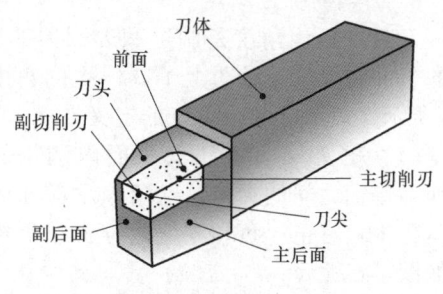

图 2-3 车刀的组成

（1）前面（前刀面） 刀具上与切屑接触并相互作用的表面。

（2）主后面（主后刀面） 刀具上与工件过渡表面（参见图 2-1 和图 2-3））接触并相互作用的表面。

（3）副后面（副后刀面） 刀具上与工件已加工表面（参见图 2-1 和图 2-3）接触并相互作用的表面。

（4）主切削刃 前刀面与主后刀面的交线，它完成主要的切削工作。

（5）副切削刃 前刀面与副后刀面的交线，它配合主切削刃完成切削工作，并最终形成已加工表面。

（6）刀尖 连接主切削刃和副切削刃的一段切削刃，它可以是小的直线段或圆弧。

其他各类刀具，如刨刀、钻头、铣刀等，都可看作是车刀的演变和组合。如图 2-4 所示，刨刀切削部分的形状与车刀相同（图 2-4a）；钻头可看作是两把一正一反并在一起同时车削孔壁的车刀，因而有两个主切削刃，两个副切削刃，还增加了一个横刃（图 2-4b）；铣刀可看作由多把车刀组合而成的复合刀具，其每一个刀齿相当于一把车刀（图 2-4c）。

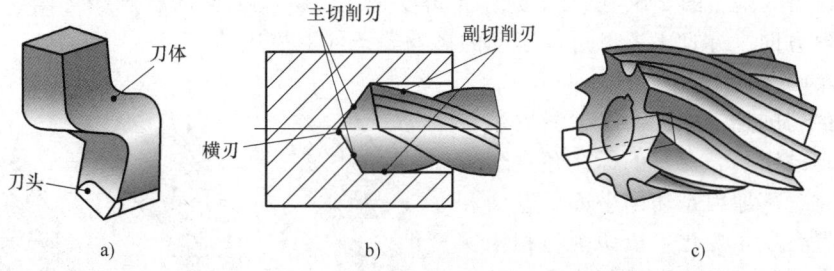

图 2-4 刨刀、钻头、铣刀切削部分的形状

a) 刨刀 b) 钻头 c) 铣刀

2. 刀具角度的参考平面

刀具要从工件上切下金属，必须具有一定的切削角度，也正是由于切削角度才决定了刀具切削部分各表面的空间位置。要确定和测量刀具角度，必须引入三个相互垂直的参考平面，

如图 2-5 所示。

(1) 切削平面　通过主切削刃上某一点并与工件加工表面相切的平面。

(2) 基面　通过主切削刃上某一点并与该点切削速度方向相垂直的平面。

(3) 正交平面　通过主切削刃上某一点并与主切削刃在基面上的投影相垂直的平面。

切削平面、基面和正交平面共同组成标注刀具角度的正交平面参考系，常用的标注刀具角度的参考系还有法平面参考系、背平面和假定工作平面参考系。

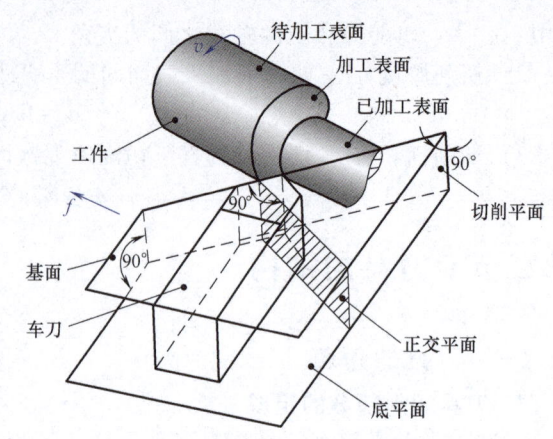

图 2-5　确定车刀角度的参考平面

3. 刀具的标注角度

刀具的标注角度是制造和刃磨刀具所必需的、并在刀具设计图上予以标注的角度。刀具的标注角度主要有五个，以车刀为例，如图 2-6 所示，表示了五个角度的定义。

(1) 前角 γ_o　在正交平面内测量的前面与基面之间的夹角，前角表示前面的倾斜程度，有正、负和零值之分，正负规定如图 2-6 所示。

(2) 后角 α_o　在正交平面内测量的主后面与切削平面之间的夹角，后角表示主后面的倾斜程度，一般为正值。

(3) 主偏角 κ_r　在基面内测量的主切削刃在基面上的投影与进给运动方向的夹角，主偏角一般为正值。

(4) 副偏角 κ_r'　在基面内测量的副切削刃在基面上的投影与进给运动反方向的夹角，副偏角一般为正值。

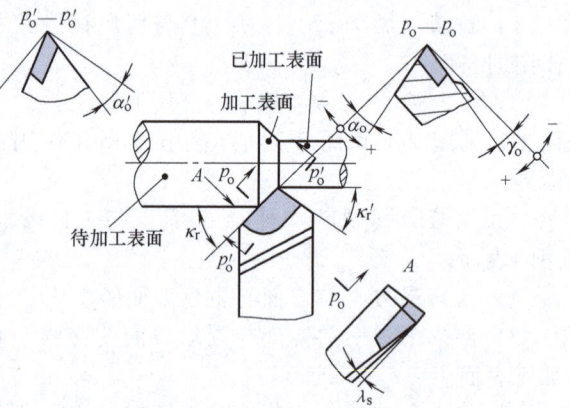

图 2-6　车刀的主要角度

(5) 刃倾角 λ_s　在切削平面内测量的主切削刃与基面之间的夹角。当主切削刃呈水平时，$\lambda_s = 0$；当刀尖为主切削刃上最低点时，$\lambda_s < 0$；当刀尖为主切削刃上最高点时，$\lambda_s > 0$（图 2-7）。需要说明的是，图 2-6、图 2-7 的标注角度是在刀尖与工件回转轴线等高、刀杆纵向轴线垂直于进给方向，并且不考虑进给运动的影响等条件下描述的。

4. 刀具的工作角度

在实际的切削加工中，由于刀具安装位置和进给运动的影响，刀具的标注角度会发生一定的变化，其原因是切削平面、基面和正交平面位置会发生变化。以切削过程中实际的切削平面、基面和正交平面为参考平面所确定的刀具角度称为刀具的工作角度，又称实际角度。

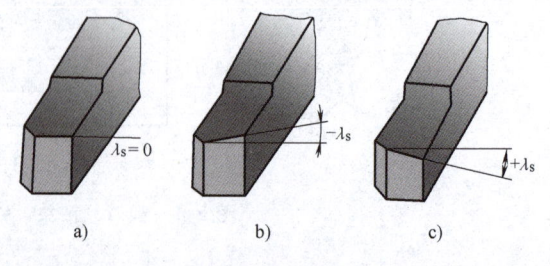

图 2-7　刃倾角的符号

(1) 刀具安装位置对工作角度的影响　以车刀车外圆为例，若不考虑进给运动，当刀尖安装高于或低于工件轴线时，刀具的工

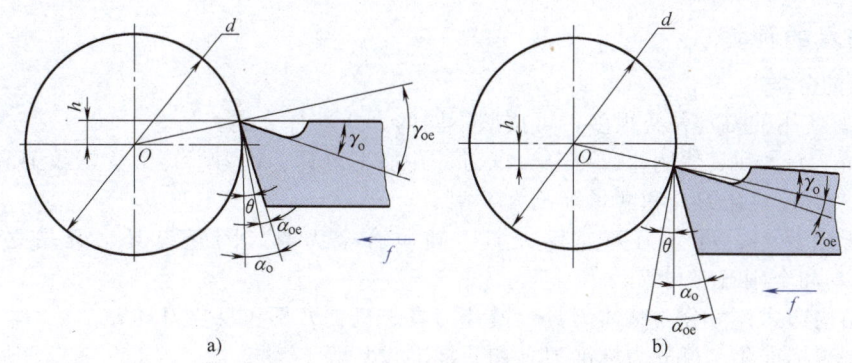

图 2-8 车刀安装高度对工作角度的影响
a) 刀尖高于工件轴线 b) 刀尖低于工件轴线

作前角 γ_{oe} 和工作后角 α_{oe} 如图 2-8 所示。当车刀刀杆的纵向轴线与进给方向不垂直时,刀具的工作主偏角 κ_{re} 和工作副偏角 κ'_{re} 如图 2-9 所示。

因此,实际的切削平面和基面都要偏转一个附加的螺纹升角 μ,使车刀的工作前角 γ_{oe} 增大,工作后角 α_{oe} 减小。一般车削时,进给量比工件直径小很多,故螺纹升角 μ 很小,它对车刀工作角度影响不大,可忽略不计。但在车端面、切断和车外圆进给量(或加工螺纹的导程)较大时,则应考虑螺纹升角的影响。

(2) 进给运动对工作角度的影响　车削时由于进给运动的存在,使车外圆及车螺纹的加工表面实际上是一个螺旋面(图 2-10);车端面或切断时,加工表面是阿基米德螺旋面(图 2-11)。

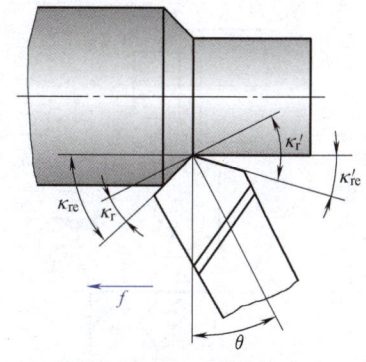

图 2-9 车刀安装偏斜对工作角度的影响
θ 为切削时刀杆纵向轴线的偏转角

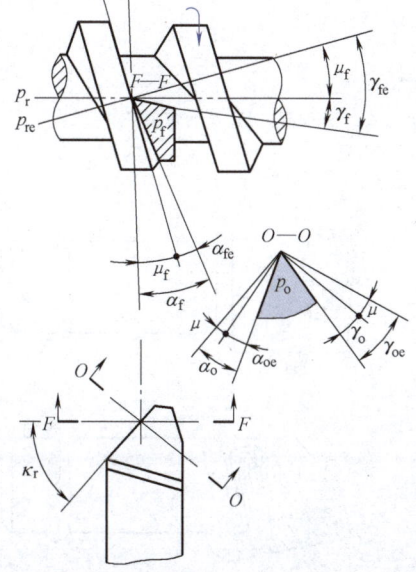

图 2-10 纵向进给运动对工作角度的影响

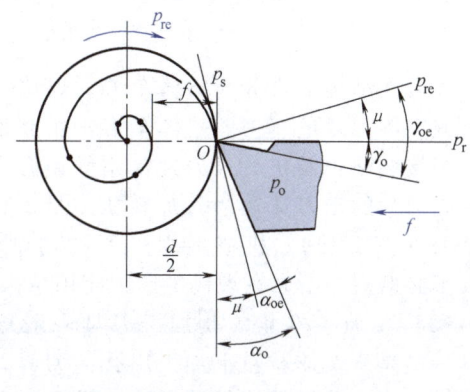

图 2-11 横向进给运动对工作角度的影响

二、刀具的种类

1. 刀具的分类

生产中所使用的刀具种类很多,可按照不同的方式进行分类。

1) 按加工方式和具体用途,可分为车刀、孔加工刀具、铣刀、拉刀、螺纹刀具、齿轮刀具、自动线及数控机床刀具和磨具等几大类型。

2) 按所用材料,可分为高速钢刀具、硬质合金刀具、陶瓷刀具、聚晶立方氮化硼(PCBN)刀具和金刚石刀具等。

3) 按结构形式,可分为整体刀具、镶片刀具、机夹刀具和复合刀具等。

4) 按是否标准化,可分为标准刀具和非标准刀具等。

刀具的种类及其划分方式将随着科学技术的发展而不断变化。

2. 常用刀具简介

(1) 车刀　车刀是金属切削加工中应用最广的一种刀具,它可以在车床上加工外圆、端平面、螺纹、内孔,也可用于切槽和切断等。图2-12列出了常用的几种车刀。

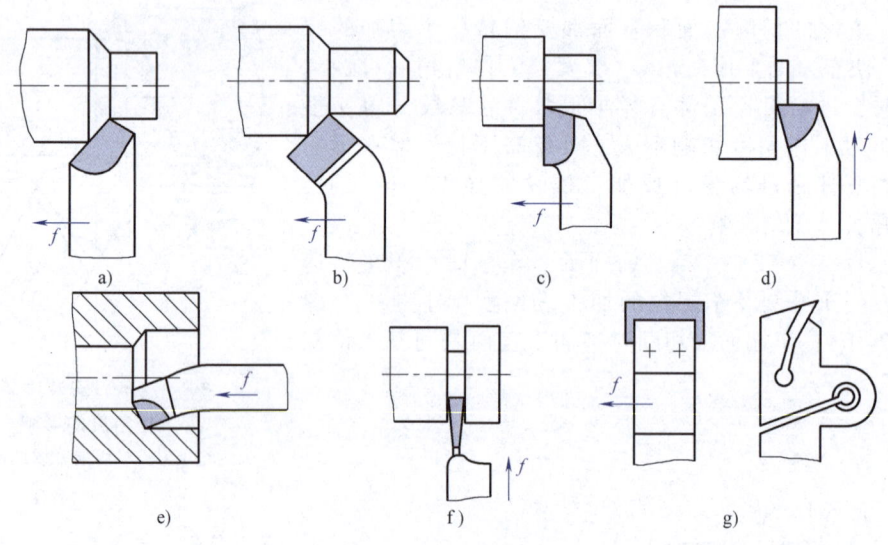

图 2-12　常用的几种车刀

a) 直头外圆车刀　b) 45°弯头外圆车刀　c) 90°弯头外圆车刀　d) 端面车刀
e) 内孔车刀　f) 切断刀　g) 宽刃光刀

车刀在结构上可分为整体车刀、焊接装配式车刀和机械夹固刀片的车刀。整体车刀常用高速工具钢制造,焊接装配式及机夹式刀片常用硬质合金制造。机械夹固刀片的车刀又分为机夹车刀(图2-13)和可转位车刀(图2-14)。机械夹固车刀的切削性能稳定,工人不必磨刀,所以在现代生产中应用越来越多。

(2) 孔加工刀具　孔加工刀具一般可分为两大类:一类是从实体材料上加工出孔的刀具,常用的有麻花钻、中心钻和深孔钻等;另一类是对工件上已有孔进行再加工用的刀具,常用的有扩孔钻、铰刀及镗刀等。

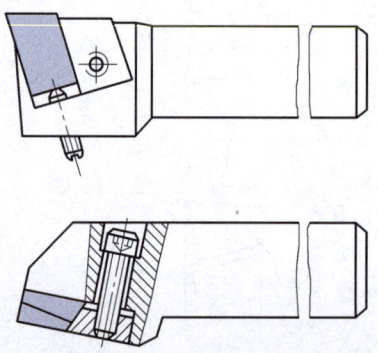

图 2-13　机夹外圆车刀

1) 麻花钻。麻花钻是应用最广的孔加工刀具,特别适合于 $\phi 30mm$ 以下孔的粗加工,有时也可用于扩孔。麻花钻根据其制造材料分为高速钢麻花钻和硬质合金麻花钻。

图 2-15 所示为标准高速钢麻花钻的结构。工作部分（刀体）的前端为切削部分,承担主要的切削工作;后端为导向部分,起引导钻头的作用,也是切削部分的后备部分。

工作部分有两个对称的刃瓣（通过中间的钻芯连接在一起,中间形成横刃）、两条对称的螺旋槽（用于容屑和排屑）;导向部分磨有两条棱边（刃带）,为了减少与加工孔壁的摩擦,棱边直径磨有 0.03~0.12/100 的倒锥量,从而形成了副偏角 κ_r'。

如前所述,麻花钻的两个刃瓣可以看作两把对称的车刀:螺旋槽的螺旋面为前面,与工件过渡表面（孔底）相对的端部两曲面为主后面,与工件的加工表面（孔壁）相对的两条棱边为副后面,螺旋槽与主后面的两条交线为主切削刃,棱边与螺旋槽的两条交线为副切削刃。麻花钻的横刃为两后面在钻芯处的交线。

麻花钻的主要几何参数有:螺旋角 β,顶角 2ϕ（主偏角 $\kappa_r \approx \phi$）、横刃斜角 ψ、直径、横刃长度等。由于标准麻花钻存在切削刃长、前角变化大（从外缘处的大约 $+30°$ 逐渐减小到钻芯处的大约 $-30°$）、螺旋槽排屑不畅、横刃部分切削条件很差（横刃前角约为 $-60°$）等结构问题,生产中,为了提高钻孔的精度和效率,常将标准麻花钻按特定方式刃磨成"群钻"（图 2-16）使用。群钻的基本特征为:三尖七刃锐当先,月牙弧槽分两边,一侧外刃开屑槽,横刃磨得低窄尖。

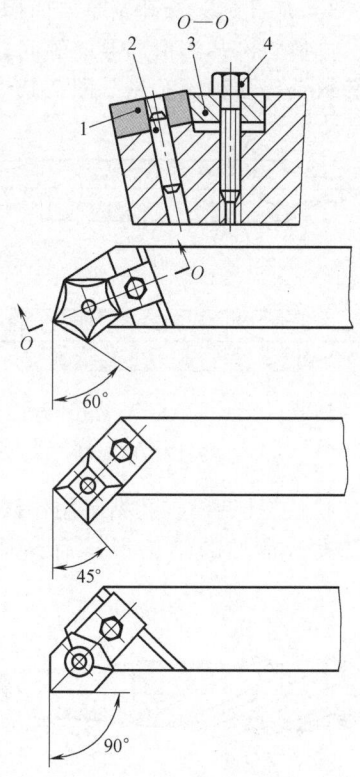

图 2-14 机夹可转位车刀
1—刀片 2—销轴 3—楔块 4—螺钉

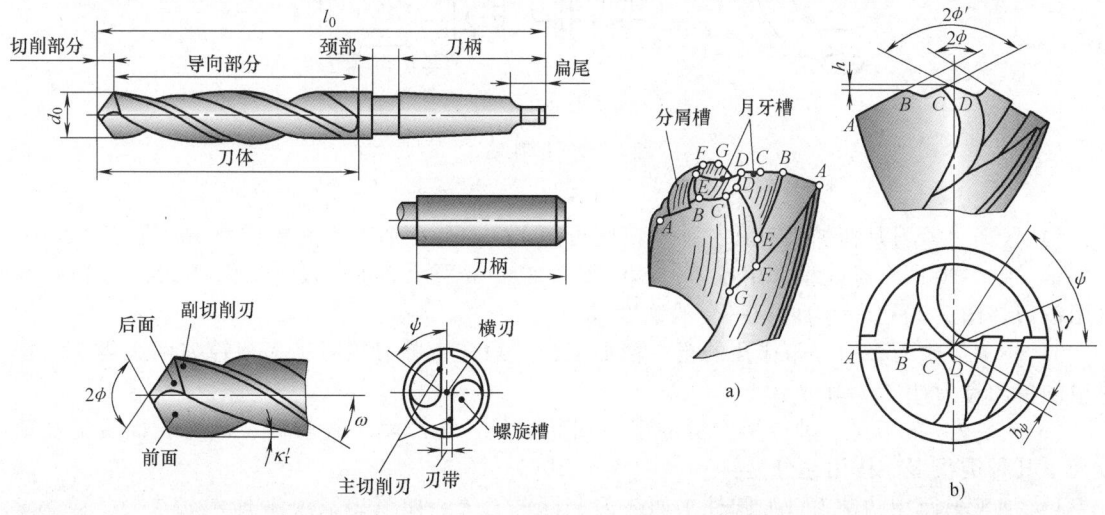

图 2-15 麻花钻的结构　　图 2-16 中型标准群钻

2) 中心钻。中心钻（图 2-17）用于加工轴类工件的中心孔。钻孔时,先打中心孔,也有利于钻头的导向,可防止钻偏。

3) 深孔钻。深孔钻是专门用于钻削深孔（长径比≥5）的钻头。为解决深孔加工中的断屑、排屑、冷却润滑和导向等问题，人们先后开发了外排屑深孔钻、内排屑深孔钻、喷吸钻和套料钻等多种深孔钻。图 2-18 所示是用于加工枪管的外排屑深孔钻的工作原理。

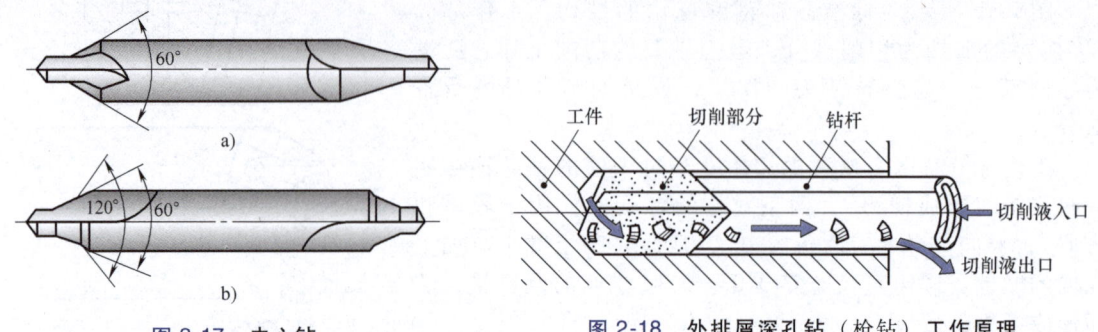

图 2-17　中心钻　　　　　　图 2-18　外排屑深孔钻（枪钻）工作原理

4) 扩孔钻。扩孔钻常用作铰或磨前的预加工以及毛坯孔的扩大，扩孔效率和精度均比麻花钻高。常见的结构形式有高速钢整体式、镶齿套式和镶硬质合金可转位式，分别如图 2-19a、b、c 所示。

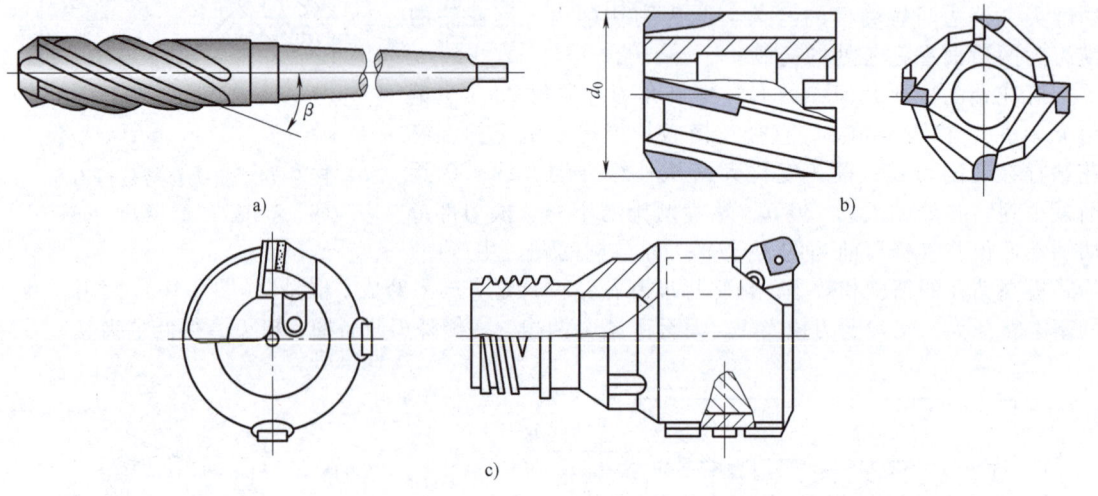

图 2-19　扩孔钻
a) 高速钢整体式　b) 镶齿套式　c) 镶硬质合金可转位式

5) 铰刀。铰刀是精加工刀具，加工精度可达 IT7~IT6，加工表面粗糙度 Ra 值可达 1.6~0.4μm。图 2-20 所示是几种常用铰刀，其中图 2-20a、b 所示为手用铰刀，图 2-20c、d 所示为机用铰刀，图 2-20e 所示为两把一套的锥度铰刀。

6) 镗刀。镗刀多用于箱体孔的粗、精加工，一般分为单刃镗刀和多刃镗刀两大类。结构简单的单刃镗刀如图 2-21 所示。

(3) 铣刀　铣刀是一种应用广泛的多刃回转刀具，生产率一般较高，加工表面粗糙度值较大，其种类很多。按用途分为：

1) 加工平面用的铣刀，如圆柱平面铣刀、面铣刀等，如图 2-22a、b 所示。

2) 加工沟槽用的铣刀，如立铣刀、两面刃或三面刃铣刀、锯片铣刀、T 形槽铣刀和角度铣刀，如图 2-22c、d、e、f、g、h 所示。

3) 加工成形表面用的铣刀，如凸半圆和凹半圆铣刀（图 2-22i、j）和加工其他复杂成形表面用的铣刀（图 2-22k、l、m、n）。

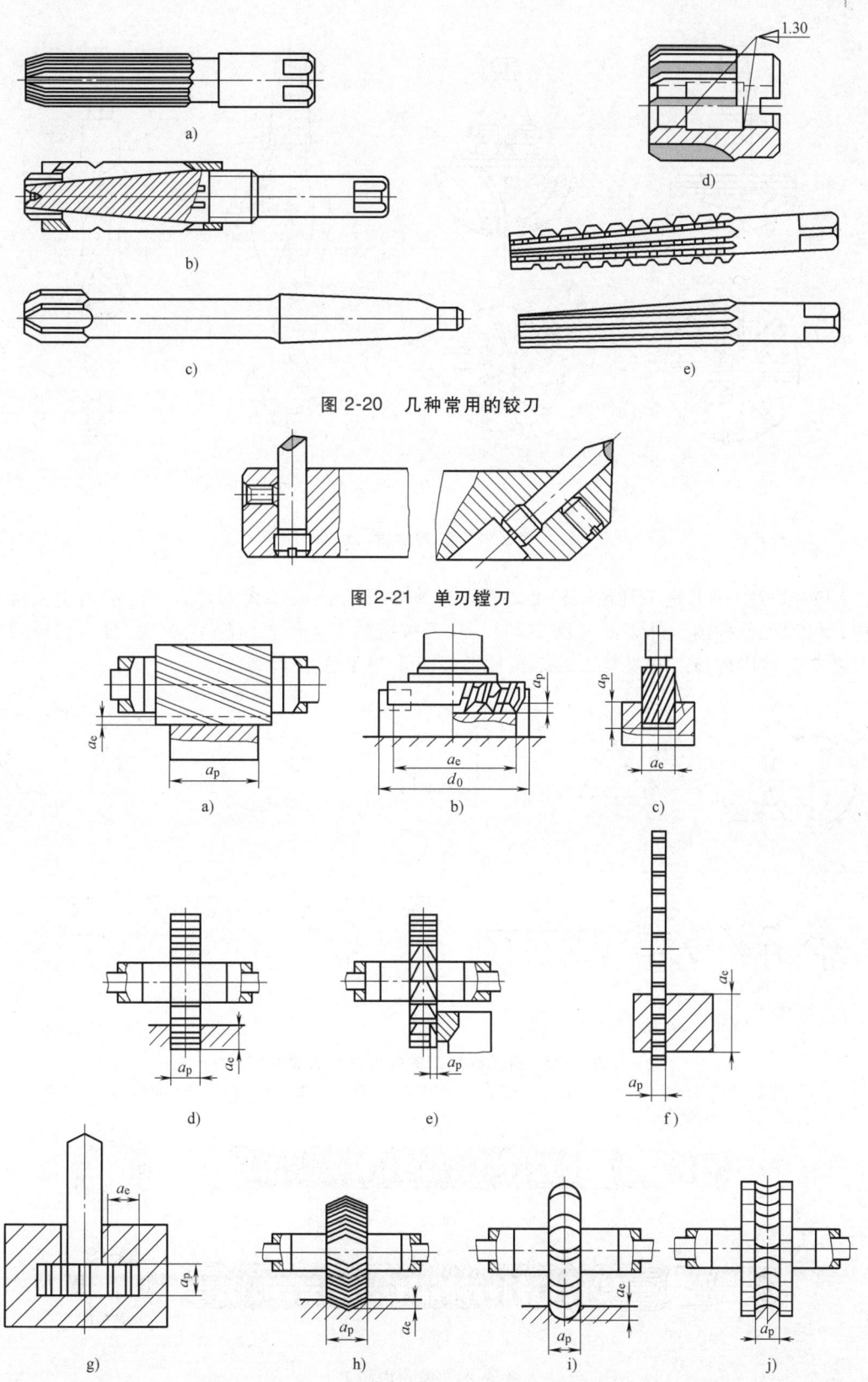

图 2-20 几种常用的铰刀

图 2-21 单刃镗刀

图 2-22 铣刀种类

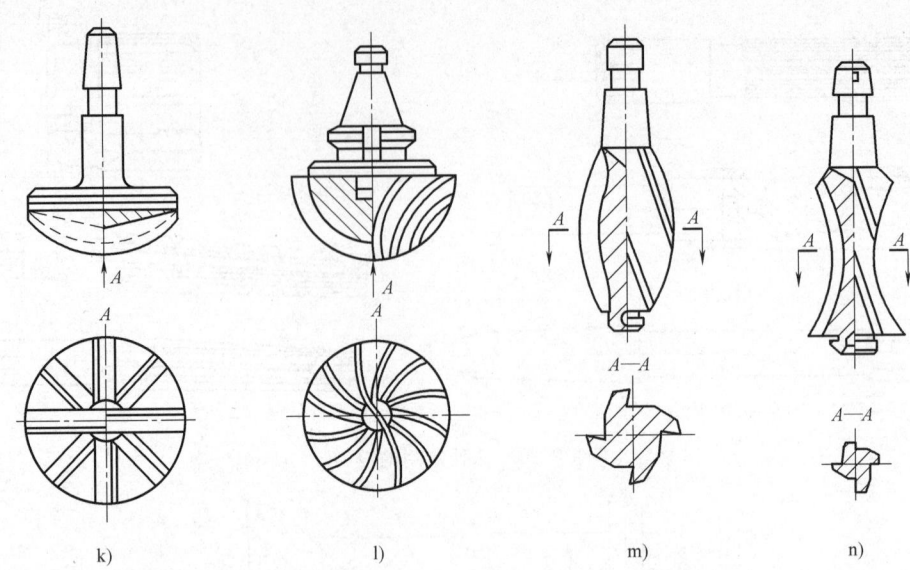

图 2-22 铣刀种类（续）

（4）拉刀　拉刀是一种加工精度和切削效率都比较高的多齿刀具，广泛应用于大批量生产中，可加工各种内、外表面（图2-23）。拉刀按所加工工件表面的不同，可分为内拉刀和外拉刀两类。常用内拉刀和外拉刀的结构分别如图2-24和图2-25所示。

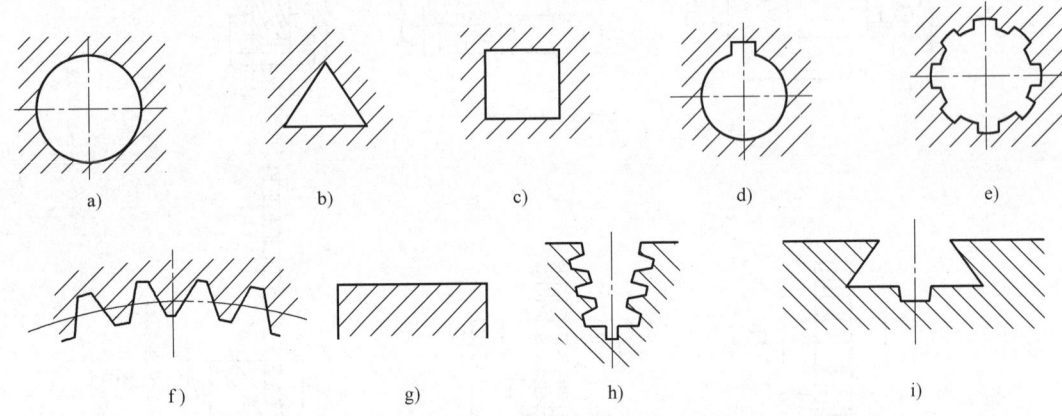

图 2-23　可拉削加工的各种内外表面举例

a) 圆孔　b) 三角形孔　c) 方孔　d) 键槽　e) 花键孔　f) 内齿轮　g) 平面　h) 榫槽　i) 燕尾槽

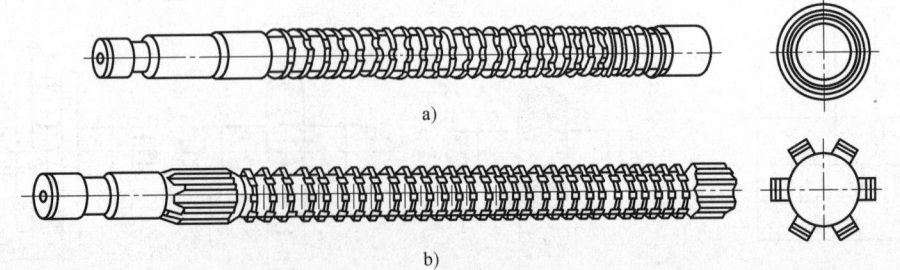

图 2-24　常用内拉刀

a) 圆孔拉刀　b) 花键拉刀

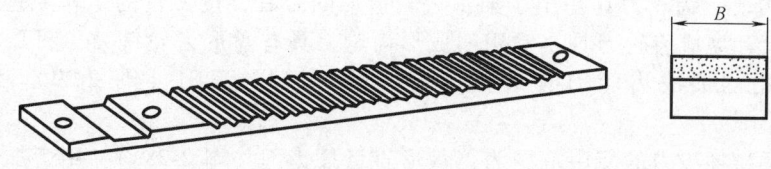

图 2-25　外拉刀

（5）螺纹刀具　螺纹可用切削法和滚压法进行加工。螺纹加工可在车床上车削完成（外螺纹），也可用手动或在钻床上用丝锥进行加工（内螺纹）。图 2-26 所示为常用切削法加工螺纹所用的螺纹刀具。

a)

b)

c)

d)

e)

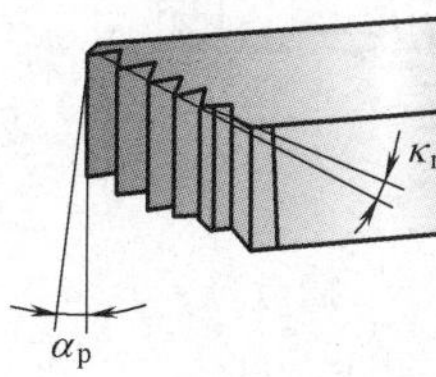

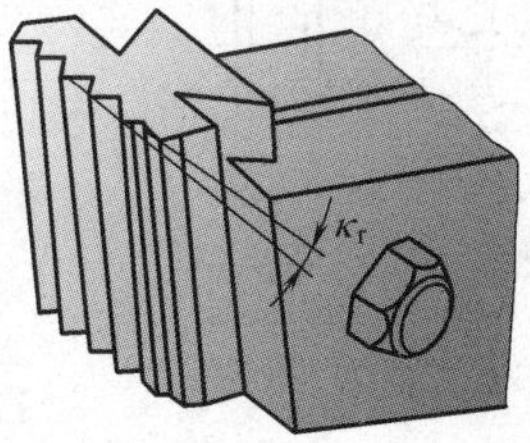

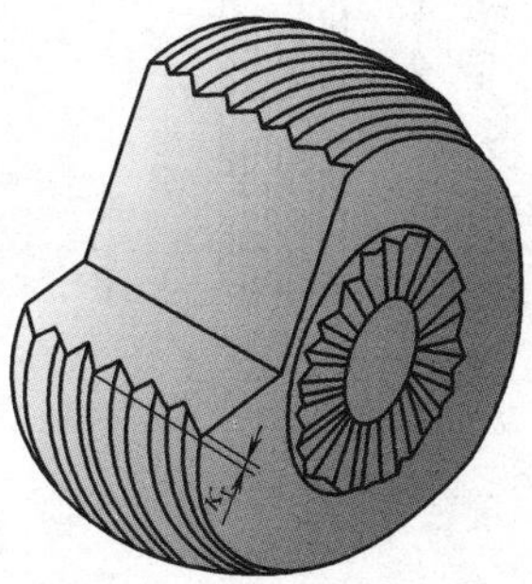

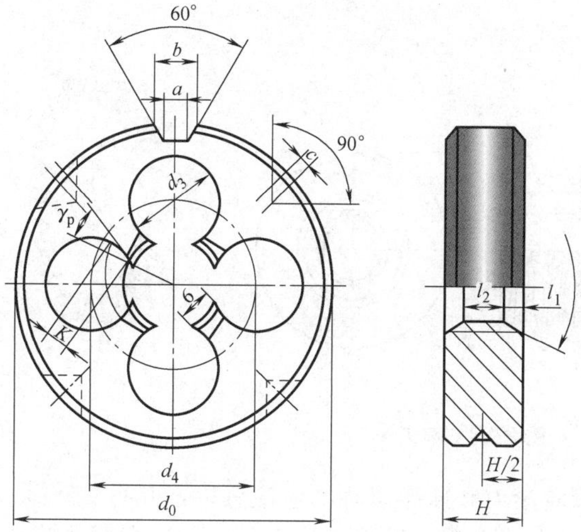

图 2-26　常用切削法加工螺纹的螺纹刀具

a）平体螺纹梳刀　b）棱体螺纹梳刀　c）圆体螺纹梳刀　d）板牙　e）丝锥

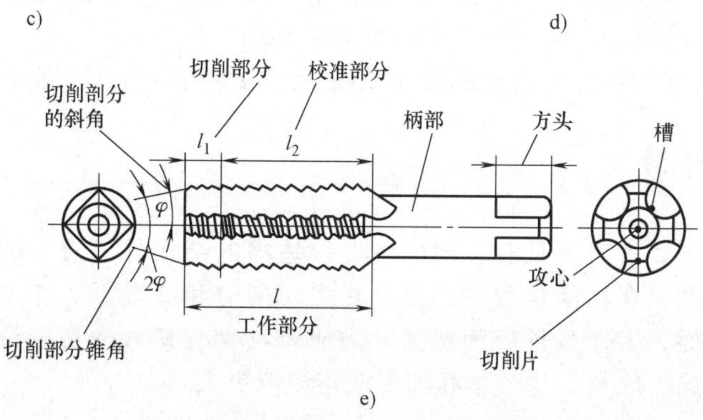

（6）**齿轮刀具** 齿轮刀具是用于加工齿轮齿形的刀具，按刀具的工作原理，齿轮刀具分为成形齿轮刀具和展成齿轮刀具。常用的成形齿轮刀具有盘形齿轮铣刀（图 2-27）和指形齿轮铣刀等。常用的展成齿轮刀具有插齿刀（图 2-28）、滚刀（图 2-29）和剃齿刀（图 2-30）等。

三种主要类型插齿刀的使用范围为：盘形直齿插齿刀（图 2-28a），用于加工普通直齿轮和大直径内齿轮；碗形直齿插齿刀（图 2-28b），用于加工塔形齿轮和双联齿轮；锥柄直齿插齿刀（图 2-28c），用于加工直齿内齿轮。插齿刀也可用于加工斜齿轮、人字齿轮和齿条。

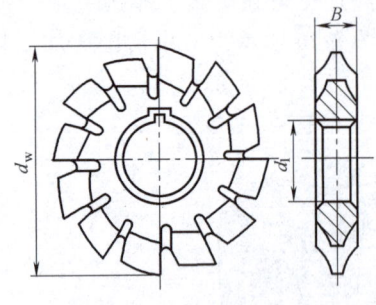

图 2-27 盘形齿轮铣刀

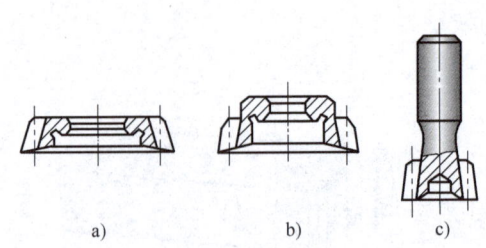

图 2-28 插齿刀
a) 盘形直齿插齿刀 b) 碗形直齿插齿刀 c) 锥形直齿插齿刀

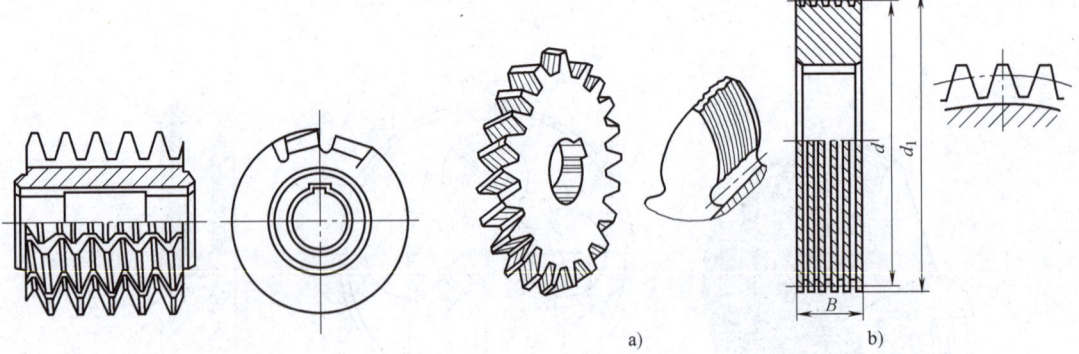

图 2-29 滚刀　　　　　　图 2-30 两种典型的剃齿刀

选用齿轮滚刀和插齿刀时，应注意以下几点：
1) 刀具基本参数（模数、压力角、齿顶高系数等）应与被加工齿轮相同。
2) 刀具精度等级应与被加工齿轮要求的精度等级相当。
3) 刀具旋向应尽可能与被加工齿轮的旋向相同。滚切直齿轮时，一般用左旋滚刀。

第三节 刀具的材料

为了完成切削，除了要求刀具具有合理的角度和适当的结构外，刀具的材料是保证刀具完成切削功能的重要基础。在切削过程中，刀具在强切削力和高温下工作，同时与切屑和工件表面都产生剧烈的摩擦，工作条件极为恶劣。为使刀具具有良好的切削性能，必须选用合适的材料。刀具材料对加工质量、生产率和加工成本影响极大。

一、刀具材料应具备的性能

刀具材料应满足以下基本要求：

1) 高的硬度。刀具材料的硬度必须高于工件的硬度,以便切入工件,在常温下,刀具材料的硬度一般应该在 60HRC 以上。

2) 高的耐磨性。即抵抗磨损的能力,一般情况下,刀具材料硬度越高,耐磨性越好。

3) 高的耐热性。指刀具在高温下仍能保持硬度、强度、韧性和耐磨性的能力。

4) 足够的强度和韧性。只有具备足够的强度和韧性,刀具才能承受切削力和切削时产生的振动,以防脆性断裂和崩刃。

5) 良好的工艺性。为便于刀具本身的制造,刀具材料还应具有一定的工艺性能,如切削性能、磨削性能、焊接性能及热处理性能等。

6) 良好的热物理性能和耐热冲击性。要求刀具的导热性要好,不会因受到大的热冲击,刀具内部产生裂纹而导致刀具断裂。

应该指出,上述要求中有些是相互矛盾的,如硬度越高、耐磨性越好的材料的韧性和抗破损能力就越差,耐热性好的材料韧性也较差。实际工作中,应根据具体的切削对象和条件进行综合考虑,以选出最合适的刀具材料。

二、常用刀具材料

在切削加工中常用的刀具材料有:碳素工具钢、合金工具钢、高速钢、硬质合金等。常用刀具材料的特性见表 2-1。

表 2-1 常用刀具材料的特性

种类	牌号	硬度	维持切削性能的最高温度/℃	抗弯强度/GPa	工艺性能	用途
碳素工具钢	T8A T10A T12A	60~64HRC (81~83HRA)	约200	2.45~2.75 (250~280)	可冷热加工成形,工艺性能良好,磨削性好,须热处理	只用于手动刀具,如手动丝锥、板牙、铰刀、锯条、锉刀等
合金工具钢	9CrSi CrWMn 等	60~65HRC (81~83HRA)	250~300	2.45~2.75 (250~280)		只用于手动或低速机动刀具,如丝锥、板牙、拉刀等
高速钢	W18Cr4V W6Mo5Cr4V2Al W10Mo4Cr4V3Al	62~70HRC (82~87HRA)	540~600	2.45~4.41 (250~450)	可冷热加工成形,工艺性能好,须热处理,磨削性好,但高钒类较差	用于各种刀具,特别是形状较复杂的刀具,如钻头、铣刀、拉刀、齿轮刀具、丝锥、板牙、刨刀等
硬质合金	钨钴类: YG3,YG6,YG8 钨钴钛类: YT5,YT15,YT30	89~94HRA	800~1000	0.88~2.45 (90~250)	压制烧结后使用,不能冷热加工,多镶片使用,无须热处理	车刀刀头大部分采用硬质合金,铣刀、钻头、滚刀、丝锥等也可镶刀片使用。钨钴类加工铸铁、有色金属;钨钴钛类加工碳素钢、合金钢、淬硬钢等
陶瓷材料		91~94HRA	>1200	0.441~0.833 (45~85)	压制烧结后使用,不能冷热加工,多镶片使用,无须热处理	多用于车刀,性脆,适于连续切削
立方氮化硼		7300~9000HV			压制烧结而成,可用金刚石砂轮磨削	用于硬度、强度较高材料的精加工。在空气中达1300℃时仍保持稳定
金刚石		10000HV			用天然金刚石砂轮刃磨极困难	用于有色金属的高精度、低粗糙度切削,700~800℃时易碳化

(1) **碳素工具钢与合金工具钢** 碳素工具钢是含碳量最高的优质钢（碳的质量分数为 0.7%~1.2%），如 T10A。碳素工具钢淬火后具有较高的硬度，而且价格低廉。但这种材料的耐热性较差，当温度达到 200℃时，即失去它原有的硬度，并且淬火时容易产生变形和裂纹。

合金工具钢是在碳素工具钢中加入少量的 Cr、W、Mn、Si 等合金元素形成的刀具材料（如 9SiCr）。由于合金元素的加入，与碳素工具钢相比，其热处理变形有所减少，耐热性也有所提高。

以上两种刀具材料因其耐热性都比较差，所以常用于制造手工工具和一些形状较简单的低速刀具，如锉刀、锯条、铰刀等。

(2) **高速钢** 高速钢又称为锋钢或风钢，它是含有较多 W、Cr、V 合金元素的高合金工具钢，如 W18Cr4V。与碳素工具钢和合金工具钢相比，高速钢具有较高的耐热性，温度达 600℃时，仍能正常切削，其许用切削速度为 30~50m/min，是碳素工具钢的 5~6 倍，而且它的强度、韧性和工艺性都较好，可广泛用于制造中速切削及形状复杂的刀具，如麻花钻、铣刀、拉刀、各种齿轮加工工具。

为了提高高速钢的硬度和耐磨性，常采用如下措施来提高其性能：

1）在高速钢中增添新的元素。如我国制成的铝高速钢，增添了铝元素，使其硬度达 70HRC，耐热性超过 600℃，被称之为高性能高速钢或超高速钢。

2）用粉末冶金法制造的高速钢称为粉末冶金高速钢，它可消除碳化物的偏析并细化晶粒，提高了材料的韧性、硬度，并减小了热处理变形，适用于制造各种高精度刀具。

(3) **硬质合金** 它是以高硬度、高熔点的金属碳化物（WC，TiC）为基体，以金属 Co、Ni 等为粘结剂，用粉末冶金方法制成的一种合金。其硬度为 74~82HRC，能耐 800~1000℃的高温，因此耐磨、耐热性好，许用切削速度是高速钢的 6 倍，但强度和韧性比高速钢低，工艺性差，因此硬质合金常用于制造形状简单的高速切削刀片，经焊接或机械夹固在车刀、刨刀、面铣刀、钻头等刀体（刀杆）上使用。

切削工具用硬质合金牌号按使用领域不同分为 P、M、K、N、S、H 六大类。各个类别为满足不同的使用要求，以及根据材料耐磨性和韧性的不同，又可分为若干组，见表 2-2。

表 2-2 硬质合金的分类

组别		基本成分	使用领域
类别	分组号		
P	01	主要以 WC、TiC 为基体，以 Co(Ni+Mo、Ni+Co)作为粘结剂的合金/涂层合金	主要用于长切屑材料的加工，如钢、铸钢、长切屑可锻铸铁等的加工
P	10		
P	20		
P	30		
M	01	主要以 WC 为基，以 Co 作为粘结剂，添加少量 TiC(TaC、NbC)的合金/涂层合金	主要用于不锈钢、铸钢、锰钢、可锻铸铁、合金钢、合金铸铁等的加工
M	10		
M	20		
M	30		
K	01	主要以 WC 为基，以 Co 作为粘结剂，或添加少量 TaC、NbC 的合金/涂层合金	主要用于短切屑材料的加工，如铸铁、冷硬铸铁、短切屑可锻铸铁、灰铸铁等的加工
K	10		
K	20		
K	30		
K	40		

(续)

组别		基 本 成 分	使 用 领 域
类别	分组号		
N	01	主要以 WC 为基，以 Co 作为粘结剂，或添加少量 TaC、NbC 或 CrC 的合金/涂层合金	主要用于有色金属、非金属材料的加工，如铝、镁、塑料、木材等的加工
	10		
	20		
	30		
S	01	主要以 WC 为基，以 Co 作为粘结剂，或添加少量 TaC、NbC 或 TiC 的合金/涂层合金	主要用于耐热和优质合金材料的加工，如耐热钢，含镍、钴、钛各类合金材料的加工
	10		
	20		
	30		
H	01	主要以 WC 为基，以 Co 作为粘结剂，或添加少量 TaC、NbC 或 TiC 的合金/涂层合金	主要用于硬切削材料的加工，如淬硬钢、冷硬铸铁等材料的加工
	10		
	20		
	30		

为了克服常用硬质合金强度低、韧性低、脆性大、易崩刃的缺点，常采用如下措施改善其性能：

1）调整化学成分，使硬质合金既有高的硬度又有良好的韧性。
2）细化合金的晶粒，提高硬度与抗弯强度。

三、新型刀具材料

随着高硬度难加工材料的出现，对刀具材料提出了更高的要求，这就推动了刀具新材料的不断开发。这里介绍三种：陶瓷、金刚石和立方氮化硼，后两者属于超硬材料。

(1) 陶瓷 陶瓷是以氧化铝（Al_2O_3）或氮化硅（Si_3N_4）等为主要成分，经压制成形后烧结而成的刀具材料。陶瓷的硬度高、化学稳定性高、耐氧化，所以被广泛用于高速切削加工中。但由于其强度低、韧性差，长期以来主要用于精加工。

陶瓷刀具与传统硬质合金刀具相比，具有以下优点：①可加工硬度高达 65HRC 的高硬度难加工材料；②可进行扒荒粗车及铣、刨等大冲击间断切削；③刀具寿命可提高几倍至几十倍；④切削效率提高 3~10 倍，可实现以车、铣代磨。

(2) 金刚石 金刚石是碳的同素异构体，是自然界已经发现的最硬材料，显微硬度达到 10000HV。一般有两种：天然金刚石和人造金刚石。前者性质较脆，容易沿晶体的解理面破裂，导致大块崩刃，并且天然金刚石价格昂贵，因此往往被人造聚晶金刚石代替。

人造聚晶金刚石（Polycrystalline diamond, PCD）是以石墨为原料，通过合金触媒的作用，在高温高压下烧结而成。它有如下特点：①硬度和耐磨性极高，它在加工高硬度材料时，寿命是硬质合金刀具的 10~100 倍，甚至高达几百倍；②摩擦系数低，与一些有色金属之间的摩擦系数约为硬质合金刀具的一半；③切削刃非常锋利，可用于超薄切削和超精密加工；④导热性能好，金刚石导热系数为硬质合金的 1.5~9 倍；⑤热膨胀系数低，金刚石热膨胀系数比硬质合金小，约为高速钢的 1/10。但人造金刚石的热稳定性差，使用温度不得超过 700~800℃，特别是它与铁元素的化学亲和力很强，因此它不宜用来加工钢铁件，多用于有色金属及其合金和一些非金属材料的加工，是目前超精密切削加工中的最主要刀具。

(3) 立方氮化硼 立方氮化硼（Cubic Boron Nitride, CBN）是由六方氮化硼和触媒在高温高压下合成的,是继人造金刚石问世后出现的又一种新型高新技术产品。它具有很高的硬度、热稳定性和化学惰性,以及良好的透红外形和较宽的禁带宽度等优异性能,它的硬度仅次于金刚石,但热稳定性远高于金刚石,可承受1200℃以上的切削温度。对铁系金属元素有较大的化学稳定性,在高温下(1200~1300℃)不会发生化学反应。立方氮化硼磨具的磨削性能十分优异,不仅能胜任难磨材料的加工,提高生产率,还能有效地提高工件的磨削质量。

由于CBN具有优于其他刀具材料的特性,因此人们一开始就试图将其应用于切削加工,但单晶CBN的颗粒较小,很难制成刀具,且CBN烧结性很差,难以制成较大的CBN烧结体,直到20世纪70年代,苏联、中国、美国、英国等国家才相继研制成功作为切削刀具的CBN烧结体——聚晶立方氮化硼(Polycrystalline Cubic Boron Nitride, PCBN)。从此,PCBN以它优越的切削性能应用于切削加工的各个领域,尤其在高硬度材料、难加工材料的切削加工中更是独树一帜。目前应用广泛的是有粘结剂的PCBN刀具复合片,根据添加的粘结剂比例不同,其硬质特性也不同,粘结剂含量越高硬度就越低,其韧性就会越好。

第四节 金属切削过程及其物理现象

金属切削过程是指在刀具和切削力的作用下形成切屑的过程,在此过程中会出现许多物理现象,如切削力、切削热、积屑瘤、刀具磨损和加工硬化等。因此,研究切削过程对切削加工的发展和进步,保证加工质量,降低生产成本,提高生产效率等,都有着重要意义。

一、切削过程

1. 切屑形成过程

对塑性金属进行切削时,切屑的形成过程就是切削层金属的变形过程,图2-31所示为低速直角自由切削工件侧面时,用显微镜观察得到的切削层金属变形的情况。所谓直角自由切削,是指没有副切削刃参与切削,并且刃倾角$\lambda_s = 0°$的切削方式,如图2-32所示。

图2-31 金属切屑层的变形图像

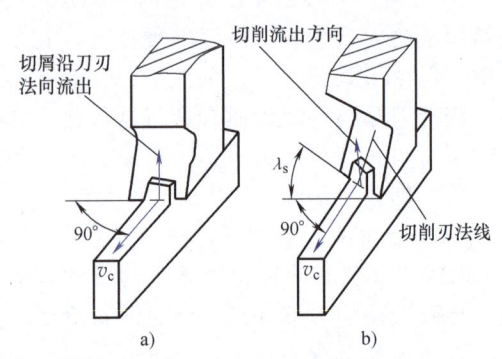

图2-32 直角切削与斜角切削

根据图2-31可绘制出切削过程晶粒的滑移线,如图2-33所示。当工件受到刀具的挤压以后,切削层金属在始滑移面OA以左发生弹性变形,越靠近OA面,弹性变形越大。在OA面上,应力达到材料的屈服强度σ_s,则发生塑性变形,产生滑移现象。随着刀具的连续移动,原来处于始滑移面上的金属不断向刀具靠拢,应力和变形也逐渐加大。在终滑移面OE上,应力和变形达到最大值。越过OE面,切削层金属将脱离工件基体,沿着前面流出而形成切屑,完成切离阶段。经过塑性变形的金属,其晶粒沿大致相同的方向伸长。可见,金属切削过程实质是一种剪切—滑移—断裂过程,在这一过程中产生的许多物理现象,都是由切削过程中的变形和摩擦所引起的。

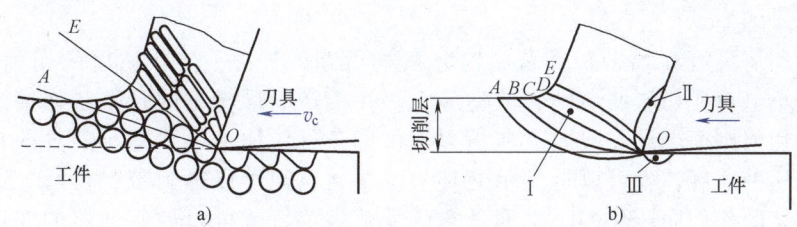

图 2-33　切削过程晶粒变形情况及三个变形区
a) 切削过程晶粒变形情况　b) 切削过程中的三个变形区

2. 切削变形区

根据图 2-33a 所示的晶粒滑移线,可将塑性金属材料在切削时,刀具与工件接触的区域分为三个变形区,如图 2-33b 所示。

(1) 第一变形区　OA 与 OE 之间是切削层的塑性变形区,称为第一变形区,或称基本变形区。基本变形区的变形量最大,常用它来说明切削过程的变形情况。

(2) 第二变形区　切屑与前面摩擦的区域Ⅱ称为第二变形区,或称摩擦变形区。切屑形成后与前面之间存在压力,所以沿前面流出时必然有很大的摩擦,因而使切屑底层又一次产生塑性变形。

(3) 第三变形区　工件已加工表面与后面接触的区域Ⅲ称为第三变形区,或称加工表面变形区。

这三个变形区聚集在切削刃附近,此处的应力比较集中而复杂,金属被切削层就在此处与工件基体发生分离,大部分变成切屑,很小一部分留在已加工表面上。

二、切屑的类型及其控制

由于工件材料不同,切削过程中的变形程度也就不同,因而产生的切屑种类也就多种多样,图 2-34a、b、c 所示为切削塑性材料的切屑,图 2-34d 所示为切削脆性材料的切屑。

(1) 带状切屑　这是最常见的一种切屑（图 2-34a）。它的内表面是光滑的,外表面是毛茸的。如用显微镜观察,在外表面上也可看到剪切面的条纹,但每个单元很薄,肉眼看来大体上是平整的。加工塑性金属材料,当切削厚度较小、切削速度较高、刀具前角较大时,一般常得到这类切屑。它的切削过程平稳,切削力波动较小,已加工表面粗糙度较小。

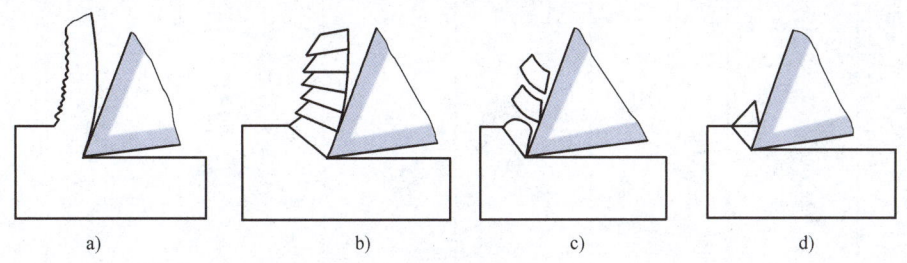

图 2-34　切屑类型
a) 带状切屑　b) 挤裂切屑　c) 单元切屑　d) 崩碎切屑

(2) 挤裂切屑　这类切屑与带状切屑不同之处在于外表面呈锯齿形,内表面有时有裂纹。这类切屑之所以呈锯齿形,是由于它的第一变形区较宽,在剪切滑移过程中滑移量较大。由滑移变形所产生的加工硬化使剪切力增加,在局部地方达到材料的破裂强度。这种切屑大多在切削速度较低、切削厚度较大、刀具前角较小时产生。

(3) 单元切屑 如果在挤裂切屑的剪切面上，裂纹扩展到整个面上，则整个单元被切离，成为梯形的单元切屑。

以上三种切屑只有在加工塑性材料时才可能得到。其中，带状切屑的切削过程最平稳，切削力波动最小，单元切屑的切削力波动最大。在生产中最常见的是带状切屑，有时得到挤裂切屑，单元切屑则很少见。假如改变挤裂切屑的条件，如进一步减小刀具前角，降低切削速度，或加大切削厚度，就可以得到单元切屑。反之，则可以得到带状切屑。这说明切屑的形态是可以随切削条件而转化的。掌握了它的变化规律，就可以控制切屑的变形、形态和尺寸，以达到卷屑和断屑的目的。

(4) 崩碎切屑 这是属于脆性材料的切屑。这种切屑的形状是不规则的，加工表面是凹凸不平的，如图 2-34d 所示。从切削过程来看，切屑在破裂前变形很小，和塑性材料的切屑形成机理也不同，它的脆断主要是由于材料所受应力超过了它的抗拉极限。加工脆硬材料，如高硅铸铁、白口铸铁等，特别是当切削厚度较大时常得到这种切屑。由于它的切削过程很不平稳，容易破坏刀具，也有损于机床，已加工表面又粗糙，因此在生产中应力求避免。其方法是减小切削厚度，使切屑成针状或片状；同时适当提高切削速度，以增加工件材料的塑性。

以上是四种典型切屑，但加工现场获得的切屑，其形状是多种多样的。在现代切削加工中，切削速度与金属切除率达到了很高的水平，切削条件很恶劣，常常产生大量"不可接受"的切屑。这类切屑或拉伤工件的已加工表面，使表面粗糙度恶化；或划伤机床，卡在机床运动副之间；或造成刀具的早期破损；有时甚至影响操作者的安全。特别对于数控机床、生产自动线及柔性制造系统，如不能进行有效的切屑控制，轻则限制了机床能力的发挥，重则使生产无法正常进行。所谓切屑控制（又称切屑处理，工厂中一般简称为"断屑"），是指在切削加工中采取适当的措施来控制切屑的卷曲、流出与折断，形成"可接受"的良好屑形。从切屑控制的角度出发，国家标准（GB/T 16461—2016）制定了切屑分类标准（此标准源于 ISO 3685—1993），如图 2-35 所示。

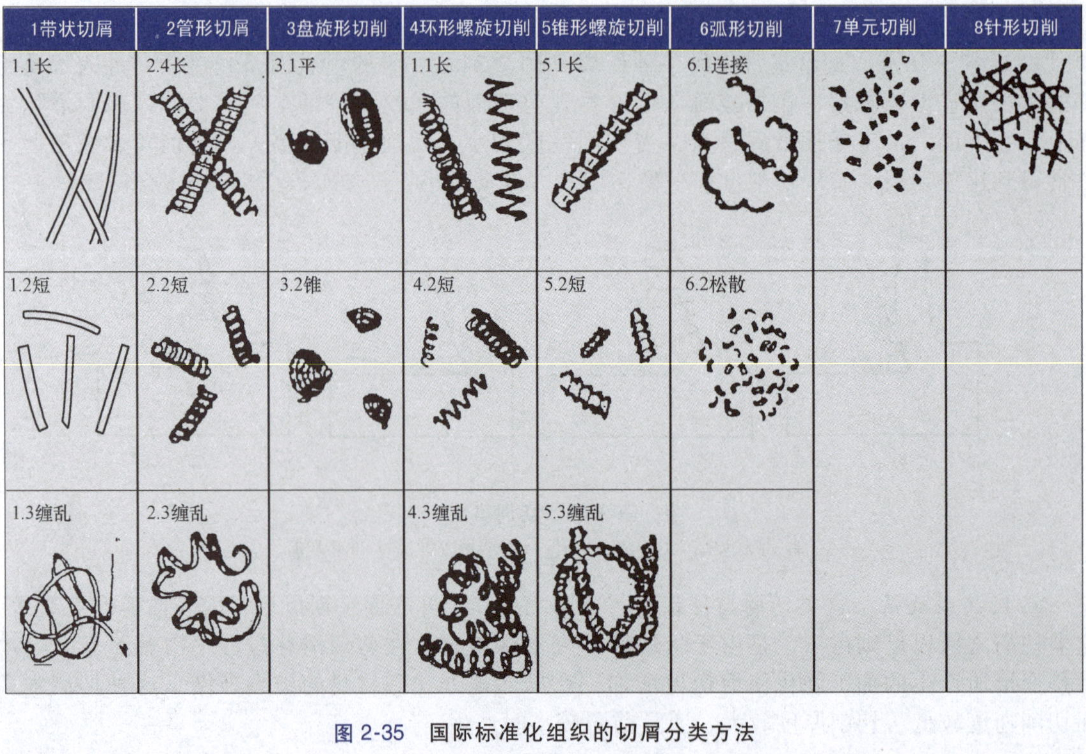

图 2-35 国际标准化组织的切屑分类方法

衡量切屑可控性的主要标准是：不妨碍正常的加工，即不缠绕在工件、刀具上，不飞溅到机床运动部件中；不影响操作者的安全；易于清理、存放和搬运。对于不同的加工场合，例如不同的机床、刀具或者不同的被加工材料，有相应的可接受屑形。因而，在进行切屑控制时，要针对不同情况采取适应的措施，以得到相应的可接受的良好屑形。

在实际加工中，应用最广的是使用可转位刀具，并且在前面上磨制出断屑槽或使用压块式断屑器。

三、切削过程中的积屑瘤现象

在切削速度不高而又能形成连续切屑的情况下，加工一般钢料或其他塑性材料时，常常在前面处粘着一块剖面有时呈三角状的硬块。它的硬度很高，通常是工件材料的 2~3 倍，在处于比较稳定的状态时，能够代替切屑刃进行切削。这块冷焊在前面上的金属称为积屑瘤或刀瘤。积屑瘤剖面的照片如图 2-36 所示。

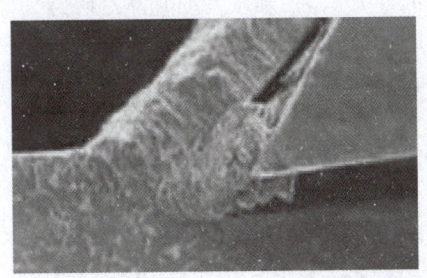

图 2-36　积屑瘤

积屑瘤的产生会引起刀具实际角度的变化，如可增大前角，有时可延长刀具寿命等，但是积屑瘤是不稳定的，增大到一定程度后会碎裂，这样容易嵌入在已加工表面内，增大了表面粗糙度。积屑瘤在加工过程中是不可控的，只能通过改变切削条件防止其产生。

第五节　切削力与切削功率

一、切削力的来源

分析和计算切削力，是计算功率消耗，进行机床、刀具、夹具设计、制订合理的切削用量、优化刀具几何参数的重要依据。在自动化生产中，还可通过切削力来监控切削过程和刀具工作状态，如刀具折断、磨损、破损等。

金属切削时，刀具切入工件，使被加工材料发生变形并成为切屑所需的力，称为切削力。由前述对切削变形的分析可知，切削力来源于三个方面（图 2-37）：

1) 克服被加工材料弹性变形的抗力。
2) 克服被加工材料塑性变形的抗力。
3) 克服切屑与刀具前面的摩擦力和刀具后面与过渡表面和已加工表面之间的摩擦力。

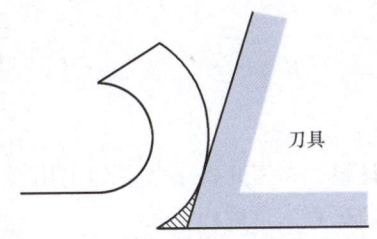

图 2-37　切削合力和分力

二、切削合力与切削功率

切削各力的总和形成作用在刀具上的合力 F_r（国标为 F）。为了实际应用，F_r 可分解为相

互垂直的 F_x（国标为 F_f）、F_y（国标为 F_p）和 F_z（国标为 F_c）三个分力（图 2-37）。

在车削时：

F_z——主切削力或切向力。它的方向与过渡表面相切并与基面垂直。F_z 是计算车刀强度、设计机床主轴系统、确定机床功率所必需的。

F_x——进给力或轴向力。它是处于基面内并与工件轴线平行与进给方向相反的力。F_x 是设计进给机构，计算车刀进给功率所必需的。

F_y——切深抗力或背向力、径向力、吃刀力。它是处于基面内并与工件轴线垂直的力。F_y 是计算工件挠度、机床零件和车刀强度的依据。工件在切削过程中产生的振动往往与 F_y 有关。

由图 2-37 可以看出

$$F_r = \sqrt{F_z^2 + F_N^2} = \sqrt{F_z^2 + F_x^2 + F_y^2}$$

根据实验，当 $\kappa_r = 45°$，$\lambda_s = 0°$ 和 $\gamma_o \approx 15°$ 时，F_z、F_x 和 F_y 之间的关系为

$$F_y = (0.15 \sim 0.7) F_z$$
$$F_x = (0.1 \sim 0.6) F_z$$

由此可得

$$F_r = (1.02 \sim 1.36) F_z$$

随车刀材料、车刀几何参数、切削用量、工件材料和车刀磨损情况的不同，F_x、F_y 和 F_z 之间的比例会在较大范围内变化。

消耗在切削过程中的功率称为切削功率 P_m（国标为 P_0）。切削功率为力 F_z 和 F_x 所消耗的功率之和，因 F_y 方向没有位移，所以不消耗功率。于是

$$P_m = \left(F_z v_c + \frac{F_x n_w f}{1000} \right) \times 10^{-3}$$

式中　P_m——切削功率（kW）；
　　　F_z——切削力（N）；
　　　v_c——切削速度（m/s）；
　　　F_x——进给力（N）；
　　　n_w——工件转速（r/s）；
　　　f——进给量（mm/r）。

切削力的计算公式中，右侧的第二项是消耗在进给运动中的功率，它相对于 F_z 所消耗的功率很小，一般仅为其 1%~2%，因此可以略去不计，则

$$P_m = F_z v_c \times 10^{-3}$$

在求得切削功率后，还可以计算出主运动电动机的功率 P_E，但需要考虑机床的传动效率 η，即

$$P_E \geq \frac{P_m}{\eta}$$

一般 η 取 0.75~0.85，大值适用于新机床，小值适用于旧机床。

三、切削力的计算

目前，人们在生产中已经积累了大量的切削力实验数据。对于一般加工方法，如车削、孔加工和铣削等已建立起了可直接利用的经验公式。切削力的计算常采用以下四种方法：指数公式、单位切削力法、解析计算、有限元计算。另一类是按单位切削力进行计算的公式。

（1）**指数公式**　在金属切削中广泛应用指数公式计算切削力，常用的指数公式形式为

$$F_z = C_{F_z} a_p^{x_{F_z}} f^{y_{F_z}} v^{n_{F_z}} K_{F_z}$$

$$F_y = C_{F_y} a_p^{x_{F_y}} f^{y_{F_y}} v^{n_{F_y}} K_{F_y}$$
$$F_x = C_{F_x} a_p^{x_{F_x}} f^{y_{F_x}} v^{n_{F_x}} K_{F_x}$$

(2-1)

式中 C_{F_z}、C_{F_y}、C_{F_x}——系数，由被加工的材料性质和切削条件所决定；

x_{F_z}、y_{F_z}、n_{F_z}、x_{F_y}、y_{F_y}、n_{F_y}、x_{F_x}、y_{F_x}、n_{F_x}——三个分力公式中，背吃刀量 a_p、进给量 f 和切削速度 v 的指数；

K_{F_z}、K_{F_y}、K_{F_x}——分别为三个分力公式中，当实际加工条件与求得经验公式时的条件不符时，各种因素对切削力的修正系数的积。式（2-1）中的系数 C_{F_z}、C_{F_y}、C_{F_x} 和指数 x_{F_z}、y_{F_z}、n_{F_z}、x_{F_y}、y_{F_y}、n_{F_y}、x_{F_x}、y_{F_x}、n_{F_x} 可在切削用量手册中查得。手册中的数值是在特定的刀具几何参数（包括几何角度和刀尖圆弧半径等）下针对不同的加工材料、刀具材料和加工形式，由大量的实验结果处理而来的。表 2-3 列出了计算车削切削力的指数公式中的系数和指数，其中对硬质合金刀具 $\kappa_r = 45°$，$\gamma_o = 10°$，$\lambda_s = 0°$；对高速钢刀具 $\kappa_r = 45°$，$\gamma_o = 20° \sim 25°$，刀尖圆弧半径 $r_\varepsilon = 1.0$mm。当刀具的几何参数及其他条件与上述不符时，各个因素都可用相应的修正系数进行修正，对于 F_z、F_y 和 F_x，所有相应修正系数的乘积就是 K_{F_z}、K_{F_y} 和 K_{F_x}。各个修正系数的值和计算公式，可由切削用量手册查得。

表 2-3 计算车削切削力的指数公式中的系数和指数

被加工材料	刀具材料	加工形式	公式中的系数及指数											
			切削力 F_z(或 F_c)				背向力 F_y(或 F_p)				进给力 F_x(或 F_f)			
			C_{F_z}	x_{F_z}	y_{F_z}	n_{F_z}	C_{F_y}	x_{F_y}	y_{F_y}	n_{F_y}	C_{F_x}	x_{F_x}	y_{F_x}	n_{F_x}
结构钢及铸钢 $R_m = 0.637$GPa	硬质合金	外圆纵车、横车及镗孔	1433	1.0	0.75	−0.15	572	0.9	0.6	−0.3	561	1.0	0.5	−0.4
		切槽及切断	3600	0.72	0.8	0	1393	0.73	0.67	0	—	—	—	—
		切螺纹	23879	—	1.7	0.71	—	—	—	—	—	—	—	—
	高速钢	外圆纵车、横车及镗孔	1766	1.0	0.75	0	922	0.9	0.75	0	530	1.2	0.65	0
		切槽及切断	2178	1.0	1.0	0	—	—	—	—	—	—	—	—
		成形车削	1874	1.0	0.75	0	—	—	—	—	—	—	—	—
不锈钢	硬质合金	外圆纵车、横车及镗孔	2001	1.0	0.75	0	—	—	—	—	—	—	—	—
灰铸铁 190HBW	硬质合金	外圆纵车、横车及镗孔	903	1.0	0.75	0	530	0.9	0.75	0	451	1.0	0.4	0
		切螺纹	29013	—	1.8	0.82	—	—	—	—	—	—	—	—
	高速钢	外圆纵车、横车及镗孔	1118	1.0	0.75	0	1167	0.9	0.75	0	500	1.2	0.65	0
		切槽及切断	1550	1.0	1.0	0	—	—	—	—	—	—	—	—
可锻铸铁 150HBW	硬质合金	外圆纵车、横车及镗孔	795	1.0	0.75	0	422	0.9	0.75	0	373	1.0	0.4	0
	高速钢	外圆纵车、横车及镗孔	981	1.0	0.75	0	863	0.9	0.75	0	392	1.2	0.65	0
		切槽及切断	1364	1.0	1.0	0	—	—	—	—	—	—	—	—

(续)

被加工材料	刀具材料	加工形式	公式中的系数及指数											
			切削力 F_z(或 F_c)				背向力 F_y(或 F_p)				进给力 F_x(或 F_f)			
			C_{F_z}	x_{F_z}	y_{F_z}	n_{F_z}	C_{F_y}	x_{F_y}	y_{F_y}	n_{F_y}	C_{F_x}	x_{F_x}	y_{F_x}	n_{F_x}
中等硬度不匀质铜合金 120HBW	高速钢	外圆纵车、横车及镗孔	540	1.0	0.66	0	—	—	—	—	—	—	—	—
		切槽及切断	736	1.0	1.0	0	—	—	—	—	—	—	—	—
铝及铝硅合金	高速钢	外圆纵车、横车及镗孔	392	1.0	0.75	0	—	—	—	—	—	—	—	—
		切槽及切断	491	1.0	1.0	0	—	—	—	—	—	—	—	—

由表 2-3 可见,除切螺纹外,切削力 F_z 中切削速度 v 的指数 n_{F_z} 几乎全为 0,说明切削速度对切削力影响不明显(经验公式中反映不出来)。这一点在后面还要进行说明。对于最常见的外圆纵车、横车或镗孔,$x_{F_z}=1.0$,$y_{F_z}=0.75$,这是一组典型的值,不光计算切削力有用,还可用于分析切削中的一些现象。

由此可以容易地估算出某种具体加工条件下的切削力和切削功率。例如用某硬质合金车刀外圆纵车 $R_m=0.637$GPa 的结构钢,车刀几何参数为:$\kappa_r=45°$,$\gamma_o=10°$,$\lambda_s=0°$,切削用量为:$a_p=4$mm,$f=0.4$mm/r,$v=1.7$m/s。把由表 2-3 查出的系数和指数代入式(2-1)(由于所给条件与表 2-3 条件相同,故 $K_{F_z}=K_{F_y}=K_{F_x}=1$)得

$$F_z = C_{F_z} a_p^{x_{F_z}} f^{y_{F_z}} v^{n_{F_z}} K_{F_z} = (1433 \times 4^{1.0} \times 0.4^{0.75} \times 1.7^{-0.15} \times 1) \text{N} = 2662.5 \text{N}$$

$$F_y = C_{F_y} a_p^{x_{F_y}} f^{y_{F_y}} v^{n_{F_y}} K_{F_y} = (572 \times 4^{0.9} \times 0.4^{0.6} \times 1.7^{-0.3} \times 1) \text{N} = 980.3 \text{N}$$

$$F_x = C_{F_x} a_p^{x_{F_x}} f^{y_{F_x}} v^{n_{F_x}} K_{F_x} = (561 \times 4^{1.0} \times 0.4^{0.5} \times 1.7^{-0.4} \times 1) \text{N} = 1147.8 \text{N}$$

切削功率 P_m 为

$$P_m = F_z v \times 10^{-3} = (2662.5 \times 1.7 \times 10^{-3}) \text{kW} \approx 4.5 \text{kW}$$

(2)单位切削力法 单位切削力 k_c 是指单位切削面积上的切削力,表示为

$$k_c = \frac{F_z}{A_c} = \frac{F_z}{a_p f} = \frac{F_z}{a_c a_w} \quad (2\text{-}2)$$

式中 k_c——单位切削力(N/mm²);
$\quad\quad A_c$——切削面积(mm²);
$\quad\quad a_p$——背吃刀量(mm);
$\quad\quad f$——进给量(mm/r);
$\quad\quad a_c$——切削厚度(mm);
$\quad\quad a_w$——切削宽度(mm)。

如单位切削力为已知,则可由式(2-2)求出切削力 F_z。

单位时间内切除单位体积的金属所消耗的功率称为单位切削功率 P_s [kW/(mm³·s⁻¹)]。

$$P_s = \frac{P_m}{Q_z} \quad (2\text{-}3)$$

式中 Q_z——单位时间内的金属切除量(mm³/s);

$$Q_z \approx 1000 v a_p f$$

$\quad\quad P_m$——切削功率(kW);

$$P_m = F_z v \times 10^{-3} = k_c a_p f v \times 10^{-3}$$

将 Q_z 和 P_m 代入式 (2-3),得

$$P_s = \frac{k_c v a_p f \times 10^{-3}}{1000 v a_p f} = k_c \times 10^{-6} \tag{2-4}$$

通过实验求得 k_c 后,即可由式 (2-4) 和式 (2-3) 求出 P_m,再求出 F_z。

实验结果表明,对于不同的材料,单位切削力不同,即使是同一材料,如果切削用量、刀具几何参数不同,k_c 值也不相同。因此,在利用 k_c 的实验值计算 P_m 和 F_z 时,如果切削条件与实验条件不同,必须引入修正系数加以修正。

实践证明,切削力的影响因素很多,主要有工件材料、切削用量、刀具几何参数、刀具材料、刀具磨损状态和切削液等。

最后指出一点,在某些场合需要粗略地估计一下切削力,可以暂时忽略其他因素的影响,只考虑单位切削力,用初选的切削层面积乘单位切削力即可。例如用硬质合金刀具车削钢材,单位切削力可大约取为 $2000N/mm^2$,若 $a_p = 5mm$,$f = 0.4mm/r$,则 F_z 大约为 $(2000 \times 5 \times 0.4)$ N = 4000N。

(3) **解析计算** 在提出的几种切削力模型中,切削力被假定为与切屑横截面面积成正比,其中的比例系数取决于切削条件和材料特性,并已成功用于铣削过程。其中瞬时刚性力模型可以较准确地对加工过程中任意时刻铣削力的大小和方向进行预测,其计算公式为

$$\begin{cases} dF_t = K_{tc} h dz + K_{te} ds \\ dF_r = K_{rc} h dz + K_{re} ds \\ dF_a = K_{ac} h dz + K_{ae} ds \end{cases}$$

式中 dF_t、dF_r、dF_a——切向、径向和轴向切削微元;

ds、dz、h——切削刃长度微元、轴向切深微元及切削厚度;

K_{tc}、K_{rc}、K_{ac}——切向、径向和轴向剪切力系数;

K_{te}、K_{re}、K_{ae}——切向、径向和轴向犁切力系数。

(4) **有限元计算** 由于计算机软、硬件技术的发展,有限元技术以其特有的优势在金属切削领域得到了快速而广泛的应用,越来越多的商用有限元软件被开发应用于切削加工模拟,包括 ABAQUS、DEFORM、Third Wave AdvantEdge 等。有限元方法除了可以计算切削力外,还可对切削温度、残余应力、刀具磨损等进行分析,优化切削参数,是用于模拟切削过程的有效工具。

四、切削力的测量

对于一种具体的切削条件(如工件材料、切削用量、刀具材料和刀具几何角度以及周围介质等),切削力究竟有多大?关于切削力的理论计算,近百余年来国内外学者做了大量的工作。但由于实际的金属切削过程非常复杂,影响因素很多,因而现有的一些理论公式都是在一些假说的基础上得出的,还存在着较大的缺点,计算结果与实验结果不能很好地吻合。所以在生产实际中,切削力的大小一般采用由实验结果建立起来的经验公式计算。在需要较为准确地知道某种切削条件下的切削力时,还需进行实际测量。随着测试手段的现代化,切削力的测量方法有了很大的发展,在很多场合下已经能很精确地测量切削力。目前采用的切削力测量手段主要有:

(1) **功率反求法** 用功率表测出机床电动机在切削过程中所消耗的功率 P_E 后,计算出切削功率 P_m。这种方法只能粗略估算切削力的大小,不够精确。

(2) **切削力测力仪** 测力仪的测量原理是利用切削力作用在测力仪的弹性元件上所产生的变形,或作用在压电晶体上产生的电荷经过转换处理后,读出 F_z、F_x 和 F_y 的值。近代先进的测力仪常与计算机配套使用,直接进行数据处理,自动显示被测力值和建立切削力的经验公式。在自动化生产中,还可利用测力传感装置产生的信号优化和监控切削过程。

按测力仪的工作原理可以分为机械、液压和电气测力仪。目前常用的是电阻应变片式测力仪和压电测力仪。图 2-38 所示为车削力计算机辅助测量切削力的系统框图。

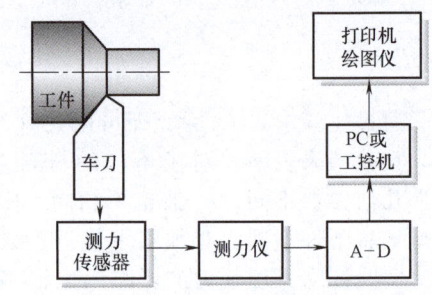

图 2-38　车削力计算机辅助测量系统框图

切削条件的复杂性和不确定性使得理论计算很难得到精确的切削力，并且随着切削动力学的深入研究，加工过程的适应控制与在线检测等都需要准确地知道切削力，特别是其动态分量的幅值与相位。获得切削力最可靠且实用的办法是用测力仪进行实验测量，因此研制出了许多类型的测力仪，如图2-39所示。这些测力仪对于有效监测加工过程、改进加工工艺、提高加工质量具有重要的实用价值。

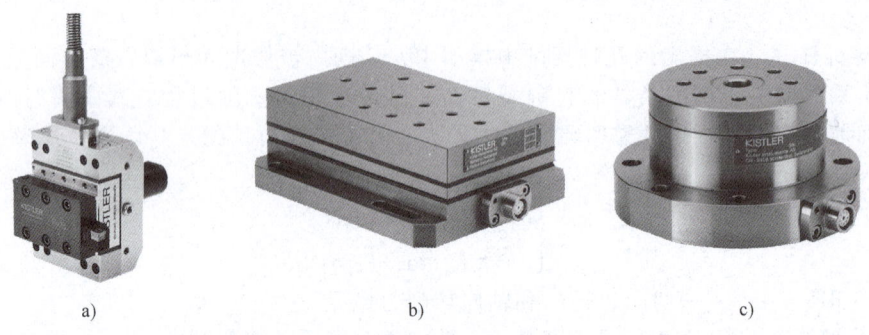

图 2-39　几种常用测力仪
a）车削测力仪　b）铣削测力仪　c）钻削测力仪

研究切削力，对进一步弄清切削机理，对计算功率消耗，对刀具、机床、夹具的设计，对制订合理的切削用量，优化刀具几何参数等，都具有非常重要的意义。通过对实测的切削力进行分析处理，可以推断切削过程中的切削变形、刀具磨损、工件表面质量的变化机理。在此基础上，可进一步为切削用量优化，提高零件加工精度等提供实验数据支持。

第六节　切削热与切削温度

一、切削热的产生和传导

1. 切削热的来源与影响因素

切削热是切削过程中的重要物理现象之一。切削时所消耗的能量，除了 1%~2% 用于形成新表面和以晶格扭曲等形式形成潜藏能外，其余 98%~99% 均转换为热能，因此可以近似认为切削时所消耗的能量全部转换为热。大量的切削热使得切削温度升高，这将直接影响刀具前面上的摩擦系数、积屑瘤的形成和消退、刀具的磨损、工件加工精度和已加工表面质量等，所以研究切削热和切削温度也是分析工件加工质量和刀具寿命的重要内容。

被切削的金属在刀具的作用下，发生弹性和塑性变形而耗功，这是切削热的一个重要来源。此外，切屑与刀具前面、工件与刀具后面之间的摩擦也要耗功，也会产生大量的热量。因此，切削时共有三个发热区域，即剪切面、切屑与刀具前面接触区、刀具后面与过渡表面接触区，如图 2-40 所示，三个发热区与三个变形区相对应，所以，切削热的来源就是切屑变形功和前、后面的摩擦功。

切削塑性材料时，变形和摩擦都比较大，所以发热较多。切削速度提高时，因切屑的变形减小，所以塑性变形产生的热量百分比降低，而摩擦产生热量的百分比增高。切削脆性材料时，刀具后面上摩擦产生的热量在切削热中所占的百分比增大。

对磨损量较小的刀具，刀具后面与工件的摩擦较小，所以在计算切削热时，如果将刀具后面的摩擦功所转化的热量忽略不计，则切削时所做的功可按下式计算，即

$$P_m = F_z v$$

式中 P_m——切削功率（J/s），也是每秒钟所产生的切削热。

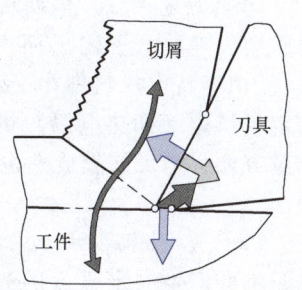

图 2-40 切削热的产生与传导

在用硬质合金车刀车削 $R_m = 0.637\text{GPa}$ 的结构钢时，将切削力 F_z 的经验公式代入后得

$$P_m = F_z v = C_{F_z} a_p f^{0.75} v^{-0.15} K_{F_z} v = C_{F_z} a_p f^{0.75} v^{0.85} K_{F_z} \tag{2-5}$$

由式（2-5）可知，切削用量中，a_p 增加一倍时，P_m 相应的也成比例地增大一倍，因而切削热也增大一倍；切削速度 v 的影响次之，进给量 f 的影响最小；其他因素对切削热的影响和它们对切削力的影响完全相同。

2. 切削热的传导

切削区域的热量被切屑、工件、刀具和周围介质传出。向周围介质直接传出的热量，在干切削（不用切削液）时，所占比例在 1% 以下，故在分析和计算时可忽略不计。

工件材料的导热性能是影响热量传导的重要因素。工件材料的导热系数越低，通过工件和切屑传导出去的切削热量越少，这就必然会使通过刀具传导出去的热量增加。例如切削航空工业中常用的钛合金时，因为它的导热系数只有碳素钢的 1/3~1/4，切削产生的热量不易传出，切削温度因而随之增高，刀具就容易磨损。

刀具材料的导热系数较高时，切削热就易传导出去，切削区域温度随之降低，这有利于刀具寿命的提高。切屑与刀具接触时间的长短，也会影响刀具的切削温度。外圆车削时，切屑形成后迅速脱离车刀而落入机床的容屑盘中，故切屑的热量传给刀具的不多。钻削或其他半封闭式容屑的切削加工，切屑形成后仍与刀具及工件相接触，切屑将所带的切削热再次传给工件和刀具，使切削温度升高。

切削热由切屑、刀具、工件及周围介质传出的比例，大致如下：

1) 车削加工时，切屑带走的切削热为 50%~86%，车刀传出 40%~10%，工件传出 3%~9%，周围介质（如空气）传出 1%。切削速度越高或切削厚度越大，则切屑带走的热量越多。

2) 钻削加工时，切屑带走切削热 28%，刀具传出 14.5%，工件传出 52.5%，周围介质传出 5%。

二、切削温度的测量

尽管切削热是切削温度升高的根源，但直接影响切削过程的却是切削温度。切削温度一般指刀具前面与切屑接触区域的平均温度。刀具前面的平均温度可近似地认为是剪切面的平均温度和刀具前面与切屑接触面摩擦温度之和。

与切削力不同，对于切削温度已经有很多理论推算方法可以较为准确地（与实验结果比较一致）计算，但这些方法都有一定的局限性，且应用较繁琐。值得指出的是，现在已经可以用有限元方法求出切削区域的近似温度场，但由于工程问题的复杂性，难免有一些假设。所以，最为可靠的方法是对切削温度进行实际测量。在现代生产过程中，还可以把测得的切削温度作为控制切削过程的信号源。

切削温度的测量方法很多，常用的有热电偶法、光辐射法、热辐射法、金相结构法等。

(1) **热电偶法** 当两种不同材质组成的材料副（如切削加工中的刀具-工件）接近并受热时，会因表层电子溢出而产生溢出电动势，并在材料副的接触界面间形成电位差（即热电势）。由于特定材料副在一定温升条件下形成的热电势是一定的，因此可根据热电势的大小来测定材料副（即热电偶）的受热状态及温度变化情况。采用热电偶法的测温装置结构简单，测量方便，是目前较成熟也较常用的切削温度测量方法。它又分为自然热电偶法和人工热电偶法。

(2) **光/热辐射法** 采用光、热辐射法测量切削温度的原理是：刀具、切屑和工件材料受热时都会产生一定强度的光、热辐射，且辐射强度随温度升高而加大，因此可通过测量光、热辐射的能量间接测定切削温度，如红外热像仪法。

(3) **金相结构法** 金相结构法是基于金属材料在高温下会发生相应的金相结构变化这一原理进行测温的。该方法通过观察刀具或工件切削前后金相组织的变化来判定切削温度的变化。除此以外，也有一种用扫描电镜观测刀具预定剖面显微组织的变化，并与标准试样对照，从而确定刀具切削过程中所达到的温度值的方法。

三、影响切削温度的主要因素

根据理论分析和大量的实验研究发现切削温度主要受切削用量、刀具几何参数、工件材料、刀具磨损和切削液的影响。

(1) **切削用量的影响** 实验得出的切削温度经验公式为

$$\theta = C_\theta v^{z_\theta} f^{y_\theta} a_p^{x_\theta} \tag{2-6}$$

式中 θ——实验测出的刀具前面接触区平均温度（℃）；

C_θ——切削温度系数；

v——切削速度（m/min）；

f——进给量（mm/r）；

a_p——背吃刀量（mm）；

z_θ、y_θ、x_θ——相应的指数。

实验得出，用高速钢和硬质合金刀具切削中碳钢时，切削温度系数 C_θ 及指数 z_θ、y_θ、x_θ 见表 2-4。

表 2-4 切削温度系数及指数

刀具材料	加工方法	C_θ	z_θ	y_θ	x_θ
高速钢	车削	140~170	0.35~0.45	0.2~0.3	0.08~0.10
	铣削	80			
	钻削	150			
硬质合金	车削	320	f/mm·r^{-1} 0.1 0.2 0.3	0.41 0.31 0.26	0.15	0.05

分析各因素对切削温度的影响，主要应从这些因素对单位时间内产生的热量和传出的热量的影响入手。如果产生的热量大于传出的热量，则这些因素将使切削温度增高；某些因素使传出的热量增大，则这些因素将使切削温度降低。

由表 2-4 知，在切削用量三要素中，v 的指数最大，f 次之，a_p 最小。这说明切削速度对切削温度影响最大，随着切削速度的提高，切削温度迅速上升。而背吃刀量 a_p 变化时，散热面积和产生的热量也作相应的变化，故 a_p 对切削温度的影响很小。因此，为了有效控制切削温度以提高刀具寿命，在机床允许的条件下，选用较大的吃刀量和进给量，比选用大的切削速度更为有利。

(2) **工件材料的影响** 工件材料对切削温度的影响与材料的强度、硬度及导热性有关。材料的强度、硬度越高，切削时消耗的功越多，切削温度也就越高。材料的导热性好，可以使切削温度降低。例如，合金结构钢的强度普遍高于 45 钢，而热导率又多低于 45 钢，故切削温度一般均高于 45 钢。

(3) **刀具角度的影响** 前角和主偏角对切削温度影响较大。前角增大，变形和摩擦减小，因而切削热少。但前角不能过大，否则刀头部分散热体积减小，不利于切削温度的降低。主偏角减小将使切削刃工作长度增加，散热条件改善，因而使切削温度降低。

(4) **刀具磨损的影响** 刀具后面的磨损值达到一定数值后，对切削温度的影响增大；切削速度越高，影响就越显著。合金钢的强度大，热导率小，所以切削合金钢时刀具磨损对切削温度的影响就大于碳素钢。

(5) **切削液的影响** 切削液对切削温度的影响与切削液的导热性能、比热容、流量、注入方式以及本身的温度有很大的关系。从导热性能来看，油类切削液不如乳化液，乳化液不如水基切削液。如果用乳化液来代替油类切削液，加工生产率可提高 50%~100%。

流量充沛与否对切削温度的影响很大。切削液本身的温度越低，就能越明显地降低切削温度，如果将室温（20℃）的切削液降温至 5℃，则刀具寿命可提高 50%。使用切削液，除起冷却作用外，还可以起润滑、清洗和防锈的作用。生产中常用的切削液可以分为以下三类。

1) **水溶液**。主要成分是水，并在水中加入一定量的防锈剂，其冷却性能好，润滑性能差，呈透明状，常在磨削中使用。

2) **乳化液**。将乳化油用水稀释而成，呈乳白色。为使油和水混合均匀，常加入一定量的乳化剂（如油酸钠皂等）。乳化液具有良好的冷却和清洗性能，并具有一定的润滑性能，适用于粗加工及磨削。

3) **切削油**。主要是矿物油，特殊情况下也采用动、植物油或复合油，其润滑性能好，但冷却性能差，常用于精加工工序。

切削液的品种很多，性能各异，通常应根据加工性质、工件材料和刀具材料等来选择合适的切削液，才能收到良好的效果。

粗加工时，主要要求冷却，也希望降低一些切削力及切削功率，一般应选用冷却作用较好的切削液，如低浓度的乳化液等。精加工时，主要希望提高工件的表面质量和减少刀具磨损，一般应选用润滑作用较好的切削液，如高浓度的乳化液或切削油等。

加工一般钢材时，通常选用乳化液或硫化切削油。加工铜合金和有色金属时，一般不宜采用含硫化油的切削液，以免腐蚀工件。加工铸铁、青铜、黄铜等脆性材料时，为避免崩碎切屑进入机床运动部件之间，一般不使用切削液。在低速精加工（如宽刀精刨、精铰、攻螺纹）时，为了提高工件的表面质量，可用煤油作为切削液。

高速钢刀具的耐热性较差，为了提高刀具的寿命，一般要根据加工性质和工件材料选用合适的切削液。硬质合金刀具由于耐热性和耐磨性都较好，一般不用切削液。

四、切削温度对工件、刀具和切削过程的影响

切削温度高是刀具磨损的主要原因，它将限制生产率的提高；切削温度还会使加工精度降低，使已加工的表面产生残余应力及其他缺陷。

1. 切削温度对工件材料强度和切削力的影响

切削时的温度虽然很高，但是切削温度对工件材料硬度及强度的影响并不很大；切削温

度对剪切区域的应力影响不很明显。这一方面是因为在切削速度较高时,变形速度很高,其对增加材料强度的影响,足以抵消高的切削温度使材料强度降低的影响;另一方面,切削温度是在切削变形过程中产生的,因此对剪切面上的应力应变状态来不及产生很大的影响,只对切屑底层的剪切强度产生影响。

工件材料预热至 500~800℃ 后进行切削时,切削力下降很多。但在高速切削时,切削温度经常达到 800~900℃,切削力下降却不多,这也间接说明切削温度对剪切区域内工件材料强度影响不大。目前加热切削是切削难加工材料的一种较好的方法,但其中的加热区过大、热效率低、温控困难、加工质量难以保证是有待于解决的技术难题。

2. 切削温度对刀具材料的影响

适当地提高切削温度,对提高硬质合金的韧性是有利的。硬质合金在高温时,冲击强度比较高,因而硬质合金不易崩刃,磨损强度也将降低。实验证明,各类刀具材料在切削各种工件材料时,都有一个最佳切削温度范围。在最佳切削温度范围内,刀具的寿命最高,工件材料的切削加工性也符合要求。

3. 切削温度对工件尺寸精度的影响

车削外圆时,工件本身受热膨胀,直径发生变化,切削后冷却至室温,就可能产生不符合要求的加工精度。

刀杆受热膨胀,切削时实际切削深度增加使直径减小。

工件受热变长,但因夹固在机床上不能自由伸长而发生弯曲,车削后工件中部直径变化。

在精加工和超精加工时,切削温度对加工精度的影响特别突出,所以必须注意降低切削温度。

4. 利用切削温度自动控制切削速度或进给量

上面已经提到,各种刀具材料切削不同的工件材料都有一个最佳切削温度范围。因此,可利用切削温度来控制机床的转速或进给量,保持切削温度在最佳范围内,以提高生产率及工件表面质量。

5. 利用切削温度与切削力控制刀具磨损

运用热电偶能在极短时间内发现刀具是否发生显著磨损。跟踪切削过程中的切削力以及切削分力之间比例的变化,也可反映切屑碎断、积屑瘤变化或刀具前、后面的磨损情况。切削力和切削温度这两个参数可以互相补充,以用于分析切削过程的状态变化。

第七节 刀具磨损与刀具寿命

一、刀具磨损的形态及其原因

切削金属时,刀具一方面切下切屑,另一方面刀具本身也要发生损坏。刀具损坏到一定程度,就要换刀或更换新的切削刃,才能进行正常切削。刀具损坏的形式主要有磨损和破损两类。前者是连续的逐渐磨损;后者包括脆性破损(如崩刃、碎断、剥落、裂纹破损等)和塑性破损两种。刀具磨损后,使工件加工精度降低,表面粗糙度值增大,并导致切削力加大、切削温度升高,甚至产生振动,不能继续正常切削。因此,刀具磨损直接影响加工效率、质量和成本。刀具磨损的形式有以下几种。

(1) **刀具前面磨损** 切削塑性材料时,如果切削速度和切削厚度较大,由于切屑与刀具前面完全是新鲜表面相互接触和摩擦,化学活性很高,反应很强烈;如前所述,接触面又有很高的压力和温度,接触面积中有 80% 以上是实际接触,空气或切削液渗入比较困难,因此在刀具前面上形成月牙洼磨损,如图 2-41 所示。

开始时前缘离切削刃还有一小段距离，以后逐渐向前、后扩大，但长度变化并不显著（取决于切削宽度），主要是深度不断增大，其最大深度的位置即相当于切削温度最高的地方。图 2-42 所示为月牙洼磨损的发展过程。当月牙洼宽度发展到其前缘与切削刃之间的棱边变得很窄时，切削刃强度降低，易导致切削刃破损。

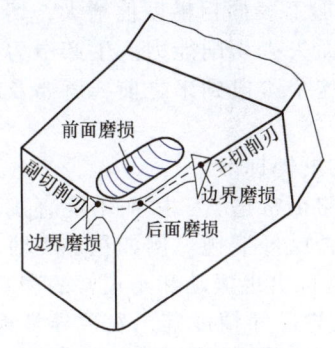

图 2-41 刀具前面形成月牙

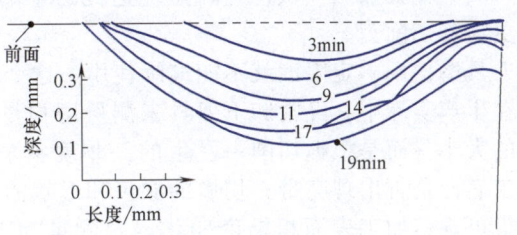

图 2-42 刀具前面的磨损痕迹随时间的变化

（2）**刀具后面磨损** 切削时，工件的新鲜加工表面与刀具后面接触，相互摩擦，引起刀具后面磨损。刀具后面虽然有后角，但由于切削刃不是理想的锋利，而有一定的钝圆，刀具后面与工件表面的接触压力很大，存在着弹性和塑性变形；因此，刀具后面与工件实际上是小面积接触，磨损就发生在这个接触面上。切削铸铁和以较小的切削厚度切削塑性材料时，主要发生这种磨损，刀具后面磨损带往往不均匀，如图 2-43a 所示。

（3）**边界磨损** 切削钢料时，常在主切削刃靠近工件外表皮处以及副切削刃靠近刀尖处的后面上，磨出较深的沟纹。此两处分别是在主、副切削刃与工件待加工或已加工表面接触的地方，如图 2-43b 所示。

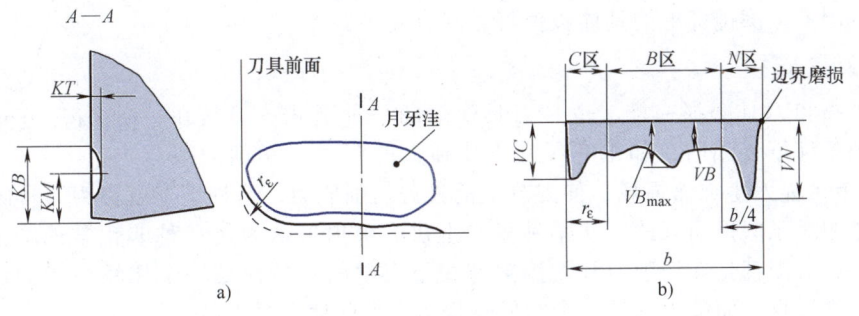

图 2-43 刀具磨损的测量位置

二、刀具磨损过程及磨钝标准

随着切削时间的延长，刀具磨损增加。根据切削实验，可得图 2-44 所示的刀具正常磨损过程的典型磨损曲线。该图分别以切削时间 T 和刀具后面磨损量 VB（或前面月牙洼磨损深度 KT）为横坐标与纵坐标。从图可知，刀具磨损过程可分为三个阶段：

（1）**初期磨损阶段** 由于新刃磨的刀具后面存在粗糙不平之处以及显微裂纹、氧化或脱碳层等缺陷，而且切削刃较锋利，刀具后面与加工表面接触面积较小，压应力较大，所以这一阶段的磨损较快，一般初期磨损量为 0.05~0.1mm，其大小与刀具刃磨质量直接相关，研磨过的刀具初

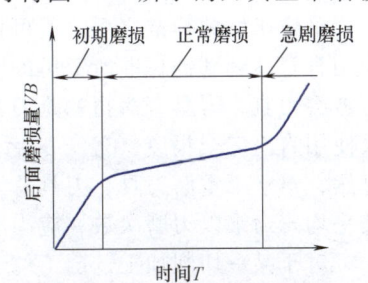

图 2-44 典型的磨损曲线

期磨损量较小。

（2）**正常磨损阶段** 经初期磨损后，刀具毛糙表面已经磨平，刀具进入正常磨损阶段。这个阶段的磨损比较缓慢均匀，刀具后面磨损量随切削时间延长而近似地成比例增加，正常切削时，这阶段时间较长。

（3）**急剧磨损阶段** 当磨损带宽度增加到一定限度后，加工表面粗糙度值增大，切削力与切削温度均迅速升高，磨损速度增加很快，以致刀具损坏而失去切削能力。生产中为合理使用刀具，保证加工质量，应当避免达到这个磨损阶段。在这个阶段到来之前，就要及时换刀或更换新切削刃。

刀具磨损到一定限度就不能继续使用，这个磨损限度称为磨钝标准。

在生产实际中，经常卸下刀具来测量磨损量会影响生产的正常进行，因而不能直接以磨损量的大小，而是根据切削中发生的一些现象来判断刀具是否已经磨钝。例如粗加工时，观察加工表面是否出现亮带，切屑的颜色和形状的变化，以及是否出现振动和不正常的声音等。精加工可观察加工表面粗糙度变化以及测量加工零件的形状与尺寸精度等，发现异常现象，就要及时换刀。

在评定刀具材料切削性能和试验研究时，都以刀具表面的磨损量作为衡量刀具的磨钝标准。因为一般刀具的后面都发生磨损，而且测量也比较方便。因此，国际标准 ISO 统一规定以 1/2 背吃刀量处刀具后面上测定的磨损带宽度 VB 作为刀具磨钝标准，如图 2-45 所示。

自动化生产中用的精加工刀具，常以沿工件径向的刀具磨损尺寸作为衡量刀具的磨钝标准，称为刀具径向磨损量 NB（图 2-45）。

由于加工条件不同，所定的磨钝标准也有变化。例如精加工的磨钝标准较小，而粗加工则取较大值；机床—夹具—刀具—工件系统刚度较低时，应该考虑在磨钝标准内是否会产生振动，此外，工件材料的可加工性、刀具制造刃磨难易程度等，都是确定磨钝标准时应考虑的因素。磨钝标准的具体数值可查阅有关手册。

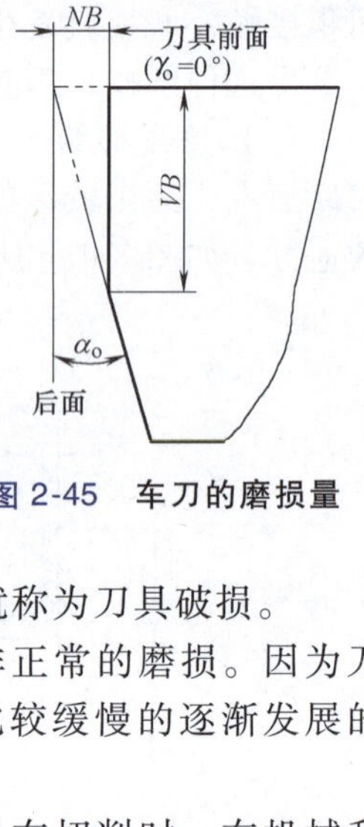

图 2-45 车刀的磨损量

三、刀具破损

刀具破损和刀具磨损一样，也是刀具失效的一种形式。刀具在一定的切削条件下使用时，如果它经受不住强大的应力（切削力或热应力），就可能发生突然损坏，使刀具提前失去切削能力，这种情况就称为刀具破损。

破损是相对于磨损而言的。从某种意义上讲，破损可认为是一种非正常的磨损。因为刀具破损和刀具磨损都是在切削力和切削热作用下发生的，磨损是一个比较缓慢的逐渐发展的刀具表面损伤过程，而破损则是一个突发过程，刹那间使刀具失效。

刀具破损的形式分脆性破损和塑性破损两种。硬质合金和陶瓷刀具在切削时，在机械和热冲击作用下，经常发生脆性破损。脆性破损又分为崩刃、碎断、剥落和裂纹破损。

四、刀具寿命的经验公式

确定了磨钝标准之后，就可以定义刀具寿命。一把新刀（或重新刃磨过的刀具）从开始使用直至达到磨钝标准所经历的实际切削时间，称为刀具寿命（有些书中称为耐用度）。对于可重磨刀具，刀具寿命指的是刀具两次刃磨之间所经历的实际切削时间；而对其从第一次投入使用直至完全报废（经刃磨后也不可再用）时所经历的实际切削时间，称为刀具总寿命。显然，对于不重磨刀具，刀具总寿命即等于刀具寿命；而对可重磨刀具，刀具总寿命则等于其平均寿命乘以刃磨次数。应当明确，刀具寿命和刀具总寿命是两个不同的概念。

对于某一切削加工，当工件、刀具材料和刀具几何形状选定之后，切削速度是影响刀具寿命的最主要因素，提高切削速度，刀具寿命就降低，这是由于切削速度对切削温度影响最大，因而对刀具磨损影响最大。固定其他切削条件，在常用的切削速度范围内，取不同的切削速度 v_1，v_2，v_3，…进行刀具磨损试验，得图 2-46 所示的一组磨损曲线，经处理后得

$$vT^m = C \tag{2-7}$$

式中　v——切削速度（m/min）；

　　　T——刀具寿命（min）；

　　　m——指数，表示 v-T 间影响的程度；

　　　C——系数，与刀具、工件材料和切削条件有关。

式（2-7）为重要的刀具寿命方程式。如果 v-T 画在双对数坐标系中则为一直线，m 就是该直线的斜率（图 2-47）。耐热性越低的刀具材料，斜率应该越小，切削速度对刀具寿命影响应该越大。也就是说，切削速度稍稍改变一点，而刀具寿命的变化就很大。图 2-47 所示为各种刀具材料加工同一种工件材料时的后面磨损寿命曲线，其中陶瓷刀具的寿命曲线的斜率比硬质合金和高速钢的都大，这是因为陶瓷刀具的耐热性很高，所以在非常高的切削速度下仍然有较高的刀具寿命。但是在低速时，其刀具寿命比硬质合金的还要低。

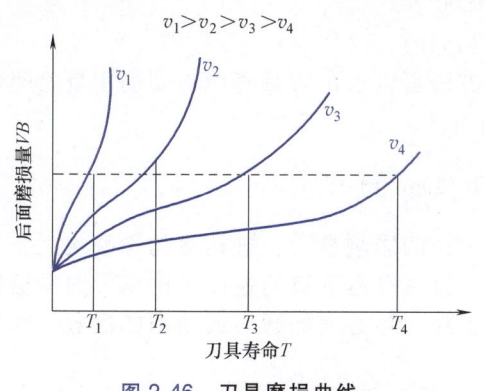

图 2-46　刀具磨损曲线

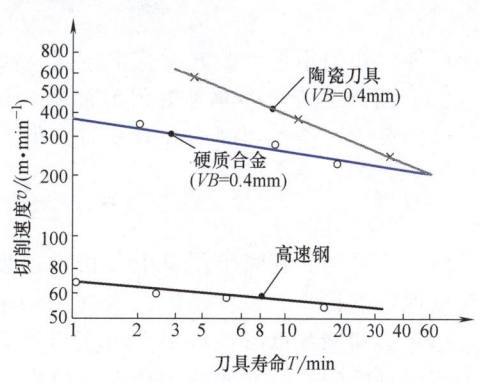

图 2-47　各种刀具材料的寿命曲线比较

切削时，增加进给量 f 和背吃刀具 a_p，刀具寿命也要减小，切削速度 v 对刀具寿命影响最大，进给量 f 次之，背吃刀量 a_p 最小。这与三者对切削温度的影响顺序完全一致。这也反映出切削温度对刀具磨损和刀具寿命有着最重要的影响。

刀具磨损寿命与切削用量之间的关系是以刀具的平均寿命为依据建立的。实际上，切削时，由于刀具和工件材料的分散性，所用机床及工艺系统动、静态性能的差别，以及工件毛坯余量不均等条件的变化，刀具磨损寿命是存在不同分散性的随机变量。通过刀具磨损过程的分析和实验表明，刀具磨损寿命的变化规律服从正态分布或对数正态分布。

第八节　切削用量的选择及工件材料加工性

一、切削用量的选择

正确地选择切削用量，对提高切削效率，保证必要的刀具寿命和经济性以及加工质量，都有重要的意义。为了确定切削用量的选择原则，首先要了解它们对切削加工的影响。

（1）对加工质量的影响　切削用量三要素中，切削深度和进给量增大，都会使切削力增大，工件变形增大，并可能引起振动，从而降低加工精度和增大表面粗糙度 Ra 值。进给量增大还会使残留面积的高度显著增大，表面更加粗糙。切削速度增大时，切削力减小，并可减小或避免积屑瘤，有利于加工质量和表面质量的提高。

（2）对基本时间的影响　以图 2-48 所示车外圆为例，基本时间的计算式为

$$t_m = \frac{L}{nf}i$$

因 $i = h/a_p$, $n = \dfrac{1000v}{\pi d_w}$, 故

$$t_m = \frac{\pi d_w L h}{1000 v f a_p}$$

式中 d_w——毛坯直径（mm）；
  L——车刀行程长度（mm），它包括工件加工面长度l、切入长度l_1和切出长度l_2；
  i——进给次数；
  h——毛坯的加工余量（mm）。

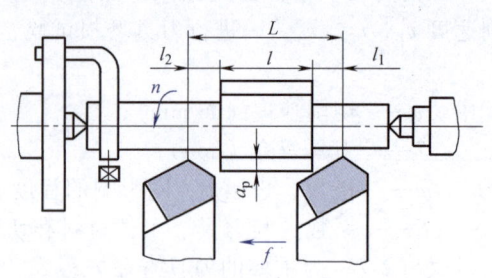

图 2-48 车外圆时基本工艺时间的计算

为了便于分析，可将上式简化为

$$t_m = \frac{k}{vfa_p} \quad \left(k = \frac{\pi d_w L h}{1000}\right)$$

由此可知，切削用量三要素对基本时间 t_m 的影响是相同的。

(3) 对刀具寿命和辅助时间的影响 用试验的方法可以求出刀具寿命与切削用量之间关系的经验公式。例如用硬质合金车刀车削中碳钢时，有

$$T = \frac{C_T}{v^5 f^{2.25} a_p^{0.75}} \quad (f > 0.75\text{mm/r})$$

由上式可知，在切削用量中，切削速度对刀具寿命的影响最大，进给量的影响次之，切削深度的影响最小。也就是说，当提高切削速度时，刀具寿命下降的速度，比增大同样倍数的进给量或切削深度时快得多。由于刀具寿命迅速下降，势必增加磨刀或换刀的次数，这样增加了辅助时间，从而影响生产率的提高。

综合切削用量三要素对刀具寿命、生产率和加工质量的影响，选择切削用量的顺序应为：首先选尽可能大的切削深度，其次选尽可能大的进给量，最后选尽可能大的切削速度。

粗加工时，应以提高生产率为主，同时还要保证规定的刀具寿命，因此，一般选取较大的切削深度和进给量，切削速度不能很高，即在机床功率足够时，应尽可能选取较大的切削深度，最好一次进给将该工序的加工余量切完，只有在余量太大、机床功率不足、刀具强度不够时，才分两次或多次进给将余量切完。切削表层有硬皮的铸、锻件或切削不锈钢等加工硬化较严重的材料时，应尽量使切削深度越过硬皮或硬化层深度；其次，根据机床—刀具—夹具—工件工艺系统的刚度，尽可能选择大的进给量；最后，根据工件的材料和刀具的材料确定切削速度。粗加工的切削速度一般选用中等或更低的数值。

精加工时，应以保证零件的加工精度和表面质量为主，同时也要考虑刀具寿命和获得较高的生产率。精加工往往采用逐渐减小切削深度的方法来逐步提高加工精度，进给量的大小主要依据表面粗糙度的要求来选取。选择切削速度要避开积屑瘤产生的切削速度区域，硬质合金刀具多采用较高的切削速度，高速钢刀具则采用较低的切削速度。一般情况下，精加工常选用较小的切削深度、进给量和较高的切削速度，这样既可保证加工质量，又可提高生产率。

切削用量的选取有计算法和查表法。但在大多数情况下，切削用量的选取是根据给定的条件按有关切削用量手册中推荐的数值选取。

二、工件材料的切削加工性

1. 工件材料切削加工性的概念

工件材料被切削加工的难易程度，称为材料的切削加工性。

衡量材料切削加工性的指标很多，一般地说，良好的切削加工性是指：刀具寿命较长或一定寿命下的切削速度较高；在相同的切削条件下切削力较小，切削温度较低；容易获得好的表面质量；切屑形状容易控制或容易断屑。但衡量一种材料切削加工性的好坏，还要看具体的加工要求和切削条件。例如，纯铁切除余量很容易，但获得光洁的表面比较难，所以精加工时认为其切削加工性不好；不锈钢在普通机床上加工并不困难，但在自动机床上加工难以断屑，则认为其切削加工性较差。

在生产和试验中，往往只取某一项指标来反映材料切削加工性的某一侧面。最常用的指标是一定刀具寿命下的切削速度 v_T 和相对加工性 K_r。

v_T 的含义是指当刀具寿命为 T 时，切削某种材料所允许的最大切削速度。v_T 越高，表示材料的切削加工性越好。通常取 $T = 60\text{min}$，则 v_T 写作 v_{60}。

切削加工性的概念具有相对性。所谓某种材料切削加工性的好与坏，是相对于另一种材料而言的。在判别材料的切削加工性时，一般以切削正火状态 45 钢的 v_{60} 作为基准，写作 $(v_{60})_j$，而把其他各种材料的 v_{60} 同它相比，其比值 K_r 称为相对加工性，即

$$K_r = v_{60} / (v_{60})_j$$

常用材料的相对加工性 K_r 分为八级，见表 2-5。凡 $K_r > 1$ 的材料，其加工性比 45 钢好；$K_r < 1$ 者，其加工性比 45 钢差。K_r 实际上也反映了不同材料对刀具磨损和刀具寿命的影响。

表 2-5 材料切削加工性等级

加工性等级	名称及种类		相对加工性 K_r	代表性材料
1	很容易切削材料	一般有色金属	>3.0	HPb59-1 铜铅合金、HAl60-1-1 铝铜合金、铝镁合金
2	容易切削材料	易切削钢	2.5～3.0	15Cr 退火 $R_m = 380\sim450\text{MPa}$ 自动机钢 $R_m = 400\sim500\text{MPa}$
3		较易切削钢	1.6～2.5	30 钢正火 $R_m = 450\sim560\text{MPa}$
4	普通材料	一般钢与铸铁	1.0～1.6	45 钢、灰铸铁
5		稍难切削材料	0.65～1.0	2Cr13 调质 $R_m = 850\text{MPa}$ 85 钢 $R_m = 900\text{MPa}$
6	难切削材料	较难切削材料	0.5～0.65	45Cr 调质 $R_m = 1050\text{MPa}$ 65Mn 调质 $R_m = 950\sim1000\text{MPa}$
7		难切削材料	0.15～0.5	50CrV 调质，某些钛合金
8		很难切削材料	<0.15	镍基高温合金

2. 改善工件材料切削加工性的途径

材料的切削加工性对生产率和表面质量有很大影响，因此在满足零件使用要求的前提下，应尽量选用加工性较好的材料。

工件材料的物理性能（如热导率）和力学性能（如强度、塑性、韧性、硬度等）对切削加工性有着重大影响，但也不是一成不变的。在实际生产中，可采取一些措施来改善切削加工性。生产中常用的措施主要有以下两方面。

(1) 调整材料的化学成分　因为材料的化学成分直接影响其力学性能，如碳钢中，随着含碳量的增加，其强度和硬度一般都提高，其塑性和韧性降低，故高碳钢强度和硬度较高，切削加工性较差；低碳钢塑性和韧性较高，切削加工性也较差；中碳钢的强度、硬度、塑性和韧性都居于高碳钢和低碳钢之间，故切削加工性较好。

在钢中加入适量的硫、铅等元素，可有效地改善其切削加工性。这样的钢称为"易切削钢"，但只有在满足零件对材料性能要求的前提下才能这样做。

(2) 采用热处理改善材料的切削加工性 化学成分相同的材料，当其金相组织不同时，力学性能就不一样，其切削加工性就不同。因此，可通过对不同材料进行不同的热处理来改善其切削加工性。例如，对高碳钢进行球化退火，可降低硬度；对低碳钢进行正火，可降低塑性；白口铸铁可在 910~950℃经 10~20h 的退火或正火，使其变为可锻铸铁，从而改善切削性能。

第九节 高速切削及刀具

切削加工作为制造技术的主要基础工艺，随着制造技术的发展，在 20 世纪末也取得了很大的进步，进入了以发展高速切削、开发新的切削工艺和加工方法、提供成套技术为特征的发展新阶段。高速切削是当今世界机械制造业中一项迅速发展的高新技术。在现代工业发达国家，高速切削作为一种新的切削加工理论，被越来越多的工程技术人员所认可。

一、高速切削的概念与特点

1. 高速切削技术的概念

切削加工仍是当今主要的机械加工方法，在机械制造业占据着重要地位。以提高加工效率和质量为基本特征的高速切削，是近十几年来迅速崛起的一项先进制造技术。它的定义众多，例如高切削速度切削、高主轴转数切削、高进给切削、高速和高进给切削、高效切削等。高速切削技术中的"高速"，通常用切削线速度进行界定，是一个相对概念，不能定义为某一具体的切削速度。

国际生产工程学会（The International Academy for Production Engineering，CIRP）提出切削线速度 500~7000m/min 为高速切削加工；德国达姆斯塔特工业大学生产工程与机床研究所（PTW）提出高于普通切削速度 5~10 倍的切削加工为高速切削加工，并提出按主轴最高转速与最快移动速度构成的相应范围，划分成传统切削、高去除率切削（HVM）和高速切削（HSM）三个加工区域。图 2-49 按照切削速度示出了几种常见材料的普通切削区域、过渡区域和超高速切削区域分布情况。

高速加工的概念由德国的切削物理学家萨洛蒙（Carl Salomon）博士首次提出，理论的核心是建立在一个设想基础上，即对于给定的工件材料都有一个临界切削速度，当切削速度超过临界切削速度时，切削温度会随切削速度增大而下降，而在达到该临界速度之前，随着切削速度增加，切削温度逐渐上升，如图 2-50 所示。参照此假设，可发现对于一种工件材料，一旦超过临界速度进行加工，其切削温度降低，刀具寿命

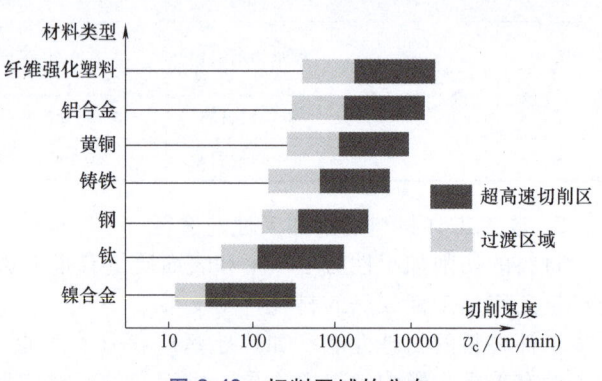

图 2-49 切削区域的分布

增加，且切削时间大幅度减小，可以成倍提高生产率。萨洛蒙博士在 1924~1931 年间进行了大量高速切削实验，并于 1931 年 4 月向德国专利局申请了专利（Salomon C. Process for the machining of metals or similarly acting materials when being worked by cutting tools. German Patent，1931，No. 523594）。

2. 高速切削的特点

采用高速切削能使整体加工效率提高几倍乃至几十倍。这使得加工成本也因此相应降低，

由此可大幅度提升制造企业的快速响应能力。高速切削有如下主要特点:

(1) **能获得很高的加工效率** 随着自动化程度的提高,辅助时间、空行程时间已大大减少,有效切削时间仍占工件在制时间的主要部分。而切削时间的长短取决于进给速度或进给量的大小。高速加工虽然切削深度和厚度小,但由于主轴转速高,进给速度快,因此使单位时间内的金属切除量反而增加了,由此加工效

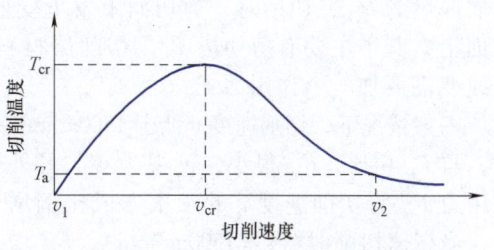

图 2-50 切削速度对切削温度的影响

率也提高了。以瑞士 MIKRON 公司生产的 HSM-700 高速铣床为例,其最高转速可达 42000r/min,是普通铣削转速的几十倍,加工效率自然远远高于普通铣削加工。

(2) **能获得较高的加工精度** 高速切削具有较高的材料去除率并相应减小了切削力。对同样的切削层参数,高速切削的单位切削力明显减小。若在保持高效率的同时适当减小进给量,切削力的减幅还要加大。在加工过程中,切削力的降低对减小振动和偏差非常重要。这使工件在切削过程的受力变形显著减小,有利于提高加工精度。加工时可将粗加工、半精加工、精加工合为一体,全部在一台机床上完成,减少了机床台数,避免由于多次装夹使精度变差。特别对于大型框架件、薄板件、薄壁槽形件的高精度高效加工,高速铣削是很有效的方法。

(3) **能获得较高的加工表面质量** 高速切削的力值及其变化幅度小,与主轴转速有关的激振频率也远远高于切削工艺系统的高阶固有频率,因此切削振动对加工质量的影响很小。另一方面,高速切削使传入工件的切削热的比例大幅度减少,加工表面受热时间短、切削温度低,因此热影响区和热影响程度都较小,有利于获得低损伤的表面结构状态和保持良好的表面物理性能及力学性能。如我们常用电火花加工模具型腔,但电火花加工后型腔内表面处于拉应力状态,而使用高速铣削加工后,零件表面是压应力状态。

(4) **加工能耗低、节省制造资源** 高速切削时,单位功率所切削的切削层材料体积显著增大。以洛克希德飞机公司的铝合金高速铣削为例,主轴转速从 4000r/min 提高到 20000r/min 时,切削力下降 30%,而材料切除率增加三倍,如图 2-51 所示。由于切除率高、能耗低,工件在制的时间短,提高了能源和设备的利用率,降低了切削加工在制造系统资源总量中的比例。由于采用小的背吃刀量和厚度,刀具每刃的切削量很小,因而机床主轴、导轨的受力就小,机床的精度高,寿命长,同

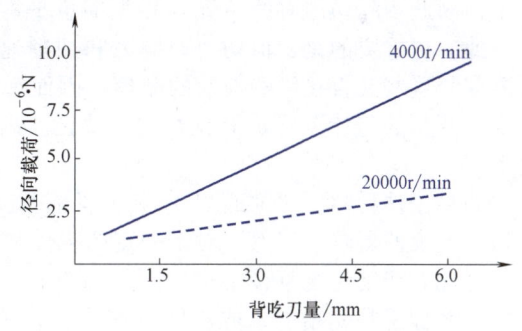

图 2-51 切削载荷随切削深度和主轴转

时刀具寿命也延长了。因此高速切削符合可持续发展的要求。高速加工机床振动小、噪声低,少用或不用冷却液,符合环保要求。

二、高速切削的机理

1. 切削力

研究切削力是弄清切削机理的一个重要方面。在常速切削时通常随切削速度的提高,切削力也随之增大,但在高速切削时随切削速度增加,切削温度升高,摩擦系数减小,剪切角增大,切削力反而降低。

高速切削时,假设定为单一剪切面,γ_o 为前角,ϕ 为剪切角,带状切屑,切削厚度为 a_c,

切屑厚度为 a_{ch}，切削时，剪切面上发生变形所需要的力必须由刀具的前面通过切屑传递到剪切面上，其中主要有剪切力 F_s，切削层材料经过剪切面时，沿着剪切面滑移，以致造成动量的改变需要加一个作用力 F_m。

一般情况下，切削速度 v 低于 1500m/min 时，与 F_s 相比，F_m 很小，可视为零。另外作用力 F_m 与切削速度 v 的二次方成比例增大，当高速切削时（$v \geq 1500$m/min），F_m 增加会很大。该 F_m 需要刀具前面增加作用力 F_α 与 N_α（合力 R_α），如图 2-52 所示。合力 R_α 的方向取决于前角 γ_o 与前面摩擦系数 μ，而摩擦系数 μ 为切削速度 v_c 和刀具-切屑接触面的法向力的函数。因此，其值大小决定于 F_s 和 F_m。

另外要求出切削力，还必须知道剪切角 ϕ 与前面摩擦系数 μ（摩擦角 $\tan\beta = \mu$）、前角 γ_o 之间的关系。$\phi = f(\beta, \gamma_o)$ 受到发生极其剧烈变形的剪切面上的弹塑性力学问题及前面上在很高压力下发生的摩擦现象和切削速度等的影响。

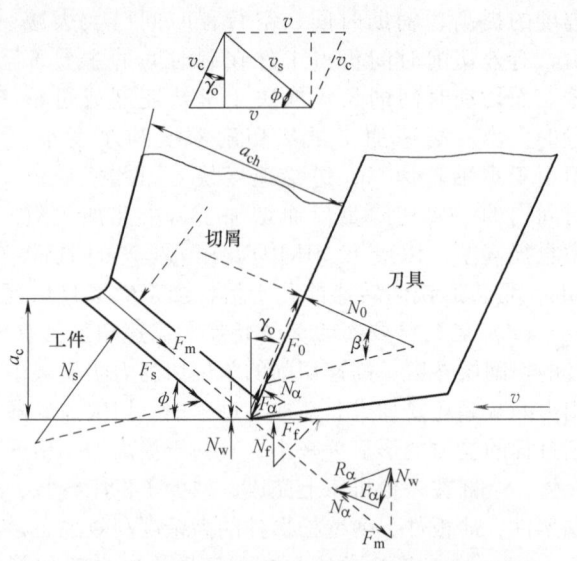

图 2-52 直角切削时剪切角和前刀面受力简图

根据能量平衡原理推导的麦钱特剪切角公式 $\phi = \dfrac{\pi}{4} - \dfrac{\beta}{2} + \dfrac{\gamma_o}{2}$，它适于任何切削速度情况，该式表明了剪切角 ϕ 与前面摩擦系数（$\mu = \tan\beta$）和 γ_o 的关系。实际上要测量 μ 是很困难的，因为测切削力时难于排除刀具后面上的作用力的影响，而且 γ_o 也随切削过程中刀具磨损而发生变化，因此实际切削时的 ϕ 角与根据能量平衡原理推导的麦钱特剪切角公式所表示的 ϕ 角很难一致，更重要的是，剪切面切应力和切削速度剧烈地影响前面的切削压力、切屑速度和切削温度。这些又直接影响前面的摩擦，因而影响剪切角 ϕ。但是根据一些实验数据在不同切削速度下测量的与计算的 ϕ 有良好的一致性。因此，可用前述的关系式估算 ϕ、β 和 γ_o 之间的关系。

如果工件材料、切削面积 A_c 和刀具前角 γ_o 一定，则切削力主要由 ϕ、β 而定，但它们又受切削速度的影响。当然，对于一定的工件材料，其动态剪切强度 S_s 随切削温度变化也有改变。因此，切削速度直接影响切削力的大小。从前面的分析可知，切削开始时，随切削速度增加，摩擦系数 μ 增加，剪切角 ϕ 减小，切削力增加。但在高速切削范围内，则随切削速度提高，摩擦系数 μ 减少，剪切角 ϕ 增大，切削力降低。

另外根据高速切削实验，例如用 Al_2O_3 陶瓷刀具高速切削调质 45 钢时，在切削速度为 150~300m/min 区间内，随切削速度增加，主切削力 F_z 和径向切削力 F_y 增加，从 300m/min 左右开始，随切削速度增加，切削力显著降低，至 500m/min 左右以后，切削力无明显变化。轴向力 F_x 在整个试验速度范围，基本没有变化。高速车削实验的结果表明，在高速范围，随切削速度提高，切削力有明显降低的趋势。另外高速铣削的实验结果也如此。可见，在刀具材料和机床许可情况下，尽可能提高切削速度是有利的。在高速切削范围内，随切削速度增加，切削温度升高，摩擦系数减小，剪切角增大，切削力降低。

2. 切削热

切削热也是研究切削过程的一个重要因素，高速切削时，总的切削功消耗在以下几方面：

1）形成已加工表面和切屑底面两个新生表面所需要的能量，其值等于物体该表面的表面能。切削单位体积材料的表面能大致为 0.02N·cm。与切削时消耗的总能量相比，实际上是很小的，它成为工件和切屑所增加的内能。

2) 剪切区的剪切变形功。

3) 前、后面与切屑、工件的摩擦功。

4) 切削层材料经过剪切面时，由于动量改变而消耗的功。

剪切变形功和动量改变所消耗的功大部分将变为剪切变形区（第一变形区）的热量，一小部分形成两个新生表面的表面能以内能形式储存于加工表面和切屑中。前、后面的摩擦功全部将变为第二、三变形区的热量，因此，单位时间内产生的总热量为三者之和。干切削时，切削热量主要由切屑、工件和刀具传出，周围介质传出的极少，可略去。

剪切面上包括剪切区的剪切变形功和切削层材料经过剪切面时，由于动量改变而消耗的功转变的热量。剪切面上产生的热量大部分传给切屑，一部分传入工件。设前一部分的比例为 R_1，设单位时间内单位面积上在剪切面、前面和后面上产生的热量分别为 q_1、q_2 和 q_3，于是单位时间传入切屑的热量为 $R_1 q_1 a_c a_w \csc\phi$（a_c 为切削厚度，a_w 为切屑宽度，ϕ 为剪切角），单位时间传入工件的热量为 $(1-R_1) q_1 a_c a_w \csc\phi$。随着 v 的提高，剪切面上产生的热量流入切屑的比例 R_1 增大，即切削速度越高，被切屑带走的热量越多，切屑温度升高，而切削（刀具）温度相应升高较小。

前面接触区产生的热量一部分传入切屑，另一部分传入刀具。设前一部分的比例为 R_2，于是从热源传入切屑的热量为 $R_2 q_2$，传入刀具的热量为 $(1-R_2) q_2$。因为前面接触区的热源与刀具联接在一起，是固定不动的，而切屑以 v_c 速度流出，故热源与切屑底面之间有相对运动，属于移动热源。

刀具后面与工件（刀-工）接触区产生的热量一部分流入刀具，另一部分流入工件。设前者的比例为 R_3，则传入刀具的热量为 $R_3 q_3$，传入工件的部分为 $(1-R_3) q_3$，刀-工接触区的热源随切削进行而移动，属于移动热源。

另外根据实验，例如用单齿立铣刀铣削时所测量的切削热量及其分配结果为随切削速度增加，总热量急剧上升，传入切屑热量也增加很大，传入工件的热量稍稍增加，而传入刀具的热量增加很少。传入切屑的热量比传入工件与刀具的热量多几倍。切削速度越大，切屑带走的热量越大，而传入工件和刀具的热量越少，相应的切削温度升高很少。另外用陶瓷刀具 SG-4 高速面铣 T10A 淬硬钢（58~65HRC）的实验结果也表明，随切削速度提高，切削温度增加到一定温度后，缓慢增加。因为切削速度越高，切屑带走的热量越大，传给刀具的热量越少，必然导致切削温度升高很慢。可见速度越高，或者工件硬度越高，随切削速度提高，切屑带走的热量越多，而切削（刀具）温度相应地提高就少得多，但逐步缓慢升高到刀具材料允许的极限。

上述高速车削和铣削几种材料的实验结果均表明，随着切削速度的提高，开始切削温度升高很快，但达到一定速度后，切削温度的升高逐渐缓慢，甚至很少升高。对每种工件材料与刀具材料的匹配，均有一个这种样品的临界切削速度。因此，只要工件材料与刀具材料合理匹配（每类工件材料与不同刀具材料匹配均有一个临界切削速度），在高至刀具材料允许的极限切削温度内进行高速切削（当然机床条件要许可）是完全可行的。因此，在高速切削范围内，根据切削力和切削温度的变化规律和特征，在刀具材料和机床条件许可情况下，尽可能提高切削速度是有利的。

三、高速切削的刀具

在高速切削中，刀具系统的设计、制造是其关键技术之一。高速切削时的一个主要问题是刀具磨损，与普通切削相比，高速切削时刀具与工件的接触时间减少，接触频率增加，由此减少了切屑的皱褶,切削过程中产生的热量更多地向刀具传递,磨损机理与普通切削有很大区别。高速切削对刀具材料有更高的要求,具体表现在:

1) 高硬度、高强度和耐磨性。
2) 韧度高,抗冲击能力强。
3) 高的热硬性和化学稳定性。
4) 抗热冲击能力强等。

另外,由于高速切削时离心力和振动的影响,刀具必须具有良好的平衡状态和安全性能。设计刀具时,必须根据高速切削的要求,综合考虑磨损、强度、刚度和精度等方面因素。

1. 刀具材料

刀具材料主要以镀膜的和未镀膜的硬质合金、金属陶瓷、氧化铝基或氮化硅基陶瓷、聚晶金刚石、聚晶立方氮化硼为主。刀具的发展主要集中在以下两方面:

1) 研制新的镀膜材料和镀膜方法以提高刀具的抗磨损性。图 2-53 是采用不同镀膜(氮化钛、氮化钛铝)的硬质合金铣刀可达到的刀具寿命。采用适宜的镀膜可成倍地提高刀具的使用寿命,潜在的经济效益十分可观。此外,刀具材料与工件材料相适应也是提高刀具寿命的重要因素。如图 2-53 所示,加工合金钢 40CrMnMo7 时,最佳的刀具材料为表面处理过的金属陶瓷,而加工合金铸铁 GG25CrMo 时,立方氮化硼刀具的使用寿命为最长。

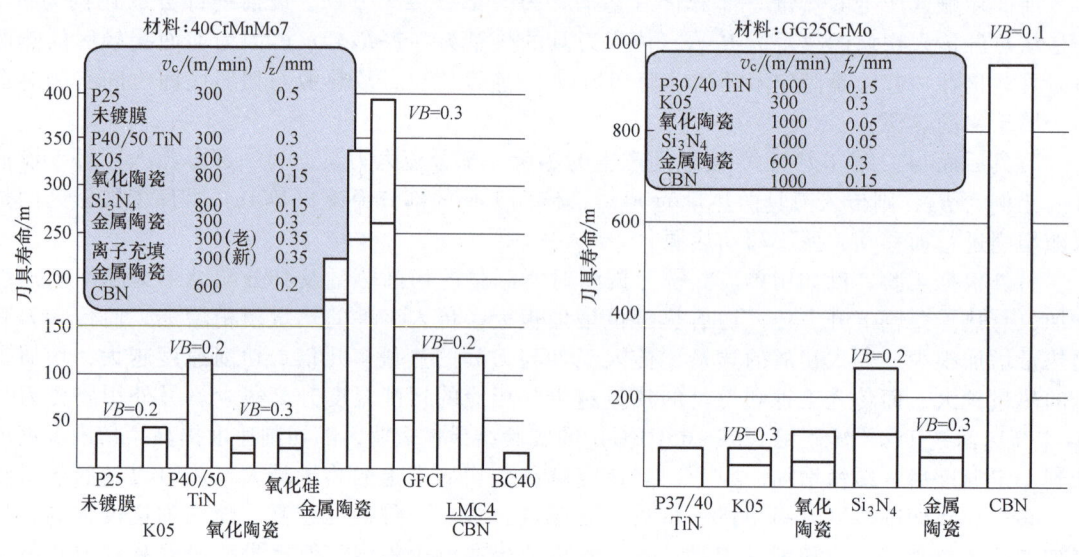

图 2-53 用不同刀具材料铣削合金钢和铸铁时的刀具寿命

v_c—切削速度(m/min) f_z—每齿进给量(mm) VB—刀具后面磨损量(mm)

切削条件:顺铣 切削刃倾角:15° 背吃刀量:1mm

2) 开发新型的高速切削刀具,特别是那些形状比较复杂的刀具。长期以来,高速切削麻花钻都采用整体硬质合金的结构,聚晶金刚石和立方氮化硼只能用来制作直刃刀具,近期的研究在这方面已有所突破,有的刀具工厂在 1997 年汉诺威世界机床博览会上已展出了聚晶立方氮化硼制成的麻花钻。形状更为复杂的聚晶金刚石刀具仍在研究中。

2. 刀柄结构

它是高速切削时的一个关键件,其作用主要体现在传递机床精度和切削力两个方面。刀柄的一端是机床主轴,另一端是刀具。高速切削时既要保证加工精度,又要保证很高的生产效率,所以高速切削时刀柄须满足下列要求:

1) 很高的几何精度和装夹重复精度。
2) 很高的装夹刚度。
3) 高速运转时安全可靠。

刀柄与主轴的连接在大多数高速切削机床上以图 2-54 所示的圆锥空心柄（HSK）为主。它是德国工业界联合研究的成果，目前已列入国际标准。它以其端面及 1∶10 锥度的空心锥套作双重定位，与以往常用的 7∶24 锥柄相比，有如下优点：

1) 质量减少约 50%。
2) 重复使用时装夹和定位精度高。
3) 刚度高，并可传递大的转矩。
4) 装夹力随转速升高而加大。

3. 刀具与刀柄的连接

刀柄与刀具间的接装有多种形式，常用的锥形夹头具有灵活性好的优点，适用于不同的刀具直径，它的缺点是可传递的转矩有限且装夹精度很低。

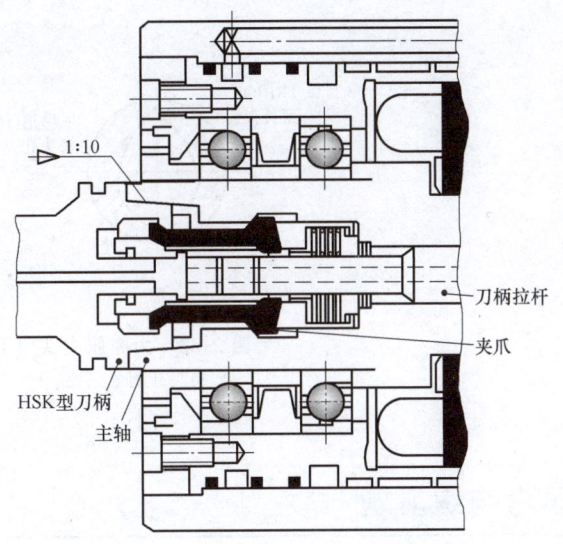

图 2-54 HSK 型刀柄及其连接结构

要提高装夹精度和刚度需采用其他方法，目前常用的有收缩夹头、液压膨胀夹头和力膨胀夹头。

收缩夹头利用材料热胀冷缩的原理，把刀具装入刀柄时，先用辅助系统把刀柄孔加热，使之膨胀，待刀具插入刀柄后进行冷却，刀具就被稳当地夹持在刀柄内。这种夹头的优点是精度高、刚性大；缺点是操作不便，每次装夹须对刀柄进行加热和冷却，易引起刀柄的热疲劳和变形。

液压膨胀夹头的原理如图 2-55 所示，在刀柄孔的周围是一个液压腔，刀具插入刀柄后，用螺栓推动油腔顶部的活塞使刀柄孔内壁膨胀，从而夹紧刀具。其优点是精度高，刚性大，操作方便；缺点是对刀具的尺寸公差要求较严，过松时，可能达不到应有的夹持力。

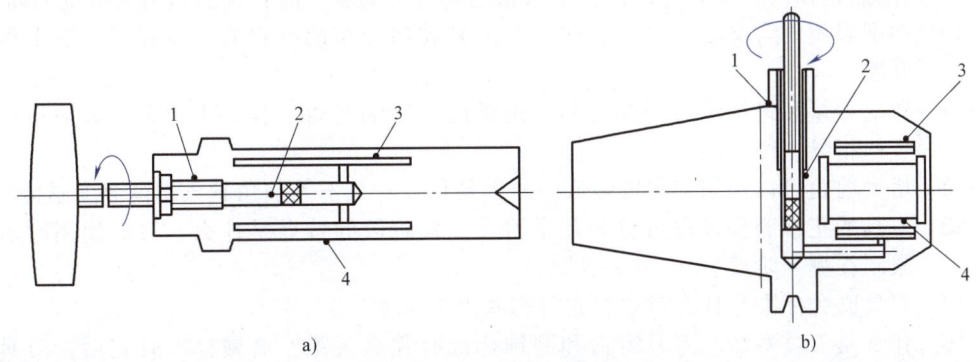

a)   b)

图 2-55 液压膨胀夹头
a) 外径胀套夹头 b) 内径胀套夹头
1—推动活塞的螺栓 2—活塞 3—液压腔 4—膨胀薄壁

力膨胀夹头的原理如图 2-56 所示。刀柄的孔呈三棱形，在装夹刀具时，先用辅助装置在三棱孔的三个顶点施加预先调整好的力，使刀柄孔变形成圆，然后把刀具插入刀柄，再除去变形外力，刀柄孔弹性回复，刀具就被夹持在孔内。这种夹头的优点在于装夹精度高，操作简单，结构紧凑，造价较低；缺点是需备有一个辅助的加力装置。

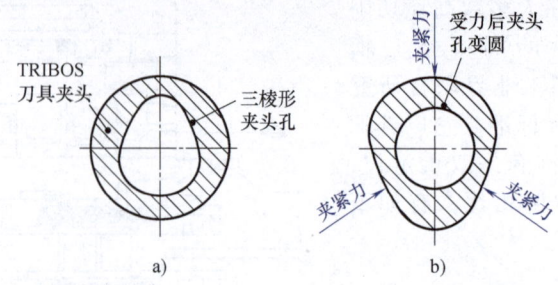

图 2-56　力膨胀夹头（TRIBOS 刀具夹头）
a）夹头孔制成三棱　b）受力后夹头孔呈圆形

思考与练习题

2-1　金属切削过程有何特征，用什么参数来表示和比较？

2-2　切削过程的三个变形区各有何特点？它们之间有什么关联？

2-3　分析积屑瘤产生的原因及其对加工的影响，生产中最有效的控制积屑瘤的手段是什么？

2-4　切屑与前面之间的摩擦与一般刚体之间的滑动摩擦有无区别？若有区别，二者有何不同之处？

2-5　车刀的角度是如何定义的？标注角度与工作角度有何不同？

2-6　金属切削过程中为什么会产生切削力？

2-7　车削时切削合力为什么常分解为三个相互垂直的分力来分析？试说明这三个分力的作用。

2-8　背吃刀量和进给量对切削力的影响有何不同？

2-9　切削热是如何产生和传出的？仅从切削热产生的多少能否说明切削区温度的高低？

2-10　切削温度的含义是什么？它在刀具上是如何分布的？它的分布和三个变形区有何联系？

2-11　背吃刀量和进给量对切削力和切削温度的影响是否一样？为什么？如何运用这一规律指导生产实践？

2-12　增大前角可以使切削温度降低的原因是什么？是不是前角越大切削温度越低？

2-13　刀具的正常磨损过程可分为几个阶段？各阶段的特点是什么？刀具使用时磨损应限制在哪一阶段？

2-14　刀具磨钝标准是什么意思？它与哪些因素有关？

2-15　什么是刀具寿命？刀具寿命和磨钝标准有什么关系？磨钝标准确定后，刀具寿命是否就确定了？为什么？

2-16　简述车刀、铣刀、钻头的特点。

2-17　切削用量对刀具磨损有何影响？在 $VT^m = C$ 的关系中，指数 m 的物理意义是什么？不同刀具材料的 m 值为什么不同？

2-18　选择切削用量的原则是什么？从刀具寿命出发时，按什么顺序选择切削用量？从机床动力出发时，按什么顺序选择切削用量？为什么？

2-19 粗加工时进给量的选择受哪些因素限制？当进给量受到表面粗糙度限制时，有什么办法能增加进给量，而保证表面粗糙度要求？

2-20 如果选定切削用量后，发现所需的功率超过机床功率时，应如何解决？

2-21 提高切削用量可采取哪些措施？

2-22 在 CA6140 车床上粗车、半精车一套筒的外圆，材料为 45 钢（调质），抗拉强度 $R_m = 681.5\text{MPa}$，硬度为 $200 \sim 230\text{HBW}$，毛坯尺寸 $d_w \times l_w = 80\text{mm} \times 350\text{mm}$，车削后的尺寸为 $d = \phi(75-0.25)\text{mm}$，$L = 340\text{mm}$，表面粗糙度 Ra 值均为 $3.2\mu\text{m}$。试选择刀具类型、材料、结构、几何参数及切削用量。

2-23 刀具材料应具备哪些性能？常用刀具材料有哪些？各有何优缺点？

2-24 试比较磨削和单刃刀具切削的异同。

2-25 高速切削是如何定义的？

2-26 高速切削有哪些优点？

2-27 分析高速切削时切削力、切削热与切削速度变化的关系。

参考文献

[1] 卢秉恒. 机械制造技术基础 [M]. 北京：机械工业出版社，1999.

[2] 张福润. 机械制造技术基础 [M]. 武汉：华中理工大学出版社，1999.

[3] 陈日曜. 金属切削原理 [M]. 2 版. 北京：机械工业出版社，1993.

[4] 华南工学院，甘肃工业大学. 金属切削原理及刀具设计 [M]. 上海：上海科学技术出版社，1980.

[5] 黄鹤汀，吴善元. 磨削原理 [M]. 西安：西北工业大学出版社，1988.

[6] 艾兴，萧诗纲. 切削用量手册 [M]. 北京：机械工业出版社，1984.

[7] 容烈润. 高速磨削技术的现状及发展前景 [J]. 机电一体化，2003（1）：6-10.

[8] 黄登红，王建平. 高速铣削及其加工策略探讨 [J]. 组合机床与自动化加工技术，2004（5）：80-81.

[9] Serope Kalpakjian. Manufacturing Engineering and Technology [M] USA：Prentice Hall，2001.

[10] 刘战强，黄传真，万熠，等. 切削温度测量方法综述 [J]. 工具技术，2002，36（3）：3-6.

[11] 陈明，安庆龙，刘志强. 高速切削技术基础与应用 [M]. 上海：上海科学技术出版社，2012.

[12] Herbert Schulz，Eberhard Abele，何宁. 高速加工理论与应用 [M]. 北京：科学出版社，2010.

第三章
金属切削机床

第一节　概述
第二节　金属切削机床部件
第三节　常见的金属切削机床
第四节　数控机床
思考与练习题
参考文献

随着机械工业的发展，为了满足日益提高的加工需求，种类繁多的各式机床也应运而生。

第一节　概述

机床不同于一般的机械，它是用来生产其他机械的工作母机，因此在刚度、精度及运动特性方面有其特殊要求。下面简单介绍一下机床的基本概念。

一、机床的基本组成

各类机床通常都由下列基本部分组成。

（1）**动力源**　为机床提供动力（功率）和运动的驱动部分，如各种交流电动机、直流电动机和液压传动系统的液压泵、液压马达等。

（2）**传动系统**　包括主传动系统、进给传动系统和其他运动的传动系统，如变速箱、进给箱等部件，有些机床主轴组件与变速箱合在一起成为主轴箱。

（3）**支承件**　用于安装和支承其他固定的或运动的部件，承受其重力和切削力，如床身、立柱等。支承件是机床的基础构件，又称机床大件或基础件。

（4）**工作部件**　包括：①与最终实现切削加工的主运动和进给运动有关的执行部件，例如，主轴及主轴箱、工作台及其滑板或滑座、刀架及其滑板以及滑枕等，安装工件或刀具的部件；②与工件和刀具安装及调整有关的部件或装置，如自动上下料装置、自动换刀装置、砂轮修整器等；③与上述部件或装置有关的分度、转位、定位机构和操纵机构等。

不同种类的机床，由于其用途、表面形成运动和结构布局的不同，这些工作部件的构成和结构差异很大，但就运动形式来说，主要是旋转运动和直线运动，所以工作部件结构中大多含有轴承和导轨。

（5）**控制系统**　用于控制各工作部件的正常工作，主要是电气控制系统，有些机床局部采用液压或气动控制系统。数控机床则是数控系统，它包括数控装置、主轴和进给的伺服控制系统（伺服单元）、可编程序控制器和输入输出装置等。

（6）**冷却系统**　用于对加工工件、刀具及机床的某些发热部位进行冷却。

（7）**润滑系统**　用于对机床的运动副（如轴承、导轨等）进行润滑，以减小摩擦、磨损和发热。

（8）**其他装置** 如排屑装置、自动测量装置等。

二、机床的运动

机床的切削加工是由工具（包括刀具、砂轮等，下同）与工件之间的相对运动来实现的。机床的运动分为表面形成运动和辅助运动。

1. 表面形成运动

表面形成运动是机床最基本的运动，又称工作运动。表面形成运动包括主运动和进给运动，这两种不同性质的运动和不同形状的刀具配合，可以实现轨迹法、成形法和展成法等各种不同的加工方法，构成不同类型的机床。一般来说，工具形状越复杂，机床所需的表面形成运动就越简单。例如，拉床主运动由拉刀直线运动实现且无进给运动（其进给运动由拉刀切削齿齿升量实现）。主运动和进给运动的形式和数量取决于工件要求的表面形状和所采用的工具的形状。通常，机床主要采用结构上易于实现的旋转运动和直线运动实现表面形成运动，且主运动只有一个，进给运动可有一个或几个。

2. 辅助运动

机床在加工过程中，加工工具与工件除工作运动以外的其他运动称为辅助运动。辅助运动用以实现机床的各种辅助动作，主要包括以下几种：

（1）**切入运动** 用于保证工件被加工表面获得所需要的尺寸，使工具切入工件表面一定深度。有些机床的切入运动属于间歇运动形式的进给（吃刀）。数控机床的切入运动可通过控制相应轴的进给来实现，例如数控车床的 X 轴进给。

（2）**各种空行程运动** 空行程运动主要是指进给前后的快速运动，例如：趋近——进给前加工工具与工件相互快速接近的过程；退刀——进给结束后加工工具与工件相互快速离开的过程；返回——退刀后加工工具或工件回到加工前位置的过程。

（3）**其他辅助运动** 包括分度运动、操纵和控制运动等，例如刀架或工作台的分度转位运动，刀库和机械手的自动换刀运动，变速、换向、部件与工件的夹紧与松开，自动测量、自动补偿等。

三、机床技术性能指标

机床的技术性能是根据使用要求提出和设计的，通常包括下列内容。

1. 机床的工艺范围

机床的工艺范围是指在机床上加工的工件类型和尺寸，能够加工完成何种工序，使用什么刀具等。不同的机床，有宽窄不同的工艺范围。通用机床具有较宽的工艺范围，在同一台机床上可以满足较多的加工需要，适用于单件小批生产。专用机床是为特定零件的特定工序而设计的，自动化程度和生产率都较高，但它的加工范围很窄。数控机床则既有较宽的工艺范围，又能满足零件较高精度的要求，并可实现自动化加工。

2. 机床的技术参数

机床的主要技术参数包括：尺寸参数、运动参数与动力参数。

尺寸参数——具体反映机床的加工范围，包括主参数、第二主参数和与加工零件有关的其他尺寸参数。各类机床的主参数和第二主参数我国已有统一规定，见表3-1。

运动参数——机床执行件的运动速度，例如主轴的最高转速与最低转速、刀架的最大进给量与最小进给量（或进给速度）。

动力参数——机床电动机的功率，有些机床还给出主轴允许承受的最大转矩等其他内容。

四、机床精度

加工中保证被加工工件达到要求的精度和表面粗糙度，并能在机床长期使用中保持这些

表 3-1　常用机床的主参数和第二主参数

机床名称	主　参　数	第二主参数
普通车床	床身上工件最大回转直径	工件最大长度
立式车床	最大车削直径	
摇臂钻床	最大钻孔直径	最大跨距
卧式镗床	主轴直径	
坐标镗床	工作台工作面宽度	工作台工作面长度
外圆磨床	最大磨削直径	最大磨削长度
矩台平面磨床	工作台工作面宽度	工作台工作面长度
滚齿机	最大工件直径	最大模数
龙门铣床	工作台工作面宽度	工作台工作面长度
升降台铣床	工作台工作面宽度	工作台工作面长度
龙门刨床	最大刨削宽度	
牛头刨床	最大刨削长度	

要求，机床本身必须具备的精度称为机床精度。它包括几何精度、传动精度、运动精度、定位精度、工作精度及精度保持性等几个方面。各类机床按精度可分为普通精度级、精密级和高精度级。以上三种精度等级的机床均有相应的精度标准，其允差若以普通级为1，则大致比例为1：0.4：0.25。在设计阶段主要从机床的精度分配、元件及材料选择等方面来提高机床精度。

1. 几何精度

几何精度是指机床空载条件下，在不运动（机床主轴不转或工作台不移动等情况下）或运动速度较低时各主要部件的形状、相互位置和相对运动的精确程度。如导轨的直线度、主轴径向跳动及轴向窜动、主轴中心线对滑台移动方向的平行度或垂直度等。几何精度直接影响加工工件的精度，是评价机床质量的基本指标。它主要决定于结构设计、制造和装配质量。

2. 运动精度

运动精度是指机床空载并以工作速度运动时，主要零部件的几何位置精度。如高速回转主轴的回转精度。对于高速精密机床，运动精度是评价机床质量的一个重要指标。它与结构设计及制造等因素有关。

3. 传动精度

传动精度是指机床传动系各末端执行件之间运动的协调性和均匀性。影响传动精度的主要因素是传动系统的设计、传动元件的制造和装配精度。

4. 定位/重复定位精度

定位精度是指机床的定位部件运动到达规定位置的精度。定位精度直接影响被加工工件的尺寸精度和几何精度。重复定位精度是指机床的定位部件反复多次运动到规定位置时精度的一致程度。它影响一批零件加工的一致性。机床构件和进给控制系统的精度、刚度以及其动态特性，机床测量系统的精度都将影响机床定位精度和重复定位精度。

5. 工作精度

加工规定的试件，用试件的加工精度表示机床的工作精度。工作精度是各种因素综合影响的结果，包括机床自身的精度、刚度、热变形和刀具、工件的刚度及热变形等。

6. 精度保持性

在规定的工作期间内，保持机床所要求的精度，称为精度保持性。影响精度保持性的主要因素是磨损。磨损的影响因素十分复杂，如结构设计、工艺、材料、热处理、润滑、防护、使用条件等。

五、机床刚度

机床刚度指机床系统抵抗变形的能力。作用在机床上的载荷有重力、夹紧力、切削力、传动力、摩擦力、冲击振动干扰力等。按照载荷的性质不同，可分为静载荷和动载荷，即不随时间变化或变化极为缓慢的力称为静载荷，如重力、切削力的静力部分等。凡随时间变化的力如冲击振动力及切削力的交变部分等称为动态力。故机床刚度相应地分为静刚度及动刚度，后者是抗振性的一部分，习惯所说刚度一般指静刚度。

六、机床型号的编制

机床型号是机床产品的代号，用以简明地表示机床的类型、性能和结构特点、主要技术参数等。我国的机床型号，现在是按 2008 年颁布的标准《GB/T 15375—2008 金属切削机床型号编制方法》编制的。此标准规定，机床型号由一组汉语拼音字母和阿拉伯数字按一定规律组合而成。

（1）**型号表示方法** 型号由基本部分和辅助部分组成，中间用"/"隔开，读作"之"。前者需统一管理，后者纳入型号与否由企业自定。型号构成如下：

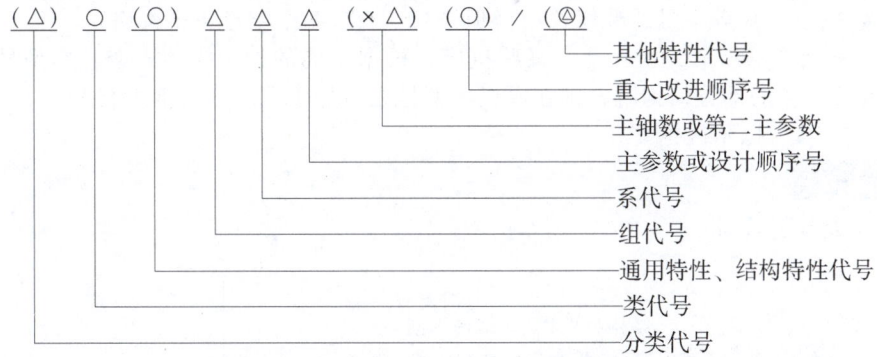

注意：有"( )"的代号或数字，当无内容时，则不表示，若有内容则不带括号；有"○"符号的，为大写的汉语拼音字母；有"△"符号的，为阿拉伯数字；有"◎"符号的，为大写的汉语拼音字母，或阿拉伯数字，或两者兼有之。

（2）**机床的分类及代号** 需要时，类以下还可分为若干分类，分类代号用阿拉伯数字表示，放在类代号之前，作为型号的首位，但第一分类不予表示。如磨床类机床就有 M、2M、3M 三个分类。

机床的组别代号用一位阿拉伯数字表示，位于类代号或通用特性、结构特性代号之后。机床的系代号用一位阿拉伯数字表示，位于组代号之后。每类机床按其结构性能及使用范围划分为 10 个组，用数字 0~9 表示。每组机床又分若干个系（系列）。系的划分原则是：主参数相同，并按一定公比排列，工件和刀具本身及其特点基本相同，且基本结构及布局形式也相同的机床，即为同一系。机床的分类和代号见表 3-2，常用机床的组别和系别代号可参考 GB/T 15375—2008《金属切削机床 型号编制方法》。

表 3-2 机床的分类和代号

类别	车床	钻床	镗床	磨床			齿轮加工机床	螺纹加工机床	铣床	刨插床	拉床	特种加工机床	锯床	其他机床
代号	C	Z	T	M	2M	3M	Y	S	X	B	L	D	G	Q
读音	车	钻	镗	磨	磨	磨	牙	丝	铣	刨	拉	电	割	其

（3）**机床的特性代号** 当某类型机床除有普通型外，还具有某种通用特性时，则在类代号

之后加上通用特性代号,见表3-3。若仅有某种通用特性,而无普通型者,则通用特性不必表示。对主参数相同而结构、性能不同的机床,在型号中加结构特性代号予以区分。结构特性代号为汉语拼音字母,位置排在类代号之后,当型号中有通用特性代号时,排在通用特性代号之后。

(4) 机床主参数、第二主参数和设计顺序号　机床主参数代表机床规格的大小,用折算值(主参数乘以折算系数如1/10等)表示。某些通用机床,当无法用一个主参数表示时,则在型号中用设计顺序号表示。第二主参数一般是指主轴数、最大跨距、最大工件长度、工作台工作面长度等。第二主参数也用折算值表示。

表3-3　通用特性代号

通用特性	高精度	精密	自动	半自动	数控	加工中心（自动换刀）	仿形	轻型	加重型	柔性加工单元	数显	高速
代号	G	M	Z	B	K	H	F	Q	C	R	X	S
读音	高	密	自	半	控	换	仿	轻	重	柔	显	速

(5) 机床的重大改进顺序号　当机床的性能及结构布局有重大改进,并按新产品重新设计、试制和鉴定时,在原机床型号基本部分的尾部,加重大改进顺序号,以区别于原机床型号。序号按A、B、C等字母的顺序选用(但"I""O"两个字母不得选用)。

(6) 同一型号机床的变型代号　某些机床,根据不同的加工需要,在基本型号机床的基础上,仅改变机床的部分结构时,则在原机床型号之后加1、2、3等变型代号,并用"/"分开(读作"之"),以示区别。

例 3-1

CA6140 型卧式车床。

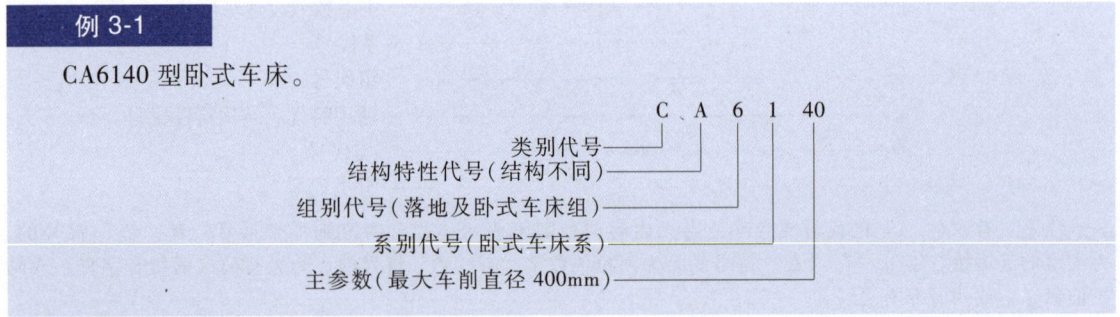

例 3-2

MG1432A 型高精度万能外圆磨床。

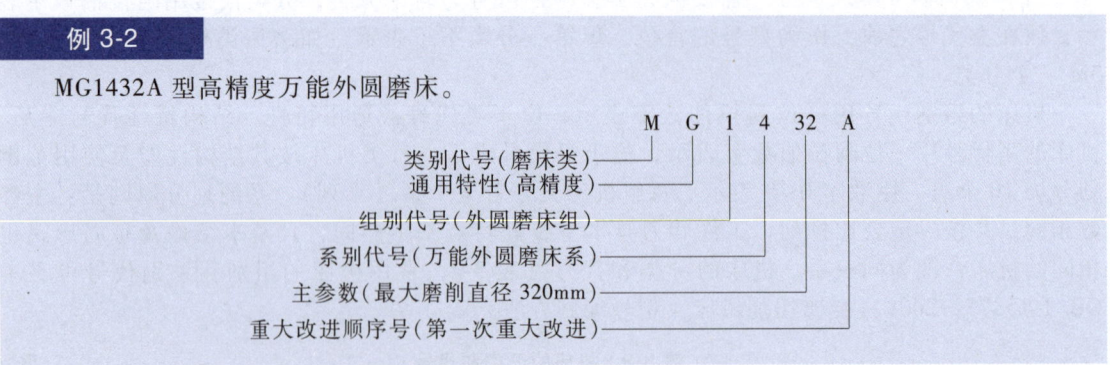

第二节　金属切削机床部件

一、传动系统

传动系统一般由动力源(如电动机)、变速装置及执行件(如主轴、刀架、工作台),以及开停、换向和制动机构等部分组成。动力源给执行件提供动力,并使其得到一定的运动速度和方向;变速装置传递动力以及变换运动速度;执行件执行机床所需的运动,完成旋转或直线运动。

1. 主传动系统

主传动系统可按不同的特征来分类:

(1) 按驱动主传动的电动机类型　可分为交流电动机驱动和直流电动机驱动。交流电动机驱动中又可分单速交流电动机和调速交流电动机驱动。调速交流电动机驱动又有多速交流电动机和无级调速交流电动机驱动。无级调速交流电动机通常采用变频调速的原理。

(2) 按传动装置类型　可分为机械传动装置、液压传动装置、电气传动装置以及它们的组合。

(3) 按变速的连续性　可以分为分级变速传动和无级变速传动。

分级变速传动在一定的变速范围内只能得到某些转速,变速级数一般不超过 20~30 级。分级变速传动方式有滑移齿轮变速、交换齿轮变速和离合器(如摩擦式、牙嵌式、齿轮式离合器)变速。因它传递功率较大,变速范围广,传动比准确,工作可靠,广泛地应用于通用机床,尤其是中小型通用机床中。缺点是有速度损失,不能在运转中进行变速。

无级变速传动可以在一定的变速范围内连续改变转速,以便得到最有利的切削速度;能在运转中变速,便于实现变速自动化;能在负载作用下变速,便于车削大端面时保持恒定的切削速度,以提高生产效率和加工质量。无级变速传动可由机械摩擦无级变速器、液压无级变速器和电气无级变速器实现。机械摩擦无级变速器结构简单、使用可靠,常用在中小型车床、铣床等主传动中。液压无级变速器传动平稳、运动换向冲击小,易于实现直线运动,常用于主运动为直线运动的机床,如磨床、拉床、刨床等机床的主传动中。电气无级变速器有直流电动机和交流调速电动机两种,由于可以大大简化机械结构,便于实现自动变速、连续变速和负载下变速,应用越来越广泛,尤其在数控机床上目前几乎全都采用电气变速。

数控机床和大型机床中,有时为了在变速范围内,满足一定恒功率和恒转矩的要求,或为了进一步扩大变速范围,常在无级变速器后面串接机械分级变速装置。

2. 进给传动系统

不同类型的机床实现进给运动的传动类型不同。根据加工对象、成形运动、进给精度、运动平稳性及生产率等因素的要求,主要有机械进给传动、液压进给传动、电气伺服进给传动等。机械进给传动虽然结构较复杂,制造及装配工作量较大,但由于工作可靠,便于检查和维修,仍有很多机床采用。

由于数控机床近几年的广泛应用,本书重点介绍电气伺服进给传动系统。

电气伺服系统是数控装置和机床之间的联系环节,是以机械位置或角度作为控制对象的自动控制系统,其作用是接收来自数控装置发出的进给脉冲,经变换和放大后驱动工作台按规定的速度和距离移动。

(1) 电气伺服进给传动系统的控制类型　电气伺服系统按有无检测装置分为开环、闭环和半闭环系统。

1) 开环系统。典型的开环伺服系统采用步进电动机,如图 3-1 所示。开环系统对工作台实际位移量没有检测和反馈装置。数控装置发来的每一个进给脉冲由步进电动机直接变换成一个转角(步距角),再通过齿轮(或同步带、滚珠丝杠螺母)带动工作台移动。

开环伺服系统的精度取决于步进电动

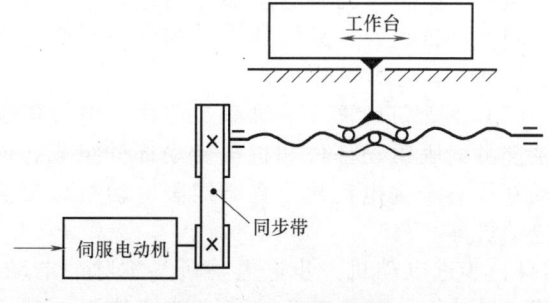

图 3-1　开环伺服系统

机的步距角精度、步进电动机至执行部件间传动系的传动精度。这类系统的定位精度较低，一般在（±0.01~±0.02）mm，但系统简单，调试方便，成本低，适用于精度要求不高的数控机床中。

2）闭环系统。在闭环系统中，使用位移测量元件测量机床执行部件的移（转）动量，将执行部件的实际移（转）动量和控制量进行比较，比较后的差值用信号反馈给控制系统，对执行部件的移（转）动进行补偿，直至差值为零。例如，在图3-2所示的闭环系统中，检测元件6安装在工作台5上，直接测量工作台的位移，将测得的位移量反馈到数控装置1，与要求的进给位移量进行比较，根据比较结果增加或减少发出的进给脉冲数，由伺服电动机2校正工作台的位移误差。

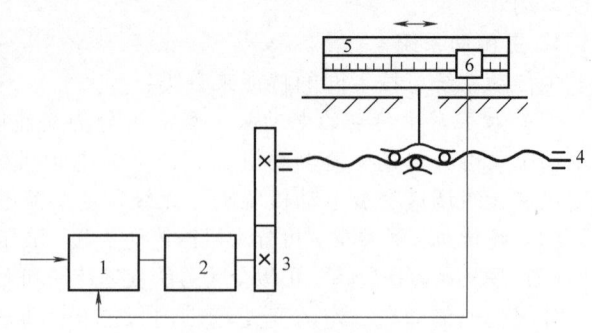

图 3-2 闭环系统
1—数控装置 2—伺服电动机 3—齿轮
4—丝杠 5—工作台 6—检测元件

为提高系统的稳定性，闭环系统除了检测执行部件的位移量外，还检测其速度。检测反馈装置有两类：用旋转变压器作为位置反馈，测速发电机作为速度反馈；用脉冲编码器兼作位置和速度反馈，后者用得较多。

闭环控制可以消除整个系统的误差、间隙和失动，其定位精度取决于检测装置的精度，其控制精度、动态性能等较开环系统好；但系统比较复杂，安装、调整和测试比较麻烦，成本高，多用于精密型数控机床上。

3）半闭环系统。如果检测元件不是直接安装在执行部件上，而是安装在进给传动系中间部位的旋转部件上，称为半闭环系统，如图3-3所示。图3-3a所示是将检测元件安装在伺服电动机的端部；图3-3b所示是将检测元件安装到丝杠的端部，用测量丝杠的转动间接测量工作台的移动；图3-3c所示是将检测元件和伺服电动机一起安装在丝杠的端部。半闭环系统只能补偿环路内部传动链的误差，不能纠正环路之外的误差。图3-3a所示的传动齿轮的齿形误差和间隙、丝杠螺母的导程误差和间隙、丝杠轴承的轴向跳动等误差等均在环路之外，无法补偿；图3-3b、c所示系统除了将齿轮移动至环路内，可以进行补偿外，其余仍然不能补偿。因此，半闭环系统的精度比闭环差。由于惯性较大的工作台在闭环之外，系统稳定性较好。与闭环相比，半闭环系统结构简单、调整容易、价格低，所以应用较多。

综上所述，对伺服系统的基本要求是稳定性要好，精度要高。快速响应性好，定位精度高。影响机床伺服系统性能的因素主要有：进给传动件的间隙、扭转、挠曲；机床运动部件的振动、摩擦；机床的刚度和抗振性；系统的质量和惯量；低速下运动平稳性，有无爬行现象等。

（2）电气伺服进给系统驱动部件 电气伺服进给系统由伺服驱动部件和机械传动部件组成。伺服驱动部件有步进电动机、直流伺服电动机、交流伺服电动机等。

1）步进电动机。步进电动机又称脉冲电动机，是将电脉冲信号变换成角位移（或线位移）的一种

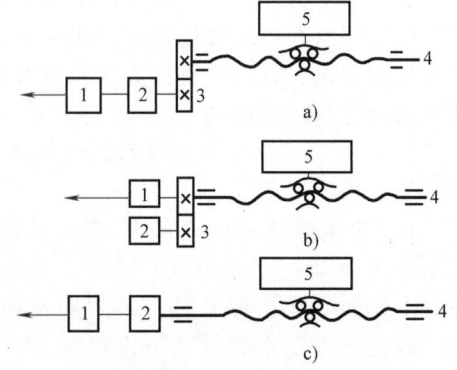

图 3-3 半闭环系统
a) 伺服电动机反馈 b)、c) 从动杠反馈
1—反馈装置 2—伺服电动机 3—齿轮
4—丝杠螺母传动 5—工作台

机电式数-模转换器。它每接收数控装置输出的一个电脉冲信号，电动机轴就转过一定的角度，称为步距角。步距角一般为 0.5°～3°，角位移与输入脉冲个数呈严格的比例关系，步进电动机的转速与控制脉冲的频率成正比。

转速可以在很宽的范围内调节。改变绕组通电的顺序，可以控制电动机的正转或反转。步进电动机的优点是没有累积误差，结构简单，使用、维修方便，制造成本低，步进电动机带动负载惯量的能力大，适用于中、小型机床和速度、精度要求不高的地方；缺点是效率较低，发热大，有时会"失步"。

2) 直流伺服电动机。机床上常用的直流伺服电动机主要有小惯量直流电动机和大惯量直流电动机。

小惯量直流电动机的优点是转子直径较小、轴向尺寸大。长径比约为 5，故转动惯量小，仅为普通直流电动机的 1/10 左右，因此响应时间快；缺点是额定转矩较小，一般必须与齿轮降速装置相匹配。常用于高速轻载的小型数控机床中。

大惯量直流电动机，又称宽调速直流电动机，有电励磁和永久磁铁励磁两种类型。电励磁的特点是励磁量便于调整，成本低。永磁型直流电动机能在较大过载转矩下长期工作，并能直接与丝杠相连而不需要中间传动装置，还可以在低速下平稳地运转，输出转矩大。宽调速电动机可以内装测速发电机，还可以根据用户需要，在电动机内部加装旋转变压器和制动器，为速度环提供较高的增益，能获得优良低速刚度和动态性能。电动机频率高、定位精度好、调整简单、工作平稳。缺点是转子温度高、转动惯量大、时间响应较慢。

3) 交流伺服电动机。自 20 世纪 80 年代中期开始，以异步电动机和永磁同步电动机为基础的交流伺服进给驱动得到迅速发展。它采用新型的磁场矢量变换控制技术，对交流电动机作磁场的矢量控制；将电动机定子的电压矢量或电流矢量作为操作量，控制其幅值和相位。它没有电刷和换向器，因此可靠性好、结构简单、体积小、质量轻、动态响应好。在同样的体积下，交流伺服电动机的输出功率可比直流电动机提高 10%～70%。交流伺服电动机与同容量的直流电动机相比，质量约轻一半，价格仅为直流电动机的三分之一，效率高、调速范围广、响应频率高。缺点是本身虽有较大的转矩-惯量比，但它带动惯性负载能力差，一般需用齿轮减速装置，多用于中小型数控机床。

4) 直线伺服电动机。直线伺服电动机是一种能直接将电能转化为直线运动机械能的电力驱动装置，是适应超高速加工技术发展的需要而出现的一种新型电动机。直线伺服电动机驱动系统替换了传统的由回转型伺服电动机加滚珠丝杠的伺服进给系统，从电动机到工作台之间的一切中间传动都没有了，可直接驱动工作台进行直线运动，使工作台的加/减速提高到传统机床的 10～20 倍，速度提高 3～4 倍。

直线伺服电动机的工作原理同旋转电动机相似，可以看成是将旋转型伺服电动机沿径向剖开，向两边拉开展平后演变而成，如图 3-4 所示。原来的定子演变成直线伺服电动机的初级，原来的转子演变成直线伺服电动机的次级，原来的旋转磁场变成了平磁场。

在磁路构造上，直线伺服电动机一般做成双边型，磁场对称，不存在单边磁拉力，在磁场中受到的总推力可较大。

为使初级和次级之间能够在一定移动范围内做相对直线运动，直线伺服电动机的初级和次级长短是不

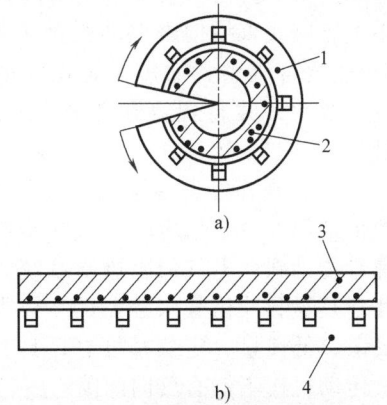

图 3-4 旋转电动机变为直线
电动机的过程
a) 旋转电动机 b) 直线电动机
1—定子 2—转子 3—次级 4—初级

一样的。可以是短的次级移动,长的初级固定,如图3-5a所示;也可以是短的初级固定,长的次级移动,如图3-5b所示。

图3-6所示为直线伺服电动机传动示意图,直线伺服电动机分为同步式和感应式两类。同步式是在直线伺服电动机的定件(如床身)上,在全行程沿直线方向上一块接一块地装上永磁铁(电动机的次级);在直线伺服电动机的动件(如工作台)下部的全长上,对应地一块接一块安装上含铁心的通电绕组(电动机的初级)。

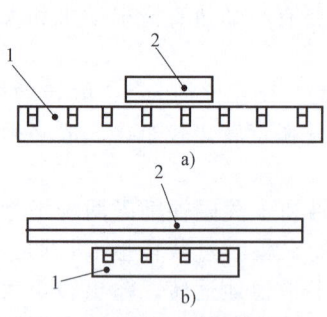

图3-5　直线伺服电动机的型式
a) 短次级　b) 短初级
1—初级　2—次级

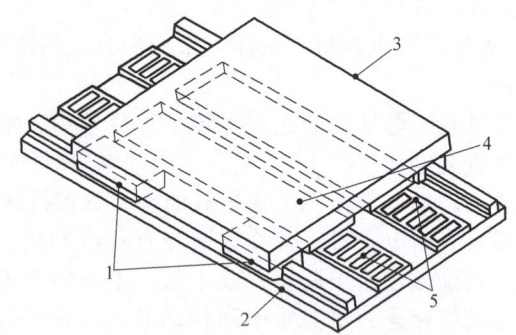

图3-6　直线伺服电动机传动示意图
1—直线滚动导轨　2—床身　3—工作台
4—直流电动机动件(绕组)　5—直流电动机定件(永磁铁)

感应式与同步式的区别是在定件上用不通电的绕组替代同步式的永磁铁,且每个绕组中每一匝均是短路的。直线伺服电动机通电后,在定件和动件之间的间隙中产生一个大的行波磁场,依靠磁力,推动动件(工作台)做直线运动。

采用直线伺服电动机驱动方式,省去减速器(齿轮、同步带等)和滚动丝杠副等中间环节,不仅简化了机床结构,而且避免了因中间环节的弹性变形、磨损、间隙、发热等因素带来的传动误差;无接触地直接驱动,使其结构简单,维护简便,可靠性高,体积小,传动刚度高,响应快,可得到瞬时高的加/减速度。据文献介绍,它的最大进给速度可达到150~180m/min,最大加/减速度为$1g$~$8g$($1g=9.8m/s^2$)。

现在直线伺服电动机已成功地应用在超高速机床中,如1993年德国EX-CELL-U公司生产出世界上第一台由直线伺服电动机驱动工作台的高速加工中心。在X、Y、Z三个坐标轴上都采用了感应式直线伺服电动机直接驱动方式。加工速度大幅度提高,可达到60m/min,由于加/减速度可调整,缩短了定位时间,大大提高了生产效率,并且提高了零件加工精度和表面质量。

(3) 电气伺服进给系统中的机械传动部件
机械传动部件主要指齿轮(或同步齿轮带)和丝杠螺母传动副。电气伺服进给系统中,运动部件的移动是靠脉冲信号来控制的,要求运动部件动作灵敏、低惯量、定位精度好,具有适宜的阻尼比及传动机构不能有反向间隙。

滚珠丝杠是将旋转运动转换成执行件的直线运动的运动转换机构,如图3-7所示,由螺母、丝杠、滚珠、回珠器、密封环等组成。滚珠丝杠的摩擦系数小,传动效率高。

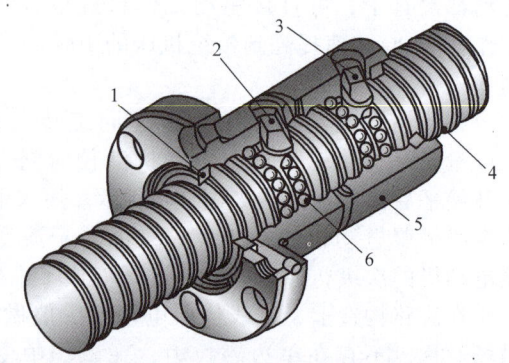

图3-7　滚珠丝杠螺母副的结构
1—密封环　2、3—回珠器
4—丝杠　5—螺母　6—滚珠

滚珠丝杠主要承受轴向载荷,因此对丝杠轴承的轴向精度和刚度要求较高,常采用角接触球轴承或双向推力圆柱滚子轴承与滚针轴承的组合轴承方式,如图 3-8 和图 3-9 所示。

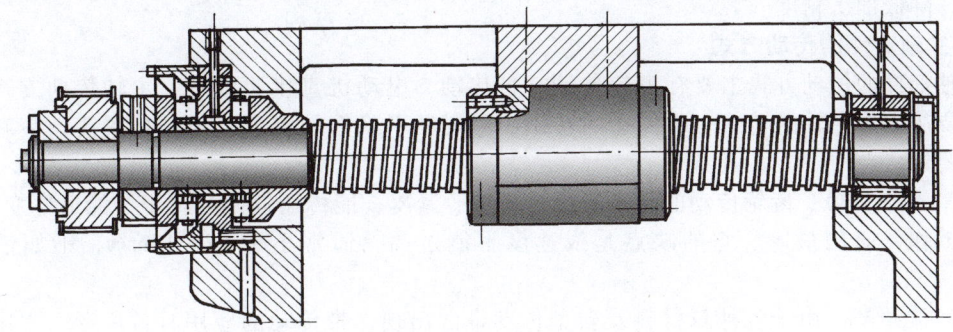

图 3-8　采用双向推力圆柱滚子轴承的支承方式

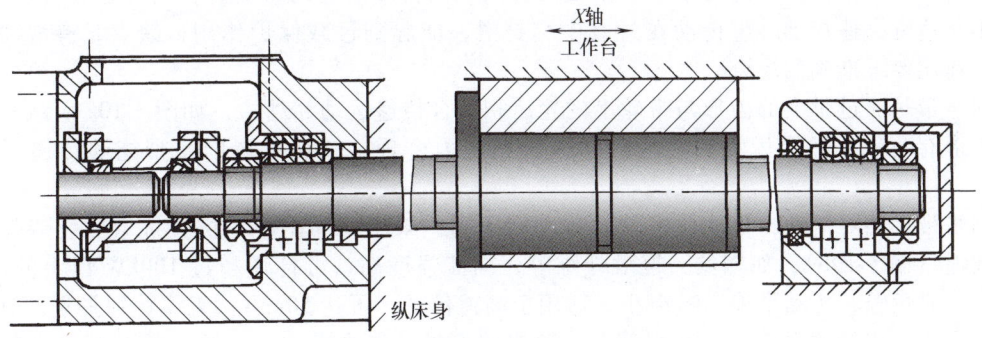

图 3-9　采用角接触球轴承的支承方式

二、主轴部件

主轴部件是机床重要部件之一,它是机床的执行件。它的功用是支承并带动工件或刀具旋转进行切削,承受切削力和驱动力等载荷,完成表面成形运动。

主轴部件由主轴及其支承轴承、传动件、密封件及定位元件等组成。

1. 主轴部件应满足的基本要求

(1) **旋转精度**　主轴的旋转精度是指装配后,在无载荷、低速转动条件下,在安装工件或刀具的主轴部位的径向和轴向跳动。

(2) **刚度**　主轴部件的刚度是指其在外加载荷作用下抵抗变形的能力,通常以主轴前端产生单位位移的弹性变形时,在位移方向上所施加的作用力来定义。主轴的尺寸和形状、滚动轴承的类型和数量、预紧和配置形式、传动件的布置方式、主轴部件的制造和装配质量等都影响主轴部件的刚度。

主轴静刚度不足对加工精度和机床性能有直接影响,并会影响主轴部件中的齿轮、轴承的正常工作,降低工作性能和寿命,影响机床抗振性,容易引起切削颤振,降低加工质量。

(3) **抗振性**　主轴部件的抗振性是指抵抗受迫振动和自激振动的能力。在切削过程中,主轴部件不仅受静态力作用,同时也受冲击力和交变力的干扰,使主轴产生振动。主轴部件的振动会直接影响工件的表面加工质量和刀具的使用寿命,并产生噪声。随着机床向高速、高精度发展,对抗振性要求越来越高。影响抗振性的主要因素是主轴部件的静刚度、质量分布以及阻尼。

(4) **温升和热变形**　主轴部件运转时,因各相对运动处的摩擦生热,切削区的切削热等使主轴部件的温度升高，形状尺寸和位置发生变化，造成主轴部件的所谓热变形。主轴热变形可引起轴承间隙变化，润滑油温度升高后会使黏度降低，这些变化都会影响主轴部件的工作性能，降低加工精度。

2. 主轴部件的传动方式

主轴部件的传动方式主要有齿轮传动、带传动、电动机直接驱动等。主轴传动方式的选择，主要决定于主轴的转速、所传递的转矩、对运动平稳性的要求以及结构紧凑、装卸维修方便等要求。

（1）齿轮传动　齿轮传动的特点是结构简单、紧凑，能传递较大的转矩，能适应变转速、变载荷工作，应用最广。它的缺点是线速度不能过高，通常小于 12～15m/s，不如带传动平稳。

（2）带传动　由于各种新材料及新型传动带的出现，带传动的应用日益广泛。常用的有平带、V带、多楔带和同步带等。带传动的特点是靠摩擦力传动（除同步带外）、结构简单、制造容易、成本低，特别适用于中心距较大的两轴间传动。传动带有弹性可吸振，传动平稳，噪声小，适宜高速传动。带传动在过载中会打滑，能起到过载保护作用，缺点是有滑动，不能用在速比要求准确的场合。

同步带是通过带上的齿形与带轮上的轮齿相啮合传递运动和动力，如图 3-10a 所示。同步带的齿形有两种：梯形齿和圆弧齿。圆弧齿形受力合理，较梯形齿同步带能够传递更大的转矩。

同步带无相对滑动，传动比准确，传动精度高；采用伸缩率小、抗拉抗弯曲疲劳强度高的承载绳（图 3-10b），如钢丝、聚酰纤维等，因此强度高，可传递超过 100kW 以上的动力；厚度小、质量轻、传动平稳、噪声小，适用于高速传动，可达 50m/s；无需特别张紧，对轴和轴承压力小，传动效率高；不需要润滑，耐水耐腐蚀，能在高温下工作，维护保养方便；传动比大，可达 1：10 以上。缺点是制造工艺复杂，安装条件要求高。

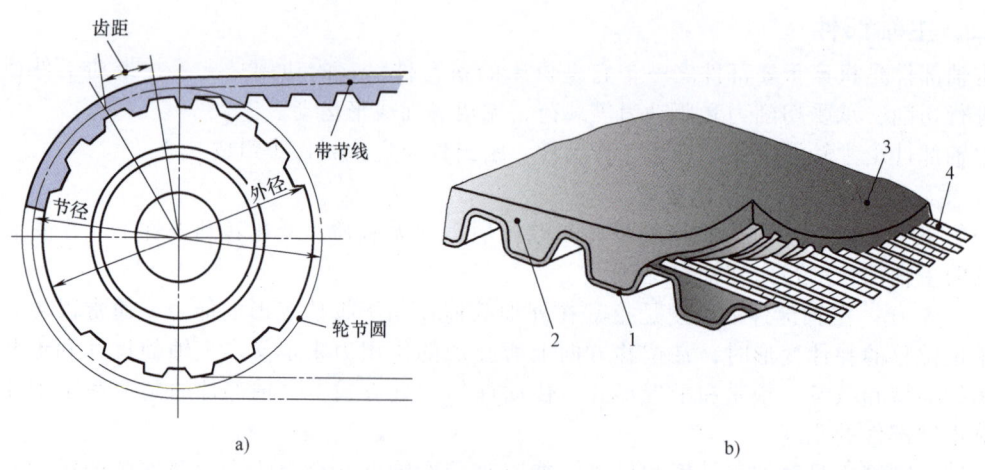

图 3-10　同步带传动
a）同步带传动　b）同步带结构
1—包布层　2—带齿　3—带背　4—承载绳

（3）电动机直接驱动方式　如果主轴转速不算太高，采用普通异步电动机直接带动主轴，如平面磨床的砂轮主轴。如果转速很高，可将主轴与电动机制成一体，成为主轴单元，如图 3-11 所示，电动机转子轴就是主轴，电动机座就是机床主轴单元的壳体。主轴单元大大简化了结构，有效地提高了主轴部件的刚度，降低了噪声和振动；有较宽的调速范围；有较大的驱动功率和转矩；便于组织专业化生产。因此广泛地用于精密机床、高速加工中心和数控车床中。

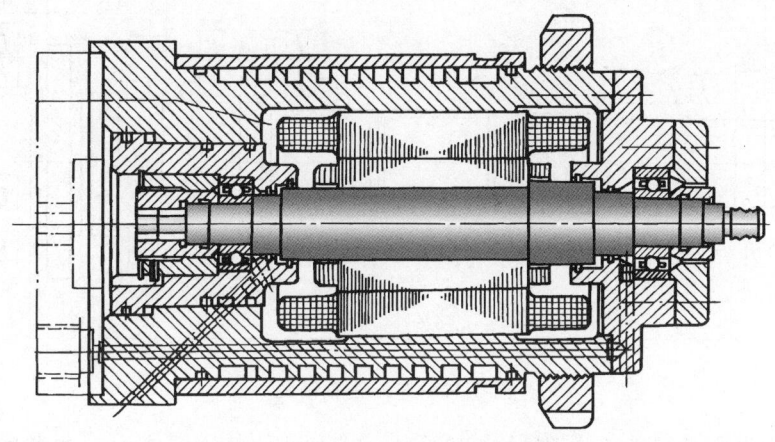

图 3-11　高速内圆磨床的主轴单元

3. 主轴部件结构

（1）主轴的支承形式　多数机床的主轴采用前、后两个支承。这种方式结构简单，制造装配方便，容易保证精度。为提高主轴部件的刚度，前后支承应消除间隙或预紧。为提高刚度和抗振性，有的机床主轴采用三个支承。三个支承中可以前、后支承为主要支承，中间支承为辅助支承；也可以前、中支承为主要支承，后支承为辅助支承。三支承方式对三支承孔的同心度要求较高，制造装配较复杂。主支承也应消除间隙或预紧，"辅助"支承则应保留一定的径向游隙或选用较大游隙的轴承。由于三个轴颈和三个箱体孔不可能绝对同轴，三个轴承不能都预紧，以免发生干涉，恶化主轴的工作性能，使空载功率大幅度上升和轴承温升过高。在三支承主轴部件中，采用前、中支承为主要支承的较多。

（2）主轴的构造　主轴的构造和形状主要决定于主轴上所安装的刀具、夹具、传动件、轴承等零件的类型、数量、位置和安装定位方法等。主轴一般为空心阶梯轴，前端径向尺寸大，中间径向尺寸逐渐减小，尾部径向尺寸最小。

主轴的前端形式取决于机床类型和安装夹具或刀具的形式。主轴头部的形状和尺寸已经标准化，应遵照标准进行设计。

主轴的技术要求，应根据机床精度标准有关项目制定。首先制定出满足主轴旋转精度所必须的技术要求，如主轴前后轴承轴颈的同轴度，锥孔相对于前后轴颈中心连线的径向跳动，定心轴颈及其定位轴肩相对于前后轴颈中心连线的径向和轴向跳动等。再考虑其他性能所需的要求，如表面粗糙度、表面硬度等。主轴的技术要求要满足设计要求、工艺要求、检测方法的要求，应尽量做到设计、工艺、检测的基准相统一。

图 3-12 所示为简化后的车床主轴简图，A 和 B 是主支承轴颈，主轴中心线是 A 和 B 的圆心连线，就是设计基准。检测时以主轴中心线为基准来检验主轴上各内、外圆表面和端面的径向跳动和轴向圆跳动，所以也是检测基准。主轴中心线也是主轴前、后锥孔的工艺基准，又是锥孔检测时的测量基准。

主轴各部位的尺寸公差、几何公差、表面粗糙度和表面硬度等具体数值应根据机床的类型、规格、精度等级及主轴轴承的类型来确定。

（3）主轴的材料和热处理　主轴的材料应根据载荷特点、耐磨性要求、热处理方法和热处理后变形情况选择。普通机床主轴可选用中碳钢（如 45 钢），调质处理后，在主轴端部、锥孔、定心轴颈或定心锥面等部位进行局部高频淬硬，以提高其耐磨性。只有载荷大和有冲

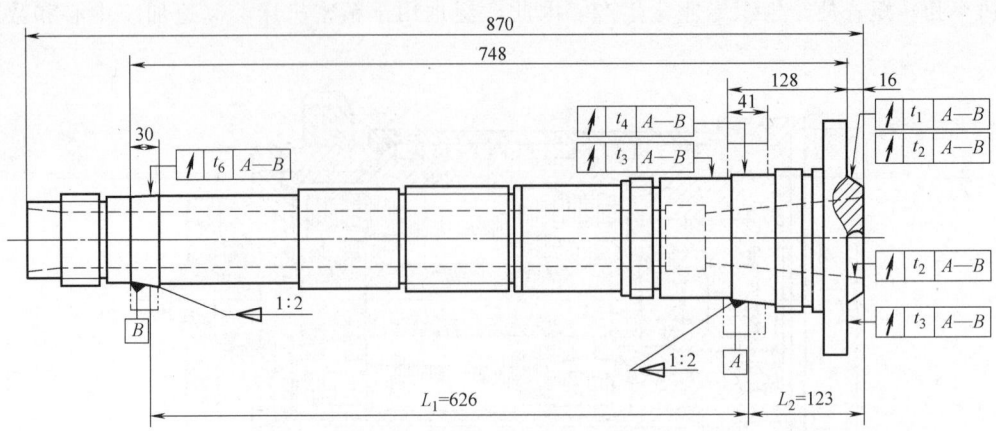

图 3-12 车床主轴简图

击时,或精密机床需要减小热处理后的变形时,或有其他特殊要求时,才考虑选用合金钢。当支承为滑动轴承,则轴颈也需淬硬,以提高耐磨性。

对于高速、高效、高精度机床的主轴部件,热变形及振动等一直是国内外研究的重点课题,特别是对高精度、超精密加工机床的主轴。据资料介绍,目前出现了一种称为玻璃陶瓷(Zerodur)的材料,又称微晶玻璃的新材料,其线胀系数几乎接近于零,是制作高精度机床主轴的理想材料。

(4) 主轴轴承　主轴部件中最重要的组件是轴承。轴承的类型、精度、结构、配置方式、安装调整、润滑和冷却等状况,都直接影响主轴部件的工作性能。

机床上常用的主轴轴承有滚动轴承、液体动压轴承、液体静压轴承、空气静压轴承等。此外,还有自调磁浮轴承等适应高速加工的新型轴承。

主轴部件主支承常用滚动轴承有角接触球轴承、双列短圆柱滚子轴承、圆锥滚子轴承、推力轴承、陶瓷滚动轴承等,如图3-13所示。

滚动轴承在运转过程中,滚动体和轴承滚道间会产生滚动摩擦和滑动摩擦,产生热量而使轴承温度升高,因热变形改变了轴承的间隙,引起振动和噪声。润滑的作用是利用润滑剂在摩擦面间形成润滑油膜,减小摩擦系数和发热量,并带走一部分热量,以降低轴承的温升。润滑剂和润滑方式的选择主要取决于轴承的类型、转速和工作负荷。滚动轴承所用的润滑剂主要有润滑脂和润滑油两种。润滑脂是由基油、稠化剂和添加剂(有的不含添加剂)在高温下混合而成的一种半固体状润滑剂。如锂基脂、钙基脂、高速轴承润滑脂等。其特点是黏附力强、油膜强度高、密封简单、不易渗漏,长时间不需更换,维护方便,但摩擦阻力比润滑油略大。因此,常用于转速不太高、不需冷却的场合。特别是立式主轴或装在套筒内可以伸缩的主轴,如钻床、坐标镗床、数控机床和加工中心等。润滑油的种类很多,其黏度是随温度的升高而降低,选择润滑油的黏度应保证其在轴承工作温度下保持在 $10\sim20\mathrm{mm}^2/\mathrm{s}$ (40℃时)。转速越高,选的黏度应越低;负荷越重,黏度应越高。主轴轴承的油润滑方式主要有油浴、滴油、循环润滑、油雾润滑、油气润滑和喷射润滑等。

滚动轴承密封的作用是防止冷却液、切削灰尘、杂质等进入轴承,并使润滑剂无泄漏地保持在轴承内,保证轴承的使用性能和寿命。密封的类型主要有非接触式和接触式密封两大类。非接触式又分为间隙式、曲路式和垫圈式密封。接触式可分为径向密封圈和毛毡密封圈。

滑动轴承因具有良好的抗振性、旋转精度高、运动平稳等特点,应用于高速或低速的精密、高精密机床和数控机床中。主轴滑动轴承按产生油膜的方式,可以分为动压轴承和静压轴承两类。按照流体介质不同可分为液体滑动轴承和气体滑动轴承。

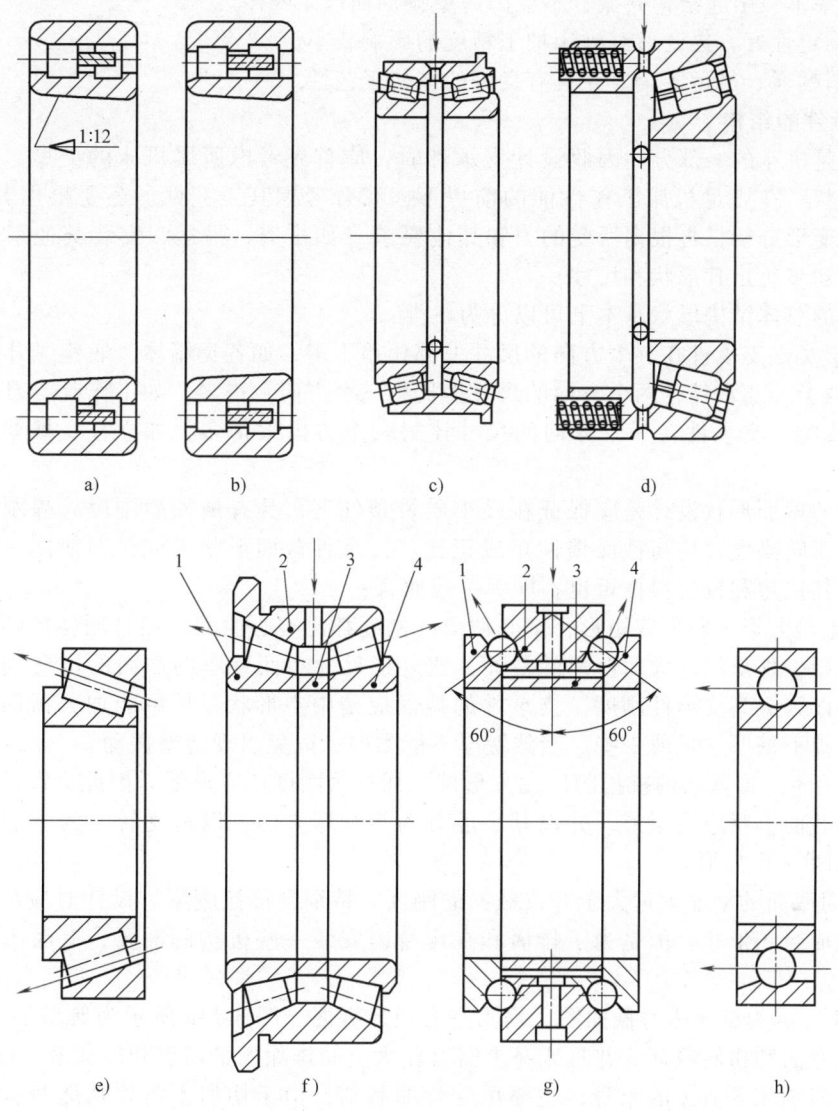

图 3-13 典型的主轴轴承
a)、b) 双列短圆柱滚子轴承　c) 双列空心圆锥滚子轴承　d) 单列空心圆锥滚子轴承
e) 圆锥轴承　f) 双列圆锥轴承　g) 双向推力角接触球轴承　h) 角接触球轴承
1、4—内圈　2—外圈　3—隔套

三、机床支承件

机床的支承件是指床身、立柱、横梁、底座等大件，相互固定连接成机床的基础和框架。机床上其他零、部件可以固定在支承件上，或者工作时在支承件的导轨上运动。因此，支承件的主要功能是保证机床各零、部件之间的相互位置和相对运动精度，并保证机床有足够的静刚度、抗振性、热稳定性和寿命。所以，支承件的合理设计是机床设计的重要环节之一。

1. 支承件应满足的基本要求

支承件应满足下列要求：

1）应具有足够的刚度和较高的刚度-质量比。
2）应具有较好的动态特性，包括较大的位移阻抗（动刚度）和阻尼；整机的低阶频率较高,各阶频率不致引起结构共振;不会因薄壁振动而产生噪声。

3)热稳定性好,热变形对机床加工精度的影响较小。

4)排屑畅通、吊运安全,并具有良好的结构工艺性。

2. 支承件的结构

支承件是机床的一部分,因此设计支承件时,应首先考虑所属机床的类型、布局及常用支承件的形状。在满足机床工作性能的前提下,综合考虑其工艺性。还要根据其使用要求,进行受力和变形分析,再根据所受的力和其他要求(如排屑、吊运、安装其他零件等)进行结构设计,初步决定其形状和尺寸。

支承件的总体结构形状基本上可以分为三类:

1)箱形类。支承件在三个方向的尺寸上都相差不多,如各类箱体、底座、升降台等。

2)板块类。支承件在两个方向的尺寸上比第三个方向大得多,如工作台、刀架等。

3)梁支类。支承件在一个方向的尺寸比另两个方向大得多,如立柱、横梁、摇臂、滑枕、床身等。

支承件的截面形状设计是应保证在最小质量条件下,具有最大静刚度。静刚度主要包括弯曲刚度和扭转刚度,均与截面惯性矩成正比。支承件截面形状不同,即使同一材料、相等的截面积,其抗弯和抗扭惯性矩也不同。一般而言:

1)无论是方形、圆形或矩形,空心截面的刚度都比实心的大,而且同样的断面形状和相同大小的面积,外形尺寸大而壁薄的截面,比外形尺寸小而壁厚的截面的抗弯刚度和抗扭刚度都高。所以为提高支承件刚度,支承件的截面应是中空形状,尽可能加大截面尺寸,在工艺可能的前提下壁厚尽量薄一些。当然壁厚不能太薄,以免出现薄壁振动。

2)圆(环)形截面的抗扭刚度比方形好,而抗弯刚度比方形低。因此,以承受弯矩为主的支承件的截面形状应取矩形,并以其高度方向为受弯方向;以承受转矩为主的支承件的截面形状应取圆(环)形。

3)封闭截面的刚度远远大于开口截面的刚度,特别是抗扭刚度。设计时应尽可能把支承件的截面做成封闭形状。但是为了排屑和在床身内安装一些机构的需要,有时不能做成全封闭形状。

图 3-14 所示为机床床身截面图,均为空心矩形截面。图 3-14a 所示为典型的车床类床身,工作时承受弯曲和扭转载荷,并且床身上需有较大空间排除大量切屑和冷却液。图 3-14b 所示是镗床、龙门刨床等机床的床身,主要承受弯曲载荷,由于切屑不需要从床身排除,所以顶面多采用封闭的,台面不太高,以便于工件的安装调整。图 3-14c 所示为用于大型和重型机床的床身,采用三道壁,重型机床可采用双层壁结构床身,以便进一步提高刚度。

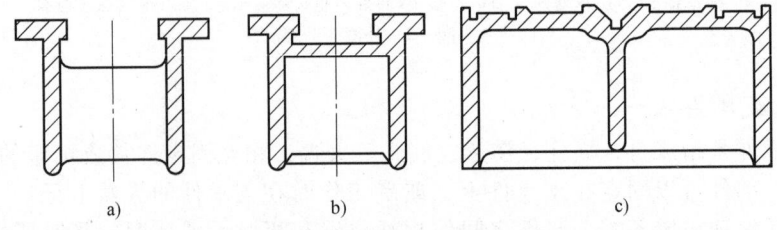

图 3-14　机床床身截面图

a)车床类床身　b)镗床、龙门刨床类床身　c)大型和重型机床类床身

3. 支承件的材料

支承件常用的材料有铸铁、钢板和型钢、天然花岗岩、预应力钢筋混凝土等。

(1)铸铁　一般支承件用灰铸铁制成,在铸铁中加入少量合金元素可提高耐磨性。铸铁铸造性能好，容易获得复杂结构的支承件，同时铸铁的内摩擦力大，阻尼系数大，使振动衰减的性能好，成本低。但铸件需要木模芯盒，制造周期长，有时产生缩孔、气泡等缺陷，成本高，适于成批生产。

常用的铸件牌号有 HT200、HT150、HT100。HT200 称为Ⅰ级铸铁，抗压抗弯性能较好，可制成带导轨的支承件，不适宜制作结构太复杂的支承件。HT150 称为Ⅱ级铸铁，它流动性好，铸造性能好，但力学性能较差，适用于形状复杂的铸件和重型机床床身和受力不大的床身和底座。HT100 称为Ⅲ级铸铁，力学性能差，一般用作镶装导轨的支承件。为增加耐磨性，可采用高磷铸铁、磷铜钛铸铁、铬钼铸铁等合金铸铁。

铸造支承件要进行时效处理，以消除内应力。

(2) 钢板焊接结构 用钢板和型钢等焊接支承件，其特点是制造周期短，省去制作木模和铸造工艺；支承件可制成封闭结构，刚性好；便于产品更新和结构改进；钢板焊接支承件固有频率比铸铁高，在刚度要求相同的情况下，采用钢焊接支承件可比铸铁支承件壁厚减少一半，质量减轻 20%~30%。随着计算技术的应用，可以对焊接件结构负载和刚度进行优化处理，即通过有限元法进行分析，根据受力情况合理布置肋板，选择合适厚度的材料，以提高大件的动静刚度。因此，近 20 年来在国外支承件用钢板焊接结构件代替铸件的趋势不断扩大，开始在单件和小批生产的重型机床和超重型机床上应用，逐步发展到一定批量的中型机床中。

钢板焊接结构的缺点是钢板材料内摩擦阻尼约为铸铁的 1/3，抗振性较铸铁差，为提高机床抗振性能，可采用提高阻尼的方法来改善动态性能。

(3) 预应力钢筋混凝土 主要用于制作不常移动的大型机械的机身、底座、立柱等支承件。预应力钢筋混凝土支承件的刚度和阻尼比铸铁大几倍，抗振性好，成本较低。用钢筋混凝土制成支承件时，钢筋的配置对支承件影响较大。一般三个方向都要配置钢筋，总预拉力为 120~150kN。缺点是脆性大，耐蚀性差，油渗入导致材质疏松，所以表面应进行喷漆或喷涂塑料。

图 3-15 所示是数控车床的底座和床身，底座 1 为钢筋混凝土，混凝土的内摩擦阻尼很高，所以机床的振抗性很高。床身 2 为内封砂芯的铸铁床身，也可提高床身的阻尼。

(4) 天然花岗岩 天然花岗岩性能稳定，精度保持性好，抗振性好，阻尼系数比钢大 15 倍，耐磨性比铸铁高 5~6 倍，热导率和线胀系数小，热稳定性好，抗氧化性强，不导电，抗磁，与金属不粘合，加工方便，通过研磨和抛光容易得到很高的精度和较低的表面粗糙度。目前用于三坐标测量机、印制电路板数控钻床、气浮导轨基座等。缺点是结晶颗粒粗于钢铁的晶粒，抗冲击性能差，脆性大，油和水等液体易渗入晶界中，使表面局部变形胀大，难以制作复杂的零件。

四、机床导轨

导轨的功用是承受载荷和导向。它承受安装在导轨上的运动部件及工件的质量和切削力，运动部件可以沿导轨运动。运动的导轨称为动导轨，不动的导轨称为静导轨或支承导轨。动导轨相对于静导轨可以做直线运动或者回转运动。

导轨副按导轨面的摩擦性质可分为滑动导轨副和滚动导轨副。在滑动导轨副中又可分为普通滑动导轨、静压导轨和卸荷导轨等。

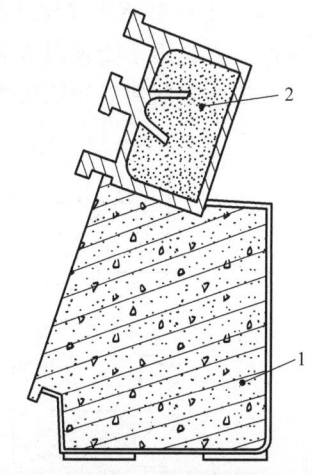

图 3-15 数控车床的底座和床身示意图
1—钢筋混凝土底座
2—内封沙芯床身

1. 导轨应满足的主要技术要求

（1）导向精度　导向精度是导轨副在空载荷或切削条件下运动时，实际运动轨迹与给定运动轨迹之间的偏差。影响导向精度的因素很多，如导轨的几何精度和接触精度、导轨的结构形式、导轨和支承件的刚度、导轨的油膜厚度和油膜刚度、导轨和支承件的热变形等。

（2）承载能力大，刚度好　根据导轨承受载荷的性质、方向和大小，合理地选择导轨的截面形状和尺寸，使导轨具有足够的刚度，保证机床的加工精度。

（3）精度保持性好　精度保持性主要是由导轨的耐磨性决定的，常见的磨损形式有磨料（或磨粒）磨损、粘着磨损或咬焊、接触疲劳磨损等。影响耐磨性的因素有导轨材料、载荷状况、摩擦性质、工艺方法、润滑和防护条件等。

（4）低速运动平稳　当动导轨做低速运动或微量进给时，应保证运动始终平稳，不出现爬行现象。

2. 导轨的截面形状和组合形式

直线运动导轨的截面形状主要有四种，即矩形、三角形、燕尾形和圆柱形，并可互相组合，每种导轨副之中还有凸、凹之分。

（1）矩形导轨（图3-16a）　上图是凸型，下图是凹型。凸型导轨容易清除掉切屑，但不易存留润滑油；凹型导轨则相反。矩形导轨具有承载能力大、刚度高、制造简便、检验和维修方便等优点；但存在侧向间隙，需用镶条调整，导向性差。适用于载荷较大而导向性要求略低的机床。

（2）三角形导轨（图3-16b）　三角形导轨面磨损时，动导轨会自动下沉，自动补偿磨损量，不会产生间隙。三角形导轨的顶角α一般在90°～120°范围内变化，α角越小，导向性越好，但摩擦力也越大。所以，小顶角用于轻载精密机械，大顶角用于大型或重型机床。三角形导轨结构有对称式和不对称式两种。当水平力大于垂直力，两侧压力分布不均时，采用不对称导轨。

（3）燕尾形导轨（图3-16c）　燕尾形导轨可以承受较大的颠覆力矩，导轨的高度较小，结构紧凑，间隙调整方便。但是，刚度较差，加工、检验维修都不大方便。适用于受力小、层次多、要求间隙调整方便的部件。

（4）圆柱形导轨（图3-16d）　圆柱形导轨制造方便，工艺性好，但磨损后较难调整和补偿间隙。主要用于受轴向负荷的导轨，应用较少。

上述四种截面的导轨尺寸已经标准化了，可参看有关机床标准。

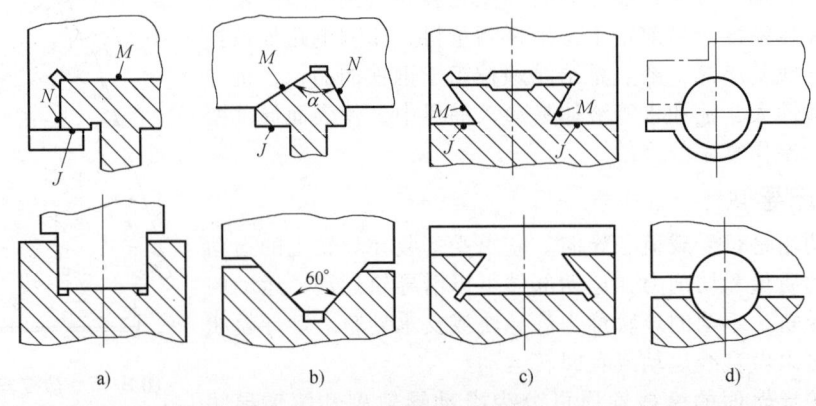

图3-16　导轨的截面形状

a）矩形导轨　b）三角形导轨　c）燕尾形导轨　d）圆柱形导轨

机床直线运动导轨通常由两条导轨组合而成，根据不同的要求，机床导轨主要有如下形式的组合：

1) 双三角形导轨（图 3-17a）。双三角形导轨不需要镶条调整间隙，接触刚度好，导向性和精度保持性好，但是工艺性差，加工、检验和维修不方便。多用在精度要求较高的机床中，如丝杠车床、导轨磨床、齿轮磨床等。

2) 双矩形导轨（图 3-17b、c）。双矩形导轨承载能力大，制造简单，多用在普通精度机床和重型机床中，如重型车床、组合机床、升降台铣床等。双矩形导轨的导向方式有两种：由两条导轨的外侧导向时，称为宽式组合，如图 3-17b 所示；分别由一条导轨的两侧导向时，称为窄式组合，如图 3-17c 所示。机床热变形后，宽式组合导轨的侧向间隙变化比窄式组合导轨大，导向性不如窄式。无论是宽式还是窄式组合，侧导向面都需用镶条调整间隙。

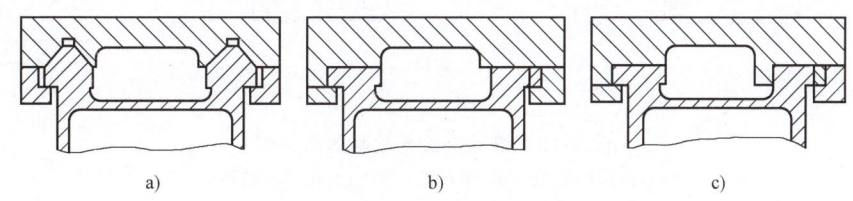

图 3-17 导轨的组合
a) 双三角形导轨 b) 宽式双矩形导轨 c) 窄式双矩形导轨

3) 矩形和三角形导轨的组合。这类组合的导轨导向性好，刚度高，制造方便，应用最广，如车床、磨床、龙门铣床的床身导轨。

4) 矩形和燕尾形导轨的组合。这类组合的导轨能承受较大力矩，调整方便，多用在横梁、立柱、摇臂导轨中。

3. 导轨的结构类型及特点

（1）滑动导轨 从摩擦性质来看，滑动导轨具有一定动压效应的混合摩擦状态。导轨的动压效应主要与导轨的滑动速度、润滑油黏度、导轨面的油沟尺寸和形式等有关。速度较高的主运动导轨，如立式车床的工作台导轨，应合理地设计油沟形式和尺寸，选择合适黏度的润滑油，以产生较好的动压效果。滑动导轨的优点是结构简单、制造方便和抗振性良好，缺点是磨损快。为了提高耐磨性，国内外广泛采用塑料导轨和镶钢导轨。塑料导轨是用粘结法或喷涂法覆盖在导轨面上。通常对长导轨采用喷涂法，对短导轨采用粘结法。

（2）静压导轨 静压导轨的工作原理同静压轴承相似，通常在动导轨面上均匀分布有油腔和封油面，把具有一定压力的液体或气体介质经节流器送到油腔内，使导轨面间产生压力，将动导轨微微抬起，与支承导轨脱离接触，浮在压力油膜或气膜上。静压导轨摩擦系数小，在起动和停止时没有磨损，精度保持性好。缺点是结构复杂，需要一套专门的液压或气压设备，维修、调整比较麻烦。因此，多用于精密和高精度机床或低速运动机床中。

（3）卸荷导轨 卸荷导轨用来降低导轨面的压力，减少摩擦阻力，从而提高导轨的耐磨性和低速运动的平稳性，尤其是对大型、重型机床来说，工作台和工件的质量很大，导轨面上的摩擦阻力很大，常采用卸荷导轨。

导轨的卸荷方式有机械卸荷、液压卸荷和气压卸荷。

（4）滚动导轨 在静、动导轨面之间放置滚动体，如滚珠、滚柱、滚针或滚动导轨块，组成滚动导轨。滚动导轨与滑动导轨相比，具有如下优点：摩擦系数小，动、静摩擦系数很接近。因此，摩擦力小，起动轻便，运动灵敏，不易爬行；磨损小，精度保持性好，寿命长；具有较高的重复定位精度，运动平稳；可采用油脂润滑，润滑系统简单。常用于对运动灵敏度要求高的地方，如数控机床和机器人或者精密定位微量进给机床中。滚动导轨同滑动导轨相比，抗振性差，但可以通过预紧方式提高，结构复杂，成本较高。

滚动导轨按滚动体类型分为滚珠、滚柱和滚针三种，如图 3-18 所示。滚珠式导轨为点接触，承载能力差，刚度低，滚珠导轨多用于小载荷。滚柱式导轨为线接触，承载能力比滚珠式高，刚度好，滚柱导轨用于较大载荷。滚针式导轨为线接触，常用于径向尺寸小的导轨。

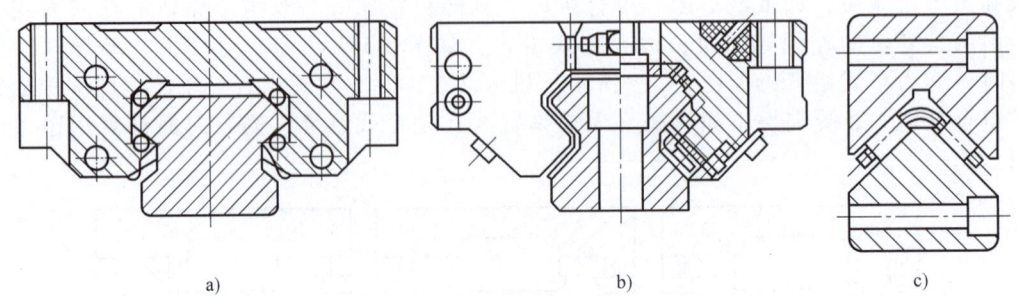

图 3-18　滚动直线导轨副的滚动体
a) 滚珠循环型　b) 滚柱循环型　c) 滚针不循环型

五、机床刀架和自动换刀装置

机床上的刀架是安放刀具的重要部件，许多刀架还直接参与切削工作，如卧式车床上的四方刀架、转塔车床上的转塔刀架、回轮式转塔车床上的回轮刀架、自动车床上的转塔刀架和天平刀架等。这些刀架既能安放刀具，而且还可以直接参与切削，承受极大的切削力，所以它往往成为工艺系统中的较薄弱环节。随着自动化技术的发展，机床的刀架也有了许多变化，特别是数控车床上采用电（液）换位的自动刀架，有的还使用两个回转刀盘。加工中心则进一步采用了刀库和换刀机械手，实现了大容量存储刀具和自动交换刀具的功能，这种刀库安放刀具的数量从几十把到上百把，自动交换刀具的时间从十几秒减少到几秒甚至零点几秒。这种刀库和换刀机械手组成的自动换刀装置，成为了加工中心的主要特征。

1. 机床刀架自动换刀装置应满足的要求

1) 满足工艺过程所提出的要求。机床依靠刀具和工件间相对运动形成工件表面，而工件的表面形状和表面位置的不同，要求刀架和刀库上能够布置足够多的刀具，而且能够方便而正确地加工各工件表面，为了实现在工件的一次安装中完成多工序加工，所以要求刀架、刀库可以方便地转位。

2) 在刀架、刀库上要能牢固地安装刀具，在刀架上安装刀具时还应能精确地调整刀具的位置，采用自动交换刀具时，应能保证刀具交换前后都能处于正确位置。以保证刀具和工件间准确的相对位置。刀架的运动精度将直接反映到被加工工件的几何形状精度和表面粗糙度上，为此，刀架的运动轨迹必须准确，运动应平稳，刀架运转的终点到位应准确。而且这种精度保持性要好，以便长期保持刀具的正确位置。

3) 刀架、刀库、换刀机械手部应具有足够的刚度。由于刀具的类型、尺寸各异，质量相差很大，刀具在自动转换过程中方向变换较复杂，而且有些刀架还直接承受切削力。考虑到采用新型刀具材料和先进的切削用量，所以刀架、刀库和换刀机械手都必须具有足够的刚度，以使切削过程和换刀过程平稳。

4) 可靠性高。由于刀架和自动换刀装置在机床工作过程中，使用次数很多，而且使用频率也高，所以必须充分重视它的可靠性。

5）刀架和自动换刀装置是为了提高机床自动化而出现的，因而它的换刀时间应尽可能缩短，以利于提高生产率。

6）操作方便和安全。刀架是工人经常操作的机床部件之一，因此它的操作是否方便和安全，往往是评价刀架设计好坏的指标。刀架上应便于工人装刀和调刀，切屑流出方向不能朝向工人，而且操作调整刀架的手柄（或手轮）要省力，应尽量设置在便于操作的地方。

2. 机床刀架和自动换刀装置的类型

按照安装刀具的数目可分为单刀架和多刀架，例如自动车床上的前、后刀架和天平刀架；按结构形式可分为方刀架、转塔刀架、回轮式刀架等；按驱动刀架转位的动力可分为手动转位刀架和自动（电动和液动）转位刀架。

自动换刀装置的刀库和换刀机械手，驱动都是采用电气或液压自动实现。目前自动换刀装置主要用在加工中心和车削中心上，但在数控磨床上自动更换砂轮，电加工机床上自动更换电极，以及数控冲床上自动更换模具等，也日渐增多。

数控车床的自动换刀装置主要采用回转刀盘，刀盘上安装 8~12 把刀。有的数控车床采用两个刀盘，实行四坐标控制，少数数控车床也具有刀库形式的自动换刀装置。图 3-19a 所示是一个刀架上的回转盘，刀具与主轴中心平行安装，回转刀盘既有回转运动又有纵向进给运动（$S_纵$）和横向进给运动（$S_横$）。图 3-19b 所示为刀盘中心线相对于主轴中心线倾斜的回转刀盘，刀盘上有 6~8 个刀位，每个刀位上可装两把刀具，分别加工外圆和内孔。图 3-19c 所示为装有两个刀盘的数控车床，刀盘 1 的回转中心与主轴中心线平行，用于加工外圆；刀盘 2 的回转中心线与主轴中心线垂直，用于加工内表面。图 3-19d 所示为安装有刀库的数控车床，刀库可以是回转式或链式，通过机械手交换刀具。图 3-19e 所示为带鼓轮式刀库的车削中心，图 3-19a 中 3 为回转刀盘，上面装有多把刀具，4 是鼓轮式刀库，其上可装 6~8 把刀，5 是机械手，可将刀库中的刀具换到刀具转轴 6 上去，6 可由电动机驱动回转进行铣削加工，7 为回转头，可交换采用回转刀盘 3 和刀具转轴 6，轮番进行加工。

因为加工中心有立式、卧式、龙门式等几种，所以这些机床上的刀库和换刀装置也各式各样。加工中心上刀库类型有鼓轮式刀库、链式刀库、格子箱式刀库和直线式刀库等，如图 3-20 所示。

鼓轮式刀库应用较广，它包括刀具轴线与鼓轮轴线平行，或垂直或成锐角。这种刀库结构简单紧凑，但因刀具单环排列、定向利用率低，大容量刀库的外径将较大，转动惯量大，选刀运动时间长。因此，这种形式的刀库容量较小，一般不超过 32 把刀具。

链式刀库容量较大，当采用多环链式刀库时，刀库外形较紧凑，占用空间较小，适用于作大容量的刀库。在增加存储刀具数目时，可增加链条长度，而不增加链轮直径，因此，链轮的圆周速度不会增加，且刀库的运动惯量不像鼓轮式刀库增加得那样多。

格子箱式刀库容量较大，结构紧凑，空间利用率高，但布局不灵活，通常将刀库安放于工作台上。有时甚至在使用一侧的刀具时，必须更换另一侧的刀座板。

直线式刀库结构简单，刀库容量较小，一般用于数控车床、数控钻床，个别加工中心也有采用。

换刀机械手分为单臂单手式、单臂双手式和双手式机械手。单臂单手式结构简单，换刀时间较长。它适用于刀具主轴与刀库刀套轴线平行、刀库刀套轴线与主轴轴线平行以及刀库刀套轴线与主轴轴线垂直的场合。单臂双手式机械手可同时抓住主轴和刀库中的刀具，并进行拔出、插入，换刀时间短，广泛应用于加工中心上的刀库刀套轴线与主轴轴线相平行的场合。

双手式机械手结构较复杂，换刀时间短，这种机械手除完成拔刀、插刀外，还起运输刀具的作用。

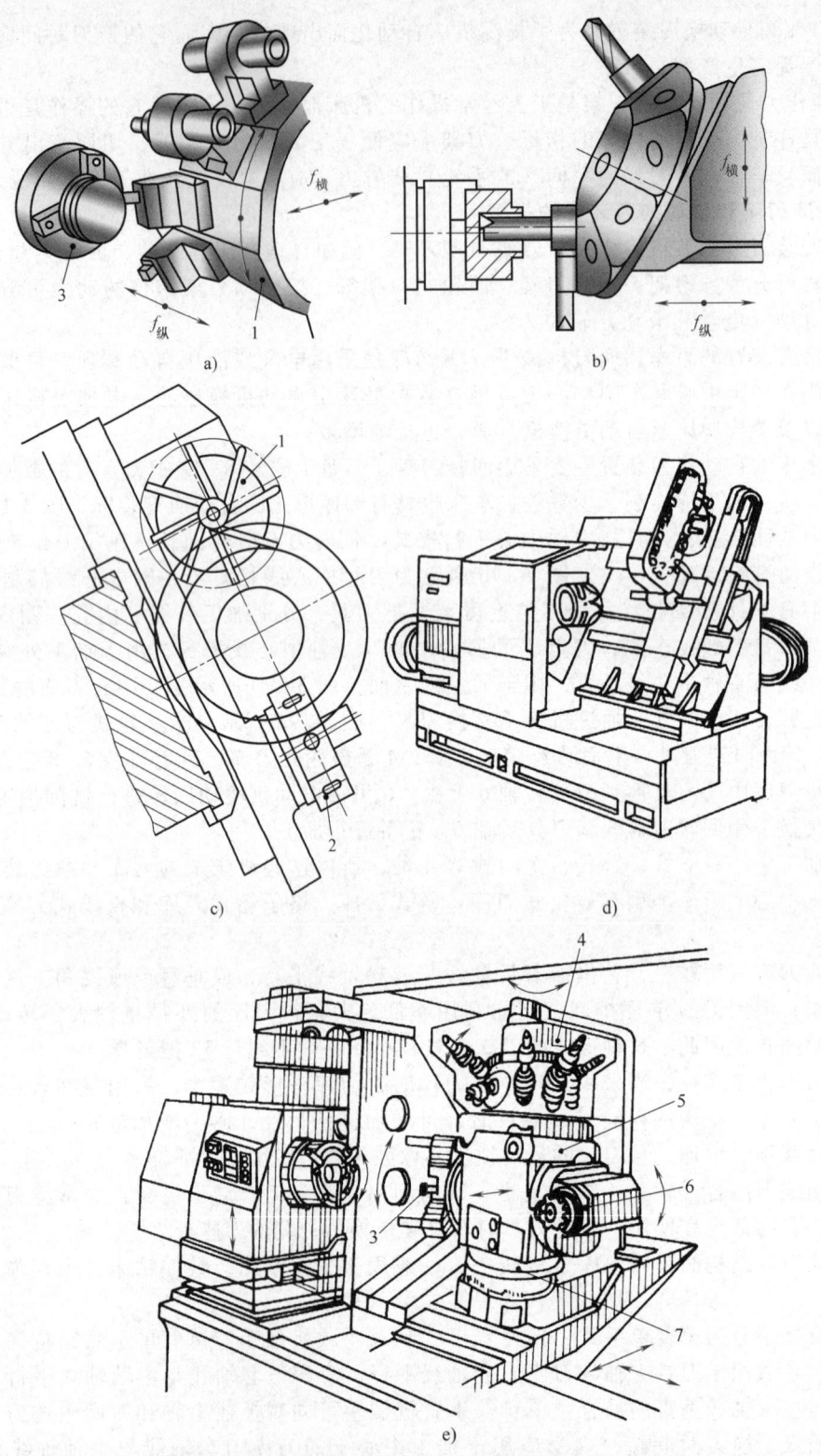

图 3-19 数控车床上自动换刀装置
a)、b) 回转刀盘　c) 双回转刀盘　d) 链式刀库的数控车床　e) 鼓轮式刀库数控车床
1、2—刀盘　3—回转刀盘　4—鼓轮式刀库　5—机械手　6—刀具转轴　7—回转头

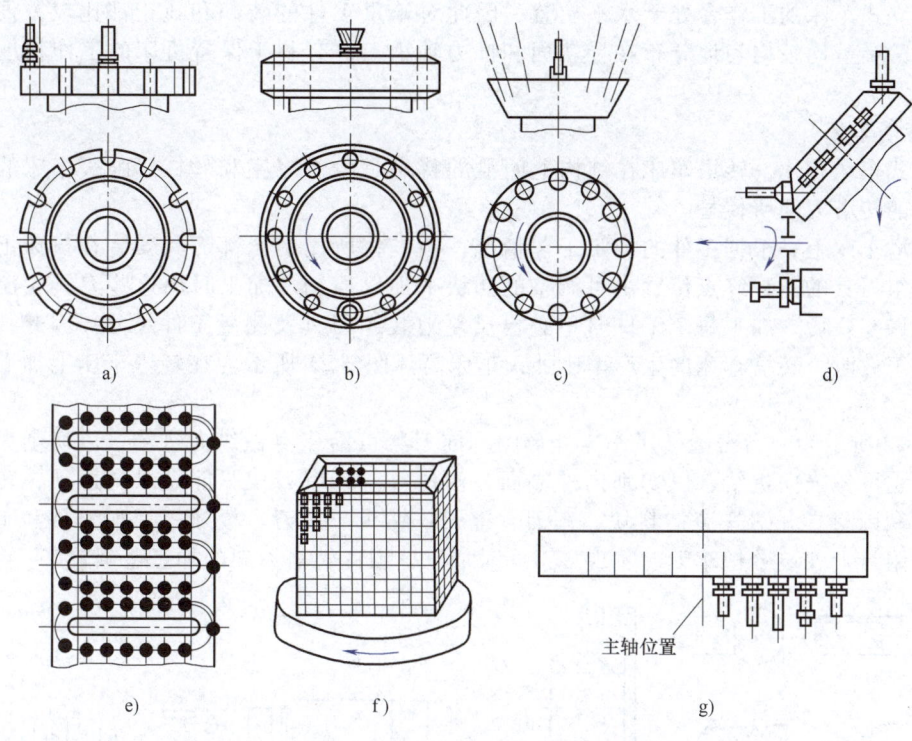

图 3-20 加工中心刀库的各种类型

a)、b)、c)、d) 鼓轮式刀库 e) 链式刀库 f) 格子箱式刀库 g) 直线式

第三节 常见的金属切削机床

一、车床

在一般机器制造厂中，车床占金属切削机床总台数的 20%~35%。主要用于加工内外圆柱面、圆锥面、端面、成形回转表面以及内外螺纹面等。

车床类机床的运动特征是：主运动为主轴做回转运动，进给运动通常由刀具来完成。

车床加工所使用的刀具主要是车刀，还可用钻头、扩孔钻、铰刀等孔加工刀具。

车床的种类很多，按用途和结构的不同有卧式车床、立式车床、转塔车床、自动和半自动车床以及各种专门化车床等。其中卧式车床是应用最广泛的一种。卧式车床的经济加工精度一般可达 IT8 左右，精车的表面粗糙度 Ra 值可达 1.25~2.5μm。

1. CA6140 型卧式车床

CA6140 型卧式车床，其结构具有典型的卧式车床布局，它的通用性程度较高，加工范围较广，适合于中、小型的各种轴类和盘套类零件的加工；能车削内外圆柱面、圆锥面、各种环槽、成形面及端面；能车削常用的米制、英制、模数制及径节制四种标准螺纹，也可以车削加大螺距螺纹、非标准螺距及较精密的螺纹；还可以进行钻孔、扩孔、铰孔、滚花和压光等工作。

2. 立式车床

立式车床适于加工直径大而高度小于直径的大型工件，按其结构形式可分为单柱式和双柱式两种。立式车床的主参数用最大车削直径的 1/100 表示。例如，C5112A 型单柱立式车床的最大车削直径为 1200mm。

由于立式车床的工作台处于水平位置,因此对笨重工件的装卸和找正都比较方便,工件和工作台的质量比较均匀地分布在导轨面和推力轴承上,有利于保持机床的工作精度和提高生产率。

3. 转塔车床

与卧式车床相比,转塔车床在结构上明显的特点是没有尾座和丝杠。卧式车床的尾座由转塔车床的转塔刀架所代替。

在转塔车床上,根据工件的加工工艺情况,预先将所用的全部刀具安装在机床上,并调整好;每组刀具的行程终点位置由可调整的挡块来加以控制。加工时这些刀具轮流进行切削。机床调整好后,加工每个工件时不必再反复地装卸刀具及测量工件尺寸。因此,在成批加工复杂工件时,转塔车床的生产率比卧式车床高。图 3-21 所示为在转塔车床上加工的典型零件。

图 3-22 所示为一台普通转塔车床外形图。前刀架可沿床身做纵向进给,以切削大直径外圆柱面,也可做横向进给,以切削内外端面、沟槽等。转塔刀架只能做纵向运动,转塔的六角面上可利用附具分别安装挡料块、车刀、键刀、钻头、铰刀、板牙等切削刀具和工具,也可在一个附具上安装数把车刀以实现多刀同时加工,因此转塔刀架的加工范围较广。

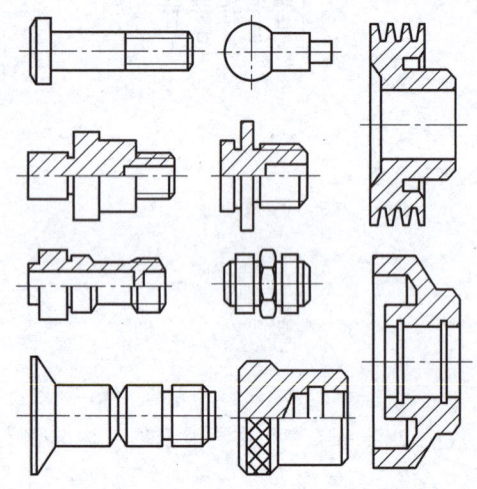

图 3-21 在转塔式车床上加工的典型零件

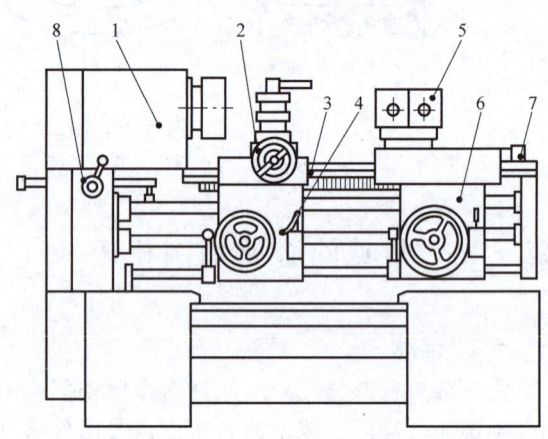

图 3-22 普通转塔车床外形图
1—主轴箱 2—前刀架 3—床身 4—前刀架溜板箱
5—转塔刀架 6—转塔刀架溜板箱
7—定程装置 8—进给箱

二、磨床

磨床是用磨料磨具(如砂轮、砂带、磨石、研磨料)为工具进行切削加工的机床。它们是由于精加工和硬表面加工的需要而发展起来的,目前也有少数应用于粗加工的高效磨床。

为了适应磨削各种加工表面、工件形状及生产批量的要求,磨床的种类很多,其中主要类型有:外圆磨床、内圆磨床、平面磨床、工具磨床、刀具刃磨磨床、各种专门化磨床(如曲轴磨床、凸轮轴磨床、花键轴磨床、活塞环磨床、齿轮磨床、螺纹磨床等)、研磨床和其他磨床(如珩磨机、抛光机、超精加工机床、砂轮机等)。

1. M1432A 型万能外圆磨床

M1432A 型万能外圆磨床主要用于磨削圆形或圆锥形的外圆和内孔,也能磨削阶梯轴的轴肩和端平面。其主参数以工件最大磨削直径的 1/10 表示。这种磨床属于普通精度级,通用性较大,而且自动化程度不高,磨削效率较低,所以适用于工具车间、机修车间和单件、小批量生产的车间。

2. 普通外圆磨床

普通外圆磨床的结构与万能外圆磨床基本相同,所不同的是:①头架和砂轮架不能绕轴心在水平面内调整角度位置;②头架主轴直接固定在箱体上不能转动,工件只能用顶尖支承进行磨削;③不配置内圆磨头装置。

因此,普通外圆磨床的工艺范围较窄,但由于减少了主要部件的结构层次,头架主轴又固定不转,故机床及头架主轴部件的刚度高,工件的旋转精度好。这种磨床适用于中批及大批量生产磨削外圆柱面、锥度不大的外圆锥面及阶梯轴轴肩等。

3. 无心磨床

无心磨床通常指无心外圆磨床。无心磨削示意图如图 3-23 所示。

无心磨削的特点是:工件 2 不用顶尖支承或卡盘夹持,置于磨削砂轮 1 和导轮 3 之间并用托板 4 支承定位,工件中心略高于两轮中心的连线,并在导轮摩擦力作用下带动旋转。导轮为刚玉砂轮,它以树脂或橡胶为结合剂,与工件间有较大的摩擦系数,线速度在 10~50m/min,工件的线速度基本上等于导轮的线速度。磨削砂轮 1 采用一般的外圆磨砂轮,通常不变速,线速度很高,一般为 35m/s 左右,所以在磨削砂轮与工件之间有很大的相对速度,这就是磨削工件的切削速度。

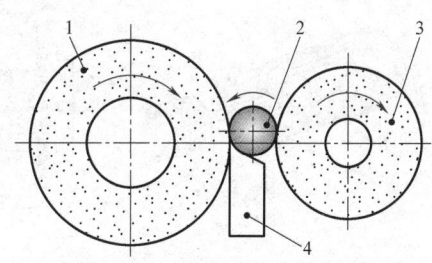

图 3-23 无心磨削示意图
1—磨削砂轮 2—工件 3—导轮 4—托板

为了避免磨削出棱圆形工件,工件中心必须高于磨削砂轮和导轮的连心线。这样,就可使工件在多次转动中逐步被磨圆。

无心磨削通常有纵磨法(贯穿磨法)和横磨法(切入磨法)两种,如图 3-24 所示。

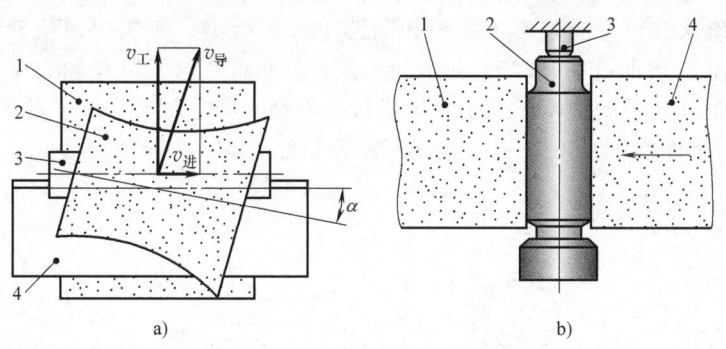

图 3-24 无心磨削的两种方法
a) 纵磨法   b) 横磨法
1—磨削砂轮 2—导轮 3—工件 4—托板   1—磨削砂轮 2—工件 3—挡块 4—导轮

图 3-24a 所示为纵磨法,导轮轴线相对于工件轴线偏转 $\alpha = 1°\sim 4°$ 的角度,粗磨时取大值,精磨时取小值。

图 3-24b 所示为横磨法,工件无轴向运动,导轮做横向进给运动,为了使工件在磨削时紧靠挡块,一般取偏转角 $\alpha = 0.5°\sim 1°$。

无心磨床适用于大批量生产中磨削细长轴以及不带中心孔的轴、套、销等零件,它的主参数以最大磨削直径表示。

4. 内圆磨床

内圆磨床有普通内圆磨床、无心内圆磨床和行星内圆磨床等多种类型，用于磨削圆柱孔和圆锥孔。按自动化程度分为普通、半自动和全自动内圆磨床三类。普通内圆磨床比较常用。普通内圆磨床的主参数以最大磨削孔径的 1/10 表示。

内圆磨削一般采用纵磨法，如图 3-25 所示。头架安装在工作台上，可随同工作台沿床身导轨做纵向往复运动，还可在水平面内调整角度位置以磨削圆锥孔。工件装夹在头架上，由主轴带动做圆周进给运动。内圆磨砂轮由砂轮架主轴带动做旋转运动，砂轮架可由手动或液压传动沿床鞍做横向进给，工作台每往复一次，砂轮架做横向进给一次。

砂轮装在加长杆上，加长杆锥柄与主轴前端锥孔相配合，如图 3-25b 所示，可根据磨孔的不同直径和长度进行更换，砂轮的线速度通常为 15～25m/s，这种磨床适用于单件小批生产。

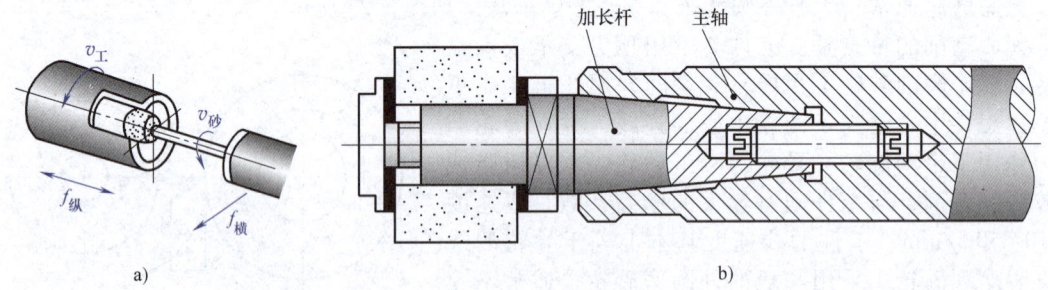

图 3-25 内圆磨削及砂轮的安装
a) 内圆磨削　b) 砂轮的安装

5. 平面磨床

平面磨床用于磨削各种零件的平面。根据砂轮的工作面不同，平面磨床可分为用砂轮轮缘（即圆周）进行磨削和用砂轮端面进行磨削两类。用砂轮轮缘磨削的平面磨床，砂轮主轴常处于水平位置（卧式）；而用砂轮端面磨削的平面磨床，砂轮主轴常为立式。根据工作台的形状不同，平面磨床又可分为矩形工作台和圆形工作台两类。所以，根据砂轮工作面和工作台形状的不同，平面磨床主要有四种类型：卧轴矩台平面磨床、卧轴圆台平面磨床、立轴矩台平面磨床和立轴圆台平面磨床。其中卧轴矩台平面磨床和立轴圆台平面磨床最为常见。

1) 卧轴矩台平面磨床，主要采用周磨法磨削平面，如图 3-26 所示。

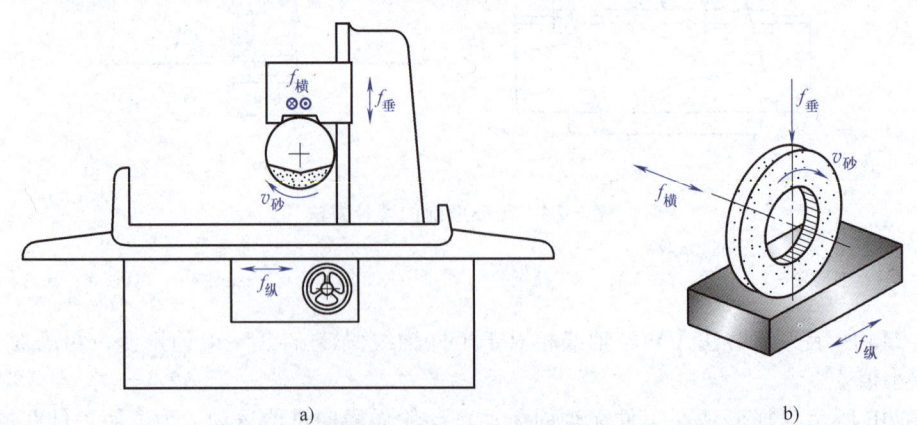

图 3-26 卧轴矩台平面磨床外形图及磨削示意图
a) 外形图　b) 周磨法示意图

2) 立轴圆台平面磨床，采用端磨法磨削平面，如图 3-27 所示。

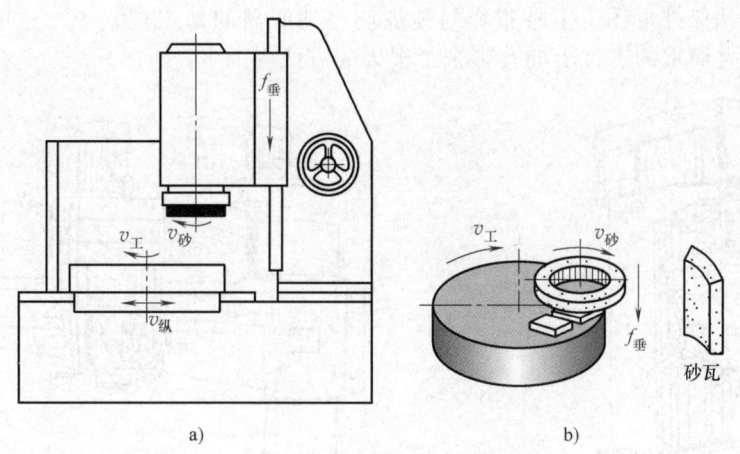

图 3-27 立轴圆台平面磨床外形图及磨削示意图
a) 外形图 b) 端磨法示意图

三、钻床

钻床是孔加工的主要机床。在钻床上主要用钻头进行钻孔。在车床上钻孔时，工件旋转，刀具做进给运动。而在钻床上加工时，工件不动，刀具做旋转主运动，同时沿轴向移动做进给运动。故钻床适用于加工外形较复杂，没有对称回转轴线的工件上的孔，尤其是多孔加工。例如，加工箱体、机架等零件上的孔。除钻孔外在钻床上还可完成扩孔、铰孔、锪平面以及攻螺纹等工作，其加工方法如图 3-28 所示。

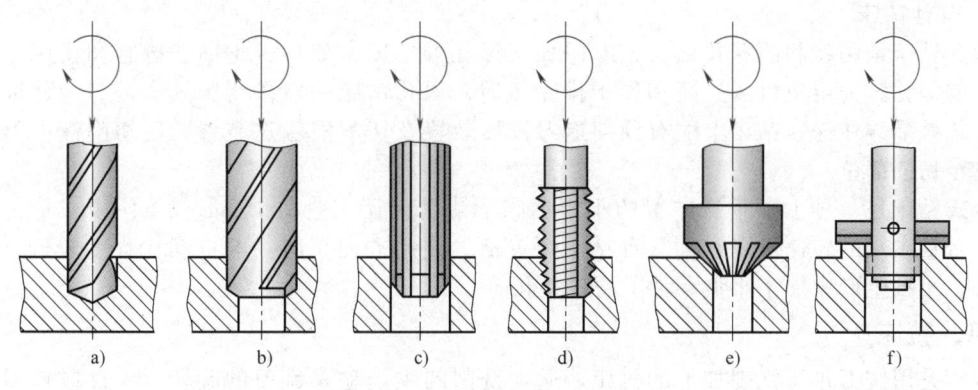

图 3-28 钻床的加工方法
a) 钻孔 b) 扩孔 c) 铰孔 d) 攻螺纹 e) 钻埋头孔 f) 锪平面

钻床的主参数是最大钻孔直径。根据用途和结构的不同，钻床可分为：立式钻床、台式钻床、摇臂钻床、深孔钻床以及中心孔钻床等。

1. 立式钻床

图 3-29 所示为立式钻床的外形图。加工时工件直接或通过夹具安装在工作台上，主轴的旋转运动由电动机经变速箱传动。加工时主轴既做旋转的主运动，又做轴向的进给运动。

工作台和进给箱可沿立柱上的导轨调整其上下位置，以适应在不同高度的工件上进行钻削加工。但立式钻床不适于加工大型件，生产率也不高，常用于单件、小批生产加工中小型工件。

2. 摇臂钻床

摇臂钻床是一种摇臂可绕立柱回转和升降，主轴箱又可在摇臂上做水平移动的钻床。图

3-30 所示为摇臂钻床外形图。主轴很容易地被调整到所需的加工位置上,这就为在单件、小批生产中,加工大而重的工件上的孔带来了很大的方便。

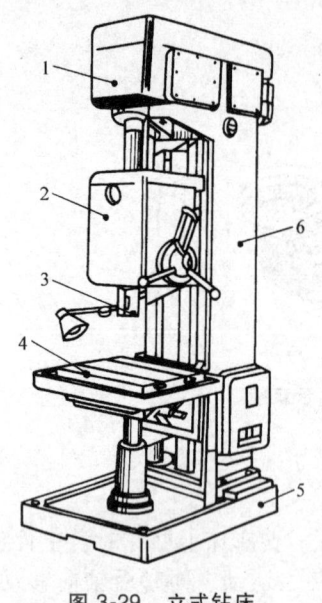
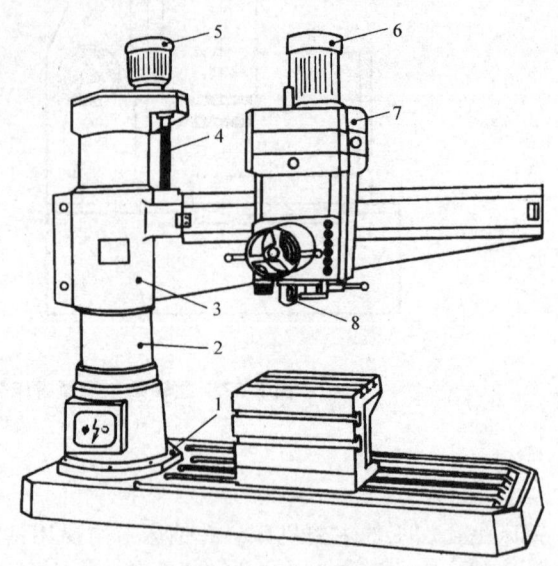

图 3-29　立式钻床
1—变速箱　2—进给箱　3—主轴
4—工作台　5—底座　6—立柱

图 3-30　摇臂钻床
1—底座　2—立柱　3—摇臂　4—丝杠
5、6—电动机　7—主轴箱　8—主轴

3. 其他钻床

深孔钻床是用特制的深孔钻头,专门加工深孔的钻床,如加工炮筒、枪管和机床主轴等零件中的深孔。为避免机床过高和便于排除切屑,深孔钻床一般采用卧式布局。为保证获得好的冷却效果,在深孔钻床上配有周期退刀排屑装置及切削液输送装置,使切削液由刀具内部输入至切削部位。

台式钻床是一种主轴垂直布置的小型钻床,钻孔直径一般在 15mm 以下。由于加工孔径较小,台钻主轴的转速可以很高。台钻小巧灵活,使用方便,但一般自动化程度较低,适用于单件、小批生产中加工小型零件上的各种孔。

四、铣床

铣床是用铣刀进行铣削加工的机床。通常铣削的主运动是铣刀的旋转,工件或铣刀的移动为进给运动,这有利于采用高速切削,其生产率比刨床高。铣床适应的工艺范围较广,可加工各种平面、台阶、沟槽、螺旋面等。

铣床的主要类型有升降台式铣床、床身式铣床、龙门铣床、工具铣床、仿形铣床以及近年来发展起来的数控铣床等。

1. 升降台式铣床

升降台式铣床按主轴在铣床上布置方式的不同,分为卧式和立式两种类型。

卧式升降台铣床又称卧铣,是一种主轴水平布置的升降台铣床,如图 3-31 所示。在卧式升降台铣床上还可安装由主轴驱动的立铣头附件。

图 3-32 所示为万能升降台铣床。它与卧式升降台铣床的区别在于它在工作台与床鞍之间增装了一层转盘,转盘相对于床鞍可在水平面内扳转一定的角度(±45°范围),以便加工螺旋槽等表面。

立式升降台铣床又称立铣,是一种主轴为垂直布置的升降台铣床,如图 3-33 所示。

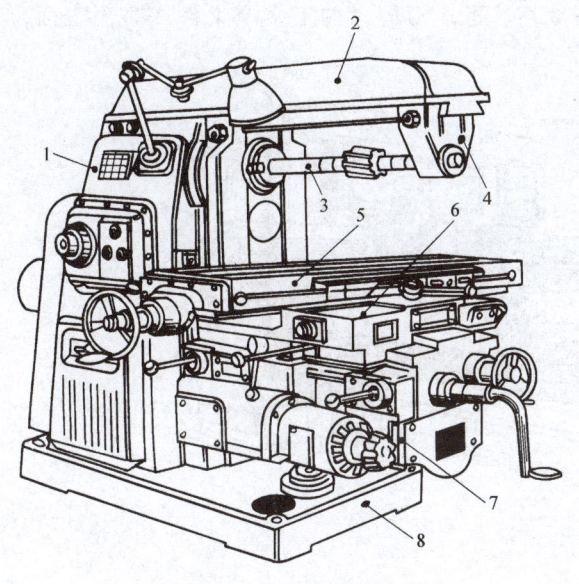 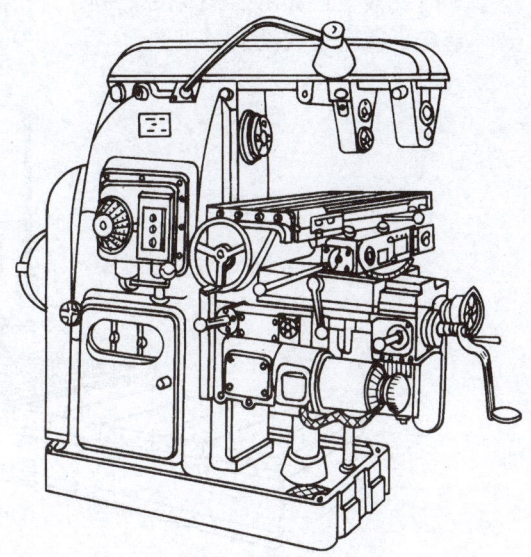

图 3-31 卧式升降台铣床
1—床身 2—悬臂 3—铣刀心轴 4—挂架
5—工作台 6—床鞍 7—升降台 8—底座

图 3-32 万能升降台铣床

2. 床身式铣床

床身式铣床的工作台不做升降运动,也就是说它是一种工作台不升降的铣床。机床的垂直运动由安装在立柱上的主轴箱来实现,这样可以提高机床的刚度,便于采用较大的切削用量。此类机床常用于加工中等尺寸的零件。床身式铣床的工作台有圆形和矩形两类。图 3-34 所示为双轴圆形工作台铣床,主要用于粗铣和半精铣顶平面。这种机床的生产率较高,但需专用夹具装夹工件。它适用于成批或大量生产中铣削中、小型工件的顶平面。

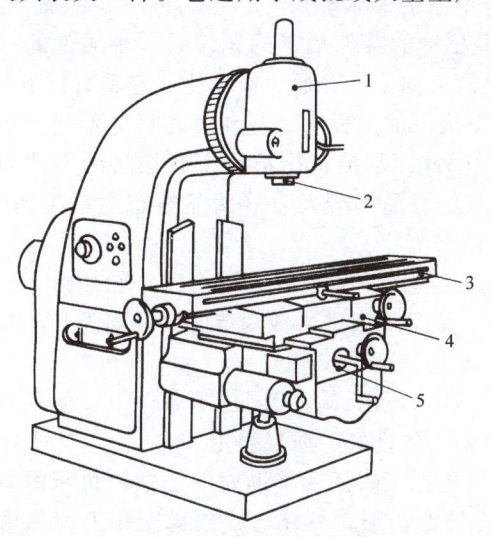 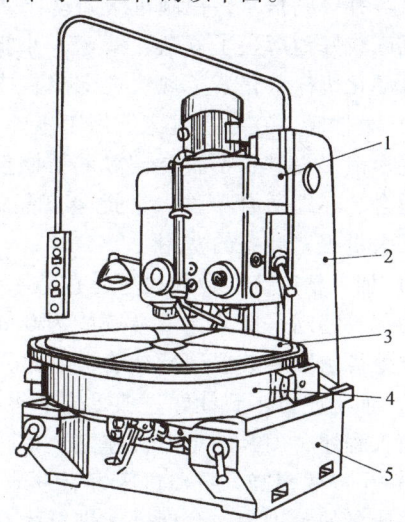

图 3-33 立式升降台铣床
1—立铣头 2—主轴 3—工作台
4—床鞍 5—升降台

图 3-34 双轴圆形工作台铣床
1—主轴 2—立柱 3—圆形工作台
4—滑座 5—底座

3. 龙门铣床

龙门铣床主要用来加工大型工件上的平面和沟槽,是一种大型高效通用铣床。机床主体结构呈龙门式框架,如图 3-35 所示。龙门铣床刚度高,可多刀同时加工多个工件或多个表面,生产率高,适用于成批大量生产。

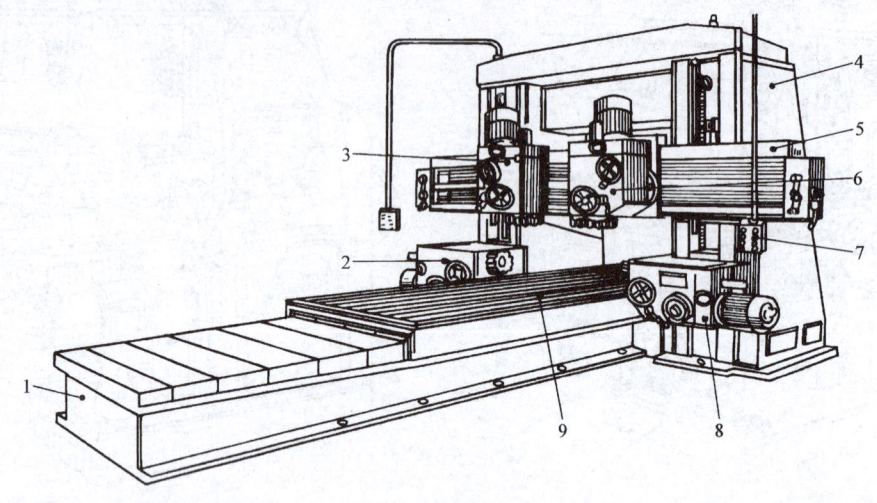

图 3-35 龙门铣床
1—床身 2、8—卧铣头 3、6—立铣头 4—立柱 5—横梁 7—控制器 9—工作台

第四节 数控机床

数控机床是数字控制(Computer numerical control,CNC)机床的简称,是一种装有程序控制系统的自动化机床。该控制系统能够逻辑地处理具有控制编码或其他符号指令规定的程序,并将其译码,用代码化的数字表示,通过信息载体输入数控装置。经运算处理由数控装置发出各种控制信号,控制机床的动作,按图样要求的形状和尺寸,自动地将零件加工出来。数控机床较好地解决了复杂、精密、小批量、多品种的零件加工问题,是一种柔性的、高效能的自动化机床,代表了现代机床控制技术的发展方向。与普通机床相比,它具有以下特点:

1)**柔性高**。在数控机床上加工零件,主要取决于加工程序,它与普通机床不同,不必制造或更换诸多夹具,不需要经常重新调整机床。因此,数控机床适用于所加工的零件频繁更换的场合,亦即适合单件、小批量产品的生产及新产品的开发,从而缩短了生产准备周期,节省了大量工艺装备的费用。

2)**加工精度高**。数控机床是按数字信号形式控制的,数控装置每输出一脉冲信号,则机床移动部件移动一脉冲当量(一般为 0.001mm),而且机床进给传动链的反向间隙与丝杠螺距平均误差可由数控装置进行补偿,因此数控机床定位精度比较高。

3)**加工质量一致性好**。加工同一批零件,在同一机床,在相同加工条件下,使用相同刀具和加工程序,刀具的走刀轨迹完全相同,零件的一致性好,质量稳定。

4)**生产效率高**。数控机床可有效地减少零件的加工时间和辅助时间,数控机床的主轴转速和进给量的范围大,允许机床进行大切削量的强力切削。另外,数控机床配上刀库后可实现在一台机床上进行多道工序的连续加工,减少了半成品的工序间周转时间,提高了生产率。

5)**改善劳动条件**。数控机床加工前是经调整好后,输入程序并起动,机床就能自动连续地进行加工,直至加工结束。操作者要做的只是程序的输入、编辑、零件装卸、刀具准备、加工状态的观测、零件的检验等工作,劳动强度大大降低。

下面仅对典型的数控机床如数控车床、加工中心、高速机床以及复合机床进行简单介绍。

一、数控车床

数控车床是将编好的加工程序输入到数控系统中,由数控系统通过控制车床 X、Z 坐标轴的伺服电动机去控制车床运动部件的动作顺序、移动量和进给速度,再配以主轴的转速和转向,便能加工出各种不同形状的轴类和盘类回转体零件,具有高精度、高效率等特点。图3-36所示是某机床厂一种典型的多工位刀架式数控车床。

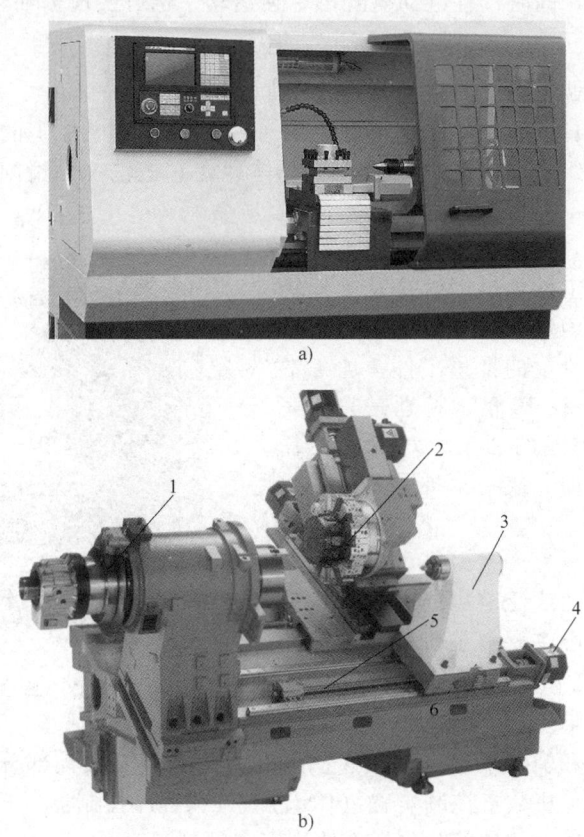

图 3-36 数控车床
a) 立式刀架式数控机床 b) 卧式刀架式数控机床
1—主轴 2—刀塔 3—尾架 4—电动机 5—丝杠 6—床身

数控车床由数控系统和机床本体组成,数控系统由控制电源、伺服控制器、主机、主轴编码器、图像管显示器等组成。机床由床身、电动机、主轴箱、电动回转刀架、进给传动系统、冷却系统、润滑系统、安全保护系统等组成。按照结构可将数控车床分为立式数控车床和卧式数控车床。立式数控车床主要用于回转直径较大的盘类零件的车削加工;卧式数控车床主要用于轴向尺寸较大或较小的盘类零件的加工。相对于立式数控车床来说,卧式数控车床的结构形式较多、加工功能丰富、使用的面积较广,将其按功能又可分为经济型数控车床、普通型数控车床和车削加工中心。

从结构和性能上看,数控车床:

1) 采用了全封闭或半封闭式防护装置。数控车床采用封闭式防护装置可防止切屑或切削液飞出,给操作者带来意外伤害。

2) 采用自动排屑装置。数控车床大都采用斜床身结构布局,排屑方便,便于采用自动排屑机。

3)主轴转速高,工件装夹安全可靠。数控车床大都采用了液压夹盘,夹紧力调整方便可靠,同时也降低了操作工人的劳动强度。

4)可自动换刀。数控车床都采用了自动回转刀架,在加工过程中可自动换刀,连续完成多道工序的加工。

5)主、进给传动分离。数控车床的主传动与进给传动采用了各自独立的伺服电动机,使传动链变得简单、可靠,同时,各电动机既可单独运动,也可实现多轴联动。

二、加工中心

加工中心是从数控铣床发展而来的。加工中心是带有刀库,可在一次装夹中通过换刀装置改变主轴上的加工刀具,能够在一定范围内对工件进行多工序加工的数字控制机床,如图3-37所示。加工中心的综合加工能力较强(主要体现在它把铣削、镗削、钻削等功能集中在一台设备上),工件在一次装夹后,按照不同的工序自动选择和更换刀具,自动改变机床主轴转速、进给量和刀具相对工件的运动轨迹及其他辅助功能完成较多的加工内容,加工效率和加工精度均较高。就中等加工难度的批量工件,加工中心的效率是普通设备的5~10倍,特别是它能完成许多普通设备不能完成的加工,对形状较复杂、精度要求高的单件加工或中小批量多品种生产更为适用。

加工中心是目前世界上产量最高、应用最广泛的数控机床之一。它的广泛应用能大大节约数控机床的数量。加工中心主要由主机部分和数控部分构成。主机部分主要是机械部分,包括床身、主轴箱、工作台、底座、立柱、横梁、进给

图3-37 典型的加工中心

结构、刀库、换刀机构和辅助系统(气液、润滑和冷却)等。数控部分包括硬件部分和软件部分。硬件部分包括计算机数字控制装置(CNC)、可编程序控制器(PLC)、输出输入设备、主轴驱动装置、显示装置。软件部分包括系统程序和控制程序。

通常可按照主轴与工作台的相对位置将加工中心分卧式加工中心、立式加工中心、复合加工中心和万能加工中心。卧式加工中心是指主轴轴线与工作台平行设置的加工中心,主要适用于加工箱体类零件,如图3-38a所示。卧式加工中心一般具有分度转台或数控转台,可加工工件的各个侧面;也可做多个坐标的联合运动,以便加工一般复杂的空间曲面。立式加工中心是指主轴轴线与工作台垂直设置的加工中心,主要适用于加工板类、盘类、模具及小型壳体类复杂零件,如图3-38b所示。

立式加工中心一般不带转台,仅作顶面加工。复合加工中心是指主轴能调整成立轴或卧轴以形成立卧可调式加工中心,它能对工件进行五个面的加工,如图3-38c所示。由于叶片等较为复杂空间曲面的需求,便产生了机床主轴可绕X、Y、Z坐标轴中的其中一个或两个轴做数控摆角运动的4坐标和5坐标数控机床,形成万能加工中心,如图3-38d所示。具体来讲,万能加工中心是指通过加工主轴轴线与工作台回转轴线的角度可控制联动变化,完成复杂空间曲面加工的加工中心,又称多轴联动型加工中心,适用于具有复杂空间曲面的叶轮转子、模具、刃具等工件的加工。

此外,也可按照立柱的数量将加工中心分为单柱式和双柱式加工中心;也可按照工作台的数量和功能将加工中心分为单工作台加工中心、双工作台加工中心和多工作台加工中心;

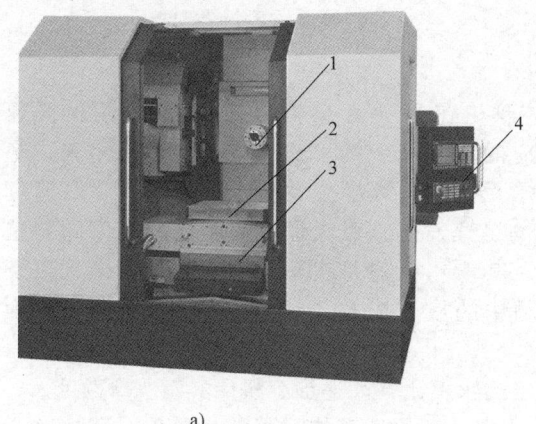
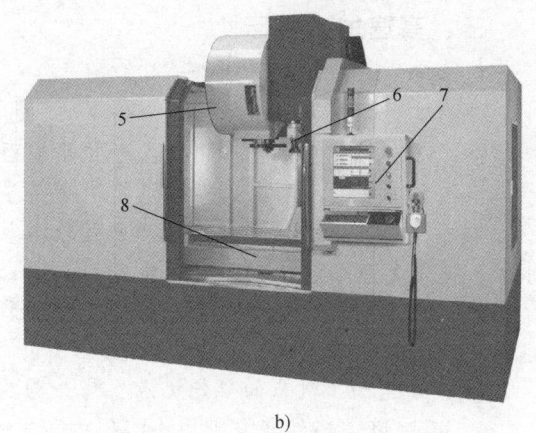

图 3-38 加工中心

a）卧式加工中心 b）立式加工中心 c）复合加工中心（立卧两用加工中心） d）万能加工中心（五轴加工中心）
1、6—主轴 2—转台 3、8—进给系统 4、7—控制系统 5—刀库 9—转摆台

也可按照加工精度将加工中心分为普通加工中心和高精度加工中心。

加工中心适宜于加工形状复杂、工序多、精度要求较高、需要多种类型的普通机床和众多刀具夹具，且经多次装夹和调整才能完成加工的零件。其加工的主要对象有箱体类零件，盘、套、板类零件，外形不规则零件，复杂曲面，刻线、刻字、刻图案以及其他特殊加工。与其他机床相比，加工中心具有如下特点：

1）零件加工的适应性强、灵活性好，能加工轮廓形状特别复杂或难以控制尺寸的零件，如模具类零件、壳体类零件等。

2）加工质量稳定可靠，加工精度高，重复精度高。

3）能加工其他机床无法加工或很难加工的零件，如用数学模型描述的复杂曲线零件以及三维空间曲面类零件。

4）能加工一次装夹定位后，需进行多道工序加工的零件。

5）多品种、小批量生产情况下生产效率较高，能减少生产准备、机床调整和工序检验的时间，而且由于使用最佳切削量而减少了切削时间。

6）生产自动化程度高，可以减轻操作者的劳动强度，有利于生产管理自动化。

三、高速加工机床

1. 简介

在第二章第九节中已经述及,高速切削的基本理论在 70 多年前就已提出。但相应的高速切削技术却发展缓慢,究其原因,主要是缺乏相应的高速机床技术的支持。近十几年来,随着科学技术水平的不断提高,特别是机床各主要单元技术(如电主轴技术、高精度、高速度 CNC 技术,高速进给技术以及高速刀具技术等)的迅速发展,极大地提高了高速机床的制造水平,使得高速切削技术的应用日益广泛。目前,其应用已遍及汽车、航空航天、模具以及精密机械行业。高速加工机床技术是先进制造领域中的核心技术之一,其技术水平已经成为衡量一个国家制造业水平的重要标志。

(1) **高速加工机床的性能优点** 与普通的数控机床相比,高速加工机床具有如下优点:

1) 高速度。虽然背吃刀量小,但由于主轴转速高,进给速度快,因此使单位时间内的金属切除量增加,提高了加工效率。

2) 小切深。小切深能够获得很高的精度和很小的表面粗糙度值,从而减少或省去光整加工,简化了工艺流程。

3) 干式切削。高速加工通常采用干式切削方式,使用压缩空气进行冷却,无需切削液及其设备,既降低了成本,又有利于环保。

4) 切削力小,切削温度低,有利于延长机床和刀具的寿命。

5) 直接加工硬化材料,可省去电极制造,简化工艺流程。

6) 加工薄壁零件,可减少零件变形,优化了零件性能。

7) 工艺集中。可将粗加工、半精加工、精加工合为一体,全部在一台机床上完成,减少了设备数量,避免了多次装夹产生的误差。

(2) **高速机床的关键技术** 实现高速加工,主要取决于两个方面:硬件技术和软件技术。硬件技术主要是指数控机床和刀具;软件技术主要指数控编程技术,也就是 CAM 系统。这两个方面的发展相辅相成,缺一不可。高速加工刀具系统在第二章第九节中已进行过介绍,此处从略。

高速加工对机床的要求包括以下几个方面:

1) 主轴转速高、功率大。目前,高速加工机床的主轴转速一般都在 10000r/min 以上,有的高达 60000~100000r/min,为一般机床的 5~10 倍;主电动机功率一般为 22kW 以上,以实现高效率、重工序切削的目的。

2) 进给量和快速行程速度高。速度高达 60~100m/min 以上,也为一般机床的 5~10 倍,可较大幅度地提高机床的生产率。

3) 主轴和工作台(拖板)运动的加(减)速度高。主轴从起动到达最高转速,或从最高转速到静止,只用 1~2s 的时间。工作台的加(减)速度也由一般数控机床的 $0.1g~0.2g$ 提高到 $1g~8g$。因为在进给速度变化的过程中是不能进行加工的,因此,为了实现高速加工,无论是主轴还是工作台,其速度的提升或降低,都要求在极短的时间内完成,这就需要高速运动部件的加速度要高。

4) 机床要有优良的静、动特性以及热特性。高速切削时,机床各运动部件之间的相对运动速度很高,运动副结合面之间将发生急剧的摩擦和发热,同时,高的加速度也会对机床产生很大的动载荷。因此,在设计、制造高速机床时,必须在传动和结构上采取特殊的工艺技术,使高速机床既具有足够的静刚度,又有足够的动刚度和热刚度。

5) 与主要部件的高速度匹配的辅件。如快速刀具交换、快速工件交换、快速排屑等装置以及安全防护(防弹罩)和监测等装置。

6）数控系统功能优良。程序段的处理速度为 1~20ms；线性增量为 5~20μm，非线性增量由圆弧、NURBS 插补实现；通过 RS232 的数据流为 19.2kbit/s（20ms），通过以太网的数据流为 250kbit/s（1ms）；具有有效的不同误差的补偿控制策略（如对温度、象限以及滚珠丝杠）；控制器具有前瞻（Look-Ahead）功能、采用前馈控制等。

高速加工对 CAM 软件的要求分为两个方面：基本要求和特殊要求。基本要求包括：

1）安全性。不可出现过切或碰撞。
2）验证机构。能够对生成的刀具轨迹进行仿真检查。
3）多种加工策略。
4）轨迹编辑功能。
5）丰富的数据接口。

高速加工对 CAM 系统的特殊要求如下：

1）自动生成高速加工的工艺参数。系统根据被加工材料、工艺特点、机床性能、刀具等参数，自动生成工艺参数，并允许编程人员根据经验进行优化。

2）生成平滑的刀具轨迹。高速加工的进给量很高，要求刀具轨迹尽量平滑，避免突然换向，否则刀具有可能冲出预定的轨迹，造成过切。

3）进给量优化。为了确保最大的切削效率，并保证高速加工的安全性，应根据加工瞬时余量的大小，由 CAM 系统自适应地对进给量进行优化处理，使刀具以不断变化的切削速率加工零件，既减少刀具磨损又节约加工时间。

4）减少加工数据量。应采用 NURBS 插补功能进行高速加工，加工数据以 NURBS 格式传输到 CNC 中，既可以减少程序段数，提高了数据传输速度，又可以提高产品的加工精度和表面质量。

5）毛坯余量知识。系统能够自动记录每个加工步骤之后的毛坯余量。高速加工要求毛坯余量尽可能均匀，这样对加工质量和刀具寿命都有利。有了毛坯余量知识，系统就可以自动生成预加工轨迹（如笔式加工等），确保高速加工的余量均匀，也可以自动生成补充加工轨迹（如清根加工等），以满足最终的加工要求。

（3）高速机床的主要部件　高速机床由一系列具有高速、高精度的部件及其支承件组成。主要包括：

1）高速主轴部件（电主轴）。
2）高速进给驱动和传动系统。
3）具有高速进给控制功能的数控装置。
4）高速刀具系统。
5）适用于高速切削的工件装夹设备。
6）动、静、热特性优良的床身、立柱及工作台等支承部件。
7）其他辅件，如冷却、排屑装置，防护和监测装置等。

下面主要就高速加工机床中的高速主轴技术、高速进给和传动技术以及相应的数控系统进行简要介绍。

2. 高速主轴技术

（1）简介　机床的精度很大程度上取决于主轴的制造精度，对于高速加工机床的主轴来讲，更是如此。为了提高高速机床的主轴的静态精度和动态精度，根据误差理论，必须减小各主轴部件的制造误差及装配误差，更重要的是，应尽可能减少主轴系统中的误差源，即尽可能地缩短主轴传动链的长度。

借助于电气传动技术（变频调速技术、电动机矢量控制技术等）的现代成果，高速机床主传动的机械结构已得到极大的简化，基本上取消了带传动和齿轮传动，机床主轴由内装式电动机直接驱动,从而把机床主传动链的长度缩短为零。这种主轴电动机与机床主轴"合二为一"的传动结构形式,称为"电主轴"(Electrospindle、Motor Spindle 或 Motorized Spindle)或"直接传动主轴"(Direct Drive Spindle)。由于当前电主轴主要采用的是交流高频电动机,故也称为"高频主轴"(High Frequency Spindle)。电主轴典型的结构和系统组成如图 3-39 所示。

主轴由前后两套轴承来支承。电动机的转子以过盈配合安装在机床主轴上,处于前后轴承之间,由过盈配合产生的摩擦力来实现大转矩的传递。为了容易使主轴运转部分达到精确的动平衡,在主轴上取消了一切形式的键联接和螺纹联接。电动机的定子通过一个冷却套固装在电主轴的壳体中。这样,电动机的转子就是机床的主轴,电主轴的箱体就是电动机座,成为机电一体化的一种新型主轴系统。主轴的转速通过电动机的变频调速与矢量控制装置来改变。在主轴的后部安装有齿盘和测速、测角传感器。主轴前端外伸部分的内锥孔和端面,用于安装和固定加工中心可换的刀柄。

图 3-39 中的冷却装置是油-水冷却系统,主要用于解决无外壳主轴电动机的发热问题。图 3-40 给出了该系统的结构示意图。

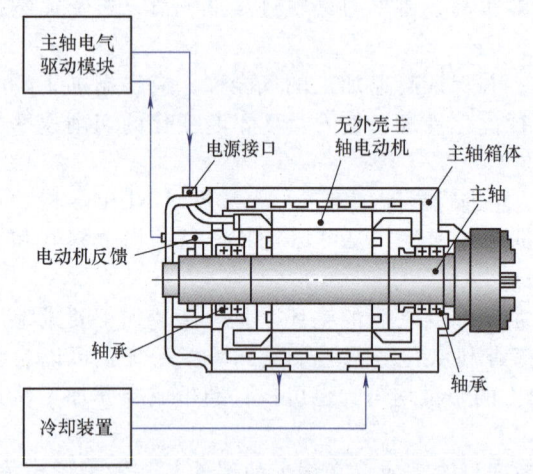

图 3-39 电主轴典型的结构和系统组成

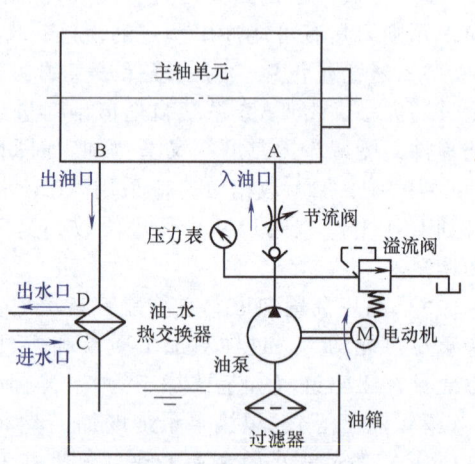

图 3-40 主轴电动机的油-水冷却系统示意图

在国外,电主轴已成为一种机电一体化的高科技产品。国际上著名的电主轴生产厂家主要有:瑞士的 FISCHER 公司、IBAG 公司和 STEP-UP 公司,德国的 GMN 公司和 FAG 公司,美国的 PRECISE 公司,意大利的 GAMFIOR 公司和 FOEMAT 公司,日本的 NSK 公司和 KOYO 公司以及瑞典的 SKF 公司等。

(2) 电主轴的技术参数指标 电主轴的主要技术参数有:套筒直径、最高转速、输出功率、转矩和刀具接口等,其中套筒直径为电主轴的主要参数。作为示例,表 3-4 给出了德国 GMN 公司用于加工中心和铣床的电主轴的型号和主要技术参数。

表 3-4 德国 GMN 公司用于加工中心和铣床的电主轴的型号和主要技术参数

主轴型号	套筒直径/mm	最高转速/(r/min)	输出功率/kW	基速/(r/min)	基速转矩/N·m	润滑	刀具接口
HC120-42000/11	120	42000	11	30000	3.5	OL	SK30
HC120-50000/11	120	50000	11	30000	3.5	OL	HSK-E25
HC120-60000/5.5	120	60000	5.5	60000	0.9	OL	HSK-E25
HCS150g-18000/9	150	18000	9	7500	11	G	HSK-A50

(续)

主轴型号	套筒直径/mm	最高转速/(r/min)	输出功率/kW	基速/(r/min)	基速转矩/N·m	润滑	刀具接口
HCS170-24000/27	170	24000	27	18000	14	OL	HSK-A63
HC170-40000/60	170	40000	60	40000	14	OL	HSK-A50/E50
HCS170g-15000/15	170	15000	15	6000	24	G	HSK-A63
HCS170g-20000/18	170	20000	18	12000	14	G	HSK-F63
HCS180-30000/16	180	30000	16	15000	10	OL	HSK-A50/E50
HCS185g-8000/11	185	8000	11	2130	53	G	HSK-A63
HCS200-18000/15	200	18000	15	1800	80	OL	HSK-A63
HCS200-30000/15	200	30000	15	12000	12	OL	HSK-A50/E50
HCS200-36000/16	200	36000	16	6000	29	OL	HSK-A50/E50
HCS200-36000/76	200	36000	76	25000	29	OL	HSK-A50/E50
HCS20g-12000/15	200	12000	15	1800	80	G	SK40
HCS230-18000/15	230	18000	15	1800	80	OL	HSK-A63
HCS230-18000/25	230	18000	25	3000	80	OL	HSK-A63
HCS230-24000/18	230	24000	18	3150	57	OL	HSK-A63
HCS230-24000/45	230	24000	45	7500	58	OL	HSK-A63
HCS230g-12000/22	230	12000	22	2400	87	G	HSK-A63
HCS230g-12000/25	230	12000	25	3000	80	G	HSK-A63
HCS232g-15000/9	230	15000	9	1220	70	G	HSK-A63
HCS275-20000/60	275	20000	60	10000	57	OL	HSK-A63
HCS285-12000/32	285	12000	32	1000	306	OL	HSK-A100
HCS300-12000/30	300	12000	30	1000	286	OL	HSK-A100
HCS300-14000/25	300	14000	25	1100	217	OL	HSK-A63
HCS300g-8000/30	300	8000	30	1000	286	G	HSK-A100

注：HCS—矢量驱动；OL—油气润滑；G—永久油脂润滑；SK—ISO锥度；全部使用陶瓷球轴承。

除了上述的技术参数外，高速电主轴还有如下的一些重要参数：精度和静刚度、临界转速值、残余动不平衡值、噪声及套筒温升阈值、拉紧和松开刀具所需的力的最小值、电主轴的额定寿命值以及主轴与刀具的接口规格等。可参阅上述电主轴生产商的相关产品手册或向其进行具体细节的技术咨询。

(3) **电主轴的轴承** 电主轴所用轴承的性能对电主轴的使用功能和使用寿命有重要的影响，因此，它应具有以下特点：高速回转精度高、径向和轴向刚度高、温升较小以及使用寿命长。电主轴的轴承一般采用滚动轴承、流体静压轴承和磁悬浮轴承。

(4) **电主轴的电动机及其驱动方式** 电主轴的电动机均采用交流异步感应电动机，有两种驱动和控制方式。

1) 普通变频器标量驱动和控制。以 IBAG 公司的 HFK90S 型电主轴用的普通变频器为例说明。这类驱动控制特性为恒转矩驱动，输出功率和转速成正比，其转矩和功率特性如图 3-41 和图 3-42 所示。这类驱动方式在低速时的输出功率不够稳定，不能满足低速大转矩的要求，也不具备主轴的准停和 C 轴控制功能，但价格较为便宜。主要用于在高速范围工作的电

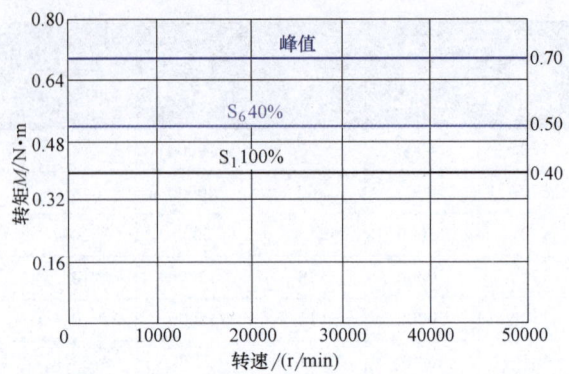

图 3-41 HFK90S 型电主轴的转矩-转速特性

主轴,如磨削、小孔钻削及普通高速铣削的电主轴。

2)矢量控制驱动器的驱动和控制。以 IBAG 公司的 HF250 型电主轴的矢量控制驱动器为例说明。这种矢量控制驱动控制特性为低速端的恒转矩驱动以及中、高速端的恒功率驱动。其转矩和功率特性如图 3-43 和图 3-44 所示。这种驱动方式又有开环和闭环控制两种方式。在闭环工作方式下,可通过主轴上的位置传感器,来实现位置和速度反馈,获得更好的动态性能,并可实现主轴准停和 C 轴控制功能。

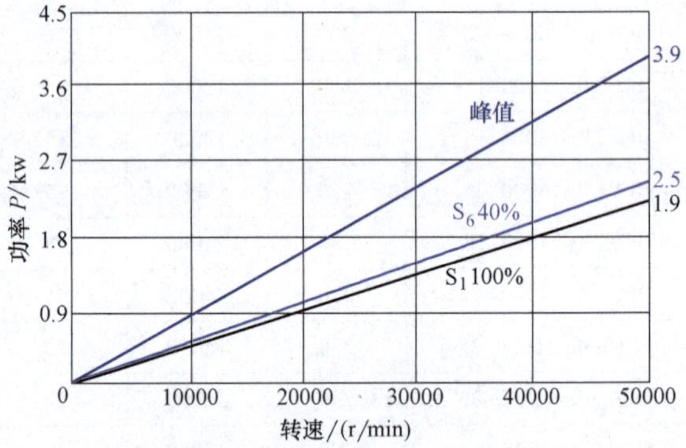

3. 高速机床的进给系统

高速进给系统是高速加工机床的关键部件之一,对高速机床的进给系统的要求主要体现在以下几个方面:

图 3-42 HFK90S 型电主轴的功率-转速特性

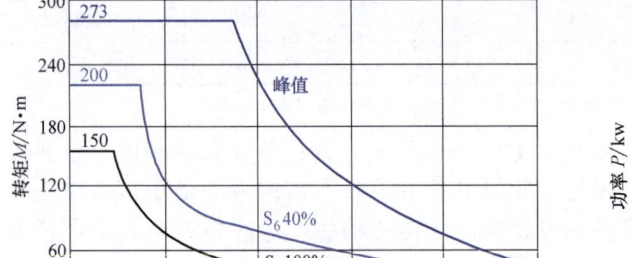

图 3-43 HF250 型电主轴转矩特性

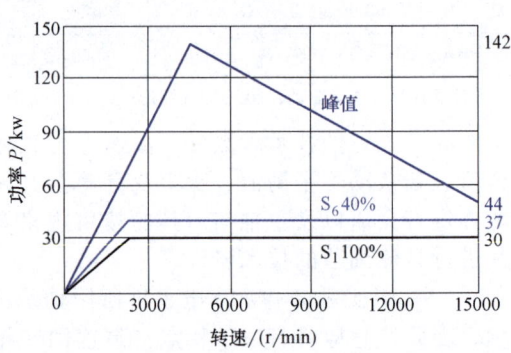

图 3-44 HF250 型电主轴功率与转速的关系

1)高速度。高速机床对进给速度的基本要求为 60m/min,有时可高达 120m/min。
2)高加速度。高速机床对进给加速度的基本要求为 $1g \sim 2g$,某些场合要求高达 $2g \sim 10g$。
3)高静态、动态精度。
4)高可靠安全性。
5)成本较低。

目前，高速机床用的进给系统主要有：高速滚珠丝杠副传动系统和直线电动机进给驱动系统。传统的滚珠丝杠副在数控机床中应用比较广泛，但其在高速场合下，具有以下缺点：

系统刚度低，动态特性差；高速下热变形严重；噪声大，寿命低。因此不宜直接采用，必须加以改进和精化。目前，在滚珠丝杠副传动系统实现高速化方面，主要采取如下措施：

1) 提高系统刚度。丝杠采用中空结构，并进行预拉伸处理；提高丝杠的支承刚度；通过先进工艺，使滚珠和滚道的适应度处于最佳状态，提高系统的接触刚度。

2) 增大丝杠螺母的导程和螺纹线数，可以提高滚珠丝杠副的运动速度。

3) 强制冷却，减小热变形。例如，可将冷却液通入空心丝杠内部进行循环冷却。

4) 采用新型的螺母结构。例如，适当减小滚珠直径，钢珠采用空心结构。此外，还可以对滚道和回珠器进行优化设计，以改善滚珠快速滚动时的流畅性，降低噪声。

5) 采用陶瓷等新材料制造滚珠。陶瓷滚珠可显著降低温升，减小噪声，可有效提高滚珠丝杠副传动系统的高速性能。

6) 对螺母预紧力进行控制。通过压电陶瓷对预紧力进行动态调节，可保证在高速下滚珠丝杠副始终可靠地在最佳状态工作。

7) 采用螺母旋转，丝杠不动的运动方案。螺母安装在驱动电动机的转子上，做高速转动的同时还进行轴向移动，因此即消除了长丝杠高速转动时的各种问题。

8) 采用双电动机驱动结构。采用两个电动机，分别驱动丝杠和螺母，可使进给速度提高一倍。

经过以上措施的改进，滚珠丝杠副传动系统在一定程度上可以满足进给系统的高速要求，但是，这类系统仍然存在以下问题：

1) 高速滚珠丝杠螺母副制造困难，成本增加。

2) 速度和加速度的提高有较大的限制。

3) 进给行程有限（4~6m）。

4) 因矢动量等非线性特性的存在，全闭环时系统稳定性较差。

直线电动机高速进给系统的工作原理及优点参见第二节的有关内容。图3-45所示为直线电动机进给系统与滚珠丝杠副进给系统的加速度性能比较。由图可见，滚珠丝杠驱动工作台从静止到25m/min，需要0.5s；而直线电动机驱动工作台从静止到75m/min，只需0.05s，可见直线电动机具有比滚珠丝杠副进给系统更优良的加速性能，正在成为现代高速加工机床进给系统的基本传动方式。

4. 高速加工机床的数控系统

（1）高速加工机床数控系统的要求　对于数控系统，伺服系统的位置滞后误差和加、减速引起的滞后误差是影响高速加工精度的最主要原因。其次，数控系统的插补周期的大小以及轮廓误差也会产生加工误差。

高速加工机床的数控系统与一般的数控系统相比，并没有本质上的区别，但为了满足高速、高精度的加工要求，高速加

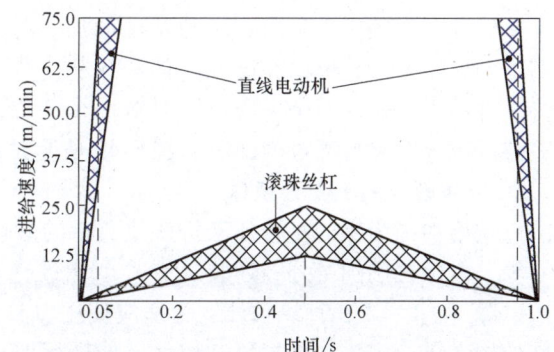

图3-45　直线电动机与滚珠丝杠加速度性能的比较

工机床的数控系统,如本节开始所介绍的,应符合如下的技术要求:

1) 能够高速度处理程序段。
2) 能够迅速、准确地处理和控制信息流,把其加工误差控制为最小。
3) 能够尽量减少机械的冲击,使机床平滑移动。
4) 要有足够的容量,可以让大容量加工程序高速运转,或者具有通过网络传输大量数据的能力。
5) 具有高速度工作的主轴电动机、进给伺服电动机和传感器等。
6) 具有高可靠性和安全性。

高速加工用的数控系统,是技术含量极高的高科技产品,它高度集成了现代的软、硬件技术,并且使用了操作系统、通信协议等很多底层核心技术。目前,已商业化的高端数控系统技术,只有少数的几家外国公司掌握,如 FANUC 公司、SIEMENS 公司、HEIDENHAIN 公司等。

(2) **高速加工的控制技术**　高速加工的控制技术包括减小位置伺服滞后产生的加工误差的控制、减小加减速滞后产生的误差的控制、前瞻(Look Ahead)控制、NURBS 插补技术等,关于这部分内容,请参阅数控系统方面的教材或文献,此处从略。

四、复合机床

随着现代制造业的发展,仅靠提高加工速度已无法满足更高的加工效率目标,因此减少零件加工的辅助时间成为增效的另一条途径,以传统加工中心"集中工序、一次装夹实现多工序复合加工"的理念为指导发展起来的新一类数控机床,它能够在一台主机上完成或尽可能完成从毛坯至成品的多种要素加工的机床,即复合数控机床或复合加工中心。

复合机床是当前世界机床技术发展的潮流。当工件在复合机床上装夹后,通过对加工所需工具(切削刀具或模具)的自动更换,便能自动地按数控程序依次进行同一工艺方法中的多个工序或不同工艺方法中的多个工序的加工,从而减少非加工时间,缩短加工周期,节约作业面积,达到提高加工精度和加工效率的目的。

复合加工机床的定义及其具有的功能是随着时代的变化而变化的。过去的复合加工机床主要是指工序复合型的加工中心,但因工具交换和加工的品种受到限制,而且也走不出切削加工的领域。现在的复合加工机床主要是指工艺复合型的数控机床。这里从工艺的角度将复合数控机床分为四大类:

1. 以车削为主的复合机床

以车削加工为主的复合加工机床主要指的是车铣复合加工中心,也有车磨加工中心等类型。车铣复合加工中心是以车床为基础的加工机床,除车削用工具外,在刀架上还装有能铣削加工的回转刀具,可以在圆形工件和棒状工件上加工沟槽和平面。这类复合加工机床常把夹持工件的主轴做成两个,既可同时对两个工件进行相同的加工,也可通过在两个主轴上交替夹持,完成对夹持部位的加工。图 3-46 所示是车削为主的复合数控机床。

2. 以铣削为主的复合机床

以铣削加工为主的复合加工机床主要指的是铣车加工中心(图 3-47),也有铣磨复合加工中心等。它除铣削加工外,还装载有一个能进行车削的动力回转工作台。针对五轴复合加工机床,除 X、Y、Z 三直线轴外,为适应使用刀具姿势的变化,可以使各进给轴回转到特定的角度位置并进行定位,模拟复杂形状工件进行加工。

3. 以磨削为主的复合机床

在一台磨削复合加工中心上能完成内圆、外圆、端面磨削的复合加工,如图 3-48 所示。

图 3-46 以车削为主的复合数控机床

图 3-47 以铣削为主的复合机床

另外,珩磨机也属于此类,它适用于圆柱形(包括带有台阶的圆柱孔等)深孔工件的珩磨和抛光加工。

4. 增、减材复合加工机床

增、减材复合加工机床也称为混合机床,主要指的是将数控加工机床(减材)和3D打印(增材)二者结合在一起。该复合加工机床能灵活地切换各类数控加工(如铣削加工)和激光加工,能大大减小工艺复杂性。图3-49和图3-50分别给出了一种五轴增减材复合加工中心示意图以及难铸造成形和加工的零件示意图。

图 3-48 以磨削为主的复合机床
1—主轴 2—砂轮 3—零件

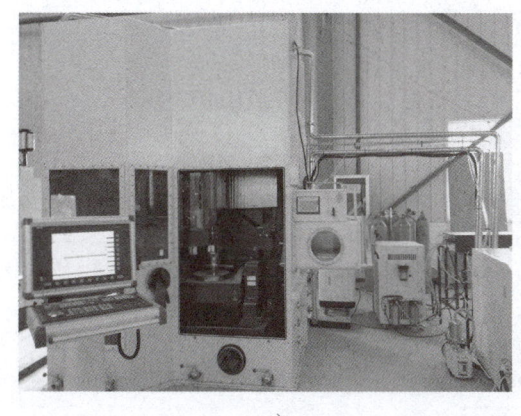

a)

b)

图 3-49 增减材复合加工中心
a) 整体图 b) 局部示意图
1—主轴 2—激光加工中心 3—转摆台

图 3-50　加工零件示意图

思考与练习题

3-1　机床常用的技术性能指标有哪些？
3-2　试说明如何区分机床的主运动与进给运动。
3-3　试举例说明从机床型号的编制中可获得哪些有关机床产品的信息。
3-4　简述电气伺服传动系统的分类中开环、闭环和半闭环系统的区别。
3-5　主轴部件、导轨、支承件及刀架应满足哪些基本技术要求？
3-6　选用加工中心时需考虑的因素有哪些？
3-7　高速加工技术的优点及关键技术有哪些？
3-8　常用的高速加工进给系统有哪几种？各自有何优缺点？

参考文献

[1]　卢秉恒, 等. 机械制造技术基础 [M]. 北京: 机械工业出版社, 1998.
[2]　冯辛安, 等. 机械制造装备设计 [M]. 北京: 机械工业出版社, 1999.
[3]　唐宗军. 机械制造基础 [M]. 北京: 机械工业出版社, 2000.
[4]　杜君文. 机械制造技术装备及设计 [M]. 天津: 天津大学出版社, 1998.
[5]　唐宗军, 等. 两轴系统机床加工异形螺杆方法及数控编程要点 [J]. 机械设计与制造, 1998 (6): 59-60.
[6]　黄玉美, 等. 机床运动功能模块的创成及装配 [J]. 制造技术与机床, 2001 (2): 19-21.
[7]　顾维邦. 金属切削机床概论 [M]. 北京: 机械工业出版社, 1994.
[8]　顾熙棠. 金属切削机床（上、下册）[M]. 上海: 上海科学技术出版社, 1999.
[9]　张伯霖. 高速切削技术及应用 [M]. 北京: 机械工业出版社, 2002.
[10]　彭海涛, 等. 高速加工技术 [J]. 航空制造技术, 2004 (6): 92-101.

第四章
机床夹具原理与设计

第一节　机床夹具概述
第二节　工件在夹具中的定位
第三节　定位误差分析
第四节　工件在夹具中的夹紧
第五节　各类机床夹具
第六节　现代机床夹具
第七节　机床夹具设计的基本步骤
　　　　思考与练习题
　　　　参考文献

夹具的设计在加工过程中有着重要地位。只有设计出合理的夹具，才能高效地加工出合格的产品。

第一节　机床夹具概述

机床夹具是机械加工工艺系统的重要组成部分，是机械制造中的一项重要工艺装备。工件在机床上进行加工时，为保证加工精度和提高生产率，必须使工件在机床上相对刀具占有正确的位置，完成这一功能的辅助装置称为机床夹具。机床夹具在机械加工中起着重要的作用，它直接影响机械加工的质量、生产率和生产成本以及工人的劳动强度等。因此机床夹具设计是机械加工工艺准备中的一项重要工作。

一、工件的装夹方法

在机床上进行加工时，必须先把工件安装在准确的加工位置上，并将其可靠固定，以确保工件在加工过程中不发生位置变化，才能保证加工出的表面达到规定的加工要求（尺寸、形状和位置精度），这个过程称为装夹。简言之，确定工件在机床上或夹具中占有准确加工位置的过程称为定位；在工件定位后用外力将其固定，使其在加工过程中保持定位位置不变的操作称为夹紧。装夹就是定位和夹紧过程的总和。

工件在机床上的装夹方法主要有两种：

1. 用找正法装夹工件

把工件直接放在机床工作台上或放在单动卡盘、机用虎钳等机床附件中，根据工件的一个或几个表面用划针或指示表找正工件准确位置后再进行夹紧，也可以先按加工要求进行加工面位置的划线，然后再按划出的线痕进行找正实现装夹。这类装夹方法劳动强度大、生产效率低、要求工人技术等级高、定位精度较低。由于常常需要增加划线工序，所以增加了生产成本，但由于只需使用通用性很好的机床附件和工具，因此能适用于加工各种不同零件的各种表面，特别适于单件、小批量生产。

2. 用夹具装夹工件

工件装在夹具上，不再进行找正，便能直接得到准确加工位置的装夹方式。例如图 4-1a 所示的一批工件，除键槽外其余各表面均已加工合格，现要求在立式铣床上铣出保证图示加工要求的键槽。若采用找正法装夹工件，则须先进行划线，划出槽的位置，再将工件安装在立式铣床的工作台上，按划出的线痕进行找正，找正完成后用压板或台虎钳夹紧工件。然后根据槽的线痕位置调整铣刀相对工件的位置，调整好后才能开始加工。加工中还需先试切一段行程，测量尺寸，根据测量结果再调整铣刀的相对位置，直至达到要求为止。加工第二个工件时又须重复上述步骤。这种装夹方法不但费工费时，而且加工出一批工件的加工误差分散范围较大。采用图 4-1b 所示的夹具装夹，则不需要进行划线就可把工件直接放入夹具中去。工件的 A 面支承在两支承板 2 上；B 面支承在两齿纹顶支承钉 3 上；端面靠在平头支承钉 4 上，这样就确定了工件在夹具中的位置，然后旋紧螺母 9 通过螺旋压板 8 把工件夹紧，完成

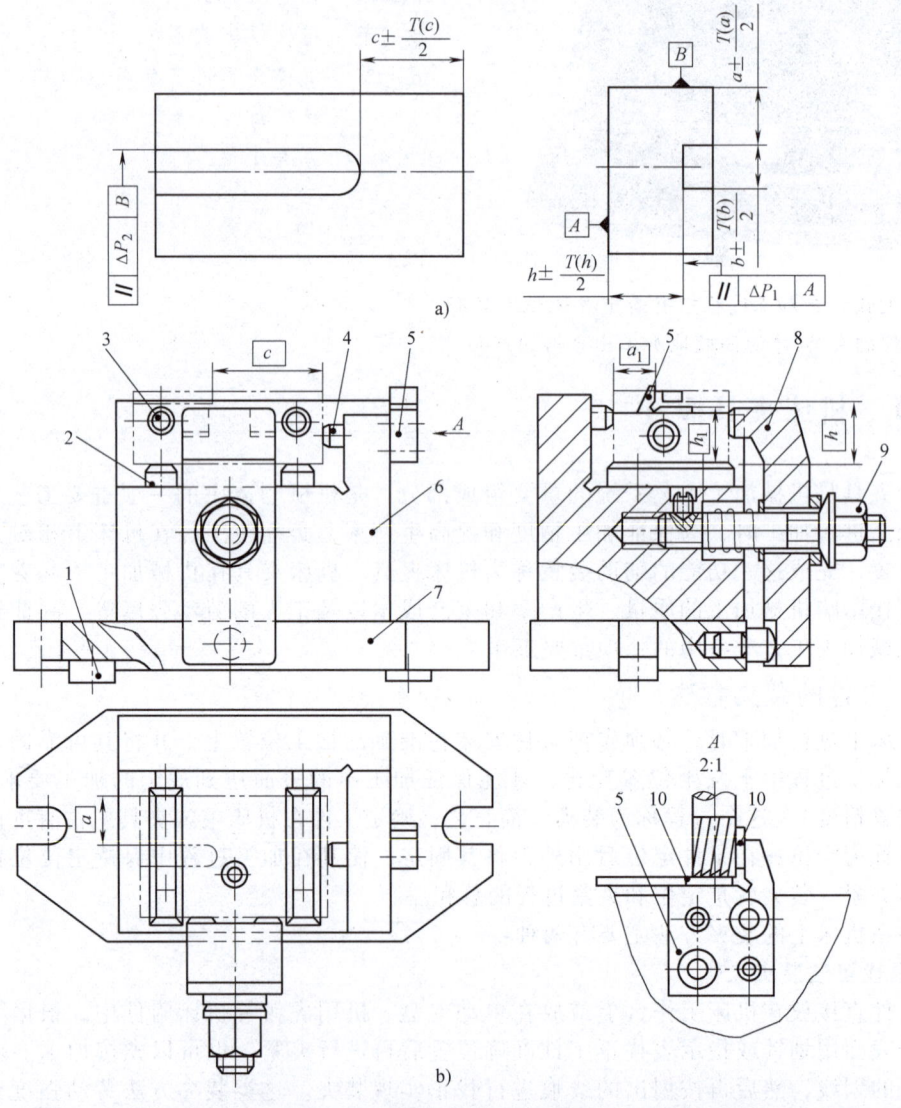

图 4-1 铣槽工序用的铣床夹具

1—定位键 2—支承板 3—齿纹顶支承钉 4—平头支承钉 5—侧装对刀块
6—夹具底座 7—底板 8—螺旋压板 9—夹紧螺母 10—对刀塞尺

了工件的装夹过程。下一个工件进行加工时,夹具在机床上的位置不动,只需松开夹紧螺母9进行装卸工件即可。

二、机床夹具的工作原理和在机械加工过程中的作用

1. 夹具的主要工作原理

用图4-2来说明图4-1b所示的铣槽夹具的主要工作原理。图中表示铣槽夹具安装在立式铣床的工作台上的情况。夹具上支承板2的支承工作面与夹具底板7的底面(图4-1b)保持平行,当夹具安装在铣床工作台上后,就相应保证了支承板2的支承工作面与铣床工作台台面的平行。因为工件的A面是支承在支承板2的工作面上的,因而最终达到了铣出的槽底面与A面平行的要求。夹具利用两定位键1(图4-1b)与铣床工作台的T形槽配合,保证了与铣床纵向进给方向平行。夹具的两个齿纹顶支承钉3的支承工作面(图4-1b)与两定位键侧面保持平行,也就使支承钉3的支承工作面与铣床纵向进给方向平行。由于工件以B面与两支承钉3的支承工作面相接触,因而最终保证了铣出的槽的侧面与工件B面平行,以上就是夹具保证工件加工表面的位置精度的工作原理。

从图4-1b可见夹具上装有对刀块5,利用对刀塞尺10塞入对刀块工作面与立铣刀切削刃之间来确定铣刀相对夹具的位置,此时可相应横向调整铣床工作台的位置和垂直升降工作台来达到刀具相对对刀块的正确位置。由于对刀块的两个工作面与相应夹具定位支承板2和齿纹顶支承钉3的各自支承面已保证h_1和a_1尺寸,因而最终保证铣出槽的$h±[T(h)/2]$和$a±[T(a)/2]$尺寸。至于槽的长度的位置尺寸$c±[T(c)/2]$,则依靠调整铣床工作台纵向进给的行程挡块的位置,使立式铣床工作台纵向进给的终结位置保证铣刀距支承钉4的距离等于c。由于工件以端面与支承钉4的工作面相接触,因而最终使铣出槽的长度位置达到$c±[T(c)/2]$尺寸的要求。加工一批工件时,只要在允许的刀具尺寸磨损限度内,都不必调整刀具位置,

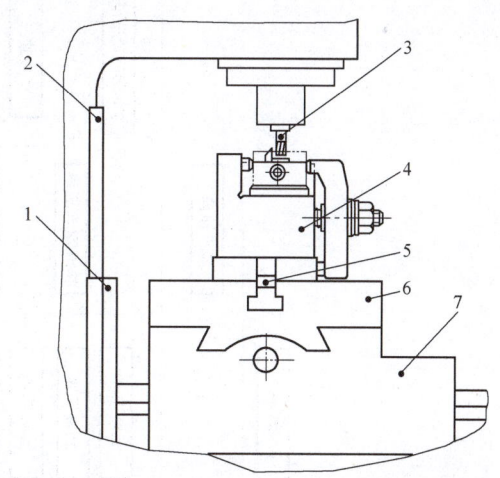

图4-2 铣槽夹具在立式铣床上的工作原理图
1—铣床床身 2—铣床升降台 3—立铣刀 4—铣槽夹具
5—夹具的定位键 6—铣床工作台 7—铣床溜板

不需进行试切,直接保证加工尺寸要求。这就是用夹具装夹工件时,采用调整法达到尺寸精度的工作原理。

从以上实例中,可归纳出夹具工作原理的要点如下:

1) 使工件在夹具中占有正确的加工位置。这是通过工件各定位面与夹具的相应定位元件的定位工作面(定位元件上起定位作用的表面)接触、配合或对准来实现的。

2) 夹具对于机床应先保证有准确的相对位置,而夹具结构又保证定位元件的定位工作面对夹具与机床相连接的表面之间的相对准确位置,这就保证了夹具定位工作面相对机床切削运动形成表面的准确几何位置,也就达到了工件加工面对定位基准的相互位置精度要求。

3) 使刀具相对有关的定位元件的定位工作面调整到准确位置,这就保证了刀具在工件上加工出的表面对工件定位基准的位置尺寸。

2. 夹具的作用

夹具是机械加工中不可缺少的一种工艺装备,应用十分广泛。它能起下列作用:

1) 保证稳定可靠地达到各项加工精度要求。

2）缩短加工工时，提高劳动生产率。
3）降低生产成本。
4）减轻工人劳动强度。
5）可由较低技术等级的工人进行加工。
6）能扩大机床工艺范围。

三、夹具的分类与组成

1. 夹具的分类

图 4-3 所示是夹具的几种分类方法，按工艺过程不同，夹具可分为机床夹具、检验夹具、装配夹具、焊接夹具等。机床夹具是本书讨论的对象。按机床种类的不同，机床夹具又可分为车床夹具、铣床夹具、钻床夹具等；按所采用的夹紧动力源的不同又可分为手动夹具、气动夹具等。下面着重讨论按夹具结构与零部件的通用性程度来分类的方法。

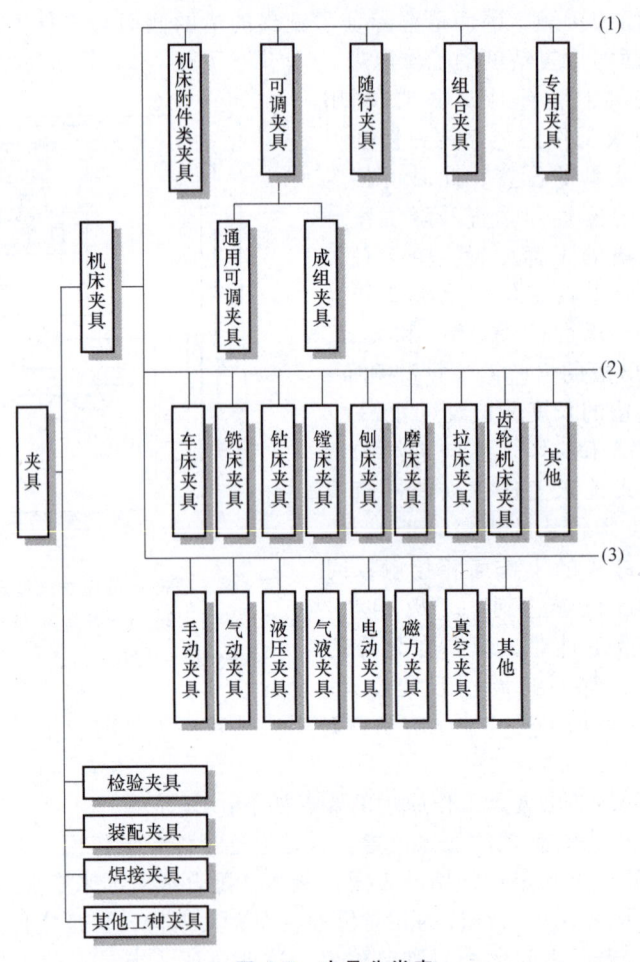

图 4-3 夹具分类表

自定心卡盘、单动卡盘、机用虎钳、电磁工作台这一类已属于机床附件的夹具，其结构的通用化程度高，可适用于多种类型不同尺寸工件的装夹，又能适应在各种不同机床上使用，由于它们已由专门的机床附件厂生产供应，因此在本章中不再进行介绍。

通用可调夹具和成组夹具统称为可调夹具，它们的结构通用性很好，只要对可调夹具上的某些零部件进行更换和调整，便可适应多种相似零件的同种工序使用。

随行夹具是自动或半自动生产线上使用的夹具，虽然它只适用于某一种工件，但毛坯装上随行夹具后,可从生产线开始一直到生产线终端在各位置上进行各种不同工序的加工。根据这一点,随行夹具的结构也具有适用于各种不同工序加工的通用性。

组合夹具的零部件具有高度的通用性,可用来组装成各种不同的夹具,但一经组装成一个夹具以后,其结构是专用的,只适用于某个工件的某道工序的加工,目前,组合夹具已开始出现向结构通用化方向发展的趋势。

图 4-1 所介绍的夹具是专为某个工件某道工序设计的,称为专用夹具。它的结构和零部件都没有通用性,专用夹具需专门设计、制造,夹具生产周期长。若产品改型,原有专用夹具就要报废,因此难以适应当前机械制造工业向多品种,中、小批量生产发展的方向,但其优点是工作精度高,能减轻工人操作夹具的劳动强度。

2. 夹具的组成

图 4-4 所示是具有分度功能的钻床夹具。图 4-4a 所示为工件,要求沿圆周钻 16 个等分 ϕ2mm 的孔,孔轴线距左端面的位置尺寸为 L。在图 4-4b 所示的夹具中,工件以内孔在心轴 5 上定位,端面紧靠在分度轮(棘轮)3 的平面上,夹紧螺母 7 通过开口垫圈 6 夹紧工件。钻模板 2 上装有钻套 4,其导引钻头的孔轴线距分度板平面的位置尺寸为 L,以保证钻出孔达到位置尺寸加工的要求。钻好一孔后,顺时针转动手柄 1,带动棘轮连同工件一起转动。棘轮(齿

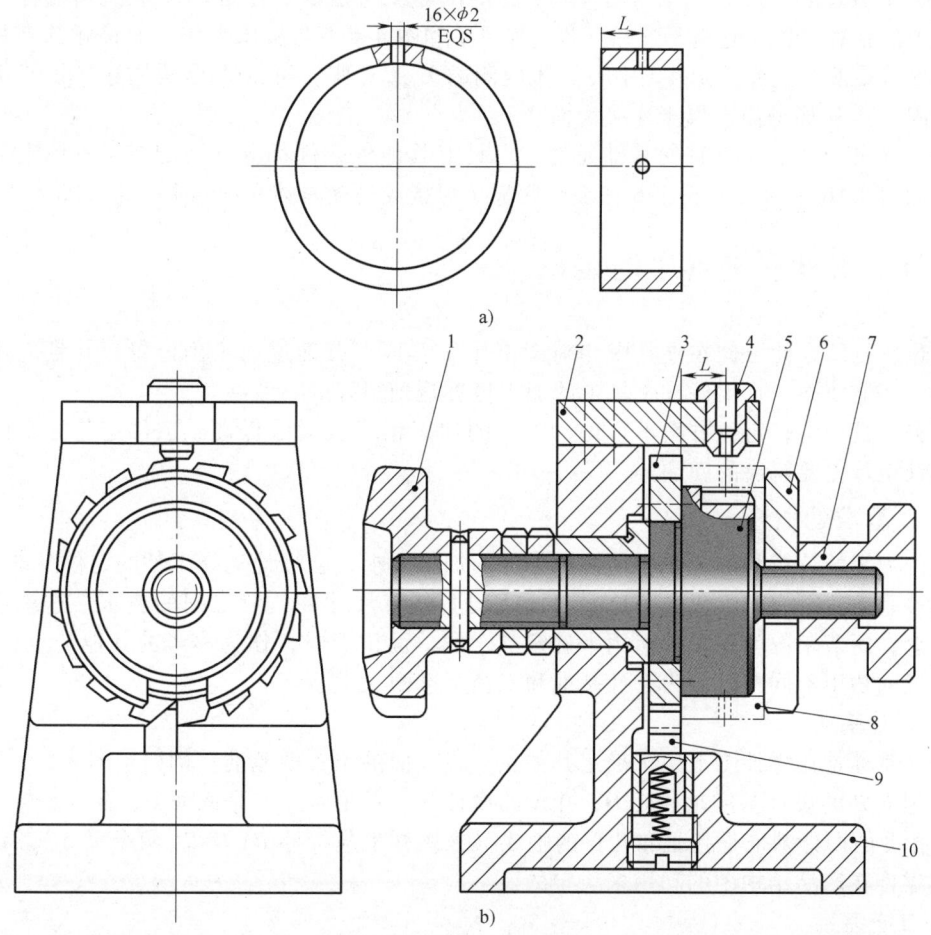

图 4-4 分度钻床夹具

1—分度操纵手柄 2—钻模板 3—分度轮(棘轮) 4—钻套 5—定位心轴
6—开口垫圈 7—夹紧螺母 8—工件 9—对定机构(棘爪) 10—夹具体

数为 16）把棘爪 9 压下，使棘爪与第二齿啮合，带动工件转过 22.5°，继续钻第二孔。如此重复一周，就可完成 16 等分的钻孔。由于工件材料是黄铜，孔径又小，因此分度装置没有锁紧机构，加工中依靠工人用手紧握手柄 1 并略向逆时针方向转动，使棘轮的径向齿面紧靠住棘爪，以防止分度板在加工过程中转动。夹具以夹具体 10 的底面安装在钻床工作台上，根据钻头能顺利伸入钻套导引孔来调整夹具的位置，调整好后再用压板将其压紧在工作台上。

根据图 4-1 和图 4-4 可归纳出夹具的主要组成部分有：

（1）定位元件　如图 4-1 中的支承板 2、支承钉 3 和 4，图 4-4 中的 3 和 5 都是定位元件。它们以定位工作面与工件的定位基准面相接触、配合或对准，使工件在夹具中占有准确位置，起到定位作用。

（2）夹紧装置　如图 4-1 中的压板 8 和夹紧螺母 9 等组成的螺钉压板部件；图 4-4 中的螺母 7 和开口垫圈 6 都是能将外力施加到工件上来克服切削力等外力作用，使工件保持在正确定位位置上不动的夹紧装置或夹紧元件。

（3）对刀元件　如图 4-1 的对刀块 5。根据它来调整铣刀相对夹具的位置。

（4）导引元件　如图 4-4 的钻套 4。它导引钻头加工，决定了刀具相对夹具的位置。

（5）其他装置　如图 4-4 中由棘爪 9 和棘轮 3 组成的分度装置。利用它进行分度加工。

（6）连接元件和连接表面　图 4-1 中的定位键 1 与铣床工作台的 T 形槽相配合决定夹具在机床上的相对位置，它就是连接元件。图 4-1 和图 4-4 中与机床工作台面接触的夹具体的底面则是连接表面。此外，图 4-1 中夹具体两侧的 U 形耳座，可供 T 形螺柱穿过，并用螺母把夹具紧固，其 U 形槽面也属于连接表面。

（7）夹具体　它是夹具的基础元件，夹具上其他各元件都分别装配在夹具体上形成一个整体，如图 4-1b 中由夹具底座 6 和夹具底板 7 焊接成的夹具体和图 4-4 中的铸造夹具体 10。

第二节　工件在夹具中的定位

定位的目的是使工件在夹具中相对于机床、刀具占有确定的正确位置，并且应用夹具定位工件，还能使同一批工件在夹具中的加工位置达到很好的一致性。

在夹具设计中，定位方案不合理，工件的加工精度就无法保证。工件定位方案的确定是夹具设计中首先要解决的问题。

一、基准的概念

定位方案的分析与确定，必须按照工件的加工要求，合理地选择工件的定位基准。

零件是由若干表面组成的，这些表面之间必然有尺寸和位置之间的要求，这就引出了基准的概念。所谓基准就是零件上用来确定点、线、面位置时，作为参考的其他的点、线、面。根据基准的功用不同，可分为设计基准和工艺基准两大类。

1. 设计基准

设计基准是在零件图上用来确定其他点、线、面的位置的基准。例如，图 4-5 中的主轴箱箱体，顶面 B 的设计基准是底面 D；孔 Ⅳ 的设计基准在垂直方向是底面 D，在水平方向是导向面 E；孔 Ⅱ 的设计基准是孔 Ⅲ 和孔 Ⅳ 的轴线（在图样上应标注 R_2 及 R_3 两个尺寸）。设计基准是由该零件在产品结构中的功用来决定的。

2. 工艺基准

工艺基准是在加工及装配过程中使用的基准。按照用途的不同又可分为以下几类：

（1）定位基准　定位基准是在加工中使工件在机床或夹具上占有正确位置所采用的基准。例如，在镗床上镗图 4-5 所示的主轴箱箱体的孔时，若以底面 D 和导向面 E 定位，此时，底

面 D 和导向面 E 就是加工时的定位基准。

（2）**测量基准** 测量基准是在检验时使用的基准。例如，在检验车床主轴时，用支承轴颈表面作测量基准。

（3）**装配基准** 装配基准是在装配时用来确定零件或部件在产品中位置所采用的基准。例如，主轴箱箱体的底面 D 和导向面 E、活塞的活塞销孔、车床主轴的支承轴颈都是它们的装配基准。

（4）**调刀基准** 调刀基准是在加工中用以调整加工刀具位置时所采用的基准。

在分析基准问题时，必须注意下列几点：

1）作为基准的点、线、面在工件上不一定具

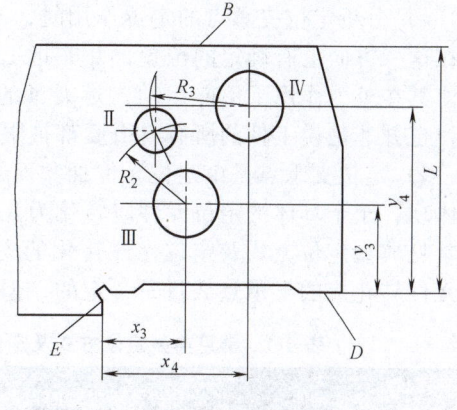

图 4-5 主轴箱箱体

体存在（例如，孔的中心、轴线、对称面等），而常由某些具体的表面来体现，这些表面就可称为基面。例如，在车床上用自定心卡盘夹持一根短圆轴，实际定位表面（基面）是外圆柱面，而它所体现的定位基准是这根圆轴的轴线，因此选择定位基准的问题就是选择恰当的定位基面的问题。

2）作为基准，可以是没有面积的点和线或很小的面，但是代表这种基准的点和线在工件上所体现的具体基面总是有一定面积的。例如，代表轴线的中心孔锥面；用 V 形块使支承轴颈定位，理论上是两条线，但实际上由于弹性变形的关系也还是有一定的接触面积的。

3）上面所分析的都是尺寸关系的基准问题，表面位置精度（平行度、垂直度等）的关系也是一样，例如，图 4-5 中顶面 B 对底面 D 的平行度，孔Ⅳ轴线对底面 D 和导向面 E 的平行度，也同样具有基准关系。

二、六点定位原理

如图 4-6a 所示，任一刚体在空间都有六个自由度，即 x、y、z 三个坐标轴的移动自由度 $\vec{x}$、$\vec{y}$、$\vec{z}$，以及绕此三个坐标轴的转动自由度 $\hat{x}$、$\hat{y}$、$\hat{z}$。假设工件也是一个刚体，要使它在机床上（或夹具中）完全定位，就必须限制它在空间的六个自由度。如图 4-6b 所示，用六个定位支承点与工件接触，并保证支承点合理分布，每个定位支承点限制工件的一个自由度，便可将工件六个自由度完全限制，工件在空间的位置也就被唯一地确定。由此可见，要使工件完全定位，就必须限制工件在空间的六个自由度，即工件的"六点定位原理"。

在应用工件"六点定位原理"进行定位问题分析时，应注意如下几点：

1）定位就是限制自由度，通常用合理布置定位支承点的方法来限制工件的自由度。

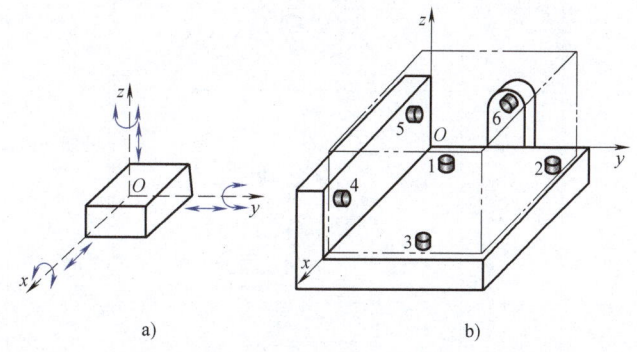

图 4-6 工件在空间中的自由度

2）定位支承点限制工件自由度的作用，应理解为定位支承点与工件定位基准面始终保持紧贴接触。若二者脱离，则意味着失去定位作用。

3）一个定位支承点仅限制一个自由度，一个工件仅有六个自由度，所设置的定位支承点数目，原则上不应超过六个。

4）分析定位支承点的定位作用时，不考虑力的影响。工件的某一自由度被限制，是指工件在这一方向上有确定的位置，并非指工件在受到使其脱离定位支承点的外力时，不能运动，欲使其在外力作用下不能运动，是夹紧的任务；反之，工件在外力作用下不能运动，即被夹紧，也并非是说工件的所有自由度都被限制了。所以，定位和夹紧是两个概念，不能混淆。

5）定位支承点是由定位元件抽象而来的，在夹具中，定位支承点总是通过具体的定位元件体现，至于具体的定位元件应转化为几个定位支承点，需结合其结构进行分析。表4-1列出了常见典型定位方式及定位元件转化的支承点数目和限制的自由度数。需注意的是，一种定位元件转化成的支承点数目是一定的，但具体限制的自由度与支承点的布置有关。

表4-1 常见典型定位方式及定位元件转化的支承点数目和所限制的自由度数

工件定位基准面	定位元件	定位方式及所限制的自由度	工件定位基准面	定位元件	定位方式及所限制的自由度
平面	支承钉		圆孔	锥销	
	支承板			固定锥销与浮动锥销组合	
	固定支承与自位支承		外圆柱面	支承板或支承钉	
	固定支承与辅助支承			V形块	
圆孔	定位销（心轴）				

(续)

工件定位基准面	定位元件	定位方式及所限制的自由度	工件定位基准面	定位元件	定位方式及所限制的自由度
外圆柱面	短定位套		外圆柱面	固定锥套与浮动锥套组合	
	长定位套				
	半圆孔		10 锥孔	顶尖	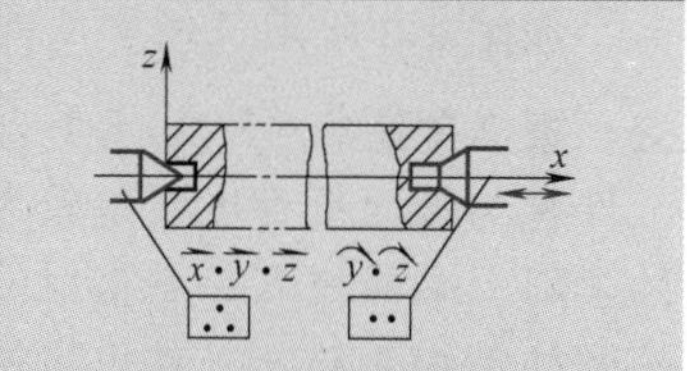
				锥心轴	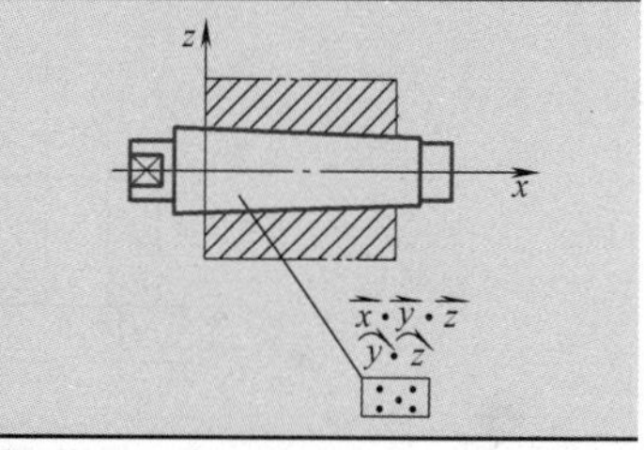

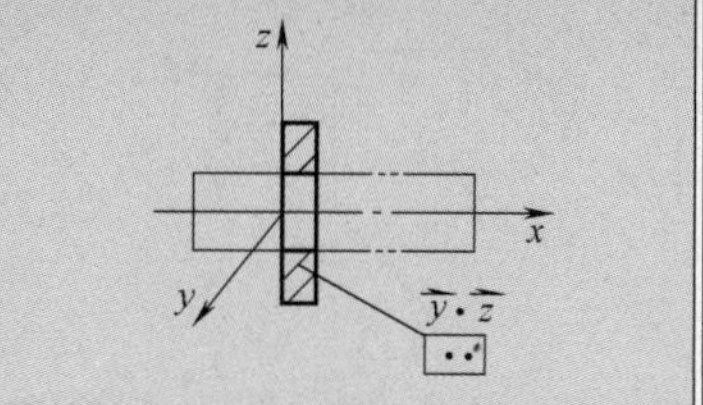

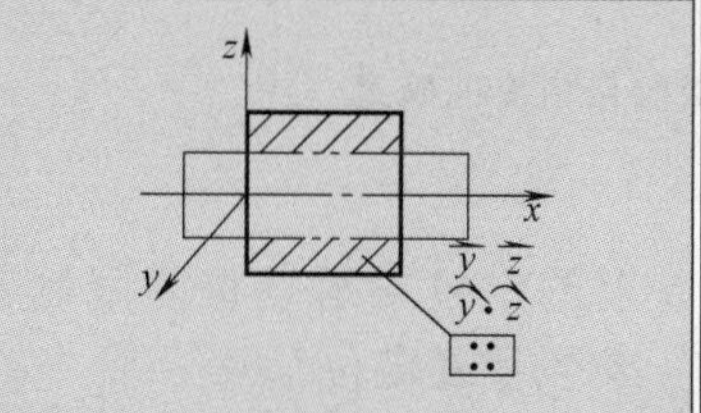

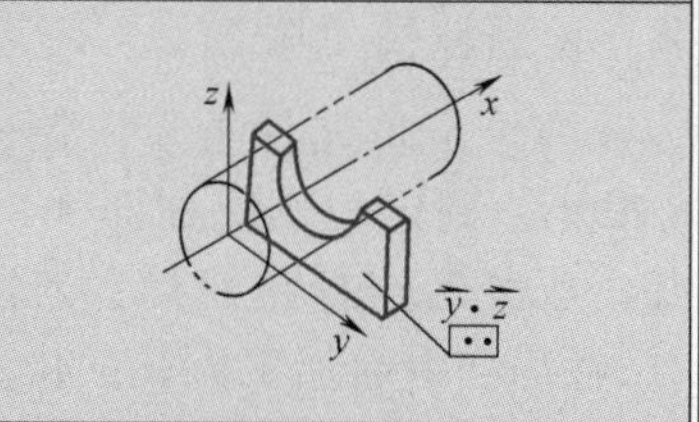

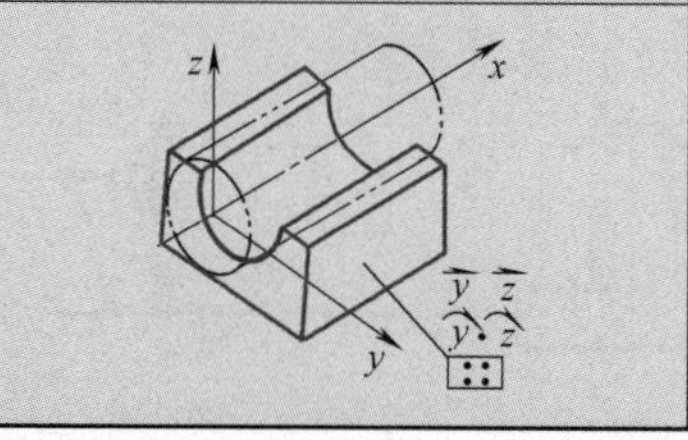

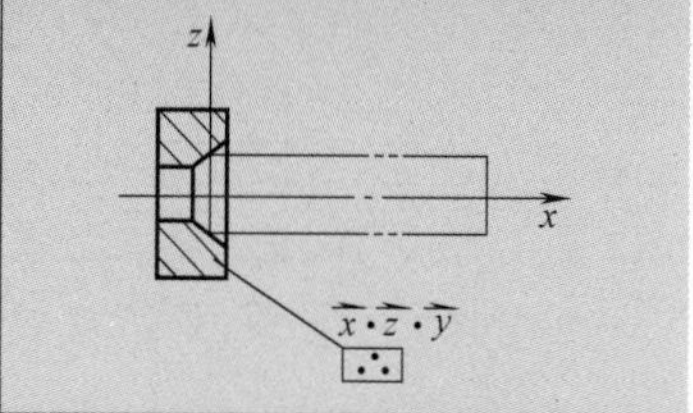

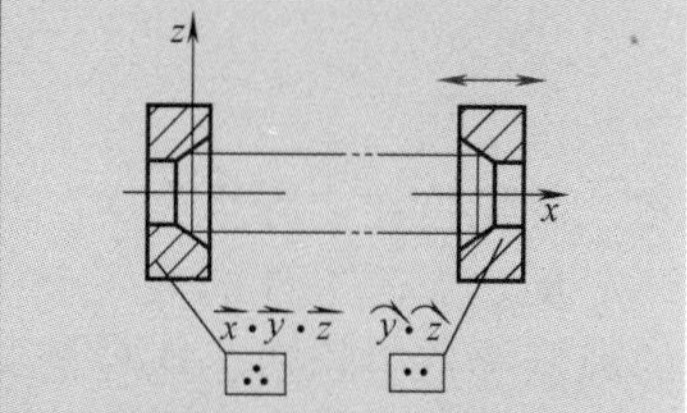

注：□内点数表示相当于支承点的数目，□外注表示定位元件所限制工件的自由度。

在夹具设计和定位分析中，还经常会遇到以下问题：

1) 完全定位和不完全定位。对于图 4-6b 中的长方体工件，xOy 平面上的定位支承点限制了工件的三个自由度 $\vec{x}$、$\vec{y}$、$\vec{z}$，yOz 平面上的两个定位支承点限制了工件的两个自由度 $\vec{x}$、$\vec{z}$，xOz 平面上的一个定位支承点限制了工件沿 y 轴移动的自由度 $\vec{y}$。因而，这样分布的六个定位支承点，限制了工件全部六个自由度，称为工件的"完全定位"。然而，工件在夹具中并非都需要完全定位，究竟应限制哪几个自由度，需根据具体加工要求确定。如图 4-7a 所示，在工件上铣键槽，在沿三个轴的移动和转动方向上都有尺寸及位置要求，所以加工时必须限制全部六个自由度，即要"完全定位"。图 4-7b 中，在工件上铣台阶面，在 y 方向无尺寸要求，故只需限制五个自由度，即不限制工件沿 y 轴的移动自由度 $\vec{y}$，对工件的加工精度无影响，工件在这一方向上的位置不确定只影响加工时的进给行程而已。这种允许少于六点的定位称为"不完全定位"或"部分定位"。图 4-7c 中铣削工件上平面，只需保证 z 方向的高度尺寸及上平面与工件底面的位置要求，因此只要在底平面上限制三个自由度 $\vec{x}$、$\vec{y}$、$\vec{z}$ 就已足够，亦为"不完全定位"。显然，在此情况下，不完全定位是合理的定位方式。

2) 过定位和欠定位。在加工中，如果工件的定位支承点数少于应限制的自由度数，必然导致达不到所要求的加工精度。这种工件定位点不足的情况，称为"欠定位"。例如图 4-7 中，若在 zOx 平面内不设置定位支承点，则在定程切削中就难以保证 y 方向的尺寸要求。显

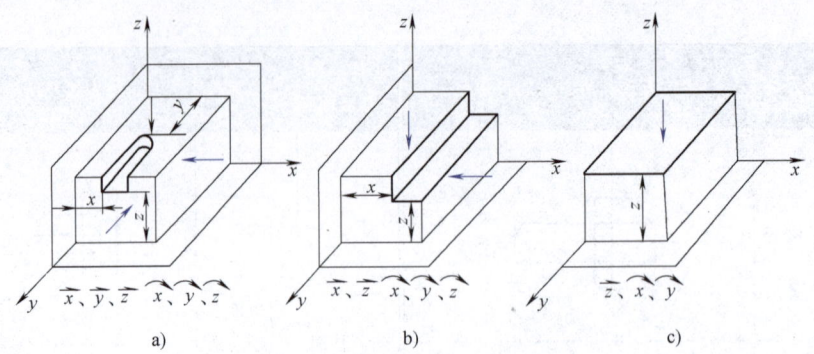

图 4-7 工件应限制自由度的确定

然,欠定位在实际生产中,是绝对不允许的。

反之,若工件的某一个自由度同时被一个以上的定位支承点重复限制,则对这个自由度的限制会产生矛盾,这种情况被称为"过定位"或"重复定位"。

如图 4-8 所示,加工连杆大孔的定位方案中,长圆柱销 1 限制 $\vec{x}$、$\vec{y}$、$\hat{x}$、$\hat{y}$ 四个自由度,支承板 2 限制 $\vec{z}$、$\hat{x}$、$\hat{y}$ 三个自由度。其中,$\hat{x}$、$\hat{y}$ 被两个定位元件重复限制,产生过定位。若工件孔与端面垂直度误差较大,且孔与销间隙又很小,则定位情况如图 4-8b 所示,定位后工件歪斜,端面只有一点接触。若长圆柱销刚度好,压紧后连杆将变形;若刚度不足,压紧后长圆柱销将歪斜,工件也可能变形(图 4-8c),二者都会引起加工大孔的位置误差,使连杆两

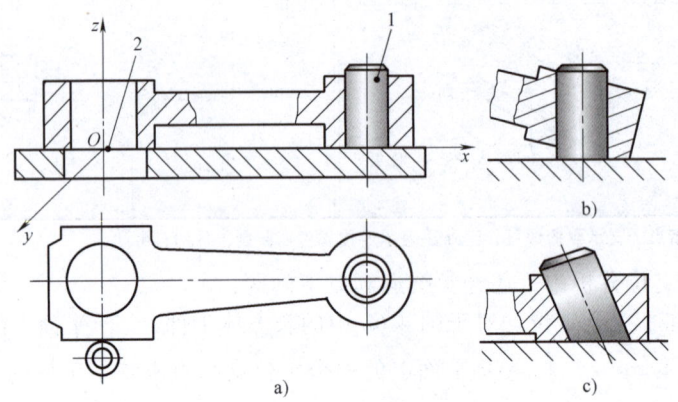

图 4-8 连杆的过定位
1—长圆柱销 2—支承板

孔的轴线不平行。

消除过定位及其干涉有两种途径:其一是改变定位元件的结构,以减少转化支承点的数目,消除被重复限制的自由度。如生产中常用的一面两销定位方案,其中一销为削边销,其限制的自由度数目由原来的 2 个减少为 1 个。其二是提高工件定位基面之间及夹具定位元件工作表面之间的位置精度,以消除过定位引起的干涉。如上例中保证销与基面、孔与连杆端面的垂直度。再如以一个精确平面代替三个支承点来支承已加工过的平面,可提高定位稳定性和工艺系统刚度,对保证加工精度是有利的,这种表面上的过定位在生产实际中仍然应用。因此,过定位不是绝对不允许的,要由具体情况决定。

三、常见的定位方式和定位元件

工件的定位表面有各种形式,如平面、外圆、内孔等,对于这些表面,总是采用一定结

构的定位元件,以保证定位元件的定位面和工件定位基准面相接触或配合,实现工件的定位。一般来说,定位元件的设计应满足下列要求:

1) 要有与工件相适应的精度。
2) 要有足够的刚度,不允许受力后发生变形。
3) 要有耐磨性,以便在使用中保持精度。一般多采用低碳钢渗碳淬火或中碳钢淬火,硬度为58~62HRC。

下面分析各种典型表面的定位方法和相应的定位元件。

1. 工件以平面定位

在切削加工中,利用工件上的一个或几个平面作为定位基面来定位工件的方式,称为平面定位。如箱体、机座、支架、板盘类零件等,多以平面为定位基准。所用的定位元件称为基本支承,包括固定支承、可调支承和自位支承。

(1) 固定支承 它指高度尺寸固定,不能调整的支承,包括固定支承钉和固定支承板两类。固定支承钉用于较小平面的支承,而固定支承板用于较大平面的支承。图4-9表示了四种固定支承钉。图4-9a所示为平头支承钉,用于已加工平面;图4-9b所示为球头支承钉,用于未加工平面,以便保证良好的接触;图4-9c所示为网纹头支承钉,用于未加工平面,可减小实际接触面积,增大摩擦,使定位稳定可靠,但由于槽中易积屑,故多用于侧面定位;图4-9d所示是带套筒的支承钉,用于大批大量生产,便于磨损后更换。

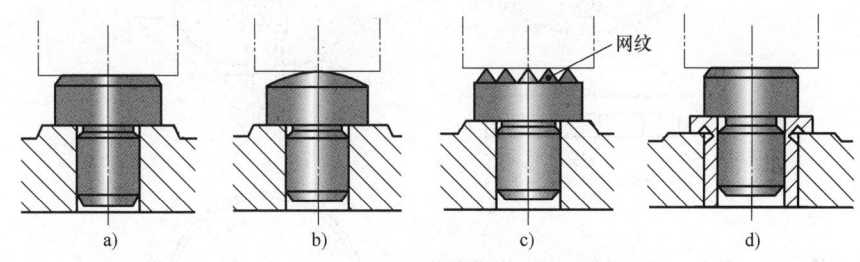

图 4-9 各种固定支承钉
a) 平头支承钉 b) 球头支承钉 c) 网纹支承钉 d) 带套筒的支承钉

固定支承板多用于工件上已加工表面的定位,有时可用一块支承板代替两个支承钉。图4-10所示是固定支承板的结构图,其中A型结构简单,但埋头螺钉处易堆积切屑,故用于工件侧面或顶面定位。而B型支承板可克服这一缺点,主要用于工件的底面定位。

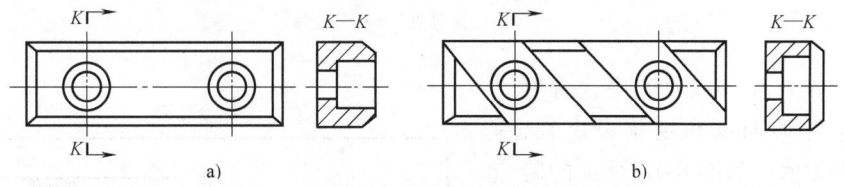

图 4-10 固定支承板
a) A型 b) B型

固定支承钉与夹具体一般采用H7/n6或H7/m6配合,带套筒的与套筒孔一般采用H7/js6配合。小型支承钉(直径$d \leq 12mm$)或支承板采用T7A钢;大型支承钉($d>12mm$)或支承板采用20钢。前者经淬火处理,后者经渗碳淬火处理,渗碳深度0.8~1.2mm,硬度60~64HRC。两个以上支承钉或支承板同时使用时,为保证工作面在同一平面上,装配后应将其顶面进行一次终磨。

（2）可调支承　它指顶端位置可在一定高度范围内调整的支承。多用于未加工平面的定位，以调节和补偿各批毛坯尺寸的误差，一般每批毛坯调整一次。图4-11表示了两种可调支承的基本形式，均由螺钉及螺母组成。支承高度调整后，用螺母锁紧工件。

（3）自位支承　指支承本身的位置在定位过程中，能自动适应工件定位基准面位置变化的一类支承。自位支承能增加与工件定位面的接触点数目，使单位面积压力减小，故多用于刚度不足的毛坯表面或不连续的平面的定位。此时，虽增加了接触点的数目，但未发生过定位。图4-12所示为几种自位支承的结构形式，其中图4-12a和图4-12b所示为双接触点，图4-12c所示为三接触点，无论哪一种，都只相当于一个定位支承点，限制工件的一个自由度。

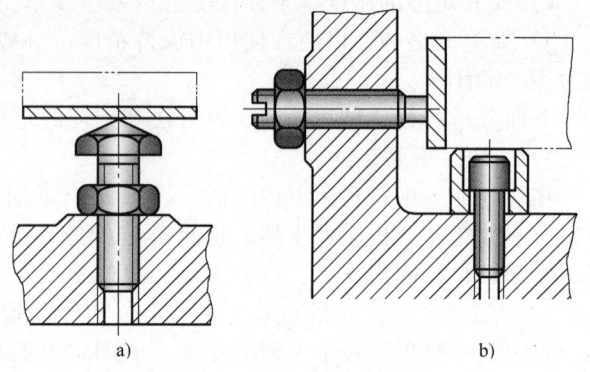

图 4-11　可调支承

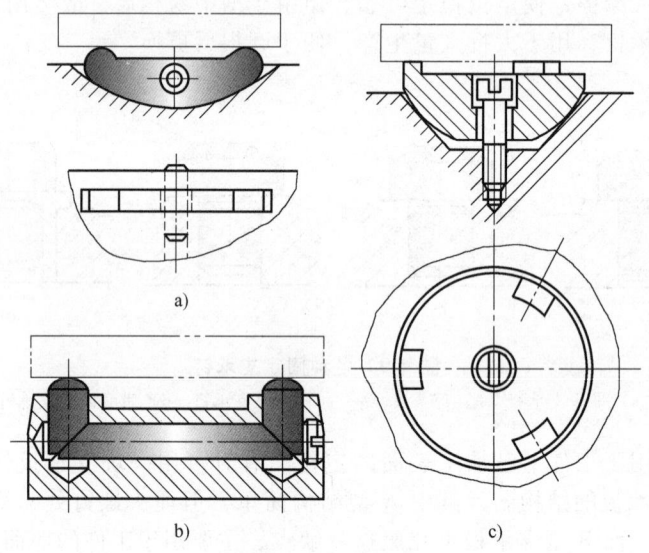

图 4-12　自位支承

a)、b) 双接触点　c) 三接触点

（4）辅助支承　在生产中，有时为了提高工件的刚度和定位稳定性，常采用辅助支承。如图4-13所示的阶梯零件，当用平面1定位铣平面2时，于工件右部底面增设辅助支承3，可避免加工过程中工件的变形。

辅助支承的结构形式很多，如图4-14所示。无论采用哪一种，都应注意，辅助支承不起定位作用，即不应限制工件的自由度，同时更不能破坏

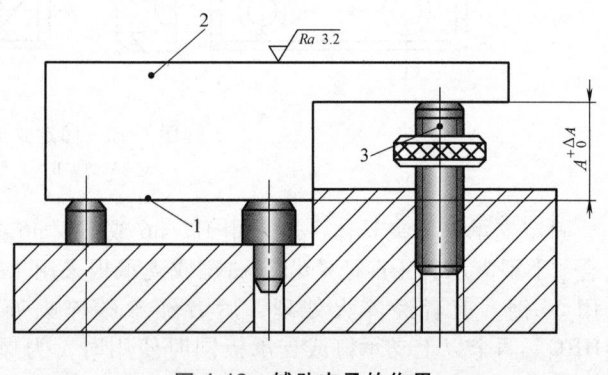

图 4-13　辅助支承的作用

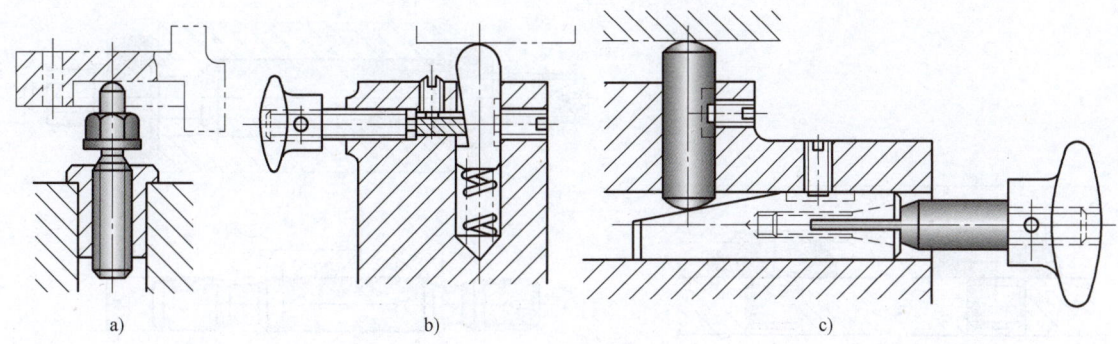

图 4-14 辅助支承

基本支承对工件的定位,因此,辅助支承的结构都是可调并能锁紧的。

2. 工件以圆孔定位

有些工件,如套筒、法兰盘、拨叉等以孔作为定位基准,此时采用的定位元件有定位销、圆锥销、定位心轴等。

(1) 定位销 定位销的结构如图 4-15 所示。其中图 4-15a、b、c 是将定位销以 H7/r6 或 H7/n6 配合,直接压入夹具体孔中;图 4-15d 是用螺栓经中间套以 H7/n6 与夹配合,以便于更换。定位销头部应做出 15° 的倒角或圆角,以便于装入工件定位孔。定位销工作部分直径可按 h5、h6、g5、g6、f6、f7 制造。定位销主要用于直径小于 50mm 的中小孔定位。

直径小于 16mm 的定位销,用 T7A 材料,淬火至 53~58HRC;直径大于 16mm 的定位销,用 20 钢,渗碳淬火至 53~58HRC。

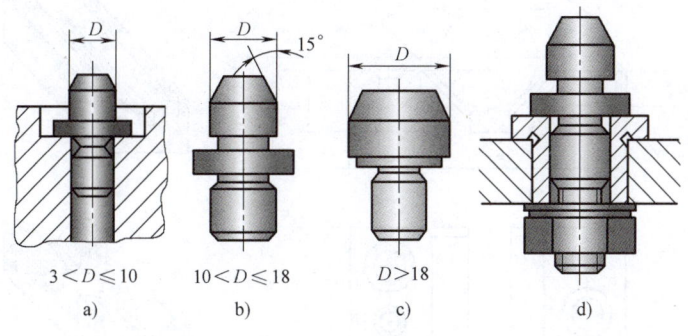

图 4-15 定位销

(2) 圆锥销 常用于工件孔端的定位,其结构如图 4-16 所示。图 4-16a 用于精基准,图 4-16b 用于粗基准,可限制工件三个自由度。

(3) 定位心轴 公称尺寸按 e8 制造,如图 4-17 所示,长度约为工件孔长度的半。工作部分 2 的直径以定位孔上极限尺寸为公称尺寸,按 r6 制造。这类心轴定心精度高,但装卸费时,有时易损伤工件孔,多用于定心精度要求高的情况;图 4-17c 为小锥度心轴,锥度为 1/(500~100)。定位时,工件楔紧在心轴上,定心精度很高(可达 0.005~0.01mm),多用于车或磨同轴度要求高的盘类零件,可获得较高的定位精度。

3. 工件以外圆柱面定位

工件以外圆柱面定位在生产中是常见的,如轴套类零件等。常用的定位元件有 V 形块、定位套、半圆定位座等。

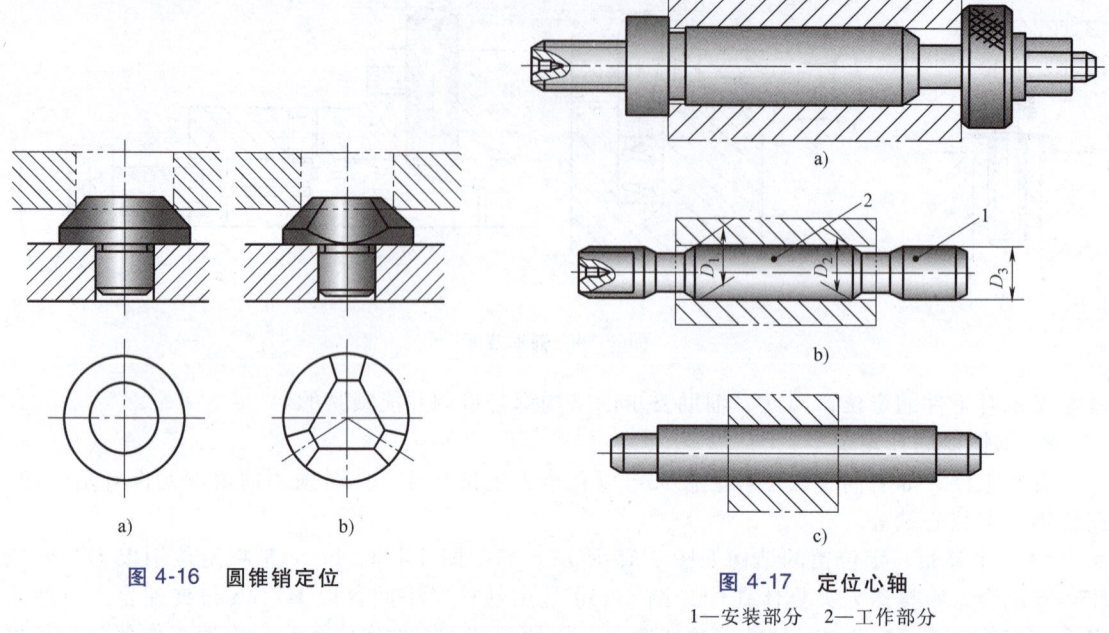

图 4-16 圆锥销定位

图 4-17 定位心轴
1—安装部分 2—工作部分

(1) V 形块 V 形块是用得最广泛的外圆表面定位元件。典型的 V 形块结构如图 4-18 所示，其中图 4-18b、c 所示为长 V 形块，用于定位基准面较长或分为两段时的情况。

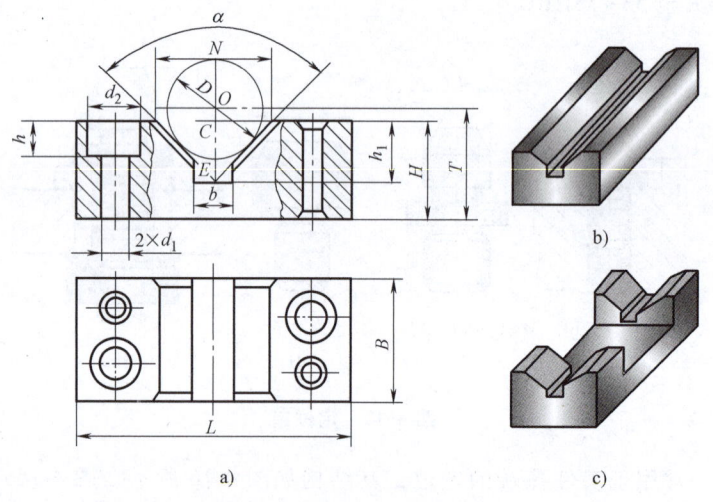

图 4-18 典型的 V 形块结构

在 V 形块上定位时，工件具有自动对中作用。V 形块的材料用 20 钢，渗碳淬火 60～64HRC，渗碳深度 0.8～1.2mm。

V 形块的结构尺寸已经标准化，其两斜面的夹角有 60°、90° 和 120° 三种。设计非标准 V 形块时，可按图 4-18a 进行有关尺寸计算。V 形块的基本尺寸包括：

D——标准心轴直径，即工件定位用外圆直径（mm）；

H——V 形块高度（mm）；

N——V 形块的开口尺寸（mm）；

T——对标准心轴而言，V 形块的标准高度，通常可作为检验用（mm）；

α——V形块两工作平面间的夹角。

设计 V 形块应根据所需定位的外圆直径 D 计算，先设定 $α$、N 和 H 值，再求 T 值。T 值必须标注，以便于加工和检验。其值的计算为

$$T = H + \frac{D}{2\sin\frac{\alpha}{2}} - \frac{N}{2\tan\frac{\alpha}{2}} \tag{4-1}$$

式中　H——V 形块高度（mm）。对于大直径工件，$H \leqslant 0.5D$；对于小直径工件，$H \leqslant 1.2D$。
　　　N——V 形块的开口尺寸（mm）。当 $α = 90°$ 时，$N = (1.09 \sim 1.13)D$；当 $α = 120°$ 时，$N = (1.45 \sim 1.52)D$。

（2）定位套筒　定位套筒的结构形式如图 4-19 所示。它装在夹具体上，用以支承外圆表面，起定位作用。这种定位方法，定位元件结构简单，但定心精度不高，当工件外圆与定位孔配合较松时，还易使工件偏斜，因而，常采用套筒内孔与端面一起定位，以减少偏斜。若工件端面较大，为避免过定位，定位孔应做短一些。

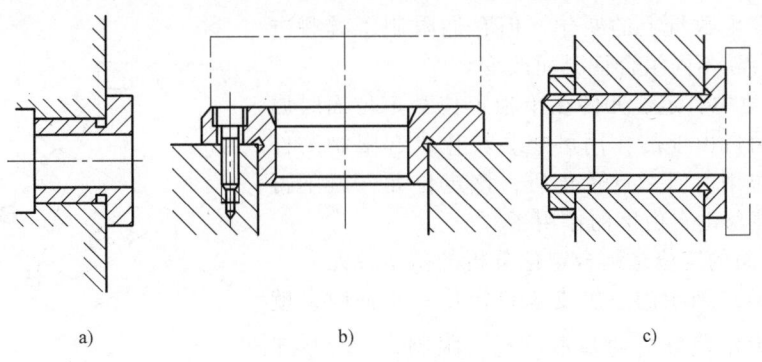

图 4-19　定位套筒

（3）半圆孔定位座　将同一圆周面的孔分成两半圆，下半圆部分装在夹具体上，起定位作用，上半圆部分装在可卸式或铰链式盖上，起夹紧作用，如图 4-20 所示。工作表面是用耐磨材料制成的两个半圆衬套，并镶在基体上，以便于更换。半圆孔定位座适用于大型轴类工件的定位。

（4）外圆定心夹紧机构　在实现定心的同时，能将工件夹紧的机构，称为定心夹紧机构，如自定心卡盘、弹簧夹头等。图 4-21 所示是几种弹簧夹头的结构示意图，图 4-21a 所示是拉式弹簧夹头，图 4-21b 所示是推式弹簧夹头，图 4-21c 所示是不动式弹簧夹头。不动式弹簧夹头的优点是，夹紧工件时工件不会发生轴向移动，但结构复杂些。

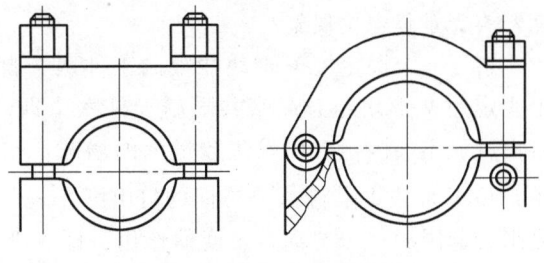

图 4-20　半圆孔定位座

4. 组合定位分析

实际生产中工件的形状千变万化各不相同，往往不能用单一定位元件定位单个表面就可解决定位问题，而是要用几个定位元件组合起来同时定位工件的几个定位面。复杂的机器零件都是由一些典型的几何表面（如平面、圆柱面、圆锥面等）进行各种不同组合而形成的，因此一个工件在夹具中的定位，实质上就是把前面介绍的各种定位元件作不同组合来定位工件相应的几个定位面，以达到工件在夹具中的定位要求，这种定位分析就是组合定位分析。

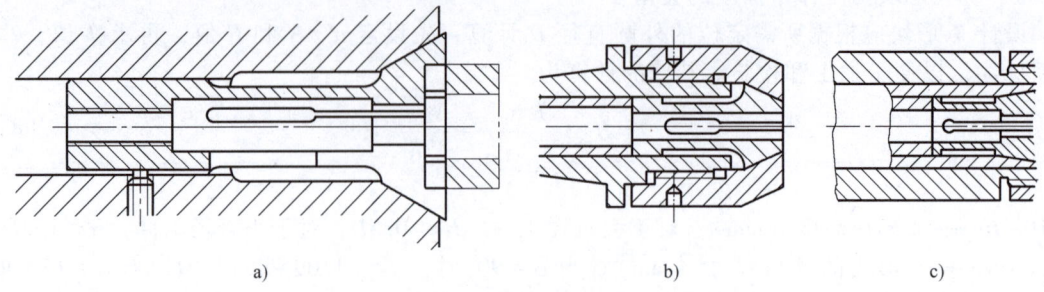

图 4-21 弹簧夹头
a）拉式弹簧夹头 b）推式弹簧夹头 c）不动式弹簧夹头

(1) 组合定位分析要点

1) 几个定位元件组合起来定位一个工件相应的几个定位面，该组合定位元件能限制工件的自由度总数等于各个定位元件单独定位各自相应定位面时所能限制自由度的数目之和，不会因组合后而发生数量上的变化，但它们限制了哪些方向的自由度却会随不同组合情况而改变。

2) 组合定位中，定位元件在单独定位某定位面时原起限制工件移动自由度的作用可能会转化成起限制工件转动自由度的作用。但一旦转化后，该定位元件就不再起原来限制工件移动自由度的作用了。

3) 单个表面的定位是组合定位分析的基本单元。

例如，图 4-22 所示的三个支承钉定位一平面时，就以平面定位作为定位分析的基本单元，限制 $\vec{z}$、$\hat{x}$、$\hat{y}$ 三个方向自由度，而不再进一步去探讨这三个方向的自由度分别由哪个支承钉来限制。否则易引起混乱，对定位分析毫无帮助。

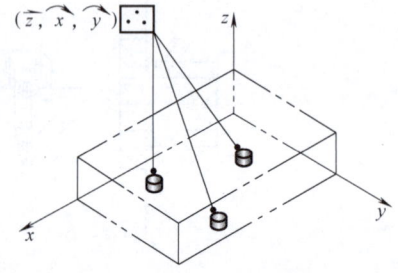

图 4-22 三个支承钉定位某一平面

例 4-1

分析图 4-23 所示定位方案。各定位元件限制了几个方向的自由度？按图示坐标系限制了哪几个方向的自由度？有无重复定位现象？

解 一个固定短 V 形块能限制工件两个自由度，三个固定短 V 形块组合起来共限制工件六个即（2+2+2）自由度，不会因组合而发生数量上的增减。按图示坐标系，短 V 形块 1 限制 $\vec{x}$、$\vec{z}$ 方向的自由度，短 V 形块 2 与之组合起限制 $\hat{x}$、$\hat{z}$ 方向自由度的作用，即 V 形块 2 由单独定位时限制两个移动自由度转化成限制工件两个转动自由度。也可以把固定短 V 形块 1、2 组合来视为一个长 V 形块，用它来定位长圆柱体，共限制 $\vec{x}$、$\vec{z}$、$\hat{x}$、$\hat{z}$ 四个方向的自由度。两种分析是等同的。固定短 V 形块 3 限制了 $\vec{y}$、$\hat{y}$ 方向的自由度，其中单独定位时限制 $\vec{z}$ 方向的自由度的作用在组合定位时转化成限制 $\hat{y}$ 方向自由度的作用。这是一个完全定位，没有重复定位现象。

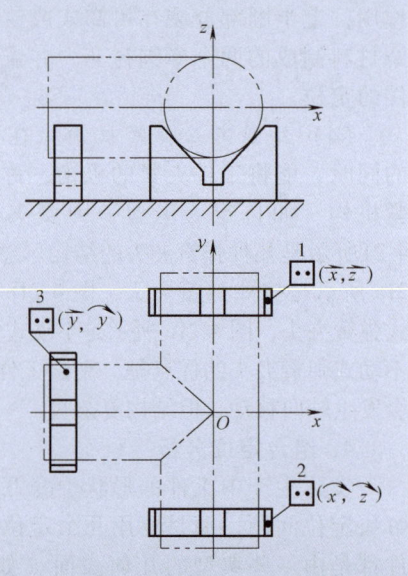

图 4-23 组合定位分析实例
1、2、3—固定短 V 形块

（2）组合定位时重复定位现象的消除方法　组合定位时，常会产生重复定位现象。若这种重复定位不允许，则可采取下列消除重复定位的措施：

1）使定位元件沿某一坐标轴可移动，来消除其限制沿该坐标轴移动方向自由度的作用，如图 4-24 所示。由于图示各定位元件沿 y 坐标轴可移动，它们与相对应的固定定位元件相比，都相应地减少了一个限制 $\vec{y}$ 方向自由度的作用。

2）采用自位支承结构，消除定位元件限制绕某个（或两个）坐标轴转动方向自由度的作用，如图 4-12 所示。

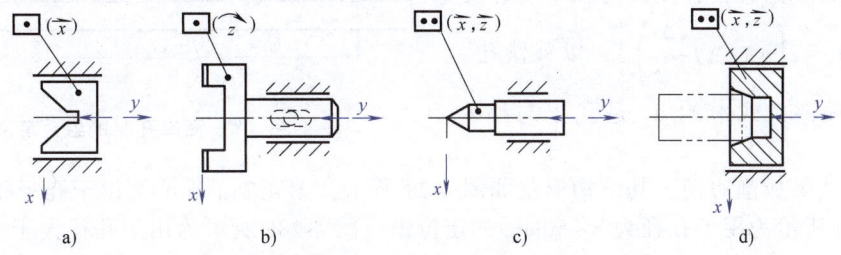

图 4-24　可移动定位元件

a）可移动 V 形块　b）可移动双支承钉组合　c）可移动顶尖　d）可移动内锥套

3）改变定位元件的结构形式。把短圆柱销改为削边圆柱定位销是最典型的例子，将在下面的"一面两孔"定位中，加以讨论。

例 4-2

分析在车床上用前后顶尖定位轴类工件的定位方案（图 4-25）。

解　单个固定顶尖定位顶尖孔能限制工件三个方向的自由度，若车床后顶尖也是固定的话，则也要限制工件三个方向的自由度。这样，固定前、后顶尖组合起来共限制六个（3+3）自由度。

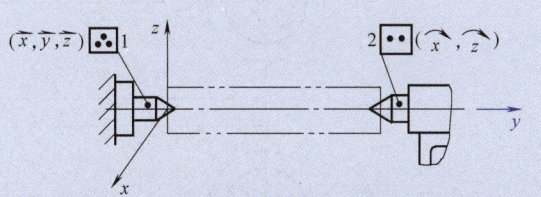

图 4-25　用车床前后顶尖定位的分析
1—固定前顶尖　2—固定后顶尖

但它们组合起来只能限制工件五个方向的自由度（即 $\vec{y}$ 方向自由度无法限制），因此有重复定位现象，即固定前顶尖要限制工件 $\vec{y}$ 方向的自由度，而固定后顶尖也要限制工件 $\vec{y}$ 方向的自由度，$\vec{y}$ 方向有重复定位。因为一批工件轴长度不同，或者工件太短无法与固定前、后顶尖同时接触，或者就是工件太长根本无法装入固定前、后顶尖之间。这种重复定位现象是不允许的，所以车床的后顶尖做成沿 y 轴可移动的，它能随工件长度不同而与工件后顶尖孔接触，因而只能限制工件两个方向的自由度，消除了 $\vec{y}$ 方向重复定位现象。按图示坐标系，固定前顶尖 1 限制了 $\vec{x}$、$\vec{y}$、$\vec{z}$ 方向的自由度，可移动后顶尖单独定位时起限制 $\vec{x}$、$\vec{z}$ 方向自由度的作用，但与固定前顶尖组合定位时便转化成起限制 $\hat{x}$、$\hat{z}$ 方向自由度的作用。要注意的是，转化后移动后顶尖就不再起限制 $\vec{x}$、$\vec{z}$ 方向自由度的作用了。

（3）几种不同组合形式的定位分析

1）一个平面和两个与其垂直的孔的组合。如图 4-26 所示，在箱体、连杆、盖板等类零件的加工中，常采用这种组合定位，俗称"一面二孔"定位。一面二孔定位时所用的定位元件是：平面采用支承板，二孔采用定位销，故又称为"一面两销"。

这种情况下的两圆柱销重复限制了沿 x 方向的移动自由度，属于过定位。由于工件上两孔的孔心距和夹具上两销的销心距均会有误差（$\pm\Delta K$ 和 $\pm\Delta J$），因而会出现图 4-27 所示的相互干涉现象，这是一面二孔定位需要解决的主要问题。

解决这一问题的方式有两种：

① 减小销 2 的直径，使其与孔 2 具有最小间隙 $\Delta_2\left[\Delta_2 = 2\left(\Delta K + \Delta J - \dfrac{\Delta_1}{2}\right)\right]$，以补偿孔、销的中心距偏差，式中的 Δ_1 是孔 1 与销 1 的最小间隙。

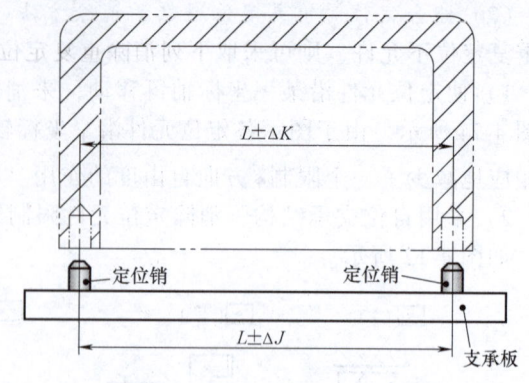

图 4-26　"一面二孔"的组合定位

② 将销 2 做成削边销，其结构形状如图 4-28 所示。图 4-28a 所示为用于孔径很小的定位销，图 4-28b 所示为用于孔径为 3~50mm 的定位销，图 4-28c 所示为用于孔径大于 50mm 的定位销。图 4-28d 中的 b_1 为削边销留下的宽度，其取值 $b_1 = \dfrac{D_2 \Delta_2}{2a}$，式中 D_2 为孔 2 的最小直径，Δ_2 为孔 2 与销 2 的最小配合间隙，一般可取 $a = \Delta K + \Delta J$。关于削边销的其他结构尺寸，请参阅

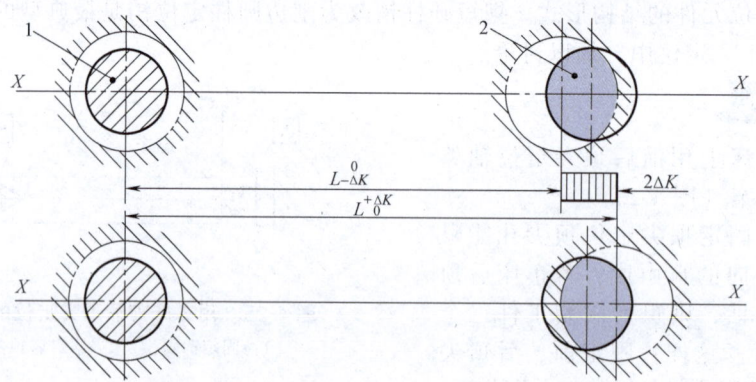

图 4-27　一面两孔定位时的相互干涉现象
1—销、孔 1　2—销、孔 2

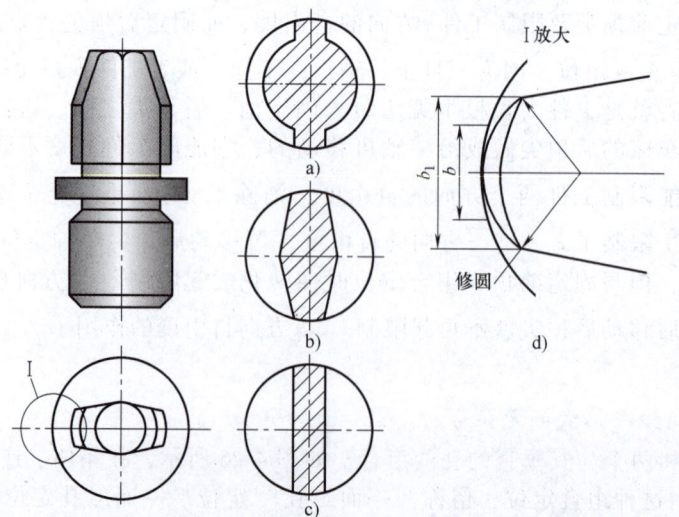

图 4-28　削边销结构

有关手册和资料。

2) 一个平面和两个与其垂直的外圆柱面的组合。如图 4-29 所示，工件在垂直平面定位后，再将工件左端用圆孔或 V 形块定位，工件右端外圆所用的 V 形块必须做成浮动结构，使其只能限制工件一个自由度，否则就会出现过定位。

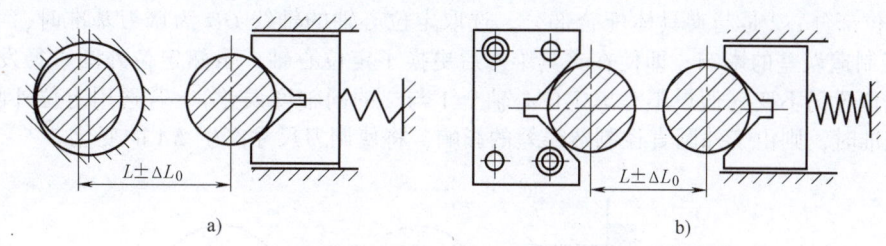

图 4-29　工件以端面和两外圆定位

3) 一个孔和一个平行于孔中心线的平面的组合。图 4-30 所示两个零件，均需以大孔及底面定位，加工两小孔。视其加工尺寸要求的不同，图 4-30a 所示零件选用图 4-30c 所示定位方案，图 4-30b 所示零件选用图 4-30d 所示定位方案，均能避免过定位，并保证工件要求。

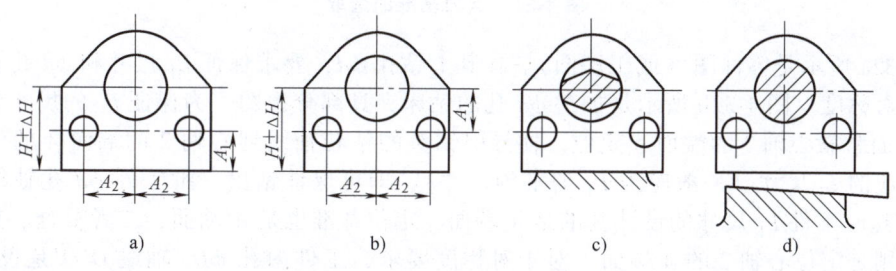

图 4-30　工件以一孔和一平面定位

第三节　定位误差分析

　　按照定位基本原理进行夹具定位分析，重点是解决单个工件在夹具中占有准确加工位置的问题。但要使一批工件在夹具中占有准确加工位置，还必须对一批工件在夹具中定位时会不会产生误差进行分析计算，即定位误差的分析与计算，计算的目的是依据所产生的误差的大小，判断该定位方案能否保证加工要求，从而证明该定位方案的可行性。

　　夹具在设计、制造与使用中引起的各项有关误差称为夹具误差，它是工序加工误差的一个组成部分，对保证加工精度起着重要作用。而定位误差又是夹具误差的一个重要组成部分。因此，定位误差的大小往往成为评价一个夹具设计质量的重要指标。它也是合理选择定位方案的一个主要依据。根据定位误差分析计算的结果，便可看出影响定位误差的因素，从而找到减少定位误差和提高夹具工作精度的途径。由此可见，分析计算定位误差是夹具设计中的一个十分重要的环节。

一、调刀基准的概念

　　在零件加工前对机床进行调整时，为了确定刀具的位置，还要用到调刀基准，由于最终的目的是确定刀具相对工件的位置，所以调刀基准往往选在夹具上定位元件的某个工作面。

因此它与其他各类基准不同，不是体现在工件上，而是体现在夹具中，是通过夹具定位元件的定位工作面来体现的。因此调刀基准应具备两个条件：①它是由夹具定位元件的定位工作面体现的；②它是在加工精度参数（尺寸、位置）方向上调整刀具位置的依据。若加工精度参数是尺寸时，则夹具图上应以调刀基准标注调刀尺寸。

选取调刀基准时，应尽可能不受夹具定位元件制造误差的影响。例如图 4-31 所示的定位心轴，1 是定位部分，2 是与夹具体配合部分。选取定位心轴的轴线 OO 为调刀基准时，可不受定位外圆直径制造误差的影响。即使在夹具维修后更换了定位心轴，虽然定位外圆直径发生变化，但 OO 轴线位置仍不变（假设不考虑定位心轴上 1 与 2 的同轴度误差）。若选用定位外圆上母线 A 为调刀基准时，则由于外圆直径制造误差的影响，将使调刀尺寸产生 ΔA 的变化。

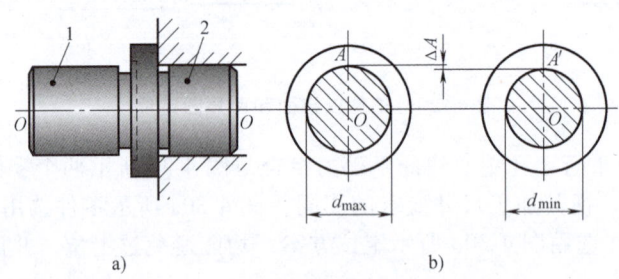

图 4-31　调刀基准的选取

图 4-32a 所示是零件图（或工序图）。在其上钻孔 ϕd，要求保证 L_1 尺寸和 ϕd 孔轴线对内孔轴线的对称度。图 4-32b 所示是加工 ϕd 孔的钻床夹具部分视图，为保证 L_1 的尺寸要求，工件以 A' 端面紧靠心轴 2 的端面 A 定位。使导引钻头的钻套轴线到心轴 2 的端面 A 的位置尺寸调整成相应的 L_j 尺寸（一般应为 L_1 的平均尺寸），即可保证钻出一批工件 ϕd 孔轴线的位置尺寸 L_1。这时工件 L_1 尺寸的设计基准是 A' 端面，定位基准也是 A' 端面，二者重合。夹具上的调刀基准则是定位心轴 2 的 A 端面。对于对称度要求，工件内孔 ϕD_1 轴线 $O'O'$ 是设计基准，工件以内孔在心轴 2 上定位，内孔轴线 $O'O'$ 又是定位基准。而定位心轴轴线 OO 则是调刀基准。在图 4-32b 的夹具俯视图中可以看出：为保证 ϕd 孔轴线对工件内孔轴线 $O'O'$ 的对称，必须保证钻套轴线对定位心轴 2 的轴线 OO 对称（垂直相交）。

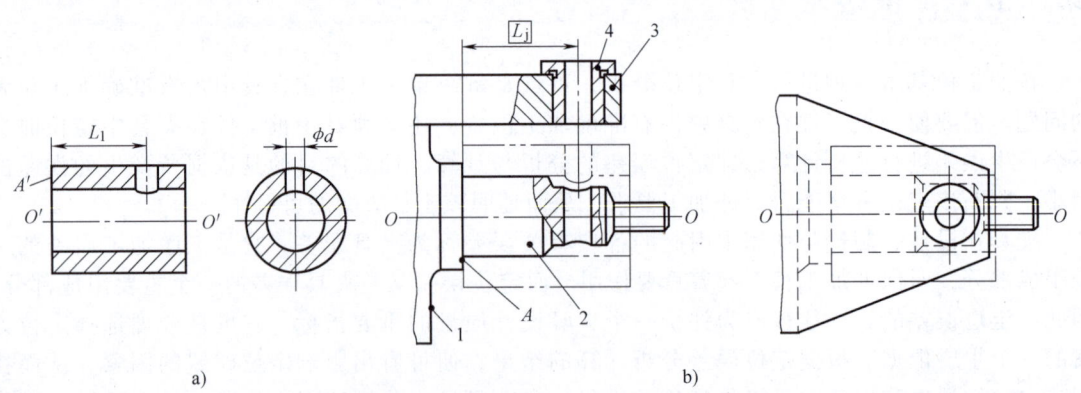

图 4-32　钻孔夹具装夹加工时的基准分析
1—夹具体　2—定位心轴　3—钻模板　4—固定钻套

由上面的分析可知：设计基准和定位基准都是体现在工件上的，而调刀基准却是由夹具定位元件的定位工作面来体现的。从上面的示例中还可归纳出调刀基准的特点及其与相应定位基准的对应关系如下，如图 4-33 所示。

二、定位误差及产生原因

当夹具在机床上的定位精度已达到要求时，如果工件在夹具中定位得不准确，将会使设计基准在加工尺寸方向上产生偏移。往往导致加工后工件达不到要求。设计基准在工序尺寸方向上的最大位置变动量，称为定位误差，以 Δ_{dw} 表示。

下面讨论产生定位误差的原因：

1. 定位基准与设计基准不重合产生的定位误差

图 4-34 所示零件，底面 3 和侧面 4 已加工好，现需加工台阶面 1 和顶面 2。

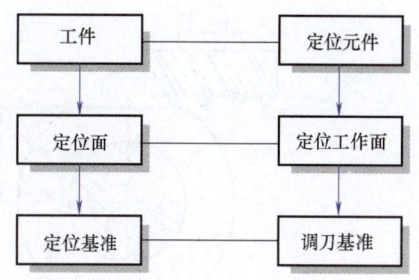

图 4-33　调刀基准与定位基准的关系

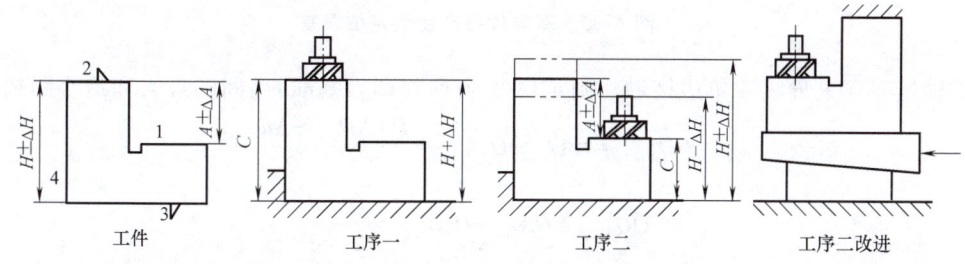

图 4-34　基准不重合产生的定位误差

工序一：加工顶面 2，以底面和侧面定位，此时，调刀基准是与底面 3 相接触的定位平面，而定位基准和设计基准都是底面 3，二者与调刀基准重合。加工时，使刀具调整尺寸与工序尺寸一致，即 $C=H±\Delta H$（对于一批工件来说，可视为常量），则定位误差 $\Delta_{dw}=0$。

工序二：加工台阶面 1。定位同工序一，此时定位基准为底面 3，与调刀基准重合，而设计基准为顶面 2，即定位基准与设计基准不重合。即使本工序刀具以底面为基准调整得绝对准确，且无其他加工误差，仍会由于上一工序加工后顶面 2 在 $H±\Delta H$ 范围内变动，导致加工尺寸 $A±\Delta A$ 变为 $A±\Delta A±\Delta H$，其误差为 $2\Delta H$，显然该误差完全是由于定位基准与设计基准不重合引起的，称为"基准不重合误差"，以 Δ_{jb} 表示，即 $\Delta_{jb}=2\Delta H$。如果将定位基准到设计基准间的尺寸称为联系尺寸，则基准不重合误差就等于联系尺寸的公差。

图 4-34 中，工序二改进方案使基准重合了（$\Delta_{jb}=0$）。这种方案虽然提高了定位精度，但夹具结构复杂，工件安装不便，并使加工稳定性和可靠性变差，因而有可能产生更大的加工误差。因此，从多方面考虑，在满足加工要求的前提下，基准不重合的定位方案在实践中也可以采用。

2. 定位副制造不准确产生的基准位移误差

如图 4-35a 所示，工件以内孔轴线 O 为定位基准，套在心轴 O_1 上，铣上平面，工序尺寸为 $H_0^{+\Delta H}$。尺寸 H 的设计基准为内孔轴线 O，设计基准与定位基准重合，而调刀基准是定位心轴轴线 O_1，从定位角度看，此时内孔轴线与心轴轴线重合，即设计基准与定位基准以及调刀基准重合，$\Delta_{jb}=0$。但实际上，定位心轴和工件内孔都有制造误差，而且为了便于工件套在心轴上，还应留有配合间隙，故安装后孔和轴的中心必然不重合（图 4-35b），使得定位基准 O 相对于调刀基准 O_1 发生位置变动。

设孔径为 $D_0^{+\Delta D}$，轴径为 $d_{-\Delta d}^{0}$，最小间隙为 $\Delta=D-d$。当心轴如图 4-35b 水平放置时，工件

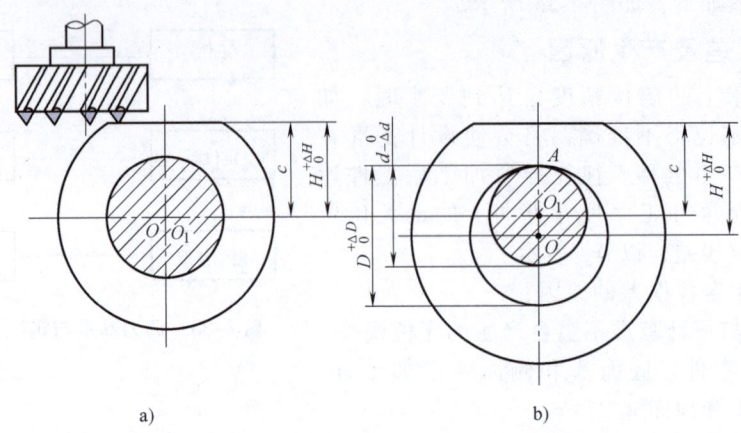

图 4-35 基准位移产生的定位误差

孔与心轴始终在上母线 A 单边接触。则定位基准 O 与调刀基准 O_1 间的最大和最小距离分别为

$$\overline{OO_{1max}} = \overline{OA_{max}} - \overline{O_1A_{min}} = \frac{D+\Delta D}{2} - \frac{d-\Delta d}{2}$$

$$\overline{OO_{1min}} = \overline{OA_{min}} - \overline{O_1A_{max}} = \frac{D}{2} - \frac{d}{2}$$

因此，由于基准发生位移而造成的加工误差为

$$\Delta_{jw} = \overline{OO_{1max}} - \overline{OO_{1min}} = \left(\frac{D+\Delta D}{2} - \frac{d-\Delta d}{2}\right) - \left(\frac{D}{2} - \frac{d}{2}\right) = \frac{\Delta D}{2} + \frac{\Delta d}{2} = \frac{1}{2}(\Delta D + \Delta d)$$

即此定位误差为内孔公差 ΔD 与心轴公差 Δd 之和的一半，且与最小配合间隙 Δ 无关。

若将工件定位工作面与夹具定位元件的定位工作面合称为"定位副"，则由于定位副制造误差，也直接影响定位精度。这种由于定位副制造不准确，使得定位基准相对于夹具的调刀基准发生位移而产生的定位误差，称为"基准位移误差"，用 Δ_{jw} 表示。

上例中，若心轴垂直放置，则工件孔与心轴可能在任意边随机接触，此时定位误差（即孔轴配合的最大间隙）为

$$\Delta_{jw} = \Delta D + \Delta d + \Delta \tag{4-2}$$

根据上面的分析，可以看出：在用夹具装夹加工一批工件时，一批工件的设计基准相对夹具调刀基准发生最大位置变化是产生定位误差的原因，包括两个方面：一是由于定位基准与设计基准不重合，引起一批工件的设计基准相对于定位基准发生位置变化；二是由于定位副的制造误差，引起一批工件的定位基准相对于夹具调刀基准发生位置变化。而前面有关定位误差的定义可进一步概括为：一批工件某加工参数（尺寸、位置）的设计基准相对于夹具的调刀基准在该加工参数方向上的最大位置变化量 Δ_{dw}，称为该加工参数的定位误差。

关于定位误差及其产生的原因，可以用图 4-36 表示。

三、定位误差的计算

通常，定位误差可按下述三种方法进行分析计算：一是代数法，先分别求出基准位移误差和基准不重合误差，再求出其在加工尺寸方向上的代数和，$\Delta_{dw} = |\Delta_{jb} \pm \Delta_{jw}|$，若设计基准与调刀基准位于定位基准异侧，取"+"号，

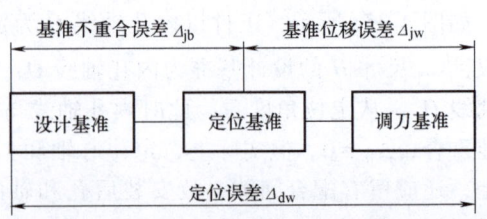

图 4-36 定位误差及其产生的原因

反之，取"-"号；二是极限位置法，确定一批工件设计基准（相对于调刀基准）的两个极限位置，再根据几何关系求出此二位置的距离，并将其投影到加工尺寸方向上，便可求出定位误差；三是微分法，应用这种方法的关键是建立设计基准与调刀基准之间距离的函数关系，然后对此函数取其全微分。后两种方法在本质上是相同的。现举例说明三种计算方法的应用。

例 4-3

工件用 V 形块定位时的定位误差计算。

如图 4-37 所示，直径为 $d_{-\Delta d}^{0}$ 的轴在 V 形块上定位铣平面，加工表面的工序尺寸有三种不同的标注方式：

1) 要求保证上母线到加工面的尺寸 H_1，即设计基准为 B，如图 4-37a 所示。
2) 要求保证下母线到加工面的尺寸 H_2，即设计基准为 C，如图 4-37b 所示。
3) 要求保证轴线到加工面的尺寸 H_3，即设计基准为 O，如图 4-37c 所示。

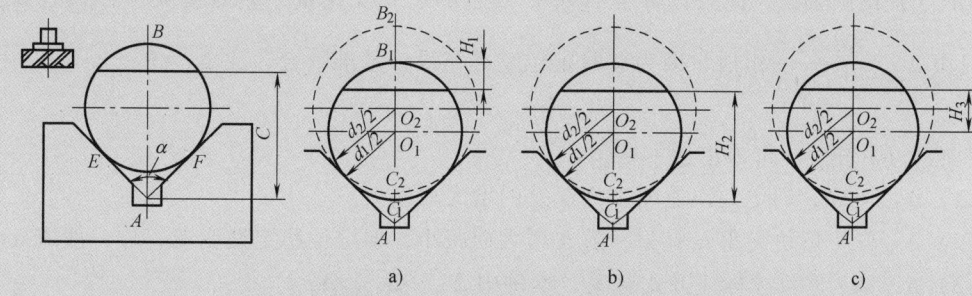

图 4-37 用 V 形块定位的误差

解 三种尺寸标注的工件均以外圆上的圆柱面为定位面，在 V 形块上定位。此时，定位基准是外圆轴线 O，而 V 形块体现的调刀基准则是 V 形块理论圆（其直径等于工件定位外圆直径 $d_{-\Delta d}^{0}$ 的平均尺寸，图中未画出）的轴线。若工件尺寸有大有小，则将引起定位基准（外圆轴线）相对调刀基准（理论圆轴线）发生位置变化，接触点 E、F 的位置也将会发生变化，为简便起见，加工前以不变点 A（实际上为 V 形块两工作表面的交线）作为调整刀具位置尺寸 C 的依据。现分别计算如下：

1) 尺寸 H_1 的定位误差。这时设计基准的最大位置变动量为 $\overline{B_1B_2}$，即定位误差

$$\Delta_{dw1} = \overline{B_1B_2} = \overline{AB_2} - \overline{AB_1} = (\overline{AO_2} + \overline{O_2B_2}) - (\overline{AO_1} + \overline{O_1B_1})$$

$$= \left[\frac{d_2}{2} + \frac{d_2}{2\sin\frac{\alpha}{2}}\right] - \left[\frac{d_1}{2} + \frac{d_1}{2\sin\frac{\alpha}{2}}\right]$$

$$= \frac{\Delta d}{2}\left[\frac{1}{\sin\frac{\alpha}{2}} + 1\right] \tag{4-3}$$

2) 尺寸 H_2 的定位误差。这时设计基准的最大位置变动量为 $\overline{C_1C_2}$，即定位误差

$$\Delta_{dw2} = \overline{C_1C_2} = \overline{AC_2} - \overline{AC_1} = (\overline{AO_2} - \overline{O_2C_2}) - (\overline{AO_1} - \overline{O_1C_1})$$

$$= \frac{\Delta d}{2}\left[\frac{1}{\sin\frac{\alpha}{2}} - 1\right] \tag{4-4}$$

3) 尺寸 H_3 的定位误差。这时设计基准的最大位置变动量为 $\overline{O_1O_2}$，即定位误差

$$\Delta_{dw3} = \overline{O_1O_2} = \overline{AO_2} - \overline{AO_1}$$

$$= \frac{d_2}{2\sin\frac{\alpha}{2}} - \frac{d_1}{2\sin\frac{\alpha}{2}} = \frac{\Delta d}{2}\left[\frac{1}{\sin\frac{\alpha}{2}}\right] \tag{4-5}$$

H_1 和 H_2 的定位误差都由两项构成：$\frac{\Delta d}{2}$ 和 $\frac{\Delta d}{2}\frac{1}{\sin\frac{\alpha}{2}}$，前者即定位基准和设计基准间的联系尺寸 $\frac{d}{2}$ 的公差，亦即基准不重合误差 Δ_{jb}；后者即定位基准（外圆轴线）相对 V 形块的调刀基准（理论圆轴线，此处以 A 点代替）发生的位置变化量，亦即基准位移误差 Δ_{jw}，而 H_3 只由 $\Delta_{jw} = \frac{\Delta d}{2}\frac{1}{\sin\frac{\alpha}{2}}$ 组成，因为此时定位基准与设计基准重合，故 $\Delta_{jb} = 0$。

通过以上计算，可得出如下结论：
1) $\Delta_{dw} \propto \Delta d$，即定位误差随工件误差的增大而增大。
2) Δ_{dw} 与 V 形块夹角 α 有关，随 α 增大而减小，但定位稳定性变差，故一般取 $\alpha = 90°$。
3) Δ_{dw} 与工序尺寸标注方式有关，本例中 $\Delta_{dw1} > \Delta_{dw3} > \Delta_{dw2}$。

上述的解法即为极限位置法。下面仅以图 4-37a 为例，说明微分法的求解过程：

设计基准 B（B_1、$B_2\cdots$）与调刀基准 A 之间的距离为 $\overline{AB} = \overline{AO} + \overline{OB} = \frac{d}{2\sin\frac{\alpha}{2}} + \frac{d}{2}$，对此式求全微分，并以误差 Δd、$\Delta \alpha$ 分别近似代替各自的微分 $d(d)$ 和 $d(\alpha)$，得

$$\Delta_{dw} = \Delta(\overline{AB}) = \frac{\Delta d}{2}\left(\frac{1}{\sin\frac{\alpha}{2}} + 1\right) - \frac{d}{4}\frac{\cot\frac{\alpha}{2}}{\sin\frac{\alpha}{2}}\Delta\alpha$$

当不考虑 V 形块的夹角 α 的制造或磨损造成的误差，即 $\Delta\alpha = 0$ 时，上式即与用极限位置法求得的结果相同。从中还可看出，当设计基准与调刀基准间的距离函数较复杂（多变量或函数关系为非线性）时，宜采用微分法进行分析计算。

例 4-4

有一批如图 4-38 所示的工件，$\phi50h6$（$^{\ 0}_{-0.016}$）mm 外圆，$\phi30H7$（$^{+0.021}_{\ \ 0}$）mm 内孔和两端面均已加工合格，并保证外圆对内孔的同轴度误差在 $T(e) = \phi0.015$mm 范围内。今按图示的定位方案，用 $\phi30g6$（$^{-0.007}_{-0.020}$）mm 心轴定位，在立式铣床上用顶尖顶住心轴，铣宽为 $12h9$（$^{\ 0}_{-0.043}$）mm 的键槽。除槽宽要求外，还应满足下列要求：
1) 槽的轴向位置尺寸 $l = 25h12$（$^{\ 0}_{-0.21}$）mm。
2) 槽底位置尺寸 $H = 42^{\ 0}_{-0.10}$mm。
3) 槽两侧面对 $\phi50$mm 外圆轴线的对称度公差 $T(c) = 0.06$mm。

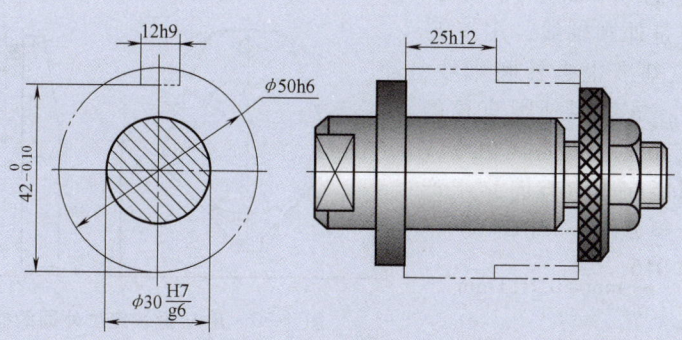

图 4-38 用心轴定位内孔铣槽工序的定位误差分析计算

试分析计算定位误差。

解 除槽宽由铣刀相应尺寸保证外,现分别分析上面三个加工精度参数的定位误差。

1) $l = 25_{-0.21}^{0}$ 尺寸的定位误差:设计基准是工件左端面,定位基准也是工件左端面(紧靠心轴的定位工作端面),基准重合,$\Delta_{jb1} = 0$,又 $\Delta_{jw1} = 0$,所以 $\Delta_{dw1} = 0$。

2) $H = 42_{-0.10}^{0}$ 尺寸的定位误差:该尺寸的设计基准是外圆的最低母线,定位基准是内孔轴线,定位基准和设计基准不重合,两者的联系尺寸是外圆半径 $d/2$ 和外圆对内孔的同轴度误差 $T(e)$,并且与 H 尺寸的方向相同。故基准不重合误差为

$$\Delta_{jb2} = T(d)/2 + T(e) = (0.016/2 + 0.015)\text{mm} = 0.023\text{mm}$$

工件内孔轴线是定位基准,定位心轴轴线是调刀基准,内孔与心轴作间隙配合。因此,一批工件的定位基准相对夹具的调刀基准在 H 尺寸方向上的基准位移误差,按式(4-2)可求得

$$\Delta_{jw2} = T(D) + T(d) + \Delta = (0.021 + 0.013 + 0.007)\text{mm} = 0.041\text{mm}$$

因此,定位误差为

$$\Delta_{dw2} = \Delta_{jb2} + \Delta_{jw2} = (0.023 + 0.041)\text{mm} = 0.064\text{mm}$$

3) 对称度 $T(c) = 0.06$ 的定位误差:外圆轴线是对称度的基准轴线,即设计基准。定位基准是内孔轴线,二者不重合,以同轴度 $T(e)$ 联系起来,故基准不重合误差 $\Delta_{jb3} = T(e) = 0.015\text{mm}$。而此时基准位移误差仍如 2) 中所求,即 $\Delta_{jw3} = 0.041\text{mm}$,只不过误差的方向位于水平方向上,与对称度误差的方向一致,故总的定位误差为

$$\Delta_{jw3} = \Delta_{jb3} + \Delta_{jw3} = (0.015 + 0.041)\text{mm} = 0.056\text{mm}$$

在本例中,尺寸 H 和同轴度 $T(c)$ 的定位误差占工序公差的比例过大,分别为:$0.064/0.10 = 64\%$ 以及 $0.056/0.06 = 93\%$。从上面的分析过程可以看出,尺寸 H 和同轴度 $T(c)$ 的设计基准分别是外圆母线和外圆轴线,但定位基准却是内孔轴线,因此带来一系列误差因素,形成较大的定位误差。若采用图 4-39 所示的 V 形块定位方案,直接定位外圆柱面,此时,l 尺寸的定位误差仍为零。H 尺寸的定位误差按式(4-4)计算为

$$\Delta_{dw2} = \frac{T(d)}{2}\left(\frac{1}{\sin\alpha} - 1\right) = \left[\frac{0.016}{2}\left(\frac{1}{\sin\frac{\pi}{4}} - 1\right)\right]\text{mm} = 0.003\text{mm}$$

只占工序公差的 0.003/0.10 = 3%。对称度的设计基准是外圆轴线，用 V 形块定位外圆时定位基准也是外圆轴线，基准重合，$\Delta_{jb} = 0$。虽然因外圆直径的变化引起外圆轴线在垂直方向（由于 V 形块的对中作用只能在垂直方向）上产生的基准位移为 [参考例 4-3 中的 3)]

$$\delta_{jw} = \frac{T(d)}{2\sin\frac{\alpha}{2}} = \frac{0.016}{2\sin\frac{\pi}{4}} \text{mm} = 0.011 \text{mm}$$

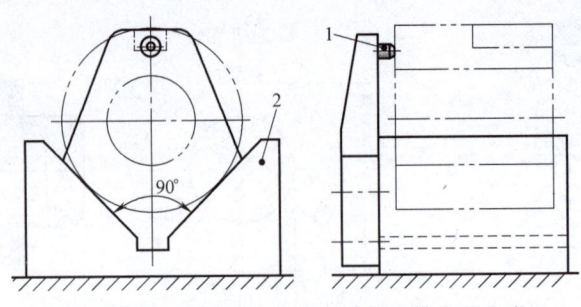

图 4-39 用 V 形块定位外圆的铣槽夹具方案
1—支承钉　2—V 形块

但基准位移 δ_{jw} 的方向是垂直方向，而对称度公差带位于水平方向，因此，由基准位移产生的定位误差 $\Delta_{jw} = \delta_{jw}\cos\frac{\pi}{2} = 0$。这就是 V 形块对中作用的结果。最后得到

$$\Delta_{jw3} = \Delta_{jb} + \Delta_{jw} = 0 + 0 = 0$$

完全可以保证对称度的加工要求。

本例同时也说明了：定位误差是分析比较定位方案并从中选择合理方案的重要依据。

四、保证加工精度的条件

机械加工过程中，产生加工误差的因素很多。若规定工件的加工允差为 $\delta_{工件}$，并以 $\Delta_{夹具}$ 表示与采用夹具有关的误差，以 $\Delta_{加工}$ 表示除夹具外，与工艺系统其他一切因素（诸如机床误差、刀具误差、受力变形、热变形等）有关的加工误差，则为保证工件的加工精度要求，必须满足

$$\delta_{工件} \geq \Delta_{夹具} + \Delta_{加工}$$

此不等式即为保证加工精度的条件，称为采用夹具加工时的误差计算不等式。

上式中的 $\Delta_{夹具}$ 包括了有关夹具设计与制造的各种误差，如工件在夹具中定位、夹紧时的定位夹紧误差、夹具在机床上安装时的安装误差、确定刀具位置的元件和引导刀具的元件与定位元件之间的位置误差等。因此，在夹具的设计与制造中，要尽可能设法减少这些与夹具有关的误差。这部分误差所占的比例越大，留给补偿其他加工误差的比例就越小。其结果不是降低了零件的加工精度，就是增加了加工难度，导致加工成本增加。

所以，减少与夹具有关的各项误差是设计夹具时必须认真考虑的问题之一。制订夹具公差时，应保证夹具的定位、制造和调整误差的总和不超过工序公差的 1/3。

第四节　工件在夹具中的夹紧

工件在定位元件上定位后，必须采用一定的装置将工件压紧夹牢，使其在加工过程中不会因受切削力、惯性力或离心力等作用而发生振动或位移，从而保证加工质量和生产安全，这种装置称为夹紧装置。机械加工中所使用的夹具一般都必须有夹紧装置，在大型工件上钻小孔时，可不单独设计夹紧装置。

一、夹紧装置的组成及基本要求

图 4-40 所示为夹紧装置组成示意图，它主要由以下三部分组成：

(1) **力源装置**　产生夹紧作用力的装置。所产生的力称为原始力，如气动、液动、电动等，图中的力源装置是气缸 1。对于手动夹紧来说，力源来自人力。

(2) 中间传力机构 介于力源和夹紧元件之间传递力的机构,如图中的杠杆 2。在传递力的过程中,它能起到如下作用:①改变作用力的方向;②改变作用力的大小,通常是起增力作用;③使夹紧实现自锁,保证力源提供的原始力消失后,仍能可靠地夹紧工件,这对手动夹紧尤为重要。

(3) 夹紧元件 夹紧装置的最终执行元件,与工件直接接触完成夹紧作用,如图中的压板 3。

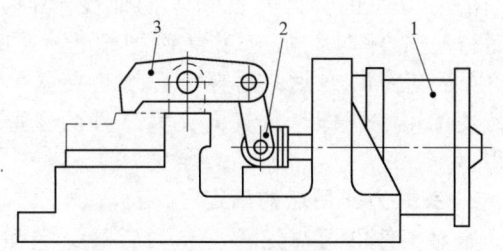

图 4-40 夹紧装置组装示意图
1—气缸 2—杠杆 3—压板

必须指出,夹紧装置的具体组成并非一成不变,须根据工件的加工要求、安装方法和生产规模等条件来确定。但无论其具体组成如何,都必须满足如下基本要求:

1) 夹紧时不能破坏工件定位后获得的正确位置。
2) 夹紧力大小要合适,既要保证工件在加工过程中不移动、不转动、不振动,又不能使工件产生变形或损伤工件表面。
3) 夹紧动作要迅速、可靠,且操作要方便、省力、安全。
4) 结构紧凑,易于制造与维修。其自动化程度及复杂程度应与工件的生产纲领相适应。

二、夹紧力的确定

设计夹紧机构,必须首先合理确定夹紧力的三要素:大小、方向和作用点。

1. 夹紧力方向的确定

确定夹紧力作用方向时,应与工件定位基准的配置及所受外力的作用方向等结合起来考虑,其确定原则是:

1) 夹紧力的作用方向应垂直于主要定位基准面。图 4-41 所示工件是以 A、B 面作为定位基准镗孔 C,要求保证孔 C 轴线垂直于 A 面。为此应选择 A 面为主要定位基准,夹紧力 F_Q 作用方向应垂直于 A 面。这样,无论 A 面与 B 面有多大的垂直度误差,都能保证孔 C 轴线与 A 面垂直。否则,如图示夹紧力方向垂直于 B 面,则因 A、B 面间有垂直度误差,使镗出的孔 C 轴线不垂直于 A 面,产生垂直度误差。

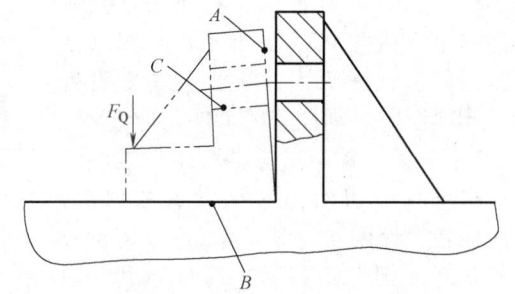

图 4-41 夹紧力作用方向不垂直于主要定位基准面

2) 夹紧力作用方向应使所需夹紧力最小。这样可使机构轻便、紧凑,工件变形小,对手动夹紧可减轻工人劳动强度。图 4-42 表示了夹紧力 F_Q 与切削力 F_P、工件重力 W 之间三种不同方向的关系,其中图 4-42a 所需夹紧力最小,较为理想;图 4-42b 所需夹紧力 $F_Q \geq F_P + W$,要比图 4-42a 大得多;图 4-42c 完全靠摩擦力克服切削力和重力,故所需夹紧力 $F_Q \geq \dfrac{F_P + W}{\mu}$($\mu$ 为工件与定位元件间的摩擦系数),所需夹紧力最大。所以,最理想的夹紧力的作用方向是与重力、切削力方向一致。

3) 夹紧力作用方向应使工件变形尽可能小。由于工件不同方向上的刚度是不一致的,

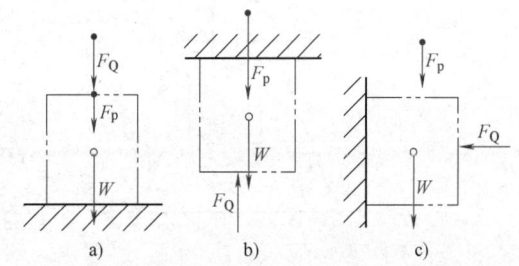

图 4-42 夹紧力方向与夹紧力大小的关系

不同的受力面也会因其面积不同而变形各异，夹紧薄壁工件时，尤应注意这种情况。如图4-43所示套筒的夹紧，用自定心卡盘夹紧外圆显然要比用特制螺母从轴向夹紧工件的变形要大得多。

2. 夹紧力作用点的确定

它对工件的可靠定位、夹紧后的稳定和变形有显著影响，选择时应依据以下原则：

1）夹紧力的作用点应落在支承元件或几个支承元件形成的稳定受力区域内。图 4-44a 中，夹紧力作用在支承面范围之外，工件发生倾斜，因而不合理，而图 4-44b 则是合理的。

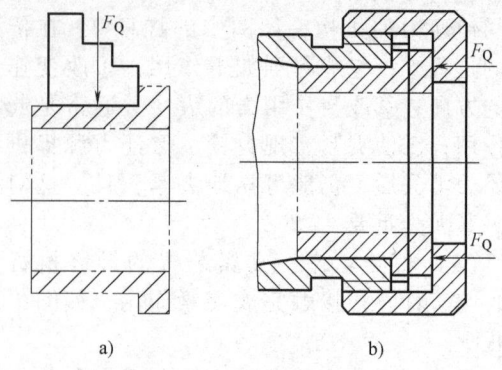

图 4-43　套筒夹紧

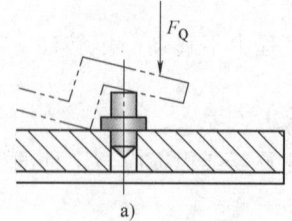 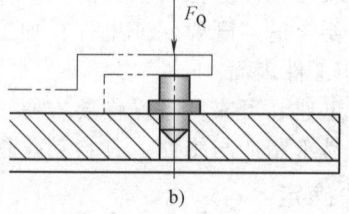

图 4-44　夹紧作用点应在支承面内
a）不合理　b）合理

2）夹紧力作用点应落在工件刚性好的部位。如图 4-45 所示，将作用在壳体中部的单点改为在工件外缘处的两点夹紧，工件的变形大大改善，夹紧也更可靠。此项原则对刚性差的工件尤为重要。

3）夹紧力作用点应尽可能靠近加工面。这可减小切削力对夹紧点的力矩，从而减轻工件振动。图 4-46a 中，若压板直径过小，则对滚齿时的防振不利。图 4-46b 中工件形状特殊，加工面距夹紧力 F_{Q1} 作用点甚远，这时应增设辅助支承，并附加夹紧力 F_{Q2}，以提高工件夹紧后的刚度。

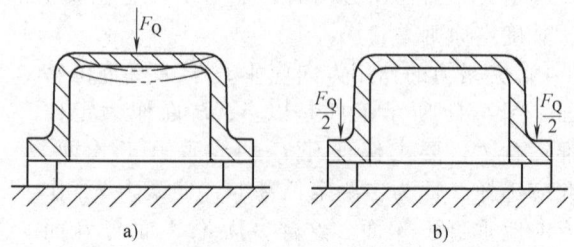

图 4-45　夹紧力作用点应落在刚性较好的部位
a）不合理　b）合理

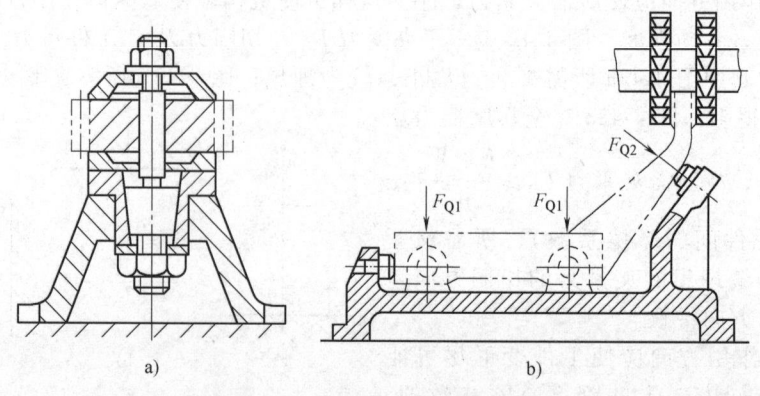

图 4-46　夹紧力应靠近加工表面

3. 夹紧力的大小

夹紧力的大小可根据切削力、工件重力的大小、方向和相互位置关系具体计算。为安全起见，计算出的夹紧力应乘以安全系数 K，故实际夹紧力一般比理论计算值大 2~3 倍。

进行夹紧力计算时，通常将夹具和工件看作一个刚性系统，以简化计算。根据工件在切削力、夹紧力（重型工件要考虑重力，高速时要考虑惯性力）作用下处于静力平衡，列出静力平衡方程式，即可算出理论夹紧力。

一般来说，手动夹紧时不必算出夹紧力的确切值，只有机动夹紧时，才进行夹紧力计算，以便决定动力部件（如气缸、液压缸直径等）的尺寸。

三、典型夹紧机构

夹紧机构是夹紧装置的重要组成部分，因为无论采用何种动力源装置，都必须通过夹紧机构将原始力转化为夹紧力。各类机床夹具应用的夹紧机构多种多样，以下介绍几种利用机械摩擦实现夹紧，并可自锁的典型夹紧机构。

1. 斜楔夹紧

图 4-47a 所示为斜楔夹紧的钻模，以原始作用力 F_p 将斜楔推入工件和夹具之间实现夹紧。

取斜楔为研究对象，其受力如图 4-47b 所示：工件对它的反作用力 F_Q（等于夹紧力，但方向相反），由 F_Q 引起的摩擦力为 F_1，它们的合力 $F_{Q1} = F_Q + F_1$；夹具体对它的反作用力为 F_R，由 F_R 引起的摩擦力为 F_2，它们的合力 $F_{R1} = F_R + F_2$。图中 ϕ_1 和 ϕ_2 为摩擦角，分别是 F_{Q1} 与 F_Q 和 F_{R1} 与 F_R 的夹角。

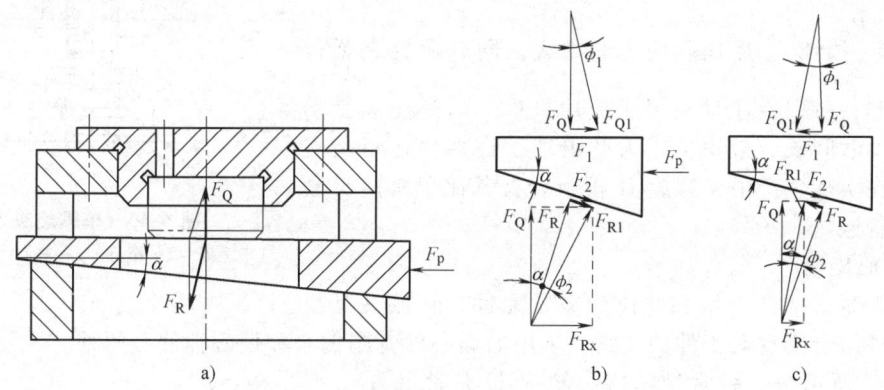

图 4-47 斜楔夹紧原理及受力分析

夹紧时，F_p、F_Q、F_R 三力平衡，有

$$F_p = F_Q \tan\phi_1 + F_Q \tan(\alpha + \phi_2)$$

故夹紧力

$$F_Q = \frac{F_p}{\tan\phi_1 + \tan(\alpha + \phi_2)} \quad (4-6)$$

工件夹紧后 F_p 力消失，则斜楔应能自锁。如图 4-47c 所示，这时斜楔受到合力 F_{Q1} 和 F_{R1} 作用，其中 F_{R1} 的水平分力 F_{Rx} 有使斜楔松开的趋势，欲阻止其松开而自锁，须使摩擦力 $F_{F1} \geq F_{Rx}$，亦即

$$F_Q \tan\phi_1 \geq F_Q \tan(\alpha - \phi_2)$$

因两处摩擦角很小，故有 $\tan\phi_1 \approx \phi_1$，$\tan(\alpha - \phi_2) \approx (\alpha - \phi_2)$。则上式可写作 $\phi_1 > \alpha - \phi_2$ 或写出斜楔夹角的自锁条件

$$\alpha < \phi_1 + \phi_2 \quad (4-7)$$

一般钢与铁的摩擦系数 $\mu = 0.1 \sim 0.15$，则 $\phi_1 = \phi_2 = \phi = 5° \sim 7°$，故当 $\alpha \leq 10° \sim 14°$ 时，即可实现自锁。通常为安全起见，取 $\alpha = 5° \sim 7°$。

斜楔夹紧的特点：

1) 有增力作用。若定义扩力比 $i_p = \dfrac{F_Q}{F_p}$，则根据夹紧力计算式（4-6），$i_p \approx 3$，且 α 越小增力作用越大。

2) 夹紧行程小。设当斜楔水平移动距离为 s 时，其垂直方向的夹紧行程为 h。则因 $h/s = \tan\alpha$ 及 $\tan\alpha \leq 1$，故 $h \ll s$ 且 α 越小，其夹紧行程也越小。

3) 结构简单，但操作不方便。

根据以上特点，斜楔夹紧很少用于手动操作的夹紧装置，而主要用于机动夹紧，且毛坯质量较高的场合。有时，为解决增力和夹紧行程间的矛盾，可在动力源不间断情况下，增大 α 为 $15° \sim 30°$，或可采用双升角形式，大升角用于夹紧前的快速行程，小升角用于夹紧中的增力和自锁。

2. 螺旋夹紧

由于螺旋夹紧结构简单、夹紧可靠，所以在夹具中得到了广泛的应用。图 4-48 所示是最简单的单螺旋夹紧机构。夹具体上装有螺母 2，转动螺杆 1，通过压块 4 将工件夹紧。螺母为可换式，螺钉 3 用于防止其转动。压块 4 可避免螺杆头部与工件直接接触，并造成压痕。螺旋夹紧的扩力比 $i_p = \dfrac{F_Q}{F_p} = 80$，远比斜楔夹紧力大。同时螺旋夹紧行程不受限制，所以在手动夹紧中应用极广。但螺旋夹紧动作慢、辅助时间长、效率低，为此出现了许多快速螺旋夹紧机构。在实际生产中，螺旋-压板组合夹紧比单螺旋夹紧用得更为普遍。

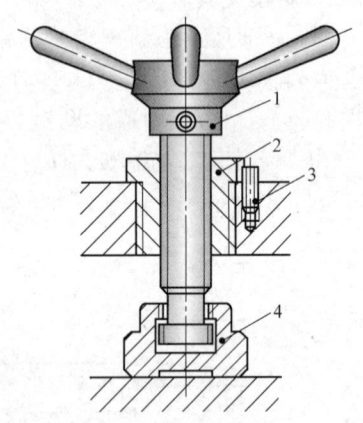

图 4-48 单螺旋夹紧
1—螺杆 2—螺母 3—螺钉 4—压块

3. 偏心夹紧

偏心夹紧机构是由偏心件作为夹紧元件，直接夹紧或与其他元件组合实现对工件的夹紧，常用的偏心件有圆偏心和偏心轴偏心两种。

图 4-49 所示是一种常见的偏心轮-压板夹紧机构。当顺时针转动手柄 2 使偏心轮 3 绕轴 4 转动时，偏心轮的圆柱面紧压在垫板 1 上，由于垫板的反作用力，使偏心轮上移，同时抬起压板 5 右端，而左端下压夹紧工件。

由于圆偏心夹紧时的夹紧力小，自锁性能不是很好，且夹紧行程小，故多用于切削力小，无振动，工件尺寸公差不大的场合，但是圆偏心夹紧机构是一种快速夹紧机构。

四、夹紧动力源装置

现代高效率的夹具多采用机动夹紧方式，因此在夹紧装置中，一般都设有产生机动夹紧力的力源装置，如气动、液压、电磁、真空等。其中以气动夹紧应用最为普遍，液压夹紧应用也较广泛。

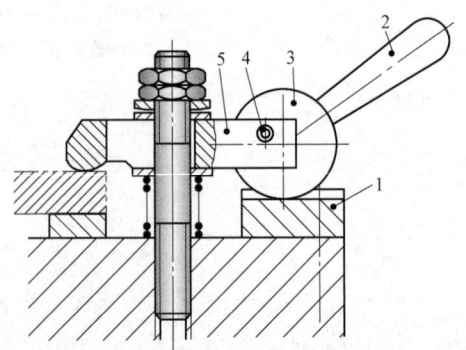

图 4-49 偏心轮-压板夹紧机构
1—垫板 2—手柄 3—偏心轮 4—轴 5—压板

1. 气动夹紧

典型的气压传动系统如图 4-50 所示。气源产生的压缩空气经车间总管路送来，先经雾化器 1，使其中的润滑油雾化并随之进入送气系统，以对其中的运动部件进行充分润滑，再经减压阀 2，使压缩空气压力减至稳定的工作压力（一般为 0.4~0.6MPa），又经止回阀 3，以防止压缩空气回流，造成夹紧装置松开。换向阀 4 控制压缩空气进入气缸 7 的前腔或后腔，实现夹紧或松开。调速阀 5 可调节进入气缸的空气流量，以控制活塞的移动速度。

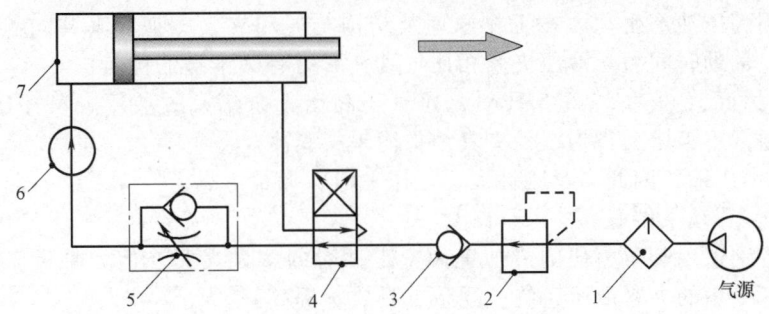

图 4-50 典型的气压传动系统

1—雾化器 2—减压阀 3—止回阀 4—换向阀 5—调速阀 6—气压表 7—气缸

气压传动系统中各组成元件均已标准化，设计时可参考有关资料。作为动力部件的气缸，其尺寸应根据夹紧力确定，图 4-51 所示为活塞式气缸，有两种形式。图 4-51a 所示为单作用气缸，夹紧靠气压顶紧，松开由弹簧推回，用于夹紧行程较短的情况。活塞在压缩空气作用下产生的原始推动力 $F_{p单}$ 为

$$F_{p单} = \frac{\pi D^2}{4} p \eta - F_s \tag{4-8}$$

式中　D——活塞直径（m）；

　　　p——压缩空气的工作压力（Pa）；

　　　η——气缸的机械效率，常取 0.85~0.9；

　　　F_s——弹簧力（N）。

图 4-51b 所示为双作用气缸，活塞的双向移动均由压缩空气驱动，用于行程较大或往复均需动力推动的情况。压缩空气进入无杆腔一侧时，活塞杆的推力 $F_{p双推}$ 为

$$F_{p双推} = \frac{\pi}{4} D^2 p \eta \tag{4-9}$$

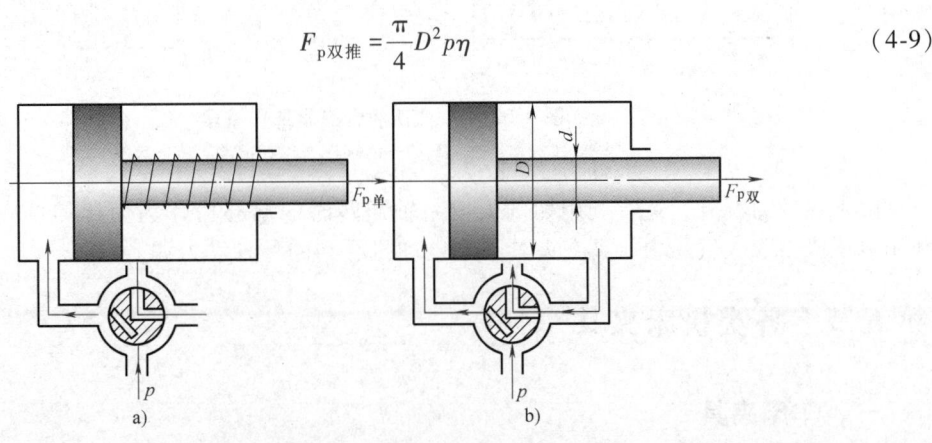

图 4-51 活塞式气缸

压缩空气作用在有杆腔一侧时，活塞杆的拉力 $F_{p双拉}$ 为

$$F_{p双拉}=\frac{\pi}{4}(D^2-d^2)p\eta \qquad (4\text{-}10)$$

式中 d——活塞杆直径（m）。

活塞式气缸工作行程较长，且作用力的大小不受工作行程长度的影响。但结构尺寸较大，制造维修困难，寿命短，且易漏气。

2. 液压夹紧

液压夹紧用高压油产生动力，工作原理及结构与气动夹紧相似。其共同优点是：操作简单，动作迅速，辅助时间短。液压夹紧相比气动夹紧另有其本身的优点：

1) 工作压力高（可达 5~6.5MPa），比气压高出十余倍，故液压缸尺寸比气缸小得多。因传动力大，通常不需增力机构，使夹具结构简单、紧凑。

2) 油液不可压缩，因此夹紧刚性大，工作平稳，夹紧可靠。

3) 噪声小，劳动条件好。

液压夹紧特别适用于重力切削或加工大型工件时的多处夹紧。但如果机床本身没有液压系统时，需设置专用的夹紧液压系统，导致夹具成本提高。

3. 气-液压组合夹紧

气-液压组合夹紧的动力源仍为压缩空气，但要使用特殊的增压器，故结构复杂。然而，由于其综合了气动、液压夹紧的优点，又部分克服了它们的缺点，所以得到了发展。

气-液压组合夹紧的工作原理如图 4-52 所示，压缩空气进入气缸 1 的右腔，推动增压器活塞杆 3 左移，并将活塞杆 4 推入增压缸 2 内。因活塞杆 4 的作用面积小，故使增压缸 2 和工作缸 5 内的油压大大增加，并推动工作缸中的活塞 6 上抬，将工件夹紧。

设气缸活塞的直径为 $D_气$，增压缸柱塞的直径为 $D_油$，则由于 $D_气<D_油$，故增压器输出的油压比输入的气压增大 $(D_气/D_油)^2\eta$ 倍（η 为总效率，一般取 0.80~0.85），这是它的主要优点；其缺点是行程小。因油液容积不变，故活塞 6 的行程 $L_工$ 和活塞杆 3 活塞的行程 $L_气$ 与相应的活塞、活塞杆面积成反比，即 $L_工/L_气=(D_油/D_气)^2$。

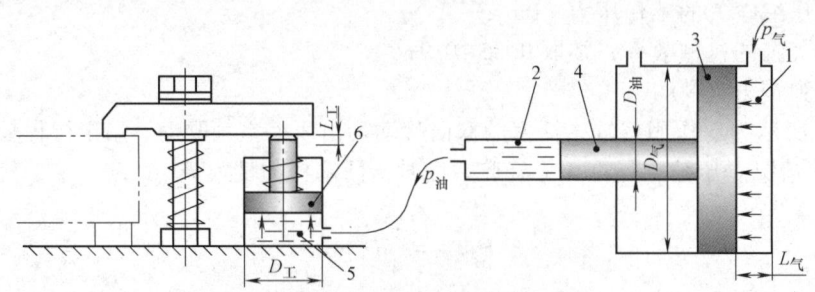

图 4-52 气-液压组合夹紧工作原理

1—气缸 2—增压缸 3、4—活塞杆 5—工作缸 6—活塞

除上述动力源外，还有利用切削力或主轴回转时的离心力作为力源的自夹紧装置，以及利用电磁吸力、大气压力（真空夹具）和电动机驱动的各种动力源。

第五节　各类机床夹具

一、车床夹具

这类夹具一般都装在车床主轴上并带动工件回转。车床上除使用像顶尖、自定心卡盘、

单动卡盘、花盘等通用夹具外，常按工件的加工需要，设计一些专用夹具。

图 4-53 所示为花盘角铁式车床夹具，工件 6 以两孔在圆柱定位销 2 和削边销 1 上定位，底面直接在夹具体 4 的角铁平面上定位，两螺钉压板分别在两定位销孔旁把工件夹紧。导向套 7 用来引导加工轴孔的刀具，8 是平衡块，用以消除回转时的不平衡。夹具上还设置有轴向定程基面 3，它与圆柱定位销保持确定的轴向距离，以控制刀具的轴向行程。该夹具以主轴外圆柱面作为安装定位基准。

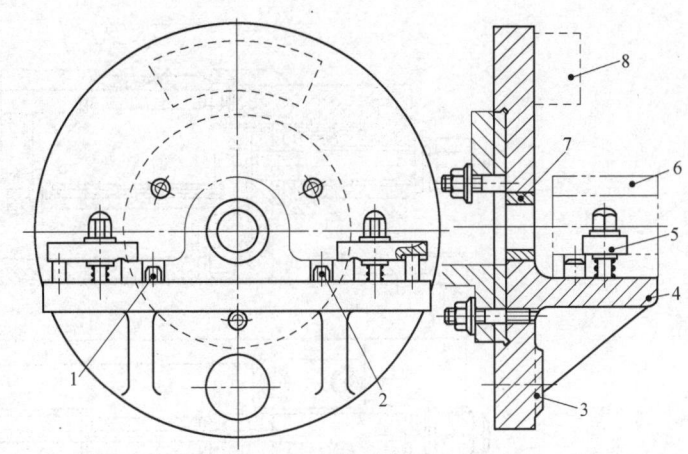

图 4-53 花盘角铁式车床夹具
1—削边销 2—圆柱定位销 3—轴向定程基面 4—夹具体
5—压块 6—工件 7—导向套 8—平衡块

车床夹具的设计特点是：

1) 整个车床夹具随机床主轴一起回转，所以要求它结构紧凑，轮廓尺寸尽可能小，质量小，而且重心应尽可能靠近回转轴线，以减小惯性力和回转力矩。

2) 应有平衡措施消除回转中的不平衡现象，以减少振动等不利影响。平衡块的位置应根据需要可以调整。

3) 与主轴端联结部分是夹具的定位基准，所以应有较准确的圆柱孔（或锥孔），其结构形式和尺寸，依具体使用的机床主轴端部结构而定。

4) 高速回转的夹具，应特别注意使用安全，如尽可能避免带有尖角或凸出部分；夹紧力要足够大，且自锁可靠等。必要时回转部分外面可加罩壳，以保证操作安全。

二、铣床夹具

铣床夹具的种类很多，按工件的进给方式，可以分为以下三类：

（1）直线进给式铣床夹具　这类夹具安装在做直线进给运动的铣床工作台上。如图 4-54 所示的料仓式铣床夹具，工件先装在料仓 5 里，由圆柱销 12 和削边销 10 对工件 $\phi 22$mm 和 $\phi 10$mm 两孔和端面定位。然后将料仓装在夹具上，利用销 12 的两圆柱端 11 和 13，及销 10 的两圆柱端分别对准夹具体上对应的缺口槽 8 和 9。最后拧紧螺母 1，经钩形压板 2 推动压块 3 前进，并使压块上的孔 4 套住料仓上的圆柱端 11，继续向右移动压块，直至将工件全部夹紧。

（2）圆周进给式铣床夹具　一般用于立式圆工作台铣床或鼓轮式铣床等。加工时，机床工作台做回转运动。这类夹具大多是多工位或多件夹具。

（3）靠模铣床夹具　在铣床上用靠模铣削工件的夹具，可用来在一般万能铣床上加工出所需要的成形曲面，扩大了机床的工艺用途。

无论是上述哪类铣床夹具，它们都具有如下设计特点：

1) 铣床加工中切削力较大，振动也较大，故需要较大的夹紧力，夹具刚性也要好。

2) 借助对刀装置确定刀具相对夹具定位元件的位置，此装置一般固定在夹具体上。图 4-55 所示是标准对刀块结构，图 4-55a 所示是圆形对刀块，在加工水平面内的单一平面时对刀用。图 4-55b 所示是方形对刀块，在调整铣刀两相互垂直凹面位置时对刀用。图 4-55c 所示是

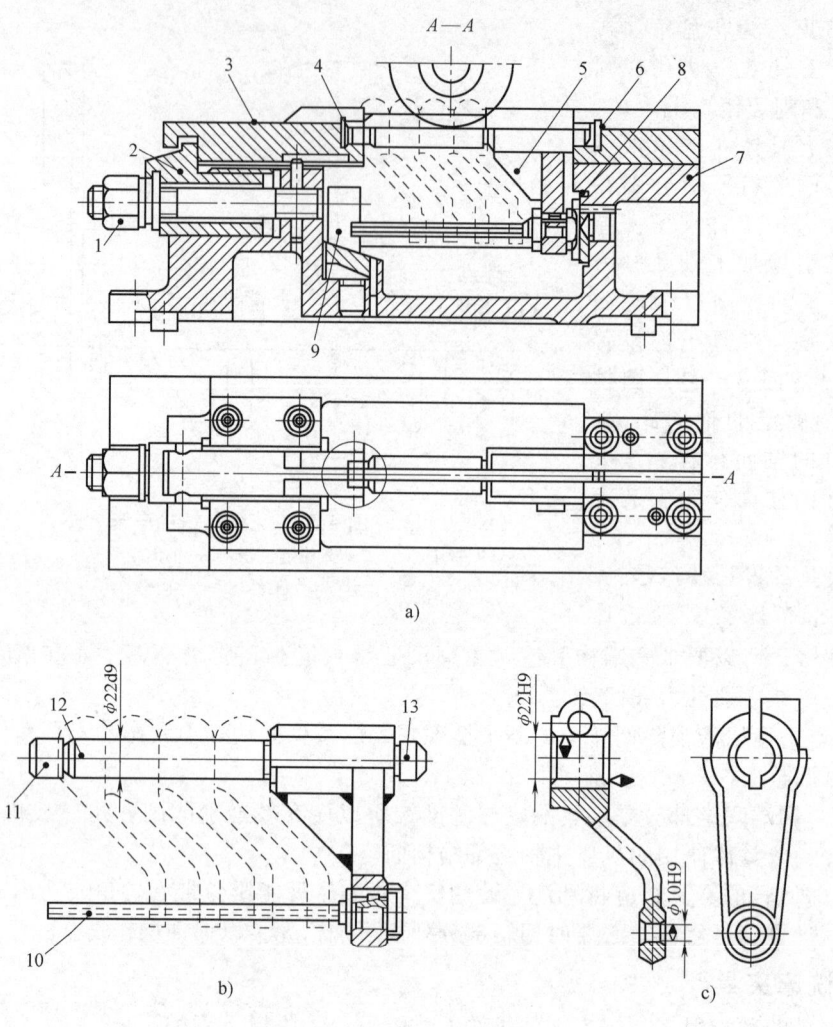

图 4-54 料仓式铣床夹具
a) 料仓式夹具总体结构　b) 料仓结构　c) 工件
1—螺母　2—钩形压板　3—压块　4、6—压块孔　5—料仓　7—夹具体
8、9—缺口槽　10—削边销　11、13—圆柱端　12—圆柱销

直角对刀块，在调整铣刀两相互垂直凸面位置时对刀用。图 4-55d 所示是侧装对刀块，安装在侧面，在加工两相互垂直面或铣槽时对刀用。标准对刀块的结构尺寸，可参阅国家标准 JB/T 8031.3—1999《机床夹具零件及部件直角对刀块》。

3) 借助定位键确定夹具在工作台上的位置。图 4-56a 所示是标准定位键结构。图 4-56b 所示定位键上部的宽度与夹具体底面的槽采用 H7/h6 或 H8/h8 配合；下部宽度依据铣床工作台 T 形槽规格决定，也采用 H7/h6 或 H8/h8 配合。二定位键组合，起到夹具在铣床上的定向作用，切削过程中也能承受切削转矩，从而增加了切削稳定性。

4) 由于铣削加工中切削时间一般较短，因而单件加工时辅助时间相对长，故在铣床夹具设计中，需特别注意缩短辅助时间。

三、钻床夹具

钻床夹具简称"钻模"，它是用在钻床上，借助钻模导套保证钻头与工件之间正确位置的

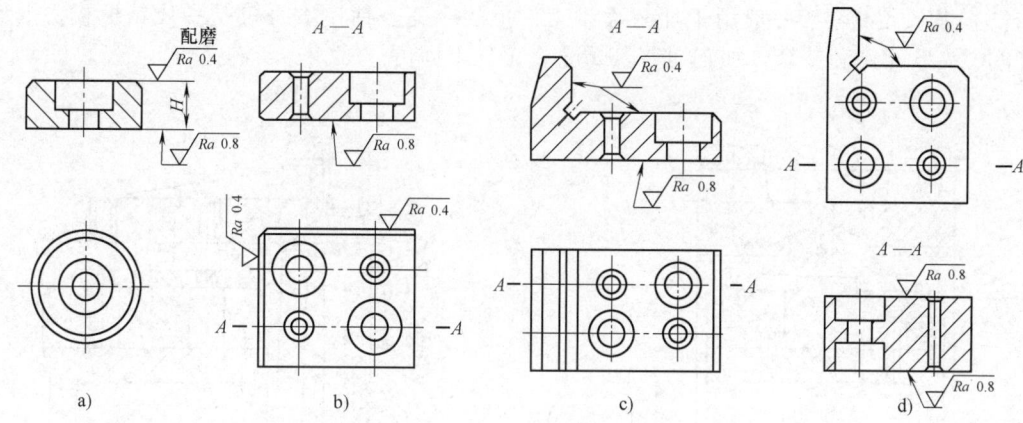

图 4-55 标准对刀块结构
a）圆形对刀块 b）方形对刀块 c）直角对刀块 d）侧装对刀块

夹具。这种夹具在结构上一般都有与定位元件有一定尺寸要求的钻套和一个安装钻套的钻模板，通过钻套引导刀具进行精确的加工。根据被加工孔的分布情况和钻模板的特点，有以下几种形式的钻模。

（1）固定式钻模　在使用过程中，钻模的位置固定不动。用于摇臂钻床，可加工平行孔系；用于立式钻床，一般只能加工一个孔，或在机床主轴上加装多轴传动头，实现孔系加工。

（2）滑动式钻模　钻模板固定在可以上下滑动的滑柱上，并通过滑柱与夹具体相连接。这是一种标准的可调夹具，其基本组成部分，如夹具体、滑柱等已标准化。

图 4-57 所示是一种生产中广泛应用的滑柱式钻模，该钻模用于同时加工形状对称的两工件的四个孔。工件以底面和直角缺口定位，为使工件可靠地与定位座 4 中央的长方形凸块接触，设置了四个滑动支承 3。转动手柄 5，小齿轮 6 带动滑柱 7 及与滑柱相连的钻模板 1 向下移动，通过浮动压板 2 将工件夹紧。钻模板上有四个固定式钻套 8，用于引导钻头。

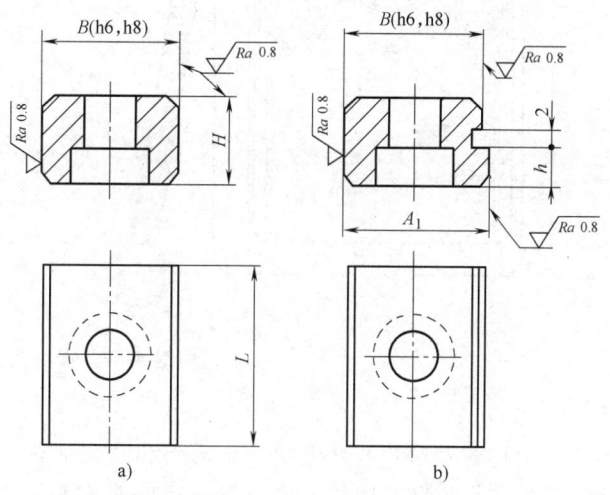

图 4-56 标准定位键结构

这种钻模操作方便、迅速，转动手柄使钻模板升降，不仅有利于装卸工件，还可用钻模板夹紧工件，且自锁性能好。

（3）回转式钻模　钻模体可按一定的分度要求绕某一固定轴转动。常用于加工同一圆周上的平行孔系，或分布在圆周上的径向孔。按固定轴的放置有立轴、卧轴和斜轴三种基本回转形式。

（4）移动式钻模　用于单轴立式钻床，先后钻削工件同一表面上的多个孔。一般工件和被加工孔的孔径都不大，属于小型夹具。

（5）翻转式钻模　整个夹具可以带动工件一起翻转，加工工件不同表面的孔系，甚至可加工定位基准面上的孔。

（6）盖板式钻模 一般用于加工大型工件上的小孔。钻模本身仅是一块钻模板，上面装有定位、夹紧元件和钻套，加工时将其覆盖在工件上即可。

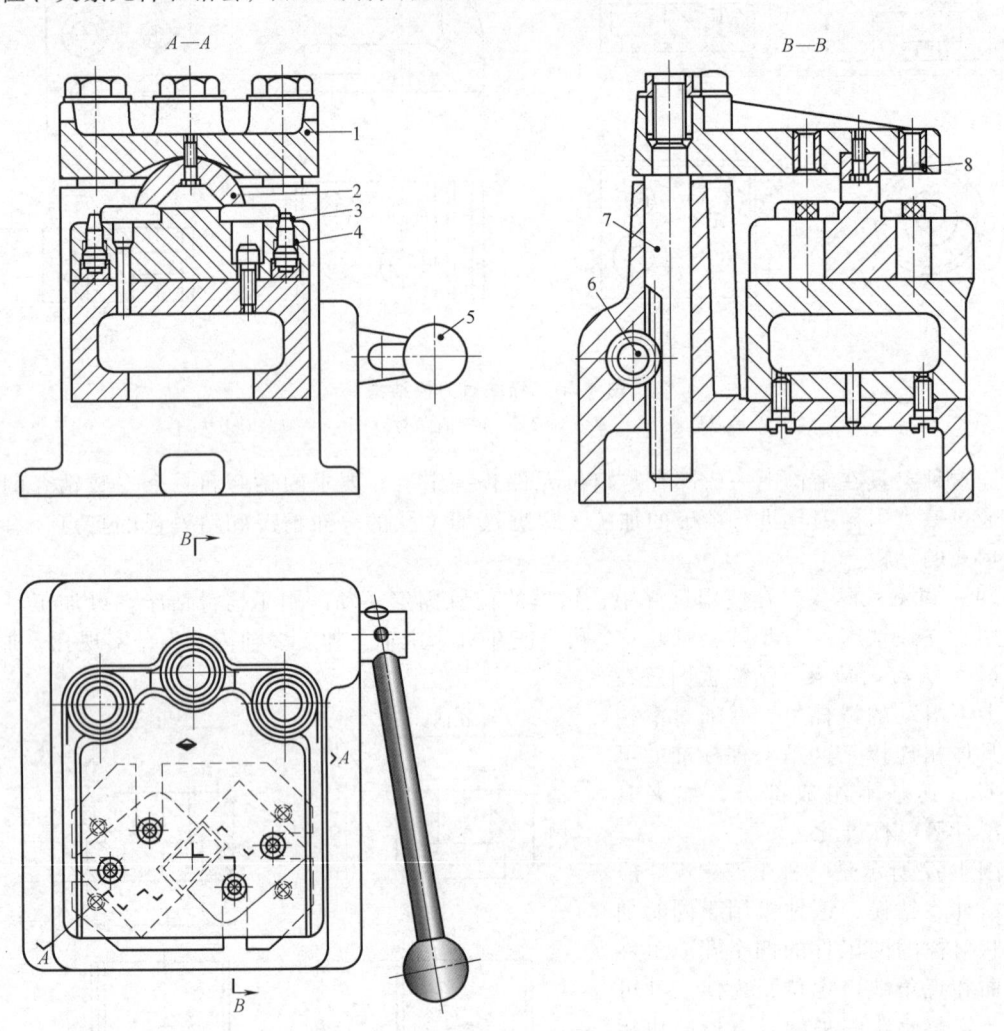

图 4-57 滑柱式钻模
1—钻模板 2—浮动压板 3—滑动支承 4—定位座 5—手柄 6—小齿轮 7—滑柱 8—固定式钻套

在上述各种形式的钻模中，钻模板和钻套是它们共有的，并区别于其他夹具的特有元件。钻模板是供安装钻套用的，要求有一定的强度和刚度，以防变形而影响钻套的位置与导引精度。钻模板的结构及其在夹具上的连接形式，取决于工件的结构形状、加工精度和生产效率等因素。常见的钻模板，按其可动与否，可分为固定式、铰链式、可卸式和悬挂式四种。图4-58所示是一种可卸式钻模板，可卸式钻模板4依靠装在夹具体1对角线方向上的导柱6和8套入钻模板上的导套7的孔来定位。当工件在夹具体上定好位后，将两活节螺栓2竖直并嵌入钻模板两端的耳槽中，拧紧螺母3，既可将钻模板与夹具连成一体，又可将工件夹紧在两者之间。可卸式钻模板常用于其他类型钻模板装卸工件不便的场合。

钻套的结构和尺寸已经标准化了。根据使用特点，钻套有下列四种形式：

1）固定钻套。固定钻套是直接装在钻模板上的相应孔中，磨损后不能更换，因此主要用于小批生产量条件下单纯用钻头钻孔。图 4-59 所示是两种结构形式的固定钻套，图 4-59a 为无肩的,图 4-59b 为带肩的。带肩的主要用于钻模板较薄时,以保持钻套必须的导引长度。

2) 可换钻套。可换钻套可以克服固定钻套不可更换的缺点,主要用于生产批量较大时,但也仅供钻孔工序。图 4-60 所示是标准可换钻套的结构(图 4-60a)及其在钻模板上的装配(图 4-60b)。可换钻套 1 的凸缘上铣有台肩,钻套螺钉的台阶形头部压紧在此台肩上,以防止钻套转动,拧去螺钉便可取出钻套。为避免更换钻套时损坏钻模板,钻套处配装有衬套 3。

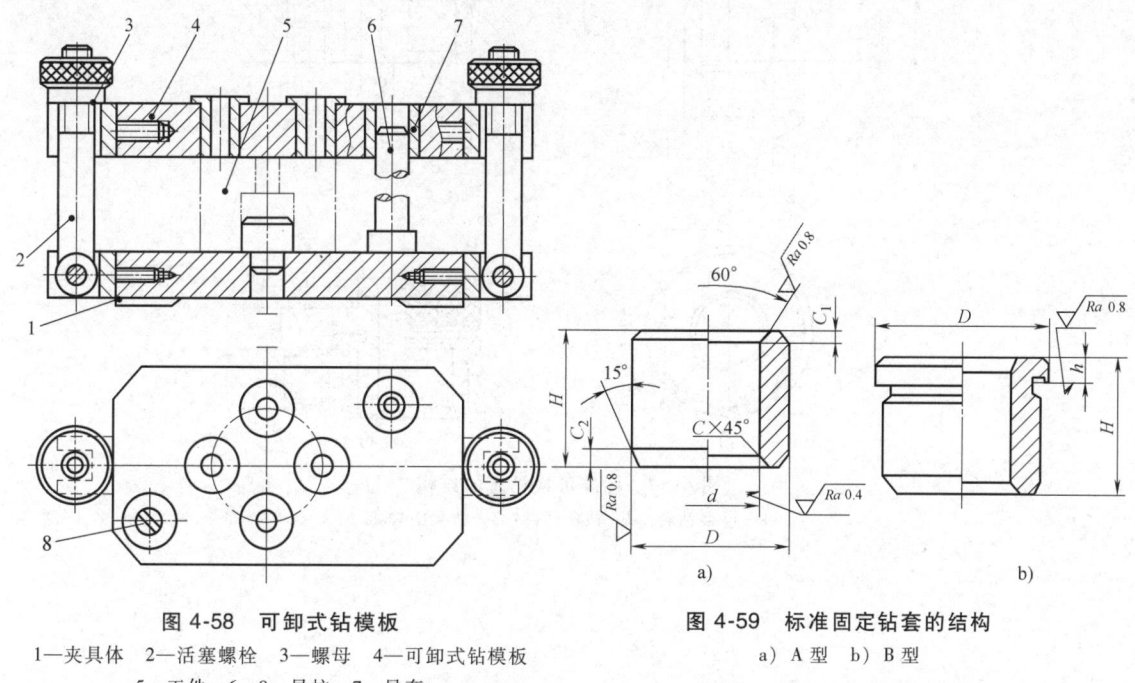

图 4-58 可卸式钻模板
1—夹具体 2—活塞螺栓 3—螺母 4—可卸式钻模板
5—工件 6、8—导柱 7—导套

图 4-59 标准固定钻套的结构
a) A 型 b) B 型

3) 快换钻套。当工件上同一个孔须经多种加工工步(如钻、扩、铰、攻螺纹等),而在加工过程中必须依次更换或取出(如锪平或攻螺纹)钻套以适应不同加工刀具的需要时,可以采用这种快换钻套。图 4-61a 所示是标准快换钻套结构,它除在其凸缘铣有台肩供钻套螺钉压紧外,同时还铣有一平面,当此平面转至钻套螺钉位置时,便可向上快速取出钻套。为防止直接磨损钻模板,钻模板上也必须配装有衬套,如图 4-60b 所示。

4) 特殊钻套。特殊钻套是在特殊情况下加工孔用的,这类钻套只能结合具体情况自行设计。图 4-62 所示是几种特殊钻套,图 4-62a 是供钻斜面上的孔(或钻斜孔)用的,图 4-62b 是供钻凹坑中的孔用的。这两种特殊钻套的作用,都是为了保证钻头有良好的起钻条件和必要的导引长度。图 4-62c 是因两孔孔距太小,无法采用各自的快换钻套而采用的一种特殊钻套。

以上几种形式钻套(除特殊钻套外)的结构尺寸都已标准化,但钻套导引孔的尺寸及公差须由设计者决定。一般钻套导引孔的公称尺寸应等于所导引刀具的上极限尺寸,并按基轴制选取导引孔公差,一般钻孔和扩孔时选用 F7,粗铰时选用 G7,精铰时选用 G6。如果钻套导引的是刀具的导柱部分,则仍按基孔制选用 H7/f7、H7/g6 或 H6/g5。

此外,在钻模设计中应注意:钻套高度要适中,过低导引性能差,过高则会增加磨损。钻套装在钻模板上后,与工件表面应有适当间隙,以利于排屑,一般可取所钻孔径的 0.3~1.5 倍。钻套材料一般为 T10A 或 20 钢,渗碳淬火后硬度为 58~64HRC,必要时可采用合金钢。

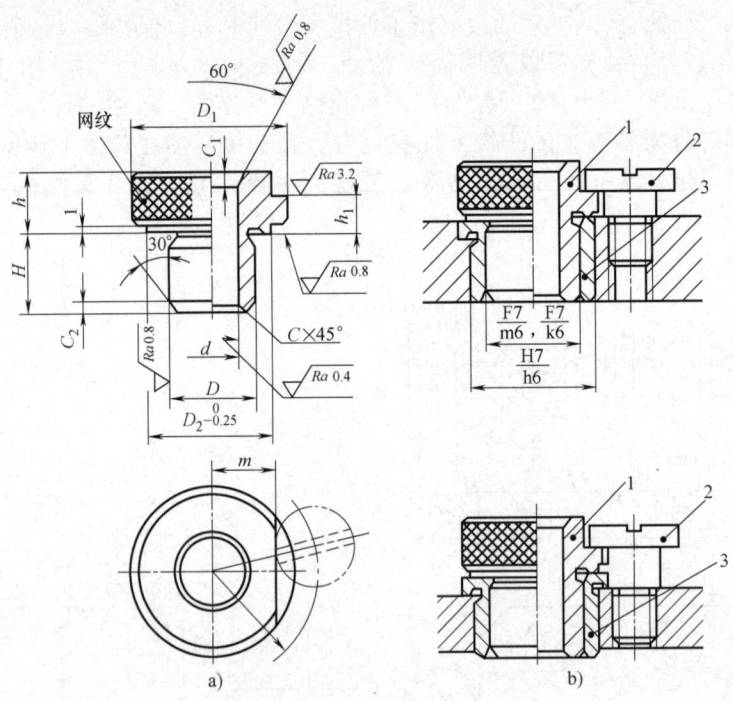

图 4-60 标准可换钻套的结构
1—可换钻套 2—钻套螺钉 3—钻套用衬套

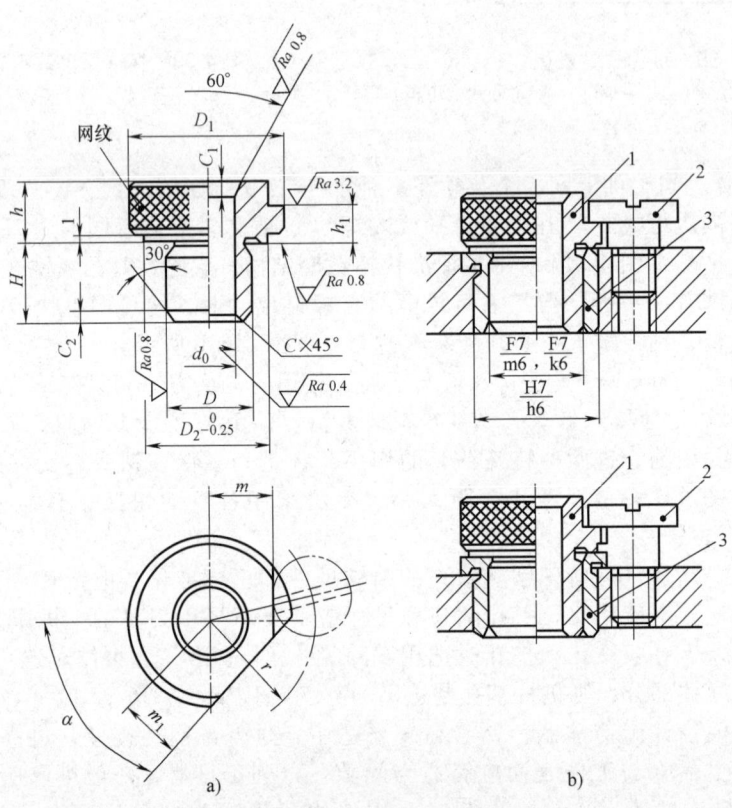

图 4-61 标准快换钻套的结构
1—快换钻套 2—钻套螺钉 3—钻套用衬套

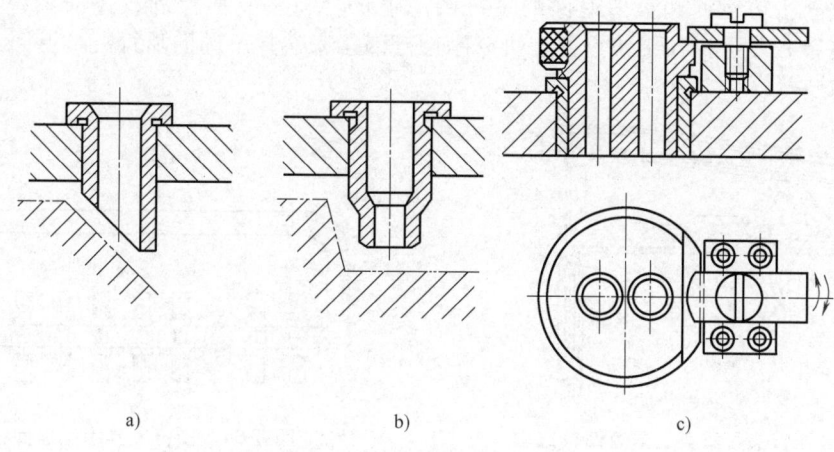

图 4-62 特殊钻套

使用钻模板和钻套的显著优点是可以提高刀具系统的刚度,防止钻头切入后的引偏,有利于提高被加工孔的尺寸、形状、位置精度,降低表面粗糙度,并且由于无需划线和找正,工序时间缩短,因而可显著提高生产率。

第六节　现代机床夹具

夹具是重要的工艺装备,但它同时又是机床的辅助装置,因此机床的变化和零件的变化必然使得夹具随之变化。

随着现代科学技术的高速发展和社会需求的多样化,多品种、中小批量生产逐渐占优势,因此在大批大量生产中有着长足优势的专用夹具逐渐暴露出它的不足,因而为适应多品种、中小批量生产的特点发展了组合夹具、通用可调夹具和成组夹具。由于数控技术的发展,数控机床在机械制造业中得到越来越广泛的应用,数控机床夹具也随之迅速发展起来。

现代机床夹具虽各具特色,但它们的定位、夹紧等基本原理都是相同的,因此本节只重点介绍这些夹具的典型结构和特点。

一、自动线夹具

自动线夹具的种类取决于自动线的配置形式,主要有固定夹具和随行夹具两大类。

(1) 固定夹具　固定夹具用于工件直接输送的生产自动线,通常要求工件具有良好的定位和输送基面,例如箱体零件、轴承环等。这类夹具的功能与一般机床夹具相似,但在结构上应具有自动定位、夹紧及相应的安全联锁信号装置,设计中应保证工件的输送方便、可靠与切屑的顺利排除。

(2) 随行夹具　随行夹具用于工件间接输送的自动线中,主要适用于工件形状复杂、没有合适的输送基面,或者虽有合适输送基面,但属于易磨损的有色金属工件,使用随行夹具可避免表面划伤与磨损。工件装在随行夹具上,自动线的输送机构把带着工件的随行夹具依次运送到自动线的各加工位置上,各加工位置的机床上都有一个相同的机床夹具来定位与夹紧随行夹具,所以,自动线上应有许多随行夹具在机床的工作位置上进行加工,另有一些随行夹具要进入装卸工位,卸下加工好的工件,装上待加工坯件,这些随行夹具随后也等待送入机床工作位置进行加工,如此循环不停。

随行夹具在自动线上的输送和返回系统是自动线设计的一个重要环节,随行夹具的返回形式有垂直下方返回、垂直上方返回、斜上方或斜下方返回和水平返回等方式。图 4-63 和图

4-64分别是垂直上方返回和水平返回的系统图。根据随行夹具的尺寸、返回系统占地面积、输送装置的复杂程度、操作维修方便、机床刚性等因素来选择不同的随行夹具返回系统。

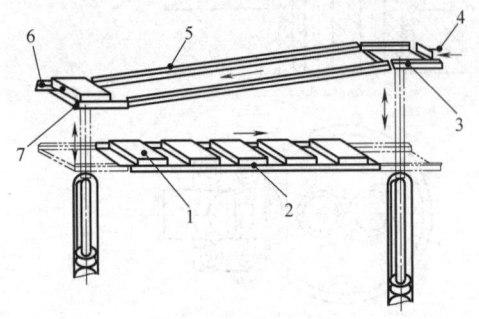

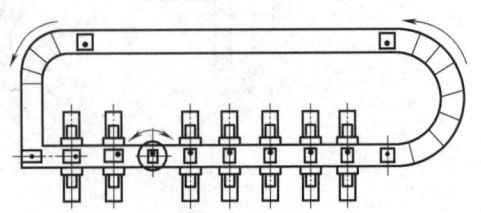

图 4-63　随行夹具垂直上方返回系统
1—随行夹具　2—随行夹具输送器　3—提升台
4—推杆　5—倾斜返回滚道　6—限位器　7—下降台

图 4-64　随行夹具水平返回系统

如图 4-65 所示为活塞加工自动线的随行夹具，工件以止口端面和两半圆定位孔在随行夹具 1 的环形布置的 10 个定位块和定位销 2、4 上定位，但不夹紧。待随行夹具到达加工位置时，将工件和随行夹具一起夹紧在机床夹具上。随行夹具上的 T 形槽在 T 形输送轨道上移动，到达加工位置时，机床夹具的定位销插入随行夹具定位套 5 的孔中实现定心，盖板 3 防止切屑落入定位孔中。采用这种夹紧方法必须保证工件在随行夹具的运送过程中不发生任何位移。

设计随行夹具应考虑下列主要问题：

1）工件在随行夹具中的夹紧方法。由于随行夹具在生产自动线中不断地流动，因此在随行夹具中大多采用螺旋夹紧机构夹紧工件，原因在于螺旋夹紧机构自锁性能好，在随行夹具的输送过程中不易松动。为减轻劳动强度，缩短辅助时间，常选用气动或电动扳手夹紧。

2）随行夹具在机床夹具中的夹紧方法。随行夹具输送到机床上的夹具后，需要准确定位并夹紧。随行夹具采用"一面两孔"的定位方式。常用的夹紧方法有三种：夹紧在随行夹具底板的周边上；由上向下夹紧在工件或随行夹具的某机构上；由下向上夹紧。

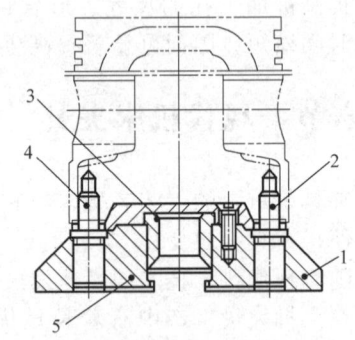

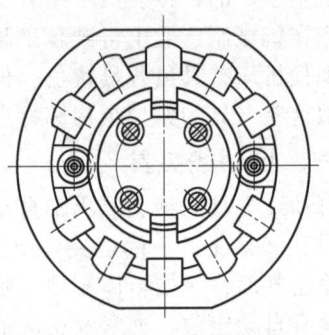

图 4-65　活塞加工自动线的随行夹具
1—随行夹具　2、4—定位销
3—盖板　5—定位套

3）随行夹具的定位基面和输送基面的选择。随行夹具在机床夹具上大多采用"一面两孔"定位方案。随行夹具的底面既是定位基面又是输送基面。设计时应提高随行夹具底面的耐磨性保证定位准确，并能长久保持精度。当高度方向有严格尺寸要求时，可将定位基面和输送基面分开，以保护定位基面不受循环输送引起磨损的影响。

4）随行夹具的精度问题。在生产自动线上有一批随行夹具在工作，各随行夹具分别经过自动线上各工序的机床接受加工，这和一般专用夹具不同，一批随行夹具的有关精度就有了严格的互换要求，否则就难以保证工件的加工要求。

5) 排屑与清洗。由于随行夹具在自动线上循环输送，它同时带着切屑与冷却液进入备加工位置，因而影响到随行夹具的准确定位，必须采取一定的防护措施。此外，常在自动线末端或返回输送带上设置清洗工位，随行夹具经过隧道或清洗箱进行清洗。

6) 随行夹具结构的通用化。随行夹具大多采用"一面两孔"的统一定位方法，又需成批制造，实现随行夹具结构通用化能取得较好的经济效益。由于自动线加工对象各不相同，要使整个随行夹具结构通用化困难较大，为此可把随行夹具分为通用底板和专用结构两部分。这样不但使随行夹具结构通用化，而且也使自动线的机床夹具、随行夹具的输送装置结构通用化，从而提高整个自动线的通用化程度，缩短自动线的设计制造周期，降低制造成本。

二、组合夹具

组合夹具是在夹具元件高度标准化、通用化、系列化的基础上发展起来的一种夹具。我国自 20 世纪 50 年代后期开始使用，到 60 年代得到了发展。组合夹具由一套预先制造好的，具有各种形状、功用、规格和系列尺寸的标准元件和组件组成。根据工件的加工要求，利用这些标准元件和组件组装成各种不同的夹具。

图 4-66 所示是常用的槽系中型系列组合夹具元件和组件图。图 4-66a 所示是基础件，用作夹具体底座的基础元件。图 4-66b 所示是支承件，主要作夹具体的支架或角架等。图 4-66c 所示是定位件，用来定位工件和确定夹具元件之间的位置。图 4-66d 所示是导向件，用于确定或导引切削刀具位置。图 4-66e 所示是压紧件，用来压紧工件或夹具元件。图 4-66f 所示是紧固件，用于紧固工件或夹具元件。图 4-66g 所示是其他件，它们在夹具中起辅助作用。图 4-66h 所示是合件，用来完成特定动作或功用（如分度）。上述是各元件的主要功用，实际情况可有不同。例如支承件，也可用作定位工件平面的定位元件。

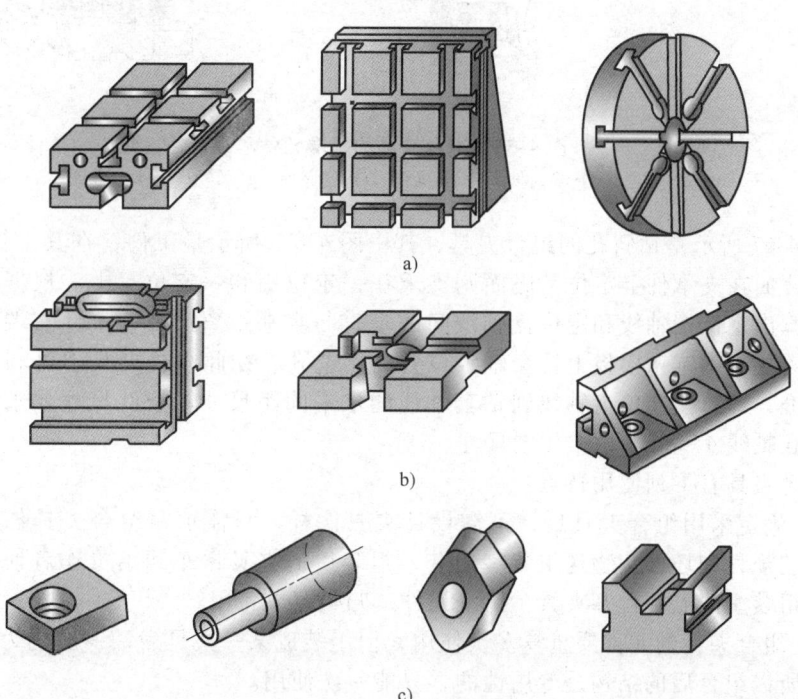

图 4-66 组合夹具的标准元件和组合件
a) 基础件　b) 支承件　c) 定位件

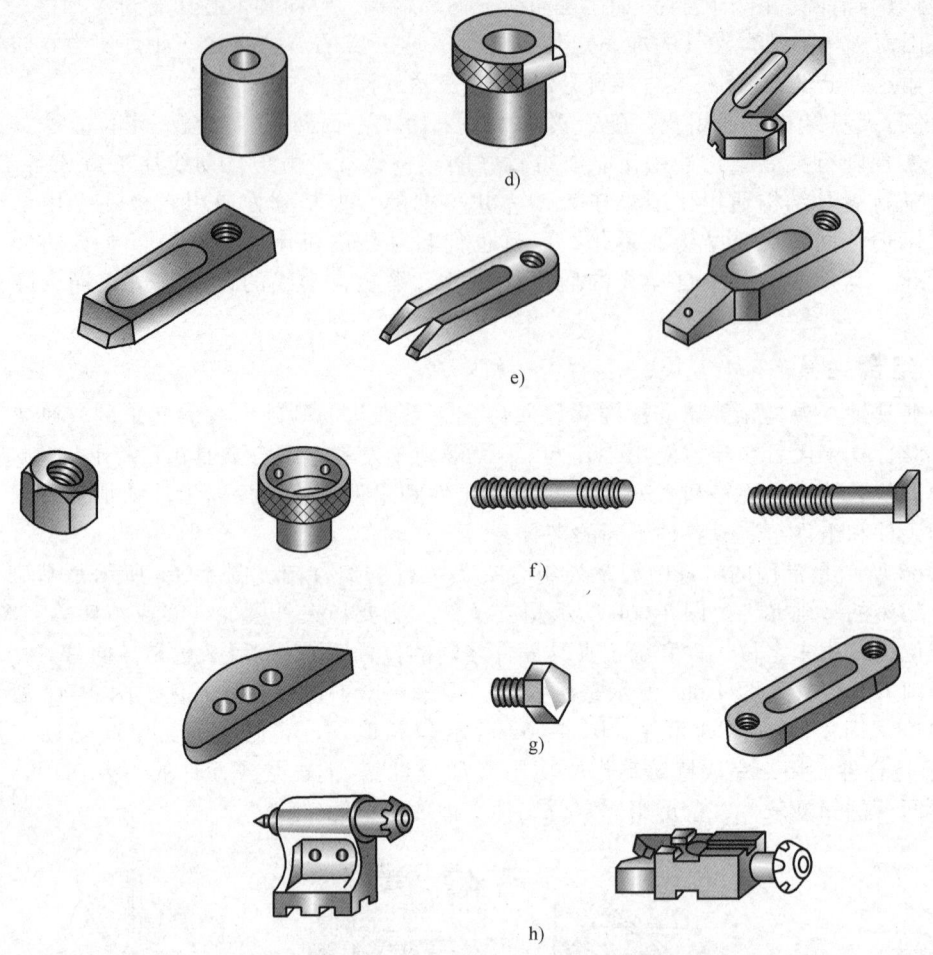

图 4-66 组合夹具的标准元件和组合件（续）
d）导向件　e）压紧件　f）紧固件　g）其他件　h）合件

图 4-67 所示是钻斜孔的组合夹具，其中图 4-67a 所示是工件，在其上钻 $\phi2.9$mm 的斜孔。工件以背面在支承件上定位，底面则支承在一定位销和一定位盘上。根据斜角要求，按正弦原理计算出定位销轴线和定位盘轴线间的垂直与水平距离尺寸，工件右端则由挡销定位。斜孔加工需要有确定钻模板上钻套轴线位置的工艺孔，在此组合夹具中可利用定位盘兼作工艺辅助基准，计算出定位盘轴线到钻套轴线的水平间距尺寸。按此尺寸要求调整钻模板，即可保证斜孔轴线 47 和 18 两个位置尺寸。

组合夹具有下列使用特点：

1）确定采用组合夹具后，不需设计夹具图样，只需填写组合夹具任务单，连同产品图样、工艺规程和坯件实物送组装室组装，组装后的夹具送车间给操作者使用。使用完毕交还后，由组装室清点并拆开夹具，清洗元件，归类存放备用。

2）组合夹具的元件要重复多次使用，但组装成某一夹具后，一般仍为某工件的某道工序使用。所以组合后的结构是专用性的，只能一次使用。

3）组合夹具是由标准元件组装而成，元件还需多次重复使用。除一些尺寸可采用调节方法保证外，其他精度都靠各元件精度组合来直接保证，不允许进行修配或补充加工，因此要求元件的制造精度高以保证其互换性，而且还需耐磨，重要元件都采用 40Cr、20CrMnTi 等合金钢制造，渗碳淬火，并经密磨削加工，制造费用高。

4）组合夹具的各元件之间采用键定位和螺栓紧固的连接，其刚性不如整体结构好，尤其是连接处结合面间的接触刚度是一个薄弱环节。组装时应注意提高夹具的刚度。

5）组合夹具各标准元件的尺寸系列的级差是有限的，使组装成的夹具尺寸不能像专用夹具那样紧凑，体积较为笨重。

但组合夹具具有下列优点：

1）对多品种、中小批量生产，使用专用夹具是不经济的。但对一些加工要求高的关键零件，不采用夹具又难以保证加工质量，采用组合夹具可解决这个矛盾，特别对新产品试制和产品对象经常变换不定的生产特点，采用组合夹具不会因试制后产品改型或加工对象变换造成原来使用的夹具报废。采用组合夹具既能保证产品的加工质量，提高生产率，又能节约使用夹具的费用，充分发挥了组合夹具的优势。

2）由于夹具设计、制造劳动量在整个生产准备工作中占有较大的比重。采用组合夹具后不需专门设计制造夹具，节约设计和制造夹具的工时、材料和制造费用，缩短生产准备周期。

随着现代机械工业向多品种、中小批量生产方向的发展，组合夹具也发展了某些新的元件和组件，开始与成组夹具和数控机床夹具结合起来，这是组合夹具发展的新动向。

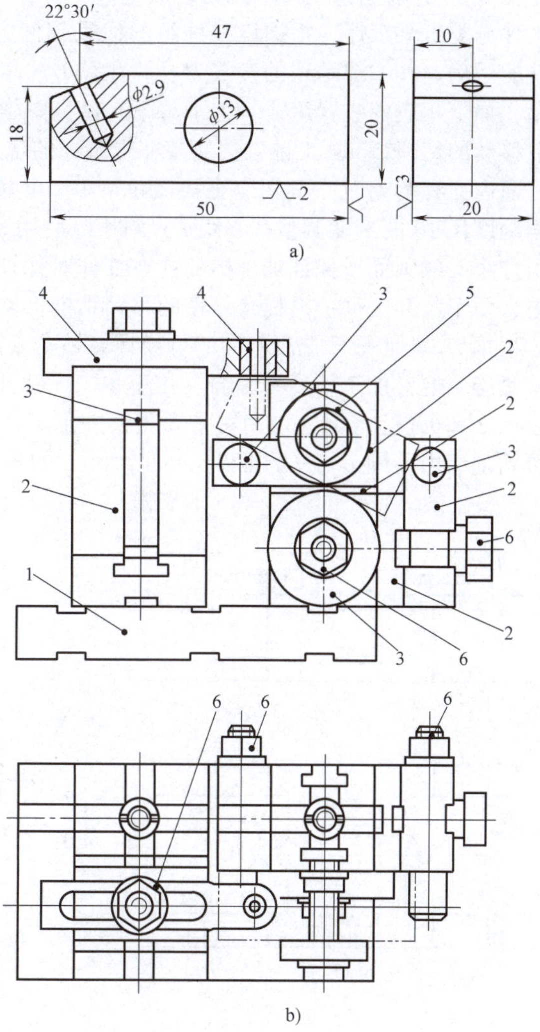

图 4-67 钻斜孔组合夹具
1—基础件 2—支承件 3—定位件
4—导向件 5—压紧件 6—紧固件

三、通用可调夹具和成组夹具

专用夹具和组合夹具各有优缺点，如将二者的优势结合起来，既能发挥专用夹具精度高的特点，又能发挥出组合夹具成本低的特点，这就发展了通用可调夹具。其原理是通过调节或更换装在通用底座上的某些可调节或可更换元件，以装夹多种不同类夹具的工件；而成组夹具则是根据成组工艺的原则，针对一组相似零件而设计的由通用底座和可调节或可更换元件组成的夹具。从结构上看二者十分相似，都具有通用底座固定部分和可调节或可更换的变换部分，但二者的设计指导思想不同。在设计时，通用可调夹具的应用对象不明确，只提出一个大致的加工规格和范围；而成组夹具是根据成组工艺，针对某一组零件的加工而设计的，应用对象十分明确。

图 4-68、图 4-69 所示为可调和成组夹具的两个例子。图 4-68 所示是铣床上使用的可调夹具，其通用底座可长期固定在铣床工作台上，而钳口可根据不同工件的加工要求进行设计或更换，分别装在固定钳口、活动钳口和虎钳底座面上，实现工件的装夹。

图 4-69 所示是钻连杆小头孔的成组夹具。成组夹具的设计是在成组工艺前提下进行的，针对零件分类组某工序，根据该零件组的代表零件进行成组夹具设计。图 4-69 的下部便是该代表零件的示例。其主要结构的参数为：两孔径 D_1、D_2 和孔心距 L。该夹具选用标准滑柱式钻模为底座，加上相应的装置组成。为了清晰起见，图中省去了标准滑柱式钻模的大部分，只表示了可上下移动的钻模板 4。工件以端面装在带游标的定位板 1 和支承套 9 上，若大小头孔端面不在同一平面内而有落差时，可相应更换支承套 9。可换定位销 2 与 D_1 孔相配，并可沿槽纵向移动，根据刻度尺 10 的刻度调整孔心距 L，调整好后用紧固螺钉 3 紧固。活动 V 形块 7 在弹簧的作用下定位小头外圆面以保证加工出的孔在杠杆对称轴线上，手柄 11 通过挡销 12 操纵活动 V 形块的进退，便于装卸工件。滑柱式钻模的移动钻模板 4 下降，用压紧套 5 端面压紧工件加工孔的上端面。根据 D_2 孔的尺寸选用不同的可换螺旋钻套 6 旋入压紧套 5 的螺纹内，采用螺纹联接使结构简单紧凑，但对加工精度有影响（由于本工序钻孔加工要求较低因而是允许的）。这样只要更换定位销 2 和可换钻套 6（有时可能要更换支承套 9），调整定位销（连同定位板）2 的轴线尺寸，便可钻削组内不同 D_1、D_2 孔和孔心距尺寸 L 的各种杠杆的小头孔 D_2。

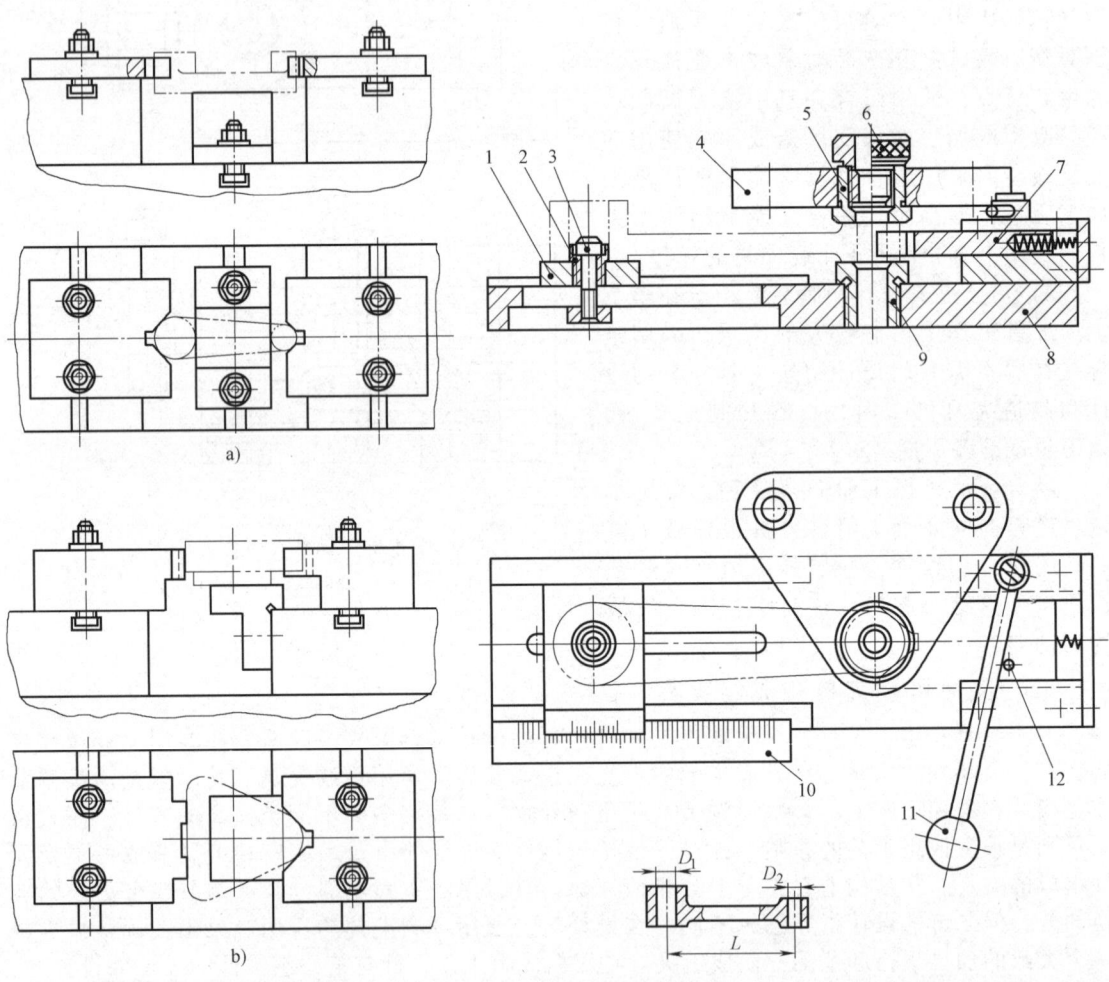

图 4-68 通用可调铣床夹具的可换钳口调整图

图 4-69 钻杠杆小头孔的成组夹具
1—定位板　2—定位销　3—紧固螺钉　4—滑柱式钻模的移动钻模板
5—压紧套　6—可换螺旋钻套　7—活动 V 形块　8—底座　9—支承套
10—固定刻度尺　11—活动 V 形块的操纵手柄　12—挡销

决定成组夹具可换调整件的形式是设计成组夹具的一个重要问题。采用可换方式,更换迅速,直接由元件的制造精度来保证工作精度因而较为可靠。但更换的元件数量多,制造成本高,保管也较麻烦。采用调整方式则元件数量少,制造成本相对较低,保管也简单,但调整费时,要求技术较高,精度不易保证。实际设计时大多是两者兼用。

四、数控机床夹具

数控机床的特点是在加工时机床、刀具、夹具和工件之间应有严格的相对坐标位置,所以数控机床夹具在机床上应相对数控机床的坐标原点具有严格的坐标位置,以保证所装夹的工件处于规定的坐标位置上。

为此数控机床夹具常采用网格状的固定基础板,如图 4-70 所示。它长期固定在数控机床工作台上,板上加工出准确孔心距位置的一组定位孔和一组紧固螺孔(也有定位孔与螺孔同轴布置形式),它们成网格分布。网格状基础板预先调整好相对数控机床的坐标位置。利用基础板上的定位孔可装各种夹具,如图 4-70a 上的角铁支架式夹具。角铁支架上也有相应的网格状分布的定位孔和紧固螺孔以便安装有关可换定位元件和其他各类元件和组件以适应相似零件的加工。当加工对象变换品种时,只需更换相应的角铁式夹具便可迅速转换为新零件的加工,不致使机床长期等工。图 4-70b 所示是立方固定基础板。它安装在数控机床工作台的转台上,其四面都有网格分布的定位孔和紧固螺孔,上面可安装各类夹具的底板。当加工对象变换时,只需转台转位,便可迅速转换到加工新的零件用的夹具,十分方便。

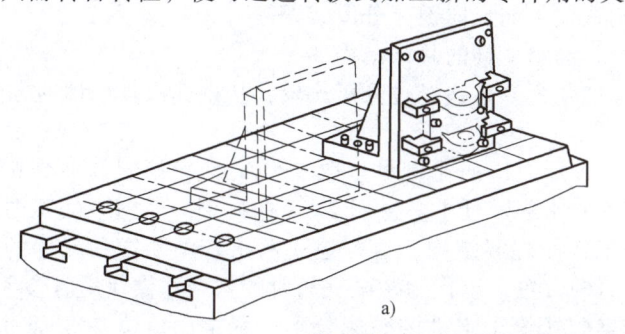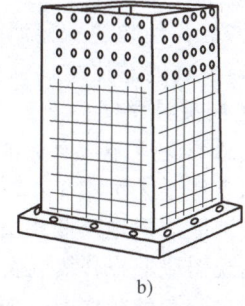

图 4-70 数控机床夹具构成简图

数控机床夹具的夹紧装置要求结构简单紧凑、体积小、采用机动夹紧方式,以满足数控加工的要求。近来国内外常采用高压(10~25MPa)小流量液压夹紧系统。由于压力较高,可省去中间增力机构。工作油缸采用小直径($\phi 10 \sim \phi 50$)单作用油缸,结构紧凑,而零部件设计成单元式结构,在夹具底座上变换安装位置十分容易。这类液压夹紧装置目前还在一般机床夹具中推广应用。

数控机床夹具实质上是通用可调夹具和组合夹具的结合与发展,它的固定基础板部分与可换部分的组合是通用可调夹具组成原理的应用,而它的元件和组件高度标准化与组合化,又是组合夹具标准元件的演变与发展。国内外许多数控机床夹具采用孔系列组合夹具的结构系统,就是很好的例证。

第七节 机床夹具设计的基本步骤

机床夹具作为机床的辅助装置,其设计质量的好坏对零件的加工质量、效率、成本以及工人的劳动强度均有直接的影响,因此在进行机床夹具设计时,必须使加工质量、生产率、劳动条件和经济性等几方面达到统一,其中保证加工质量是最基本的要求,但是,根据实际情况有时会有所侧重,如对位置精度要求很高的加工,往往着眼于保证加工精度,对于位置精度要求不高的而加工批量较大的情况，则着重于提高夹具的工作效率。总之，在考虑上述四方面要求时，应在满足加工要求的前提下，根据具体情况处理好生产率与劳动条件、生产率与经济性的关系。

为能设计出质量高、使用方便的夹具，在夹具设计时必须深入生产实际进行调查研究，掌握现场第一手资料，广泛征求操作者的意见，吸收国内外有关的先进经验，在此基础上拟出初步设计方案，经过充分论证，然后定出合理的方案进行具体设计。夹具设计的基本步骤可以概述如下：

1. 研究原始资料，明确设计任务

为了明确设计任务，首先应分析研究工件的结构特点、材料、生产规模和本工序加工的技术要求以及前后工序的联系；然后了解加工所用设备、辅助工具中与设计夹具有关的技术性能和规格；了解工具车间的技术水平等。必要时还要了解同类工件的加工方法和所使用夹具的情况，作为设计的参考。

2. 确定夹具的结构方案，绘制结构草图

确定夹具的结构方案，主要考虑以下问题：
1）根据六点定位原理确定工件的定位方式，并设计相应的定位装置。
2）确定刀具的导引方法，并设计引导元件和对刀装置。
3）确定工件的夹紧方案并设计夹紧装置。
4）确定其他元件或装置的结构形式，如定向键、分度装置等。
5）考虑各种装置、元件的布局，确定夹具的总体结构。
6）对夹具的总体结构，最好考虑几个方案，经过分析比较，从中选取较合理的方案。

3. 绘制夹具总图

夹具总图应遵循国家标准绘制，图形大小的比例尽量取 1∶1，使所绘制的夹具总图直观性好，如工件过大可用 1∶2 或 1∶5 的比例，过小时可用 2∶1 的比例。总图中的视图应尽量少，但必须能清楚地反映出夹具的工作原理和结构，清楚地表示出各种装置和元件的位置关系等。主视图应取操作者实际工作时的位置，以作为装配夹具时的依据并供使用时参考。

绘制总装图的顺序是：先用双点画线绘出工件的轮廓外形，示意出定位基准面和加工面的位置，然后把工件视为透明体，按照工件的形状和位置依次绘出定位、夹紧、导向及其他元件和装置的具体结构；最后绘制夹具体，形成一个夹具整体。

4. 确定并标注有关尺寸和夹具技术要求

在夹具总图上应标注外形尺寸，必要的装配、检验尺寸及其公差，制定主要元件、装置之间的相互位置精度要求、装配调整的要求等。具体包括五类尺寸和四类技术要求。五类尺寸包括夹具外形轮廓尺寸、工件与定位元件间的联系尺寸、夹具与刀具的联系尺寸、夹具与机床联系部分的联系尺寸、夹具内部的配合尺寸。四类技术要求包括定位元件之间的定位要求、定位元件与连接元件和（或）夹具体底面的相互位置要求、导引元件和（或）夹具体底面的相互位置要求、导引元件与定位元件间的相互位置要求。对于夹具上需标注的公差或精度要求，当该尺寸（或精度）与工件的相应尺寸（或精度）有直接关系时，一般取工件尺寸或精度要求的 1/5~1/2 作为夹具上该尺寸的公差或精度要求；没有直接关系时，按照元件在夹具中的功用和装配要求，根据公差与配合国家标准来制定。

5. 绘制夹具零件图

夹具中的非标准零件都必须绘制零件图。在确定这些零件的尺寸、公差和技术条件时，应注意使其满足夹具的总图要求。

在夹具设计图样全部绘制完毕后，设计工作并不就此结束，因为所设计的夹具还有待于实践的验证，在试用后有时可能要把设计作必要的修改。因此设计人员应关心夹具的制造和

装配过程，参与鉴定工作，并了解使用过程，以便发现问题及时改进，使之达到正确设计的要求，只有夹具经过使用验证合格后，才能算完成设计任务。

在实际工作中，上述设计程序并非一成不变，但设计程序在一定程度上反映了设计夹具所要考虑的问题和设计经验，因此对于缺乏设计经验的人员来说，遵循一定的设计方法、步骤进行设计是有益的。

思考与练习题

4-1 机床夹具由哪几个部分组成？各部分起什么作用？

4-2 工件在机床上的装夹方法有哪些？其原理是什么？

4-3 何谓基准？试分析下列零件的有关基准：

（1）图 4-71 所示齿轮的设计基准和装配基准，滚切齿形时的定位基准和测量基准。

（2）图 4-72 所示为小轴零件图及在车床顶尖间加工小端外圆及台肩面 2 的工序图，试分析台肩面 2 的设计基准、定位基准及测量基准。

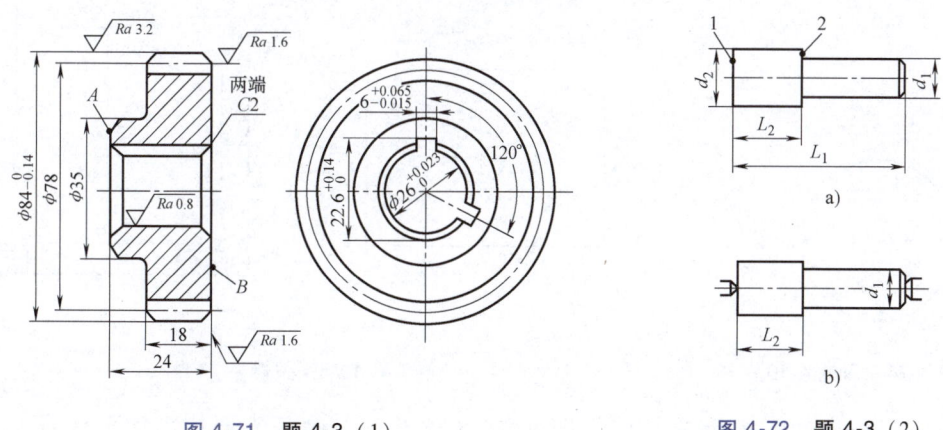

图 4-71　题 4-3（1）　　　　　　图 4-72　题 4-3（2）

4-4 什么是"六点定位原理"？

4-5 什么是完全定位、不完全定位、过定位以及欠定位？

4-6 组合定位分析的要点是什么？

4-7 根据六点定位原理，分析题图 4-73 所示各定位方案中，各定位元件所限制的自由度。

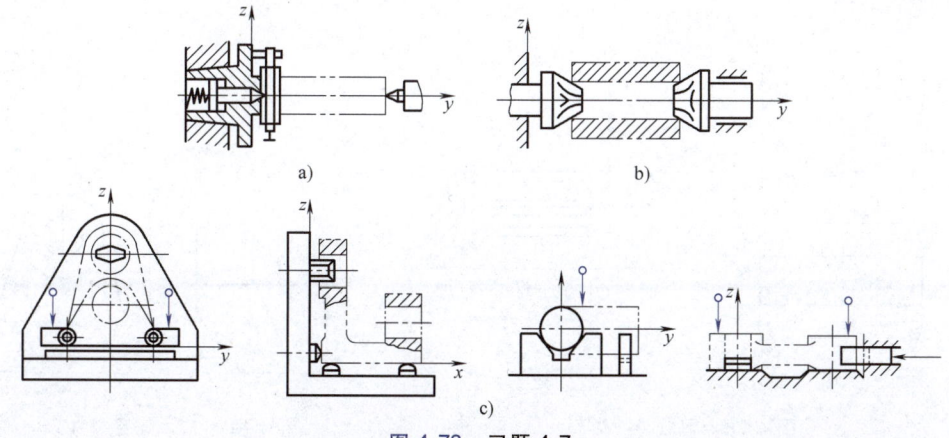

图 4-73　习题 4-7

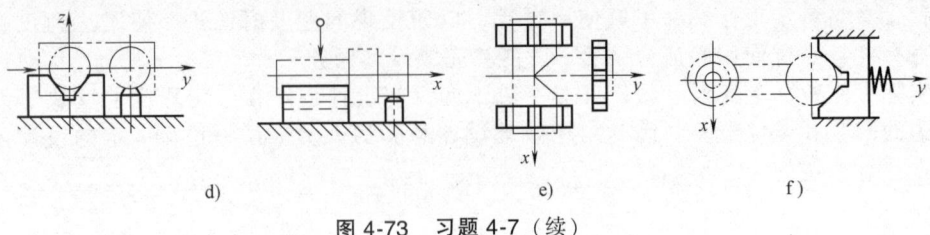

图 4-73 习题 4-7（续）

4-8 什么是固定支承、可调支承、自位支承和辅助支承？

4-9 定位误差产生的原因有哪些？其实质是什么？

4-10 如图 4-74 所示圆柱零件，在其上面加工一键槽，要求保证尺寸 $30_{-0.2}^{0}$ mm，采用工作角度 $90°$ 的 V 形块定位，试计算该尺寸的定位误差。

4-11 有一批如图 4-75a 所示的工件，除 A、B 处台阶面外，其余各表面均已加工合格。今用图 4-75b 所示的夹具方案定位铣削 A、B 台阶面，保证 $30±0.01$mm 和 $60±0.06$mm 两个尺寸。试分析计算定位误差。

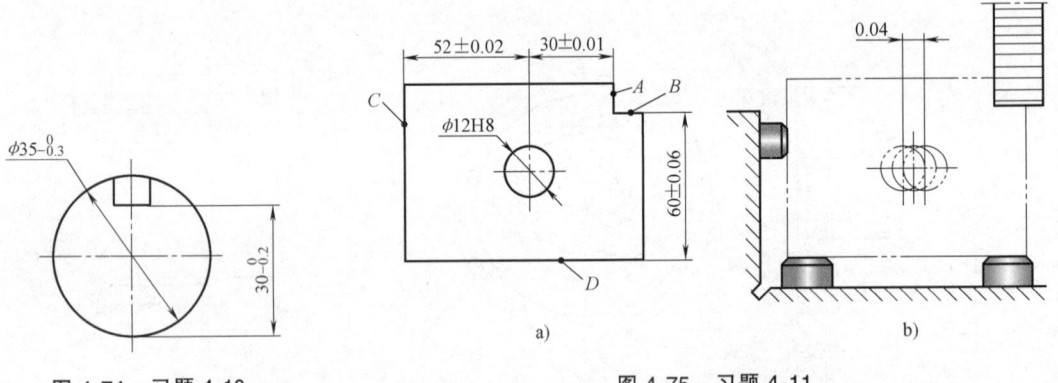

图 4-74 习题 4-10

图 4-75 习题 4-11

4-12 有一批如图 4-76 所示的工件，除 $2×\phi5$ 孔外其余各表面均已加工合格。今按图 4-76b 所示的方案用盖板式钻模一次装夹后依次加工孔 I 和孔 II。盖板式钻模用 $\phi25f9\left(_{-0.072}^{-0.020}\right)$ mm 心轴与工件孔 $\phi25H9\left(_{0}^{+0.052}\right)$ mm 相配定位。试分析计算两个 $\phi5$mm 孔的孔心距的定位误差。

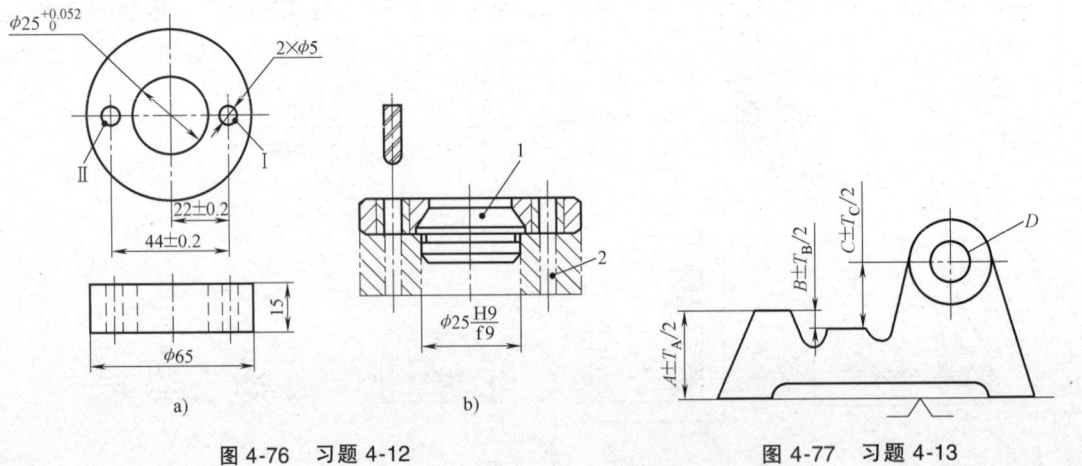

图 4-76 习题 4-12

图 4-77 习题 4-13

4-13 批量生产图 4-77 所示零件，设 A、B 两尺寸已加工好，今以底面定位镗 D 孔，求此工序基准不重合误差。

4-14 有一批套筒零件如图 4-78 所示，其他加工面已加工好，今以内孔 D_2 在圆柱心轴 d 上定位，用调整法最终铣削键槽。若定位心轴处于水平位置，试分析计算尺寸 L 的定位误差。已知：$D_1 = \phi 50_{-0.06}^{0}$ mm，$D_2 = \phi 30_{0}^{+0.021}$ mm，心轴直径 $d = \phi 30_{-0.020}^{+0.007}$ mm。

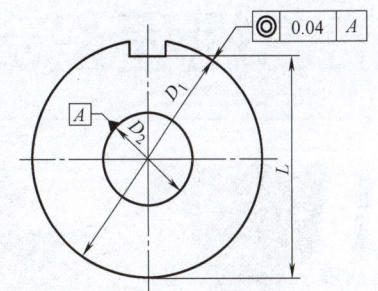

图 4-78 习题 4-14

4-15 简述夹具夹紧力的确定原则。

4-16 气动夹紧与液压夹紧各有哪些优缺点？

4-17 分别简述车、铣、钻床夹具的设计特点。

4-18 钻套的种类有哪些？分别适用于什么场合？

4-19 何谓随行夹具？适用于什么场合？设计随行夹具主要考虑哪些问题？

4-20 何谓组合夹具、成组夹具和通用可调夹具？三种夹具之间有什么关系？

4-21 数控机床夹具有什么特点？

参考文献

[1] 龚定安，等. 机床夹具设计 [M]. 西安：西安交通大学出版社，1992.

[2] 曾志新，等. 机械制造技术基础 [M]. 武汉：武汉理工大学出版社，2001.

[3] 卢秉恒，等. 机械制造技术基础 [M]. 北京：机械工业出版社，1999.

[4] 徐发仁，等. 机床夹具设计 [M]. 重庆：重庆大学出版社，1993.

[5] 王秀伦，等. 机床夹具设计 [M]. 北京：中国铁道出版社，1984.

[6] 宋殷. 机床夹具设计 [M]. 武汉：武汉理工大学出版社，1990.

第五章
工艺规程设计

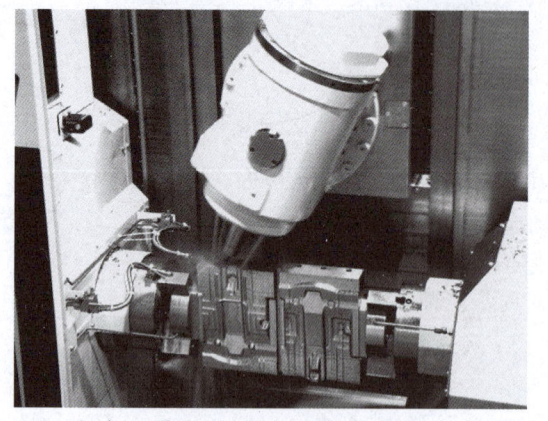

生产人员通过工艺规程来实现产品的加工制造。合理的工艺规程,能在保证产品要求的同时提高生产效率。

第一节　概述
第二节　机械加工工艺规程设计
第三节　加工余量及工序尺寸
第四节　数控加工工艺过程分析与设计
第五节　机械加工工艺过程的技术经济分析及工艺文件
第六节　制订机械加工工艺规程实例——车床主轴箱箱体工艺规程的制订
第七节　机器装配工艺规程设计
思考与练习题
参考文献

第一节　概述

一、生产过程与工艺过程

机器的生产过程是将原材料转变为成品的全过程。在生产过程中,凡是改变生产对象的形状、尺寸、位置和性质等,使其成为成品或半成品的过程都称为工艺过程。工艺过程又可分为铸造、锻造、冲压、焊接、机械加工、装配等工艺过程,机械制造工艺过程一般是指零件的机械加工工艺过程和机器的装配工艺过程的总和,其他过程则称为辅助过程,例如运输、保管、动力供应、设备维修等。本章主要讲授机械制造工艺过程设计的基本知识。铸造、锻造、冲压、焊接、热处理等工艺过程则由其他课程学习。

一台结构相同、要求相同的机器,或者具有相同要求的机器零件,均可以采用几种不同的工艺过程完成,但其中总有一种工艺过程在某一特定条件下是最合理的。人们把合理工艺过程的有关内容写成工艺文件的形式,用以指导生产,这些工艺文件即称为工艺规程。经审定批准的工艺规程是指导生产的重要文件,生产人员必须严格遵守。当然,工艺规程也不是一成不变的,随着科学技术的发展,一定会有新的更为合理的工艺规程来代替旧的相对不合理的工艺规程。但是工艺规程的修订或更改,必须经过充分的工艺试验验证,并按照工厂的相关规定履行审批手续。

二、机械加工工艺过程的组成

1. 工序、工步和工作行程

工序是组成机械加工工艺过程的基本单元,一个工序是指一个(或一组)工人,在一台机床(或一个工作地点),对同一工件(或同时对几个工件)所连续完成的那一部分工艺过程。制订机械加工工艺过程,必须确定该工件要经过几道工序以及工序进行的先后顺序。仅列出主要工序名称及其加工顺序的简略工艺过程，称为工艺路线。

工步是在加工表面不变、加工工具不变、切削用量不变的条件下所连续完成的那部分工序。

工作行程也称走刀，是加工工具在加工表面上加工一次所完成的工步。

现在以图 5-1 所示的阶梯轴的加工为例来说明。若阶梯轴的精度和表面粗糙度要求不高，则加工这根阶梯轴的工艺过程将包含下列加工内容：①切一端面；②打中心孔；③切另一端面；④打中心孔；⑤车大外圆；⑥大外圆倒角；⑦车小外圆；⑧小外圆倒角；⑨铣键槽；⑩去毛刺。

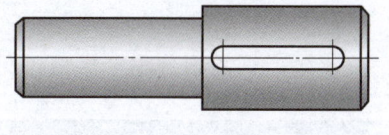

图 5-1　阶梯轴

根据车间加工条件和生产规模的不同，可以采用不同的方案来完成上述工件的加工。在表 5-1 及表 5-2 中分别表示在单件小批生产及大批大量生产中工序的划分和所用的机床。

表 5-1　单件小批生产的工艺过程

工序号	工序内容	设　备
1	车一端面、打中心孔、调头车另一端面，打另一中心孔	车床
2	车大外圆及倒角，调头车小外圆及中心孔	车床
3	铣键槽、去毛刺	铣床

表 5-2　大批大量生产的工艺过程

工序号	工序内容	设　备
1	铣端面，打中心孔	铣端面和打中心孔机床
2	车大外圆及倒角	车床
3	车小外圆及倒角	车床
4	铣键槽	键槽铣床
5	去毛刺	钳工台

从表中可以看出，随着生产规模的不同，工序的划分及每一个工序所包含的加工内容是不同的。

在单件小批生产的工序 1 中，包括四个工步：两次车端面，两次打中心孔，分为四个工步的原因是加工表面变了。在工序 2 中也包括四个工步，这时加工表面和切削工具都变了。在大批大量生产中，工序 1 由于采用了两面同时加工的方法，所以只有两个工步。而车大、小外圆及倒角则分为两个工序，每个工序包括两个工步。

若在车小外圆时由于毛坯余量过大，必须分两次切削，每次切削的工件转速、进给量及切削深度（或背吃刀量）都相同或大致相同，则切削一次就是一次走刀。在加工小外圆时，若一次是粗加工，一次是精加工，则因为工件转速、进给量及背吃刀量都不相同，刀具也不相同，所以它们是两个工步。

另外，去毛刺的工作在单件小批生产中由铣工在加工后顺便进行，而在大批大量生产中，由于生产效率较高，铣工忙于装卸工件及操作机床，因此必须由单独工序完成，专门清除毛刺。

2. 装夹和工位

为完成零件的加工，必须对工件进行装夹，它由定位和夹紧过程组成，这一功能是由夹具完成的。采用转位或移位夹具、回转工作台或在多轴机床上加工时，工件在机床上一次装夹后，要经过若干个位置依次进行加工。工件在机床上所占据的每一个位置上所完成的那一部分工序就称为工位。

三、生产类型与加工工艺过程的特点

1. 生产类型

生产类型的划分依据是产品或零件的年生产纲领，产品的年生产纲领就是产品的年生产量。而零件的年生产纲领的计算式为

$$N=Qn(1+a)(1+b)$$

式中　N——零件的年产纲领（件/年）；

Q——产品的年产量(台/年);
n——每台产品中该零件的数量(件/台);
a——备品率(%);
b——废品率(%)。

按年生产纲领划分生产类型,见表5-3。

表 5-3 生产纲领与生产类型的关系

生产类型	零件年生产纲领/(件/年)		
	重型零件	中型零件	轻型零件
单件生产	<5	<10	<100
小批生产	5~100	10~200	100~500
中批生产	100~300	200~500	500~5000
大批生产	300~1000	500~5000	5000~50000
大量生产	>1000	>5000	>50000

(1) **单件生产** 单个地生产不同结构和不同尺寸的产品,并且很少重复。例如,重型机器制造、专用设备制造和新产品试制等。

(2) **批量生产** 一年中分批地制造相同的产品,制造过程有一定的重复性。例如,机床制造就是比较典型的成批生产。每批制造的相同产品的数量称为批量。根据批量的大小,成批生产又可分为:小批生产、中批生产和大批生产。小批生产的工艺过程的特点和单件生产相似;大批生产的工艺过程的特点和大量生产相似;中批生产的工艺过程的特点则介于单件小批生产和大批大量生产之间。

(3) **大批量生产** 产品数量很大,大多数工作地点经常重复地进行某一个零件的某一道工序的加工。例如,汽车、拖拉机、轴承等的制造通常都是以大量生产的方式进行。

出于生产效率、成本、质量等方面的考虑,单件、小批量生产与大批量生产可能有不同的工艺过程。不仅如此,生产类型不同,工艺规程制订的要求也不同。对单件小批生产,可能只要制订一个简单的工艺路线就行了;对于大批量生产,应该制订一个详细的工艺规程,对每个工序、工步和工作行程,都要进行设计,详细地给出各种工艺参数。这样做主要是因为对于大批量生产来说,每个工序、工步节省1s,就会带来可观的效益,应该经过计算和实验优化设计工艺规程,并详细规定下来,照章执行。同时,详细的工艺规程,也是进行工夹具设计制造的依据。

各种生产类型的工艺过程特点可归纳成表5-4。

表 5-4 各种生产类型工艺过程的主要特点

工艺过程特点 \ 生产类型	单件生产	成批生产	大批量生产
工件的互换性	一般是配对制造,没有互换性,广泛用钳工修配	大部分有互换性,少数用钳工修配	全部有互换性。某些精度较高的配合件用分组选择装配法
毛坯的制造方法及加工余量	铸件用木模手工造型,锻件用自由锻。毛坯精度低,加工余量大	部分铸件用金属模;部分锻件用模锻。毛坯精度中等,加工余量中等	铸件广泛采用金属模机器造型,锻件广泛采用模锻,以及其他高生产率的毛坯制造方法。毛坯精度高,加工余量小
机床设备	通用机床或数控机床,或加工中心	数控机床、加工中心或柔性制造单元。设备条件不够时,也采用部分通用机床、部分专用机床	专用生产线、自动生产线、柔性制造生产线或数控机床

(续)

生产类型 工艺过程特点	单件生产	成批生产	大批量生产
夹具	多用标准附件,极少采用夹具,靠划线及试切法达到精度要求	广泛采用夹具或组合夹具,部分靠加工中心一次安装	广泛采用高生产率夹具,靠夹具及调整法达到精度要求
刀具和量具	采用通用刀具和万能量具	可以采用专用刀具及专用量具或三坐标测量机	广泛采用高生产率刀具和量具,或采用统计分析法保证质量
对工人的要求	需要技术熟练的工人	需要有一定熟练程度的工人和编程技术人员	对操作工人的技术要求较低,对生产线维护人员要求有高的素质

2. 生产类型与组织方式

产品的用途不同,决定了其市场需求量是不同的,因此不同的产品有不同的生产批量。如家电产品的市场需求可能是几千万台,而专用模具、长江三峡巨型发电机组等的需求则往往只是单件。需求的批量不同,形成了不同的生产规模类型,如大批量、中小批量、单件生产等。不同的生产类型即生产规模不同,生产组织的方式及相应的工艺过程也大不相同。

大批量生产往往是由自动生产线、专用生产线来完成的,单件、小批生产往往是由通用设备,靠工人的技术或技艺来完成的。数控技术及设备的智能化改善了这一状况,使单件小批生产也接近大批生产的效率及成本。单件、小批生产时,往往采用多工序集中在一起。大批量生产时,一个零件往往分成了许多工序,在流水线上协调完成加工任务。大批量生产时,产品的开发过程和大批量制造过程中间往往还有小批量试制阶段,以避免市场风险及完善生产准备工作。这些阶段间往往有较明确的界限,中间还要进行评估与分析。单件、小批生产中,产品的开发过程与生产过程往往结合为一体。但这些界限并不是绝对的,在敏捷制造、并行工程等先进制造模式下,大批量生产时,产品开发和生产组织阶段之间往往消除了明显的界限。这就是为了迅速响应市场、占有市场,在高技术群的支撑下所达到的制造技术的理想境界。

针对不同的产品所选用的生产模式及制造技术的准则是什么?质量、成本、生产率长期以来是评价机电产品制造过程的三大准则。然而随着科学技术的飞速发展及人们消费水平的提高,消费的个性化及制造业的竞争日趋激烈,使大批量生产类型越来越被多品种、小批量所取代。质量、成本、生产率这三大准则的内涵有了新的发展。T(交货时间)Q(质量)C(成本)S(服务)的准则被提出来了。服务实际上也可看作质量的一个要素,单独提出来,是为引起更多的重视。TQCS四要素孰轻孰重?由于市场竞争的日趋激烈,快速响应制造的概念被提出来了。最大限度地满足用户需求的产品往往并不是一次设计和制造就能定位的,快速制造可以加速质量改进迭代的进程,以求继续保持质量的领先。最早上市的几家公司往往占有市场份额的80%以上。最早实现顾客某些功能需求的厂商,由于市场的独占性,往往可以有较高的价格,即使生产成本较大,企业仍能获得丰厚利润。因此决策一个产品的生产组织、开发方式及制造工艺时,要灵活掌握运用以上思想和原则。不仅要对工艺技术有深刻透彻的掌握,而且能从管理学角度做出有战略眼光的选择。

产品的制造过程实际上包括了零件、部件、整机的制造。部件和整机的制造一般是一个装配的过程。

企业组织产品的生产可以有多种模式:
1)生产全部零部件、组装机器。
2)生产一部分关键的零部件,其余的由其他企业供应。
3)完全不生产零部件,只负责设计及销售。

第一种模式的企业，必须拥有加工所有零件、完成所有工序的设备，形成大而全、小而全的工厂。当市场发生变化时，适应性差，难以做到设备负载的平衡，而且固定资产利用率差，定岗人员也有忙闲不均情况，影响管理和全员的积极性。

第三种模式具有场地占用少、固定设备投入少、转产容易等优点，较适宜市场变化快的产品生产。但对于核心技术和工艺应该自己掌握时，或大批量生产中附加值比较大的零部件生产，这一模式就有不足之处。许多高新技术开发区"两头在内、中间在外"的企业均是这种方式。国外敏捷制造中的动态联盟，其实质即是在 INTERNET 信息技术支持下，在全球范围内实现这一生产模式。这种组织方式中，更显示出知识在现代制造业的突出作用和地位。实际上是将制造业由资金密集型向知识密集型过渡的模式。

许多产品复杂的大工业多采用第二种模式，如汽车制造业。美国的三大汽车公司周围密布着数以千计的中小企业，承担汽车零配件、汽车生产所需的专用工模具、专用设备的生产供应，形成一个繁荣的产业。日本的汽车工业也是如此，汽车生产厂家只控制整车、车身和发动机的设计和生产。日本电装、丰田工机、美国的 TRW、德尔福都是专门生产汽车零部件的巨型企业，它们为多家汽车生产厂供货。如日本电装公司原是丰田公司下属的一个汽车电器配套厂，1949 年另立门户，现已成为年产值 120 亿美元的日本最大的零部件生产厂，其汽车空调器、起动机、雨刮器、散热器市场占有率居世界首位。

对第二种模式及第三种模式来说，零部件供应的质量是重要的。保证质量的措施可以采取主机厂的一套完善的质量检测手段，对供应零件进行全检或按数理统计方法进行抽检。为了保证及时供货及质量的另一个措施是可以向两个供应商订货，以便有选择和补救的余地，同时形成了一定的竞争机制。

四、工艺规程的设计原则及原始资料

工艺规程设计须遵循以下原则：

1）所设计的工艺规程应能保证机器零件的加工质量（或机器的装配质量），达到设计图样上规定的各项技术要求。
2）应使工艺过程具有较高的生产率，使产品尽快投放市场。
3）设法降低制造成本。
4）注意减轻工人的劳动强度，保证生产安全。

设计工艺规程必须具备以下原始资料：

1）产品装配图、零件图。
2）产品验收质量标准。
3）产品的年生产纲领。
4）毛坯材料与毛坯生产条件。
5）制造厂的生产条件，包括机床设备和工艺装备的规格、性能和现在的技术状态、工人的技术水平、工厂自制工艺装备的能力以及工厂供电、供气的能力等有关资料。
6）工艺规程设计、工艺装备设计所需要的设计手册和有关标准。
7）国内外先进制造技术资料等。

第二节 机械加工工艺规程设计

一、机械加工工艺规程设计的内容及步骤

1. 分析研究产品的装配图和零件图

首先要进行两方面的工作：

1) 熟悉产品的性能、用途、工作条件，明确各零件的相互装配位置及其作用，了解及研究各项技术条件制订的依据，找出其主要技术要求和关键技术问题。

2) 对装配图和零件图进行工艺审查。主要的审查内容有：图样上规定的各项技术条件是否合理，零件的结构工艺性是否好，图样上是否缺少必要的尺寸、视图或技术条件。过高的精度、要求过高的表面粗糙度和其他技术条件会使工艺过程复杂，加工困难。应尽可能减少加工和装配的劳动量，达到好造、好用、好修的目的。如果发现有问题，则应及时提出，并会同有关设计人员共同讨论研究，按照规定手续对图样进行修改与补充。表5-5列出了两种结构的对比，使用性能完全相同的零件，因结构稍有不同，其制造成本就有很大的差别。所谓具有良好的结构工艺性，应是在不同生产类型的具体生产条件下，对于零件毛坯的制造、零件的机械加工和机器产品的装配，都能采用较经济的方法进行。如图5-2所示的车床进给箱箱体零件，其同轴孔的直径设计成单向递增（图5-2b）时，就只适用于单件小批生产，此时，对此同轴孔的镗削加工可在工件的一次安装中完成，但在大批大量生产中，为了用双面组合机床加工，就应改为双向递减（图5-2a）的孔径设计，用左右两镗杆各镗两个孔，使机动时间大致相等，从而缩短加工工时，平衡节拍，提高效率。

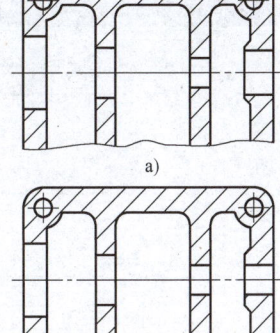

图 5-2 零件结构工艺性与生产类型

表 5-5 零件机械加工结构公艺性的对比

序号	A 结构工艺性差	B 结构工艺性好	说　明
1			B结构留有退刀槽，才可进行加工，并能减少刀具和砂轮的磨损
2			B结构采用相同的槽宽，以减少刀具种类和换刀时间
3			由于B结构的键槽的方位相同，就可在一次安装中进行加工，以提高生产率
4			A结构不便引进刀具，难以实现孔的加工
5			B结构可避免钻头钻入和钻出时因工件表面倾斜而引起引偏或断损

(续)

序号	A 结构工艺性差	B 结构工艺性好	说　　明
6			B结构既可节省材料,减轻质量,还避免了深孔加工
7			B结构可减少深孔的螺纹加工
8			B结构可减少底面的加工劳动量且有利于减小平面度误差,提高接触刚度
9			B结构按孔的实际配合需要,改短了加工长度,并在两端改用凸台定位,从而降低了对孔及端面的加工成本
10			箱体内壁凸台过大,不便加工,改成B结构较好
11			箱体类零件的外表面比内表面容易加工,故应以外表面代替内表面作装配连接表面,如B结构
12			B结构把环槽a改在件1的外圆上,就比在件2的内孔中便于加工和测量

（续）

序号	A 结构工艺性差	B 结构工艺性好	说 明
13	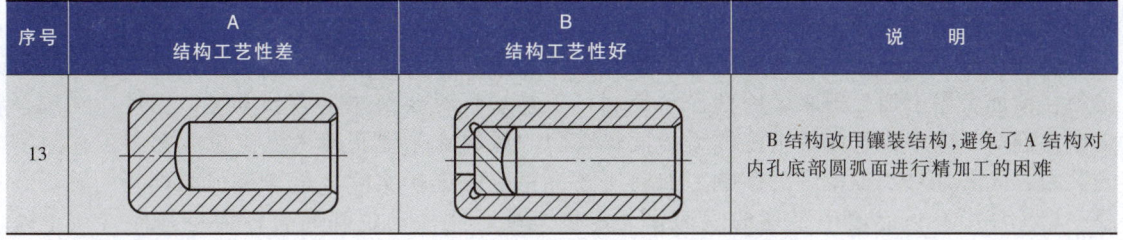		B结构改用镶装结构，避免了A结构对内孔底部圆弧面进行精加工的困难

2. 确定毛坯

根据产品图样审查毛坯的材料选择及制造方法是否合适，从工艺的角度（如定位夹紧、加工余量及结构工艺性等）对毛坯制造提出要求。必要时，应和毛坯车间共同确定毛坯图。

毛坯的种类和质量与机械加工的质量、材料的节约、劳动生产率的提高和成本的降低都有密切的关系。在确定毛坯时，总希望尽可能提高毛坯质量，减少机械加工劳动量，提高材料利用率，降低机械加工成本，但是这样就使毛坯的制造要求和成本提高。因此，两者是相互矛盾的，需要根据生产纲领和毛坯车间的具体条件来加以解决。考虑到技术的发展，在确定毛坯时就要充分注意到利用新工艺、新技术、新材料的可能性。在改进了毛坯的造制工艺和提高了毛坯质量后，往往可以大大节约机械加工劳动量，比采取某些高生产率的机械加工工艺措施更为有效。目前少无切屑加工有很大的发展，如精密铸造、精密锻造、冷轧、冷挤压、粉末冶金、异型钢材、工程塑料等都在迅速推广。用这些方法制造的毛坯，只要经过少量的机械加工即可，甚至不需要加工即可。少无切屑加工是目前机械制造工业发展方向之一。

3. 拟定工艺路线，选择定位基面

这是制订工艺过程中的关键性的一步，需要提出几个方案，进行分析对比，寻求最经济合理的方案。这里包括：确定加工方法，安排加工顺序，确定定位夹紧方法，以及安排热处理、检验及其他辅助工序（去毛刺、倒角等）。

4. 确定各工序所采用的设备

如果需要改装设备或自制专用设备，则应提出具体的设计任务书。

5. 确定各工序所采用的刀、夹、量具和辅助工具

如果需要设计专用的刀、夹、量具和辅助工具，则应提出具体的设计任务书。

6. 确定各主要工序的技术要求及检验方法

7. 确定各工序的加工余量，计算工序尺寸和公差

8. 确定切削用量

目前很多工厂一般都不规定切削用量，而由操作者结合具体生产情况来选取。但对流水线生产，尤其是自动线生产，则各工序、工步都需规定切削用量，以保证各工序生产节奏均衡。

9. 确定工时定额

工时定额目前主要是按经过生产实践验证而积累起来的统计资料来确定的（参阅有关手册）。随着工艺过程的不断改进，也需要相应地修订工时定额。

对于流水线和自动线，由于有规定的切削用量，工时定额可以部分通过计算，部分应用统计资料得出。

10. 技术经济分析

11. 填写工艺文件

二、制订机械加工工艺规程时要解决的主要问题

制订工艺规程所需考虑的问题很多，涉及的面也很广，下面只讨论制订工艺规程时要解决的主要问题。

1. 定位基准的选取原则

合理选择定位基准对保证加工精度和确定加工顺序都有决定性的影响，后道工序的基准必须在前面工序中加工出来，因此，它是制订工艺规程时要解决的首要问题。因此，在选择定位基准时，应多设想几种定位方案，比较它们的优缺点，周密地考虑定位方案与工艺过程的关系，尤其是对加工精度的影响。如前所述，基准的选择实际上就是基面的选择问题。在第一道工序中，只能使用毛坯的表面作为定位基准，这种定位基面就称为粗基面（或毛基面）。在以后各工序的加工中，可以采用已经切削加工过的表面作为定位基面，这种定位基面就称为精基面（或光基面）。

经常遇到这样的情况：工件上没有能作为定位基面的恰当表面，这时就有必要在工件上专门加工出定位基面，这种基面称为辅助基面。辅助基面在零件的工作中没有用处，它是仅为加工的需要而设置的。如轴类零件加工用的中心孔、活塞加工用的止口和下端面就是典型的例子。

在选择基面时，需要同时考虑三个问题：

1）用哪一个表面作为加工时的精基面，才有利于经济合理地达到零件的加工精度要求。

2）为加工出上述精基面，应采用哪一个表面作为粗基面。

3）是否有个别工序为了特殊的加工要求，需要采用第二个精基面。

在选择基面时有两个基本要求：

1）各加工表面有足够的加工余量（至少不留下黑斑），使不加工表面的尺寸、位置符合图样要求。对一面要加工、一面不加工的壁，要有足够的厚度。

2）定位基面应有足够大的接触面积和分布面积。接触面积大就能承受大的切削力；分布面积大可使定位稳定可靠。在必要时，可在工件上增加工艺搭子或在夹具上增加辅助支承。如图 5-3 所示，在加工车床小刀架的 A 面时，为了使定位稳定可靠，在小刀架上的表面 C 增加了工艺搭子 B，它和表面 C 同时加工出来。

由于对精基面和粗基面的加工要求和用途不同，所以在选择精基面和粗基面时所考虑的侧重点也不同。

对于精基面考虑的重点是如何减少误差，提高定位精度，因此选择精基面的原则是：

1）应尽可能选用设计基准作为定位基准，这称为基准重合原则。特别在最后精加工时，为保证精度，更应该注意这个原则。这样可以避免因基准不重合而引起的定位误差。

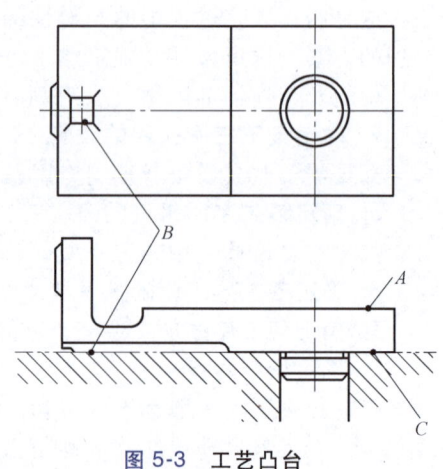

图 5-3 工艺凸台

2）应尽可能选用统一的定位基准加工各表面，以保证各表面间的位置精度，称为统一基准原则。例如，车床主轴采用中心孔作为统一基准加工各外圆表面，不但能在一次安装中加工大多数表面，而且保证了各级外圆表面的同轴度要求以及端面与轴线的垂直度要求。

3）有时还要遵循互为基准、反复加工的原则。如加工精密齿轮，当齿面经高频淬火后磨削时，因其淬硬层较薄，应使磨削余量小而均匀，所以要先以齿面为基准磨内孔，再以内孔为基准磨齿面，以保证齿面余量均匀。又如，当车床主轴支承轴颈与主轴锥孔的同轴度要求很高时，也常常采用互为基准、反复加工的方法来达到。

4）有些精加工工序要求加工余量小而均匀，以保证加工质量和提高生产率，这时就以加工面本身作为精基面，称为自为基准原则。例如，在磨削车床床身导轨面时，就用百分表找正床身的导轨面（导轨面与其他表面的位置精度则应由磨前的精刨工序保证）。

在选择粗基面时，考虑的重点是如何保证各加工表面有足够的余量，使不加工表面与加工表面间的尺寸、位置符合图样要求。因此选择粗基面的原则是：

1）如果必须首先保证工件某重要表面的余量均匀，就应该选择该表面作为粗基面。车床导轨面的加工就是一个例子，由于导轨面是车床床身的主要表面，精度要求高，并且要求耐磨。在铸造床身毛坯时，导轨面需向下放置，以使其表面层的金属组织细致均匀，没有气孔、夹砂等缺陷，因此在加工时要求加工余量均匀，以便达到高的加工精度，同时切去的金属层应尽可能薄一些，以便留下一层组织紧密、耐磨的金属层。同时，导轨面又是床身工件上最长的表面，容易发生余量不均匀和不够的危险，若导轨表面上

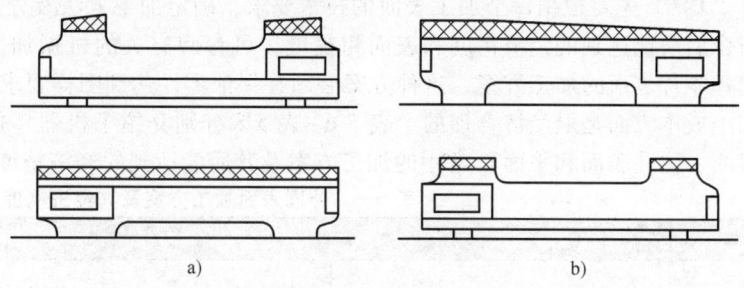

图 5-4 床身导轨加工的两种定位方法的比较

的加工余量不均匀，切去又太多，如图 5-4b 所示，则不但影响加工精度，而且将把比较耐磨的金属层切去，露出较疏松的、不耐磨的金属组织，所以，应该用图 5-4a 所示的定位方法（先以导轨面作粗基面加工床脚平面，再以床脚平面作精基面加工导轨面）进行加工，则导轨面的加工余量将比较均匀。至于床脚上的加工余量不均匀则并不影响床身的加工质量。

2）如果必须首先保证工件上加工表面与不加工表面之间的位置要求，则应以不加工表面作为粗基面，如果工件上有好几个不需加工的表面，则应以其中与加工表面的位置精度要求较高的表面为粗基面，以求壁厚均匀、外形对称等。图 5-5 所示的零件就是一个例子，若选不需要加工的外圆毛面作粗基面定位（图 5-5a），此时虽然镗孔时切去的余量不均匀，但可获得与外圆具有较高同轴度的内孔，壁厚均匀、外形对称；若选用需要加工的内孔毛面定位（图 5-5b），则结果相反，切去的余量比较均匀，但零件壁厚不均匀。

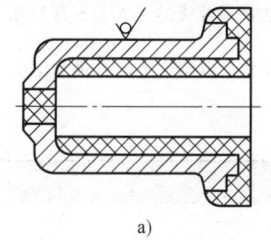 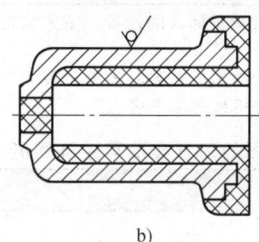 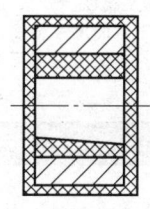 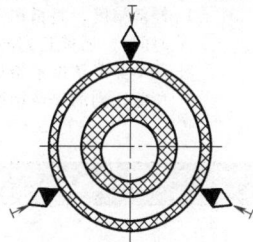

图 5-5 两种粗基面选择方案的对比　　　图 5-6 铸造或锻造毛坯轴套的定位基准选择

若零件上每个表面都要加工，则应该以加工余量最小的表面作为粗基面，使这个表面在以后的加工中不会留下毛坯表面而造成废品。例如加工铸造或锻造的轴套（图 5-6），通常加工余量较小，并且总是孔的加工余量大，而外圈表面的加工余量较小，这时就应以外圆表面作为粗基面来加工孔。

3）应该用毛坯制造中尺寸和位置比较可靠、平整光洁的表面作为粗基面，使加工后各加工表面对各不加工表面的尺寸精度、位置精度更容易符合图样要求。对于铸件不应选择有浇冒口的表面、分型面以及有飞刺或夹砂的表面作粗基面。对于锻件不应选择有飞边的表面作粗基面。

应该注意：由于粗基面的定位精度很低，所以粗基面在同一尺寸方向上通常只允许使用

一次,否则定位误差太大。因此在以后的工序中,都应使用已切削过的表面作为精基面。

总之,定位基面的选择原则是从生产实践中总结出来的,在保证加工精度的前提下,应使定位简单准确,夹紧可靠,加工方便,夹具结构简单。因此,必须结合具体的生产条件和生产类型来分析和运用这些原则。

2. 加工方法的选择

在分析研究零件图的基础上,对各加工表面选择相应的加工方法。

1) 首先要根据每个加工表面的技术要求,确定加工方法及分几次加工(各种加工方法及其组合后所能达到的经济精度和表面粗糙度,可参阅有关的机械加工手册)。这里的主要问题是,选择零件表面的加工方案,这种方案必须在保证零件达到图样要求方面是可靠的,并在生产率和加工成本方面是最经济合理的。表 5-6~表 5-8 分别介绍了机器零件的三种最基本的表面(外圆表面、内孔表面和平面)常用的加工方案及其所能达到的经济精度和表面粗糙度。

表 5-6 外圆表面加工方案及其经济精度

加工方案	经济精度公差等级	表面粗糙度/μm	适用范围
粗车→半精车→精车→滚压(或抛光)	IT11~IT13 IT8~IT9 IT7~IT8 IT6~IT7	Rz50~100 Ra3.2~6.3 Ra0.8~1.6 Rz0.08~0.20	适用于除淬火钢以外的金属材料
粗车→半精车→磨削→粗磨→精磨→超精磨	IT6~IT7 IT5~IT7 IT5	Ra0.40~0.80 Ra0.10~0.40 Ra0.012~0.10	除不宜用于有色金属外,主要适用于淬火钢件的加工
粗车→半精车→精车→金刚石车	IT5~IT6	Ra0.025~0.40	主要用于有色金属
粗车→半精车→粗磨→精磨→镜面磨 →精车→精磨→研磨 →粗研→抛光	IT5 以上 IT5 以上 IT5 以上	Rz0.025~0.20 Rz0.05~0.10 Rz0.025~0.40	主要用于高精度要求的钢件加工

注:1. 经济精度,是指在正常加工条件下(采用符合质量标准的设备、工艺装备和标准技术等级的工人,不延长加工时间),所能达到的加工精度。
2. 表中经济精度系指加工后的尺寸精度,可供选择加工方案时参考;有关形状精度与位置精度方面各种加工方法所能达到的经济精度与表面粗糙度可参阅各种机械加工手册。

表 5-7 内孔表面加工方案及其经济精度

加工方案	经济精度公差等级	表面粗糙度/μm	适用范围
钻→扩→铰→粗铰→精铰→铰→粗铰→精铰	IT11~IT13 IT10~IT11 IT8~IT9 IT7~IT8 IT8~IT9 IT7~IT8	Rz≥50 Rz25~50 Ra1.60~3.20 Ra0.80~1.60 Ra1.60~3.20 Ra0.80~1.60	加工未淬火钢及铸铁的实心毛坯,也可用于加工有色金属(所得表面粗糙度值 Ra 稍大)
钻→(扩)→拉	IT7~IT8	Ra0.80~1.60	大批大量生产(精度可由拉刀精度而定),如校正拉削后,表面精糙度 Ra 值可降低到 0.40~0.20
粗镗(或扩)→半精镗(或精扩)→精镗(或铰)→浮动镗	IT11~IT13 IT8~IT9 IT7~IT8 IT6~IT7	Rz25~50 Ra1.60~3.20 Ra0.80~1.60 Ra0.20~0.40	除淬火钢外的各种钢材,毛坯上已有铸出的或锻出的孔

(续)

加工方案	经济精度公差等级	表面粗糙度/μm	适用范围
粗镗(扩)→半精镗→磨 　　　　　　　　↳粗磨→精磨	IT7~IT8 IT6~IT7	Ra0.20~0.80 Ra0.10~0.20	主要用于淬火钢,不宜用于有色金属
粗镗→半精镗→精镗→金刚镗	IT6~IT7	Ra0.50~0.20	主要用于精度要求高的有色金属
钻→(扩)→粗铰→精铰→珩磨 　　↳拉→珩磨 粗镗→半精镗→精镗→珩磨	IT6~IT7 IT6~IT7 IT6~IT7	Ra0.025~0.20 Ra0.025~0.20 Ra0.025~0.20	精度要求很高的孔,若以研磨代替珩磨,公差等级达IT6以上,表面粗糙度Ra可降低到0.16~0.01

表 5-8　平面加工方案及其经济精度

加工方案	经济精度公差等级	表面粗糙度/μm	适用范围
粗车 　↳半精车 　　　↳精车 　　　　　↳磨	IT11~IT13 IT8~IT9 IT7~IT8 IT6~IT7	Rz≥50 Ra3.20~6.30 Ra0.80~1.60 Ra0.20~0.80	适用于工件的端面加工
粗刨(或粗铣) 　↳精刨(或精铣) 　　　↳刮研	IT11~IT13 IT7~IT9 IT5~IT6	Rz≥50 Ra1.60~6.30 Ra0.10~0.80	适用于不淬硬的平面(用面铣加工,可得较低的表面粗糙度)
粗刨(或粗铣)→精刨(或精铣)→宽刃精刨	IT6~IT7	Ra0.20~0.80	批量较大,宽刃精刨效率高
粗刨(或粗铣)→精刨(或精铣)→磨 　　　　　　　　　　　　↳粗磨→精磨	IT6~IT7 IT5~IT6	Ra0.20~0.80 Ra0.025~0.40	适用于精度要求较高的平面加工
粗铣→拉	IT6~IT9	Ra0.20~0.80	适用于大量生产中加工较小的不淬火平面
粗铣→精铣→磨→研磨 　　　　　　　↳抛光	IT5~IT6 IT5以上	Rz0.025~0.20 Rz0.025~0.10	适用于高精度平面的加工

表中所列都是生产实际中的统计资料,可以根据对被加工零件加工表面的精度和粗糙度要求、零件的结构和被加工表面的形状、大小以及车间或工厂的具体条件,选取最经济合理的加工方案,必要时应进行技术经济论证。但还必须指出:这是在一般情况下可能达到的精度和表面粗糙度,在具体条件下是会有差别的。随着生产技术的发展,工艺水平的提高,同一种加工方法所能达到的精度和表面粗糙度也会提高。例如,过去在外圆磨床上精磨外圆仅能达到公差等级为IT6级和表面粗糙度 Ra 值≥0.32μm的表面粗糙度,但是在采用适当的措施提高磨床精度以及改进磨削工艺后,现在已能在普通外圆磨床上进行镜面磨削,也可达到公差等级IT5级以上,表面粗糙度 Ra 值为0.16~0.02μm的表面粗糙度。用金刚石刀车削,也能获得表面粗糙度 Ra≤0.10μm的表面。

2) 决定加工方法时要考虑被加工材料的性质。例如,淬火钢必须用磨削的方法加工;而有色金属则磨削困难,一般都采用金刚车或高速精密车削的方法进行精加工。

3) 选择加工方法要考虑到生产类型,即要考虑生产率和经济性的问题。在大批大量生产中可采用专用的高效率设备和专用工艺装备。例如,平面和孔可用拉削加工,轴类零件可采用半自动液压仿形车床加工,甚至在大批大量生产中可以从根本上改变毛坯的制造工艺,大大减少切削加工的工作量。例如，用粉末冶金制造油泵的齿轮、用失蜡浇注制造柴油机上的小尺寸零件等。在单件小批生产中，就采用通用设备、通用工艺装备以及一般的加工方法。

4）选择加工方法还要考虑本厂（或本车间）的现有设备情况及技术条件，应该充分利用现有设备，挖掘企业潜力，发挥工人群众的积极性和创造性，有时虽有该类设备，但因负荷的平衡问题，还得改用其他的加工方法。

此外，选择加工方法还应该考虑一些其他因素，如工件的形状和重量以及加工方法所能达到的表面物理力学性能等。

3. 加工阶段的划分

零件的加工质量要求较高时，必须把整个加工过程划分为几个阶段：

（1）粗加工阶段 在这一阶段要切除较大的加工余量，因此主要问题是如何获得高的生产率。

（2）半精加工阶段 在这一阶段应为主要表面的精加工做好准备（达到一定的加工精度，保证一定的精加工余量），并完成一些次要表面的加工（钻孔、攻螺纹、铣键槽等），一般在热处理之前进行。

（3）精加工阶段 保证各主要表面达到图样规定的质量要求。

（4）光整加工阶段 对于精度要求很高、表面粗糙度值要求很小（标准公差等级 IT6 级及 IT6 级以上，表面粗糙度 $Ra \leqslant 0.32\mu m$ 的零件，还要有专门的光整加工阶段。光整加工阶段以提高零件的尺寸精度和降低表面粗糙度为主，一般不用于提高形状精度和位置精度。

有时，由于毛坯余量特别大，表面特别粗糙，在粗加工前还要有去皮加工阶段，为了及时发现毛坯废品以及减少运输工作量，常把去皮加工放在毛坯准备车间进行。

划分加工阶段的原因是：

1）粗加工阶段中切除金属较多，产生的切削力和切削热都较大，所需的夹紧力也较大，因而使工件产生的内应力和由此引起的变形也大，不可能达到高的精度和低的表面粗糙度，因此需要先完成各表面的粗加工，再通过半精加工和精加工逐步减小切削用量、切削力和切削热，逐步修正工件的变形，提高加工精度和降低表面粗糙度，最后达到零件图的要求。同时各阶段之间的时间间隔相当于自然时效，有利于消除工件的内应力，使工件有变形的时间，以便在后一道工序中加以修正。

2）划分加工阶段可合理使用机床设备。粗加工时可采用功率大、精度不高的高效率设备，精加工时可采用相应的高精度设备。这样不但发挥了机床设备各自的性能特点，而且也有利于高精度机床在使用中保持高精度。

3）为了在机械加工工序中插入必要的热处理工序，同时使热处理发挥充分的效果，这就自然而然地把机械加工工艺过程划分为几个阶段，并且每个阶段各有其特点及应该达到的目的。例如，在精密主轴加工中，在粗加工后进行去应力时效处理，在半精加工后进行淬火处理，在精加工后进行冰冷处理及低温回火，最后再进行光整加工。

此外由于划分了加工阶段，就带来两个有利条件：

1）粗加工各表面后可及早发现毛坯的缺陷，及时报废或修补，以免继续进行精加工而浪费工时和制造费用。

2）精加工表面的工序安排在最后，可保护这些表面少受损伤或不受损伤。

应当指出，上述阶段的划分并不是绝对的，当加工质量要求不高、工件的刚性足够、毛坯质量高、加工余量小时，则可以不划分加工阶段，例如在自动机上加工的零件。另外，有些重型零件，由于安装、运输费时又困难，常不划分加工阶段，在一次安装下完成全部粗加工和精加工；或在粗加工后松开夹紧，消除夹紧变形，然后再用较小的夹紧力重新夹紧，进行精加工，这样也有利于保证重型零件的加工质量。但是对于精度要求高的重型零件，仍要划分加工阶段，并插入时效、去除内应力等处理，这需要按照具体情况来决定。

4. 工序的集中与分散

一个工件的加工是由许多工步组成的,如何把这些工步组成工序,是设计工艺过程时要考虑的一个问题。在一般情况下,根据工步本身的性质(例如,车外圆、铣平面等)、粗精加工阶段的划分、定位基面的选择和转换等,就把这些工步集中成若干个工序,在若干台机床上进行。但是这些条件不是固定不变的,例如,主轴箱箱体底面可以用刨加工、铣加工或磨加工,只要工作台的行程足够长,主轴箱箱体底面可以在粗铣结束后,再用另外一些动力头进行半精铣等。因此有可能把许多工步集中在一台机床上来完成。立式多工位回转工作台组合机床、加工中心和柔性生产线(FML)就是工序集中的极端情况。由于集中工序总是要使用结构更复杂、机械化、自动化程度更高的高效率机床,因此集中工序具备下列一些特点:

1) 由于采用高生产率的专用机床和工艺设备,大大提高了生产率。
2) 减少了设备的数量,相应地也减少了操作工人和生产面积。
3) 减少了工序数目,缩短了工艺路线,简化了生产计划工作。
4) 缩短了加工时间,减少了运输工作量,因而缩短了生产周期。
5) 减少了工件的安装次数,不仅有利于提高生产率,而且由于在一次安装下加工多个表面,也易于保证这些表面间的位置精度。
6) 因为采用的专用设备和专用工艺装备数量多而复杂,因此机床和工艺装备的调整、维修也很费时费事,生产准备工作量很大。

当然还存在另一个可能性,那就是每一个工步(甚至走刀)都作为一个工序在一台机床上进行,这就是工序分散的极端情况。由于每一台机床只完成一个工步的加工,因此工序分散就具有下列特点:

1) 采用比较简单的机床和工艺装备调整容易。
2) 对工人的技术要求低,或只需经过较短时间的训练。
3) 生产准备工作量小。
4) 容易变换产品。
5) 设备数量多,工人数量多,生产面积大。

在一般情况下单件小批生产只能工序集中,而大批大量生产则可以集中,也可以分散。但根据目前情况及今后发展趋势来看一般多采用工序集中的原则来组织生产。

5. 加工顺序的安排

(1) 切削加工工序 在安排加工顺序时有几个原则是需要遵循的:

1) 先粗后精。先安排粗加工,中间安排半精加工最后安排精加工和光整加工。
2) 先主后次。先安排主要表面的加工,后安排次要表面的加工。这里所谓主要表面是指装配基面、工作表面等;所谓次要表面是指非工作表面(如紧固用的光孔和螺孔等)。由于次要表面的加工工作量比较小,而且它们又往往和主要表面有位置精度的要求,因此一般都放在主要表面的主要加工结束之后,而在最后精加工或光整加工之前。
3) 先基面后其他。加工一开始,总是先把精基面加工出来。如果精基面不止一个,则应该按照基面转换的顺序和逐步提高加工精度的原则来安排基面和主要表面的加工。例如在一般机器零件上,平面所占的轮廓尺寸比较大,用平面定位比较稳定可靠,因此在拟定工艺规程时总是选用平面作为定位精基面,总是先加工平面后加工孔。

在安排加工顺序时要注意退刀槽、倒角等工作的安排。有关这一类结构元素,在审查图样的结构工艺性时就应予以注意。

为保证加工质量的要求,有些零件的最后精加工须放在部件装配之后或在总装过程中进行。例如,东方红—75型拖拉机连杆的大头孔,就要在连杆盖和连杆体装配好后再进行精镗和珩磨；车床主轴上连结自定心卡盘的法兰，它的止口及平面，须待法兰安装在该车床主轴上后再进行最后精加工，这种法兰不能互换。

（2）**热处理工序**　热处理主要用来改善材料的性能及消除内应力。一般可分为：

1）**预备热处理**。安排在机械加工之前，以改善切削性能、消除毛坯制造时的内应力为主要目的。例如，对于碳质量分数超过0.5%的碳钢，一般采用退火，以降低硬度；对于碳质量分数不大于0.5%的碳钢，一般采用正火，以提高材料的硬度，使切削时切屑不粘刀，表面较光滑。由于调质（淬火后再进行500~650℃的高温回火）能得到组织细密均匀的回火索氏体，因此有时也用作预备热处理。

2）**最终热处理**。安排在半精加工以后和磨削加工之前（但渗氮处理应安排在精磨之后），主要用于提高材料的强度及硬度，如淬火。由于淬火后材料的塑性和韧性很差，有很大的内应力，易于开裂，组织不稳定，材料的性能和尺寸要发生变化等原因，所以淬火后必须进行回火。其中调质处理能使钢材既有一定的强度、硬度，又有良好的冲击韧性等综合力学性能，常用于汽车、拖拉机和机床零件的热处理，如汽车连杆、曲轴、齿轮和机床主轴等。

3）**去除内应力处理**。最好安排在粗加工之后、精加工之前，如人工时效、退火。但是为了避免过多的运输工作量，对于精度要求不太高的零件，一般把去除内应力的人工时效和退火放在毛坯进入机械加工车间之前进行。但是对于精度要求特别高的零件（例如，精密丝杠），在粗加工和半精加工过程中要经过多次去除内应力退火，在粗、精磨过程中还要经过多次人工时效。

另外，对于机床的床身、立柱等铸件，常在粗加工前以及粗加工后进行自然时效（或人工时效），以便消除内应力，并使材料的组织稳定，不再继续变形。所谓自然时效，就是把铸件在露天放置几个月以至几年。所谓人工时效，就是把铸件以50~100℃/h的速度加热到500~550℃，保温3~5h或更久，然后以20~500℃/h的速度随炉冷却。虽然目前机床铸件已多人工时效来代替自然时效，但是对精密机床的铸件来说，仍以自然时效为好。

对于精密零件（如精密丝杠、精密轴承、精密量具、油泵油嘴偶件）为了消除残留奥氏体，使尺寸稳定不变，还要采用冰冷处理（在0~80℃之间的空气中停留1~2h）。冰冷处理一般安排在回火之后进行。

（3）**辅助工序**　检验工序是主要的辅助工序，它是保证产品质量的重要措施。除了在每道工序的进行中，操作者都必须自行检验外，还必须在下列情况下安排单独的检验工序。

1）粗加工阶段结束之后。
2）重要工序之后。
3）零件从一个车间转到另一个车间时。
4）特种性能（磁力探伤、密封性等）检验之前。
5）零件全部加工结束之后。

除检验工序外，还要在相应的工序后面考虑安排去毛刺、倒棱边、去磁、清洗、涂防锈油等辅助工序。应该认识到辅助工序仍是必要的工序，缺少了辅助工序或是对辅助工序要求不严，将为装配工作带来困难，甚至使机器不能使用。例如，未去净的毛刺和锐边，将使工件不能装配，且将危及工人的安全；润滑油道中未去净的铁屑将影响机器的运行，甚至使机器损坏。

6. 机床的选择

机床的选择首先取决于现有的生产条件，应根据确定的加工方法选择正确的机床设备，机床设备选择得合理与否不但直接影响工件的加工质量，而且还影响工件的加工效率和制造成本。在确定了机床设备类型后，选择的尺寸规格应与工件的尺寸相适应，精度等级应与本工序加工要求相适应，电动机功率应与本工序加工所需功率相适应，机床设备的自动化程度和生产效率应与工件生产类型相适应。

如需要增加新设备时，首先应立足于国内，必须进口时，须经充分论证，多方对比，合理地分析其经济性，不能盲目引进。

如果没有现成的设备可供选择时，可以考虑采用自制专用机床。可根据工序加工要求提出专用机床设计任务书，应附有与该工序加工有关的一切必要的数据资料，包括工序尺寸公差及技术条件，工件的装夹方式，工序加工所用切削用量、工时定额、切削力、切削功率以及机床的总体布置形式等。

选择机床时还要考虑有足够的柔性，以适应产品改型及转产的需求。

第三节　加工余量及工序尺寸

一、加工余量及其影响因素

1. 加工余量

在由毛坯变为成品的过程中，在某加工表面上切除的金属层的总厚度称为该表面的加工总余量。每一道工序所切除的金属层厚度称为工序间加工余量。对于外圆和孔等旋转表面而言，加工余量是从直径上考虑的，故称为对称余量（即双边余量），即实际所切除的金属层厚度是直径上的加工余量之半。平面的加工余量则是单边余量，它等于实际所切除的金属层厚度。

任何加工方法都不可避免地要产生尺寸的变化，因此各工序加工后的尺寸也有一定的误差。根据长期积累的经验，通过统计和分析，规定了各种加工方法的工序公差（见《金属机械加工工艺人员手册》及有关资料）。对工序公差带一般都规定为"入体"方向标注，即对于被包容面（如轴、键等），工序间公差带都取上偏差为零，即加工后的公称尺寸和上极限尺寸相等；对于包容面（如孔、键槽宽

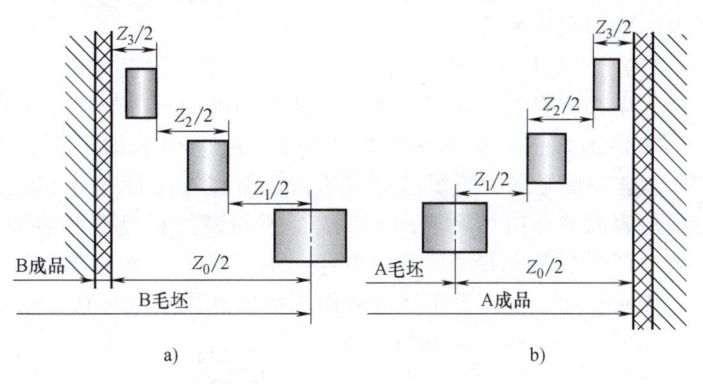

图 5-7　加工余量示意图
a）被包容面（轴）　b）包容面（孔）

等），工序间公差带都取下偏差为零，即加工后的公称尺寸和下极限尺寸相等。但是要注意：毛坯尺寸的制造公差带常取双向布置。

根据上面所说的规定，我们可以作出如图 5-7、图 5-8 所示的加工余量及其和工序公差的关系图，从图中可以看出下列关系：

（1）加工总余量等于各工序间余量之和
$$Z_0 = Z_1 + Z_2 + Z_3 + \cdots$$

（2）对于被包容面而言

工序间余量＝上工序的公称尺寸−本工序的公称尺寸；

工序间最大余量＝上工序的上极限尺寸−本工序的下极限尺寸；

工序间最小余量＝上工序的下极限尺寸−本工序的上极限尺寸。

(3) 对于包容面而言

工序间余量=本工序的公称尺寸-上工序的公称尺寸；

工序间最大余量=本工序的上极限尺寸-上工序的下极限尺寸；

工序间最小余量=本工序的下极限尺寸-上工序的上极限尺寸。

上面所说的工序间余量都是计算公称工序尺寸用的，所以又称为公称余量。加工总余量的大小对制订工艺过程有一定的影响。总余量不够，不能保证加工质量；总余量过大，不但增加机械加工的劳动量而且也增加了材料、工具、电力等消耗，从而增加了成本。加工总余量的数值，一般与毛坯的制造精度有关。同样的毛坯制造方法，总余量的大小又与生产类型有关，如果批量大，总余量就可小些。由于粗加工的工序间余量的变化范围很大，半精加工和精加工的加工余量较小，所以，在一般情况下，加工总余量总是足够分配的。但是在个别余量分布极不均匀的情况下，也可能发生毛坯上有缺陷的表面层都切削不掉，甚至留在了毛坯表面的情况。

对于工序间余量，目前不采用计算的方法来决定，一般工厂都按经验估计，也有在积累经验的基础上总结出来的手册资料。对于一些精加工工序（例如，磨削、研磨、珩磨、金刚镗等），有一最合适的加工余量范围。加工余量过大，会使精加工工时过长，甚至不能达到精加工的目的（破坏了精度和表面质量），如果加工余量过小，会使工件的某些部位加工不出来。此外，精加工的工序间余量不均匀，还会影响加工精度。所以对于精加工工序的工序间余量的大小和均匀性必须予以保证。

2. 影响加工余量的因素

影响工序间余量的因素比较复杂，下面仅对在一次切削中应切去的部分作一说明，作为考虑工序间余量的参考。

(1) 上工序的表面粗糙度（R_{ya}） 由于尺寸测量是在表面粗糙度的高峰上进行的，任何后续工序都应降低表面粗糙度，因此在切削中首先要把上工序所形成的表面粗糙度切去。

(2) 上工序的表面破坏层（D_a） 由于切削加工都在表面上留下一层塑性变形层（图5-9），这一层金属的组织已遭破坏，必须在本工序中予以切除。经过加工，上工序的表面粗糙度及表面破坏层切除了，又形成了新的表面粗糙度和表面破坏层。但是根据加工过程中逐步减少切削层厚度和切削力的规律，本工序的表面粗糙度和表面破坏层的厚度必然比上工序小。在光整加工中，上工序的表面粗糙度和表面破坏层是组成加工余量的主要因素。

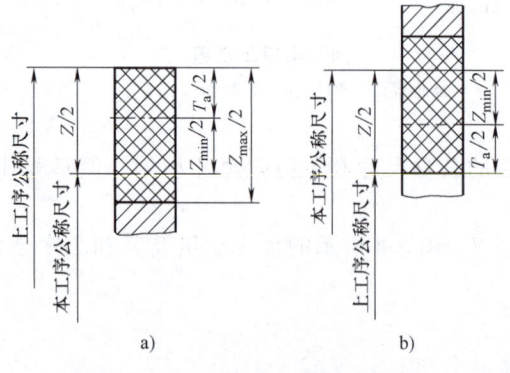

图5-8 加工余量与工序尺寸示意图
a) 被包容面（轴） b) 包容面（孔）

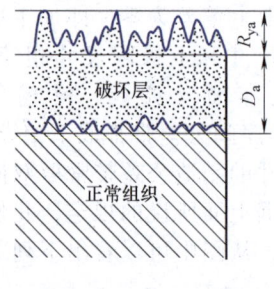

图5-9 表面粗糙度和表面破坏层

(3) 上工序的尺寸公差（T_a） 从图5-8可以看出，在工序间余量内包括上工序的尺寸公差。其形状和位置误差，一般都包括在尺寸公差范围内（例如，圆度和素线平行度一般包括在直径公差内，平行度可以包括在距离公差内），不再单独考虑。

（4）**需要单独考虑的误差**（ρ_a）　零件上有一些形状和位置误差不包括在尺寸公差的范围内，但这些误差又必须在加工中加以纠正，这时就必须单独考虑这类误差对加工余量的影响。属于这一类的误差有轴线的直线度、位置度、同轴度及平行度、轴线与端面的垂直度、阶梯轴及孔的同轴度、外圆对于孔的同轴度等。例如，图 5-10 所示的轴类零件的轴线有直线度误差 Δ，则加工余量必须至少增加 2Δ 才能保证该轴在加工后消除弯曲的影响，因此细长轴的加工余量应比用同样方法加工一般短轴的余量要大些，这就是考虑到细长轴因内应力而变形的缘故。

热处理变形对加工余量的影响也是需要单独考虑的误差之一。淬火零件的磨削余量应比不淬火零件的磨削余量要大些，这也是考虑到零件在淬火后有变形之故。对于孔、花键孔等，热处理可能使尺寸略有增大，或略有减少，影响到本工序的加工余量，甚至使花键孔扭转及产生其他变形，影响到工艺过程的安排。热处理变形的数值与方向和零件的材料及热处理工艺有关，需要通过实验来决定。

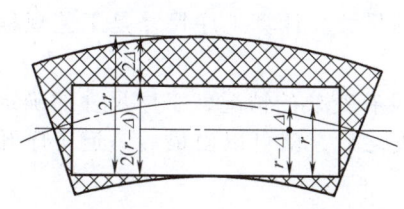
图 5-10　轴的弯曲对加工余量的影响

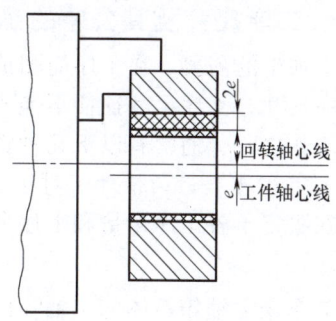
图 5-11　自定心卡盘装夹误差

（5）**本工序的安装误差**（ε_b）　这一项误差包括定位误差（包括夹具本身的误差）和夹紧误差。例如，图 5-11 所示，若用自定心卡盘夹紧工件外圆磨内孔时，由于自定心卡盘本身定心不准确，因而使工件中心和机床回转中心偏移了一个 e 值，使内孔的磨削余量不均匀。为了加工出内孔，就需在磨削余量上增大 $2e$ 值。

由于 ρ_a 和 ε_b 具有方向性，因此，它们的合成应为向量和。根据以上分析，可以建立工序间最小余量的计算式。

对于平面加工，单边最小余量为

$$Z_{b\min} = T_a + (R_{ya} + D_a) + |\vec{\rho}_a + \vec{\varepsilon}_b|$$

对于外圆和内孔加工，双边最小余量为

$$2Z_{b\min} = T_a + 2[(R_{ya} + D_a) + \sqrt{\rho_a^2 + \varepsilon_b^2}]$$

当具体应用这种计算式时，还应考虑该工序的具体情况。如车削安装在两顶尖上的工件外圆时，其安装误差可取为零，此时直径上的双边最小余量为

$$2Z_{b\min} = T_a + 2[(R_{ya} + D_a) + \rho_a]$$

对于浮动镗孔，由于加工中是以孔本身作为基准，不能纠正孔轴线的偏斜和弯曲，因此此时的直径双边最小余量为

$$2Z_{b\min} = T_a + 2(R_{ya} + D_a)$$

对于研磨、珩磨、超精磨和抛光等光整加工工序，此时的加工要求主要是进一步降低上工序留下的表面粗糙度，因此其直径双边最小余量（仅降低表面粗糙度）为

$$2Z_{bmin} = 2R_{ya}$$

计算中所需的 R_{ya}、D_a、ε_b、ρ_a 的数值,可参阅有关的手册。

实际生产中加工余量的确定,主要参考由生产实践和试验研究所积累起来的资料,可以从一般的机械加工手册中查阅。

3. 加工余量的确定

确定加工余量有计算法、经验估计法和查表法这三种方法。

(1) *计算法* 在掌握影响加工余量的各种因素具体数据的条件下,用计算法确定加工余量是比较科学的。可惜的是已经积累的统计资料尚不多,计算有困难,目前应用较少。

(2) *经验估计法* 加工余量由一些有经验的工程技术人员或工人根据经验确定。由于主观上有怕出废品的思想,故所估加工余量一般都偏大,此法只用于单件小批生产。

(3) *查表法* 此法以工厂生产实践和实验研究积累的经验为基础制成的各种表格数据为依据,再结合实际加工情况加以修正。用查表法确定加工余量,方法简便,比较接近实际,生产上广泛应用。

二、工序尺寸及其公差的确定

由于加工的需要,在工序简图或工艺规程中要标注一些专供加工用的尺寸,这类尺寸就称为工序尺寸,工序尺寸往往不能直接采用零件图上的尺寸。计算工序尺寸是工艺规程制订的主要工作之一,通常有以下几种情况:

(1) *基准重合时的情况* 对于加工过程中基准面没有变换的情况,工序尺寸的确定比较简单。在决定了各工序余量和工序所能达到的经济精度之后,就可以由最后一道工序开始往前推算。

如某车床主轴箱箱体的主轴孔的设计要求为:$\phi 180 J6 \left(^{+0.018}_{-0.007} \right)$,$Ra \leqslant 0.8 \mu m$。在成批生产条件下,其加工方案为:粗镗—半精镗—精镗—铰孔。

从机械加工手册所查得的各工序的加工余量和所能达到的经济精度,见表5-9中第二、三列,其计算结果列于第四、五列。其中关于毛坯的公差,可根据毛坯的类型、结构特点、制造方法和生产厂的具体条件,参照有关毛坯的手册资料确定。

表5-9 工序尺寸及公差的计算

工序名称	工序双边余量/mm	工序的经济精度		下极限尺寸/mm	工序尺寸及其偏差/mm
		公差等级	公差值		
铰孔	0.2	IT6	0.025	$\phi 179.993$	$\phi 180^{+0.018}_{-0.007}$
精镗孔	0.6	IT7	0.04	$\phi 179.8$	$\phi 179.8^{+0.04}_{0}$
半精镗孔	3.2	IT9	0.10	$\phi 179.2$	$\phi 179.2^{+0.1}_{0}$
粗镗孔	6	IT11	0.25	$\phi 176$	$\phi^{+0.25}_{0}$
毛坯孔			3	$\phi 170$	ϕ^{+1}_{-2}

(2) *基准面在加工时经过转换的情况* 在复杂零件的加工过程中,常常出现定位基准不重合或加工过程中需要多次转换工艺基准时,工序尺寸的计算就复杂多了,不能用上面所述的反推计算法,而是需要借助尺寸链的分析和计算,并对工序余量进行验算以校核工序尺寸及其上、下极限偏差。

(3) *孔系坐标尺寸的计算* 孔系的坐标尺寸,通常在零件图上已标注清楚。但是未标注清楚的,就要计算孔系的坐标尺寸,这类问题,可以运用尺寸链原理,作为平面尺寸链问题进行解算。

三、尺寸链在加工工艺过程设计中的应用

工艺过程设计中工序尺寸的确定是一个复杂的过程,特别是工序多时由于基准的变换使得工序尺寸的确定不能像上面通过简单的反推计算获得。尺寸链在表达不同工序尺寸及公差的关系方面,可使问题简单明了。同时还可对设计尺寸和加工余量进行统一的设计计算。因此有必要学习和掌握这一方法。

1. 工艺尺寸链的定义和特征

工艺尺寸链旨在引入尺寸链原理解决工艺过程设计中工序尺寸的相关问题。现用图 5-12 所示的主轴箱箱体镗孔的加工为例进行介绍。图中所示的尺寸 a、b、c 互相联系,按一定顺

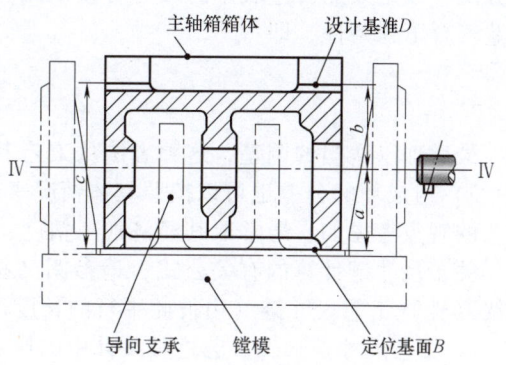

图 5-12　主轴箱箱体镗孔简图

序首尾相接构成封闭形式的一组尺寸就定义为尺寸链。其中,尺寸 a、c 是直接获得并保证的工序尺寸,即直接保证尺寸,其尺寸公差的要求直接等于加工过程中所标注的某个加工尺寸公差。也就是说,零件上这类尺寸的精度要求,可以通过直接控制某个标注方法完全相同的加工尺寸的公差而得到保证。只要这个加工尺寸精度符合其公差要求,就可保证零件在加工过程结束时得到合格的设计尺寸。尺寸 a、c 就称为尺寸链的组成环;而尺寸 b 是间接获得并保证的尺寸,它与直接保证的工序尺寸不同,零件成品所需保证的设计尺寸,在加工过程中并不直接标出,只能靠控制其他的工序尺寸及公差,间接地予以保证。尺寸 b 就称为尺寸链的封闭环。这种由零件在加工工艺过程中的有关尺寸所形成的尺寸链,就称为工艺尺寸链。

工艺尺寸链在加工工艺过程设计中具有重要的作用,主要解决三方面的问题:零件各工序尺寸的确定;设计尺寸的验算;加工余量的验算。

我们已经知道,在一个尺寸链中只能有一个封闭环。尺寸链中的封闭环尺寸,总是需要通过对组成环尺寸的加工和控制,予以间接保证而得到。而组成环尺寸则不同,它是可以直接加工保证,并直接得到的尺寸。在实践中,常常易把需通过换算才得知其值的组成环尺寸,误当作尺寸链的封闭环,从而导致计算错误。封闭环的特征,主要不是看它是否已知,而在于它是否通过对各组成环的控制而间接得到或保证。在工艺尺寸链的计算中,常见的封闭环有两类:需要间接控制保证的设计尺寸以及工序加工余量。

如前所述,零件上的各设计尺寸是通过不断切除零件上的相关表面的加工余量来间接获得的,因此,各工序尺寸能否正确、合理地确定,不仅直接关系到零件能否满足技术要求,还关系到加工过程能否合理、顺利地进行。加工余量控制得过小,将影响零件的加工精度及表面质量,有时甚至无法加工;加工余量过大,将增加许多工时,提高加工成本。

计算工艺尺寸链可以用极值法或概率法,分为正计算问题、反计算问题及中间计算问题三类。目前生产中一般采用极值法,概率法主要用于生产批量大的自动化及半自动化生产方面,但是当尺寸链的环数较多时,即使生产批量不大也宜用概率法。

在加工工艺过程设计工作中,通常是根据已给定的封闭环的公差,决定各组成环的公差,即反计算问题。解决这类问题可以有三种方法:

1) 按等公差值的原则分配封闭环的公差,即

$$T(A_i) = \frac{T(A_0)}{n-1}$$

这种方法在计算上比较方便,但从工艺上讲是不够合理的,可以有选择地使用。

2)按等公差等级的原则分配封闭环的公差,即各组成环的公差根据公称尺寸的大小按比例分配,或是按照公差表中的尺寸分段及某一公差等级,规定组成环的公差,使各组成环的公差符合下列条件,即

$$\sum_{i=1}^{n-1} T(A_i) \leqslant T(A_0)$$

最后加以适当的调整,这种方法从工艺上讲是比较合理的。

3)组成环的公差也可以按照具体情况来分配,这与设计工作经验有关,但实质上仍是从工艺的观点考虑的,通常取其经济加工精度,或在此基础上进行调整。

关于尺寸链计算的有关公式,请参阅《机械精度设计》教材。以下仅介绍用极值法求解的线(性)工艺尺寸链(由彼此平行的长度尺寸所组成的尺寸链)在工艺过程设计中的应用。

2. 工艺尺寸链加工工艺过程设计中的应用实例

(1)反计算及中间计算的实例

例 5-1

加工如图 5-13a 所示零件,设 1 面已加工好,现以 1 面定位加工 3 面和 2 面,其工序简图如图 5-13b 所示,试求工序尺寸 A_1 与 A_2。

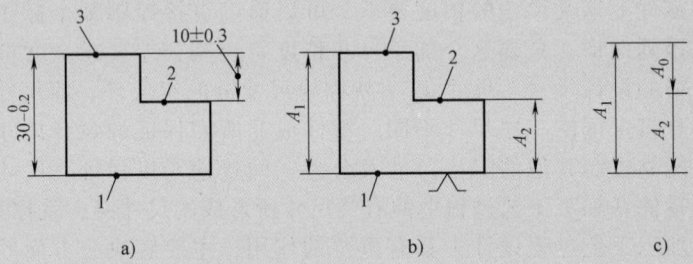

图 5-13 工序尺寸公差计算实例

解 由于加工 3 面时定位基准与设计基准重合,因此工序尺寸 A_1 就等于设计尺寸,$A_1 = 30_{-0.2}^{0}$ mm。而加工 2 面时,定位基准与设计基准不重合,这就导致在用调整法加工时,只能以尺寸 A_2 为工序尺寸,但这道工序的目的是保证零件图上的设计尺寸,即 10 ± 0.3 mm,因此与 A_1、A_2 构成尺寸链。如图 5-13c 所列尺寸链,根据尺寸链环的特性,A_0 是封闭环,A_1、A_2 为组成环,A_1 为增环,A_2 为减环。

由该尺寸链可解出 A_2,由尺寸链的基本尺寸方程知

$$A_0 = A_1 - A_2$$

所以

$$A_2 = A_1 - A_0 = 30\text{mm} - 10\text{mm} = 20\text{mm}$$

由尺寸链的基本偏差方程知

$$\text{ES}_0 = \text{ES}_1 - \text{EI}_2$$

所以

$$\text{EI}_2 = \text{ES}_1 - \text{ES}_0 = 0\text{mm} - 0.3\text{mm} = -0.3\text{mm}$$

$$\text{EI}_0 = \text{EI}_1 - \text{ES}_2$$

所以

$$\text{ES}_2 = \text{EI}_1 - \text{EI}_0 = -0.2\text{mm} - (-0.3)\text{mm} = 0.1\text{mm}$$

即 $A_2 = 20_{-0.3}^{+0.1}$ mm,或按"入体"原则表示为 $A_2 = 20.1_{-0.4}^{0}$ mm。

例 5-2

一带有键槽的内孔要淬火及磨削,其设计尺寸如图 5-14a 所示,内孔及键槽的加工顺序是:

1) 镗内孔至 $\phi 39.6^{+0.1}_{\ 0}$mm。
2) 插键槽至尺寸 A。
3) 热处理:淬火。
4) 磨内孔,同时保证内孔直径 $\phi 40^{+0.05}_{\ \ \ 0}$mm 和键槽深度 $43.6^{+0.34}_{\ \ \ 0}$mm 两个设计尺寸的要求。

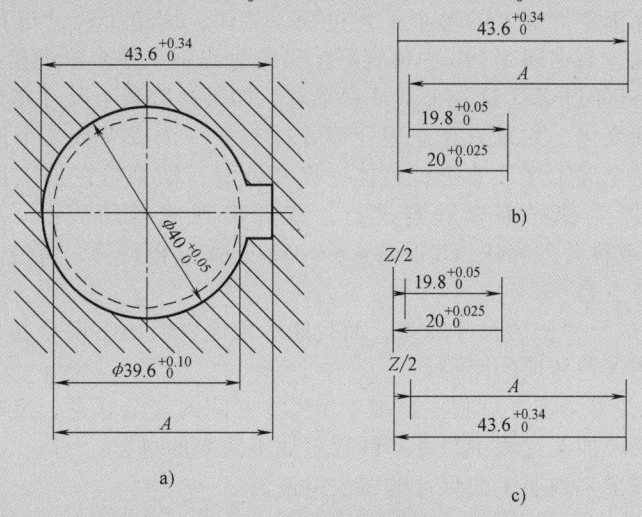

图 5-14 内孔及键槽的工序尺寸链
a) 零件键槽及孔　b) 整体尺寸链图　c) 分解的尺寸链图

现在要确定工艺过程中的工序尺寸 A 及其偏差(假定热处理后内孔没有胀缩)。

为解算这个工序尺寸链,可以作出两种不同的尺寸链图。图 5-14b 所示是一个四环尺寸链,它表示了 A 和三个尺寸的关系,其中 $43.6^{+0.34}_{\ \ \ 0}$mm 是封闭环,这里还看不到工序余量与尺寸链的关系。图 5-14c 是把图 5-14b 所示的尺寸链分解成两个三环尺寸链,并引进了半径余量 $Z/2$。在图 5-14c 的上图中,$Z/2$ 是封闭环;在下图中,$43.6^{+0.34}_{\ \ \ 0}$mm 是封闭环,$Z/2$ 是组成环。由此可见,为保证 $43.6^{+0.34}_{\ \ \ 0}$mm,就要控制工序余量 Z 的变化,而要控制这个余量的变化,就又要控制它的组成环,即直接获得的镗削尺寸 $19.8^{+0.05}_{\ \ \ 0}$mm 和磨削尺寸 $20^{+0.025}_{\ \ \ 0}$mm 的变化。工序尺寸 A 可以由图 5-14b 解出,也可由图 5-14c 解出。前者便于计算,后者利于分析。

在图 5-14b 所示的尺寸链中,A、$20^{+0.025}_{\ \ \ 0}$mm 是增环,$19.8^{+0.05}_{\ \ \ 0}$mm 是减环,由尺寸链的公称尺寸和基本偏差方程可得

$$A = 43.6\text{mm} - 20\text{mm} + 19.8\text{mm} = 43.4\text{mm}$$
$$\text{ES}(A) = 0.34\text{mm} - 0.025\text{mm} + 0\text{mm} = 0.315\text{mm}$$
$$\text{EI}(A) = 0\text{mm} - 0\text{mm} + 0.05\text{mm} = 0.05\text{mm}$$

所以
$$A = 43.4^{+0.315}_{+0.050}\text{mm}$$

按"入体"原则标注尺寸,并对第三位小数进行四舍五入,可得
$$A = 43.45^{+0.27}_{\ \ \ 0}\text{mm}$$

（2）用追迹法建立尺寸链的实例 在制订工艺过程或分析现行工艺时，经常会遇到既有基准不重合的工艺尺寸换算，又有工艺基准的多次转换，还有工序余量变化的影响，整个工艺过程中有着较复杂的基准关系和尺寸关系。这时只靠直观地分析往往很难建立正确的尺寸链。实践表明：查明零件加工过程中的尺寸链是极其复杂的，难以正确掌握，如果尺寸链图画错了，则整个计算结果也是错误的。其次，在零件的整个加工过程中，各个尺寸链并不是孤立地存在的（如例 5-2 中的磨削余量 $Z/2$），而是处于多个尺寸链的错综复杂的尺寸联系之中。这种尺寸联系的实质，就是加工误差互相传递、互相累积的关系，而且这种尺寸联系具有整体性特点，贯穿于零件加工的整个工艺过程。然而，用单个尺寸链很难正确描述尺寸联系的复杂性与整体性。如在图 5-14b 中体现不出工艺过程中工序余量的信息，另一方面，在图 5-14c 中，两个尺寸链通过 $Z/2$ 这一公共环联系着，如果修改某个尺寸链的一环，必然导致另一个尺寸链的尺寸的变化。如果只孤立地计算或控制某一个或少数几个尺寸链，忽视尺寸联系的整体性，没有对全部工序尺寸进行整体计算和控制，结果是在加工过程中常常出现意想不到的问题，以致加工过程难以顺利进行，或者出现成批的废品。而采用图表追迹法（Method of Traces）或称公差表法（Tolerrance Charts）来分析计算，将使问题一目了然。

追迹法的主要特点是：

1）不仅表明构成尺寸链的尺寸联系，而且能形象地表明加工误差互相传递的过程，便于用图解方法直接查明误差传递的路径。

2）能表示出零件整个加工过程中全部工序尺寸之间的复杂联系，反映了尺寸联系整体性的特点，能清晰地反映加工过程中尺寸不断地被加工演变的过程。

下面结合具体例子来说明工艺尺寸的图表追迹法。

例 5-3

图 5-15 表示一个套类零件及其轴向设计尺寸，毛坯是铸铁件，有关轴向尺寸的加工工艺过程（图 5-16）是：

工序 1：①以大端面 A 定位，车小端面 D，保证全长工序尺寸为 $A_1 \pm \frac{1}{2} T(A_1)$（留余量 3mm）；②车小外圆到 B，保证长度 $40_{-0.2}^{0}$ mm。

工序 2：①以小端面 D 定位，精车大端面 A，保证全长工序尺寸为 $A_2 \pm \frac{1}{2} T(A_2)$（留磨削余量 0.2mm）；②镗大孔，保证到 C 面的孔深工序尺寸 $A_3 \pm \frac{1}{2} T(A_3)$。

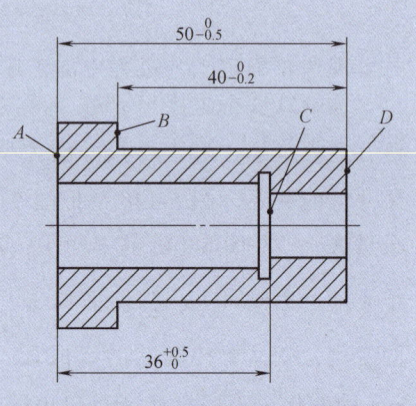

图 5-15 套筒零件简图

工序 3：以小端面 D 定位，磨大端面 A，保证全长尺寸 $A_4 = 50_{-0.5}^{0}$ mm。

要求确定工序尺寸 A_1、A_2、A_3 和 A_4 及其公差，并验证磨削余量 Z_3。

欲解算这一问题，可以发现是比较典型的综合性问题，在加工过程中基准变换多次，并且欲求的未知量有四项，而且包含余量的验算。仅通过一个尺寸链不可能解决上述问题。

分析上述工艺过程可知：设计尺寸 $36_{0}^{+0.5}$ mm 在加工过程中没有直接得到保证，因此可以作为封闭环建立尺寸链；但是，可以发现，加工过程中基准的多次变换，造成难以直观地画出该尺寸链。同时可以看到与设计尺寸 $36_{0}^{+0.5}$ mm 有关的工序尺寸 A_3 是一种含有工序余量 Z_3 的工序尺寸；磨削余量 Z_3 的大小会影响 $36_{0}^{+0.5}$ mm 的精度。解算这类较复杂的工序尺寸，可以应用图表追迹法。解算这类含有余量的问题时,在尺寸链中应将余量作为封闭环来处理。

用工序尺寸图表追迹法解算工序尺寸的方法步骤为(图5-16a):

1)按适当的比例画出工件简图。

2)利用图例符号标定各工序的定位基准、测量基准、加工表面、工序尺寸和加工终结尺寸线。

3)由终结尺寸或加工余量的两端分别向上作"迹线",当遇到箭头时就沿箭头拐弯,经该尺寸线到末端黑圆点后继续垂直向上(或向下)追迹,直至两条追迹路线汇合封闭为止。

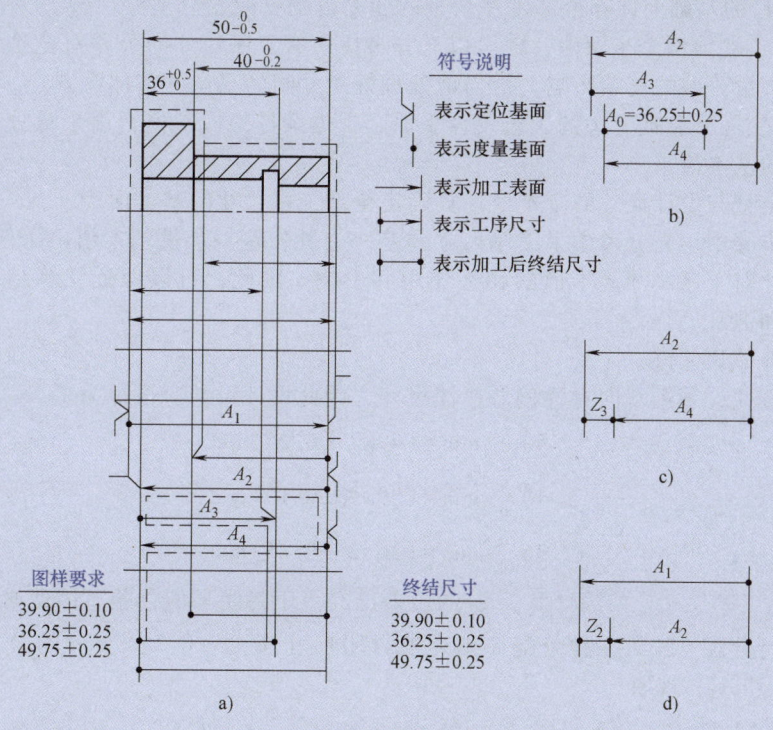

图 5-16 工序尺寸图表追迹法

图5-16a中的虚线就是以终结尺寸$36_{0}^{+0.5}$mm为封闭环向上追迹所列出的一个尺寸链,如图5-16b所示。采用同样的方法,可以列出所有的设计尺寸或加工余量为封闭环的尺寸链,如图5-16c、d所示。

一般地,一个零件加工过程中需要计算的尺寸链的数量,等于间接保证的设计尺寸数与间接控制的工序余量数之和。在本例中,有三个设计尺寸,但$50_{-0.5}^{0}$mm和$40_{-0.2}^{0}$mm属于直接保证的设计尺寸,只有$36_{0}^{+0.5}$mm是间接保证的;而工序尺寸A_1、$40_{-0.2}^{0}$mm、A_3的加工余量皆是从毛坯上直接切出,其余量值取决于工件的实体尺寸,而与工序尺寸的控制无关,一般称为"实体余量",对于实体余量,无需进行具体计算。本例中,只有A_2、A_4的加工余量,即精车余量Z_2(2.8mm)和磨削余量Z_3(0.2mm)被间接控制。因此,本例可以建立一个工序尺寸链和二个余量尺寸链。从中可以看到,A_2、A_4作为公共环,将三个尺寸链整体地联系在一起，如上所述，修改任意一个尺寸链中的尺寸，都将引起其余尺寸链的尺寸变动，因此，应该对其进行整体计算。

在零件加工工艺过程设计中，零件的原设计尺寸规定不合理、工序尺寸制订不合理，都会导致尺寸链计算的混乱或矛盾，从而导致大量的返工调整，出现这类问题的原因往往是因为某些设计尺寸或工序尺寸的公差规定得不合理，需要重新修改和重新确定。由此可见，确定全部工序尺寸的公差，是整个计算过程的基础。

用工序尺寸图表追迹法解算工序尺寸的计算步骤如下：

1) 首先考虑满足全部设计尺寸公差和加工经济性的要求，计算确定全部工序尺寸的公差。

2) 在1) 的基础上计算全部工序余量的变动范围（余量公差）。

3) 这样，在前两个步骤中，就可以充分考虑所有工序尺寸的公差对全部设计尺寸公差及全部工序余量公差的复杂影响，恰当地处理好尺寸间的复杂的整体联系。

4) 参照实际经验或有关的工艺设计手册，根据余量的极限值，由余量公差计算确定全部工序余量的基本值。

由工序余量与设计尺寸的基本值计算确定全部工序尺寸的基本值。

在这个步骤中，充分考虑了工序尺寸公差→余量公差→余量基本值→工序尺寸基本值，以及设计尺寸对工序尺寸基本值的相互作用和影响，因此，可以保证计算结果的正确，避免计算返工和混乱。

下面解算该尺寸链：

为计算方便，采用双向对称偏差标注尺寸，因此设计尺寸应改标为

$$50_{-0.5}^{0}\text{mm} = (49.75\pm0.25)\text{mm}$$

$$40_{-0.2}^{0}\text{mm} = (39.90\pm0.10)\text{mm}$$

$$36_{0}^{+0.5}\text{mm} = (36.25\pm0.25)\text{mm}$$

1) 全部工序尺寸公差的计算。A_4 的公差已经等于封闭环的公差，因此必须将封闭环的公差重新进行分配。按第三种分配原则，把封闭环 (36.25 ± 0.25) mm 的公差值分配给组成环 A_2、A_3 和 A_4，现取

$$\pm\frac{1}{2}T(A_2) = \pm0.1\text{mm} \quad \pm\frac{1}{2}T(A_3) = \pm0.1\text{mm} \quad \pm\frac{1}{2}T(A_4) = \pm0.05\text{mm}$$

这里可以看到重新分配后 A_4 的公差小于原设计公差，这是允许的，因为能够保证原有的设计精度，但却提高了工序加工要求，这正是由于在加工过程中基准变换造成的问题。

还有 A_1 的公差待求，由于仅与第二道工序余量有关，并且是粗车工序，按粗车的经济精度取 $\pm\frac{1}{2}T(A_1) = \pm0.25\text{mm}$。

2) 计算全部工序余量公差。由图5-16c、d 知，Z_3 为 A_2 和 A_4 的封闭环；Z_2 为 A_1 和 A_2 的封闭环，则磨削余量的变化量为

$$\pm\frac{1}{2}T(Z_3) = \left[\pm\frac{1}{2}T(A_2)\right] + \left[\pm\frac{1}{2}T(A_4)\right] = (\pm0.10)\text{mm} + (\pm0.05)\text{mm} = \pm0.15\text{mm}$$

而精车余量的变化量为

$$\pm\frac{1}{2}T(Z_2) = \left[\pm\frac{1}{2}T(A_1)\right] + \left[\pm\frac{1}{2}T(A_2)\right] = (\pm0.25)\text{mm} + (\pm0.10)\text{mm} = \pm0.35\text{mm}$$

3) 计算全部工序余量的基本值。工序 2、3 中已参照手册资料和现场生产经验分别取公称车削余量 $Z_2 = 2.8$mm 和公称磨削余量 $Z_3 = 0.2$mm。

4) 计算全部工序尺寸的基本值。由工艺过程可知工序尺寸 A_4 就是设计尺寸,因此其平均尺寸为 $A_{4平均} = 49.75$mm。

由图 5-16b 可求得 A_3 的平均尺寸为

$$A_{3平均} = A_0 + A_{2平均} - A_{4平均} = A_0 + Z_3 = 36.25\text{mm} + 0.2\text{mm} = 36.45\text{mm}$$

由图 5-16c、d 可求得 A_2、A_1 的平均尺寸分别为

$$A_{2平均} = A_{4平均} + Z_3 = 49.75\text{mm} + 0.2\text{mm} = 49.95\text{mm}$$

$$A_{1平均} = A_{2平均} + Z_2 = A_{4平均} + Z_3 + Z_2 = 49.75\text{mm} + 0.2\text{mm} + 2.8\text{mm} = 52.75\text{mm}$$

实际应用中,为了方便,工序尺寸通常均按照"入体"原则进行标注,即变换为

$$A_1 \pm \frac{1}{2}T(A_1) = (52.75 \pm 0.25)\text{mm}(\text{即}53_{-0.5}^{0}\text{mm})$$

$$A_2 \pm \frac{1}{2}T(A_2) = (49.95 \pm 0.10)\text{mm}(\text{即}50.05_{-0.2}^{0}\text{mm})$$

$$A_3 \pm \frac{1}{2}T(A_3) = (36.45 \pm 0.10)\text{mm}(\text{即}36.35_{0}^{+0.2}\text{mm})$$

$$A_4 \pm \frac{1}{2}T(A_4) = (49.75 \pm 0.05)\text{mm}(\text{即}49.8_{-0.1}^{0}\text{mm})$$

5) 验算。至此,本问题基本解算完成,但为了安全起见,往往还需验算。

① 验算封闭环按平均尺寸与双向对称偏差验算,由图 5-16b 可知

$$A_0 \pm \frac{1}{2}T(A_0) = \left[A_3 \pm \frac{1}{2}T(A_3)\right] + \left[A_4 \pm \frac{1}{2}T(A_4)\right] - \left[A_2 \pm \frac{1}{2}T(A_2)\right]$$

$$= (36.45 \pm 0.10)\text{mm} + (49.75 \pm 0.05)\text{mm} - (49.95 \pm 0.10)\text{mm}$$

$$= 36.25\text{mm} \pm 0.25\text{mm} = 36_{0}^{+0.5}\text{mm}$$

符合零件图上设计尺寸 $36_{0}^{+0.5}$mm 的要求。

② 验算工序余量。按照题意要求,需要验算磨削余量。

磨削余量 $Z_3 = 0.2$mm,磨削余量的变化量 $\pm \frac{1}{2}T(Z_3) = \pm 0.15$mm,则

最大磨削余量为

$$Z_{3\max} = 0.2\text{mm} + 0.15\text{mm} = 0.35\text{mm}$$

最小磨削余量为

$$Z_{3\min} = 0.2\text{mm} - 0.15\text{mm} = 0.05\text{mm}$$

可见磨削余量是安全的($Z_{3\min} > 0$),也较合理($Z_{3\max}$ 不太大)。经过以上验算后,工序尺寸及偏差可以完全确定。

通过上面的实例,我们已经看到图表追迹法在零件加工工艺过程设计中对确定工序尺寸、工序余量的指导作用,实际上,它还可应用于几何误差的控制。零件的加工工艺越复杂,图表追迹法的优势就越明显。最后,应用图表追迹法还可以进行工艺方案的优选、寻找减小加工余量的措施、超差品处理、零件设计图样的工艺审定等。

第四节　数控加工工艺过程分析与设计

一、数控加工概述

数控加工是指在数控机床上进行零件加工的一种工艺方法。数控机床是用数字化信号对机床的运动及其加工过程进行控制的机床。它是一种技术密集度及自动化程度很高的机电一体化加工设备，能实现多轴联动。目前，它朝着高速高精、高可靠性和智能化等方向发展。数控加工是指在数控机床上采用数控信息控制零件和刀具位移的机械加工方法，即根据零件图样及工艺要求等原始条件，编制零件数控加工程序，并输入到数控机床的数控系统，以控制数控机床中刀具与工件的相对运动，从而完成零件的加工。它是解决零件品种多变、批量小、型面复杂、精度高、加工质量一致性等问题和实现高效化和自动化加工的有效途径。

二、数控加工工艺过程分析步骤

数控机床加工与传统机床加工的工艺规程从总体上说是一致的，但也发生了明显的变化，如工序集中等特点。另一方面，由于数控加工是采用数字信息控制零件和刀具位移的机械加工方法，因此，在数控加工前，要将数控机床的运动过程、零件工艺过程、工序内工步安排、刀具形状、切削用量、对刀点、换刀点及走刀路线等都需编入程序，这也导致了数控加工工艺过程较传统机床加工工艺过程具有更多的复杂性。

在设计零件数控加工工艺规程之前，需要从以下几方面逐步分析：

1. 被加工零件的加工工艺分析

根据被加工零件的特点，对零件进行全面的图样工艺分析（复杂空间曲面的图样工艺则是确定多个截面的轮廓尺寸等）、结构工艺分析和毛坯工艺分析。零件图样工艺分析主要确定零件图是否完整正确、技术要求的难易程度（包含零件的表面质量和精度）、定位基准是否可靠、尺寸标注是否合适等内容。

零件结构工艺分析主要是确定零件加工工序的集中度及各工序所用刀具的种类、规格，有利于减少机床调整，缩短辅助时间，减少编程工作量和加工劳动量，有利于保证定位刚度和刀具刚度，充分发挥数控机床的特长，提高加工精度和效率。

不同的毛坯种类适用范围也不相同，因此需要通过零件毛坯工艺分析确定毛坯的种类，如型材、锻件、铸件、焊接、冲压等半成品件。

2. 确定零件的加工方法

根据零件的技术要求及结构确定合适的加工方法。对于同一个零件上的不同加工区域或不同类型的零件，确定是否适合在数控机床上加工、适合在哪种类型数控机床上加工等信息。针对常见的典型零件，对应的加工方法如下：

（1）*旋转体零件的加工*　对于旋转体的零件常选择在数控车床上进行加工。此外，车床可以车旋转体端部的平面和旋转的沟槽。

（2）*孔系零件的加工*　对于孔的加工常选择在数控钻床、坐标镗床（精度较高）和数控加工中心及内圆磨床、珩磨机（长孔）等机床上进行数控加工。

（3）*平面、简单曲面零件的加工*　对于平面、简单曲面常选择在数控铣床进行加工。单一进给轴运动能实现平面的加工，两坐标轴联动能实现简单曲面的加工。

（4）*空间曲面零件的加工*　对于复杂的空间曲面常选择在五轴数控加工中心或数控铣床上进行加工。三轴、四轴或五轴联动加工能形成空间曲面。

（5）*零件上键槽的加工*　旋转体上的键槽可在数控车床上进行车削加工。平面或简单曲面或孔内键槽常采用插床、拉床、铣削类机床上进行加工。

3. 确定零件的加工工艺路线

确定好零件的加工方法以后，可选择对应的数控机床，同时也需要确定能满足零件加工的夹具（车床夹具、铣床夹具、钻床夹具、镗床夹具、加工中心夹具等）。选择的夹具应在满足零件精度和技术要求的前提下，越简单越好，且又不能影响进给路线等。另外，也需要确定工艺基准，它是实零件加工精度和几何公差的一个关键步骤，工艺基准的选择应与设计基准一致。基于零件的加工性考虑，选择的工艺基准也可能与设计基准不一致，但无论如何，在加工过程中，选择的工艺基准必须保证零件的定位准确、稳定，加工测量方便，装夹次数最少。

根据加工方法、零件的结构特点、技术要求和选取的机床、夹具和工艺基准等具体生产条件来确定加工工艺路线。主要包括工序划分、工步划分、加工阶段划分和加工顺序安排。

(1) **工序划分** 在保证零件的加工精度和高加工效率条件下合理安排加工工序。划分工序的基本原则有工序集中原则和工序分散原则。工序分散的情况下工序内容简单，有利于选择较为合理的切削用量，便于选择通用设备，生产准备工作量较少。工序集中的情况下，减少了零件装夹次数，缩短了工艺路线等优点。在数控机床上进行零件加工，工序应尽可能集中，即在一次装夹中尽可能完成大部分或全部工序，它适合单件小批量生产。

(2) **工步划分** 工步的划分主要是从加工精度和效率两方面综合考虑。工序内往往需要采用不同的刀具和切削用量，对工件的不同表面进行加工。对于较复杂的工序，为了便于分析和描述，常在工序内又细分为工步。工步划分的原则主要包含以下几条：

1）根据零件的精度要求考虑同一加工表面按粗加工、半精加工、精加工依次完成，还是全部加工表面都先粗加工后精加工分开进行。若加工尺寸精度要求较高，考虑到零件尺寸、精度、刚性等因素，可采用前者；若零件的加工表面位置精度要求较高，则建议采用后者。

2）对于既要加工平面又要加工孔的零件，可以采用"先面后孔"的原则划分工步。先加工面可提高孔的加工精度，因为铣平面时切削力较大，工件易发生变形，而先铣平面后镗孔，则可使其变形有一段时间恢复，减少由于变形引起的对孔的精度影响。反之，如先镗孔后铣面，则铣削平面时极易在孔口产生飞边、毛刺，进而破坏孔的精度。

3）按所用刀具划分工步。某些机床工作台回转时间比换刀时间短，可采用刀具集中地方法划分工步，以减少换刀次数，缩短辅助时间，提高加工效率。

4）在一次安装中，尽可能完成所有能加工的表面，有利于保证表面相互位置精度的要求。

(3) **加工阶段划分** 数控加工工艺与普通加工工艺相似，通常也将零件的整个加工过程划分为粗加工、半精加工、精加工和光整加工四个阶段。

(4) **加工顺序安排** 复杂工件的数控加工工艺路线中要经过切削加工、热处理和辅助工序。因此，在拟定工艺路线时，工艺人员要全面地把切削加工、热处理和辅助工序三者一起加以考虑。此外，数控加工工序的划分与安排要满足基面先行、先粗后精、先主后次、先面后孔、进给路线短、换刀次数少、工件刚性好等原则。

4. 确定刀具进给路线及加工工艺参数

(1) **刀具进给路线** 主要是确定粗加工及空行程的进给路线，因为半精加工和精加工的进给路线基本上都是按零件的轮廓进行的。确定进给路线的原则是在保证零件加工精度和表面粗糙度的条件下，尽量缩短进给路线，以提高生产率，其原则有以下五点：

1）选择使零件在加工后变形小的路线。

2）尽量缩短进给路线，合理选择对刀点、换刀点，减少换刀次数，并使数值计算简单，程序段数量少，以减少编程工作量。

3）合理选取起刀点、切入点和切入方式，保证切入过程平稳。

4)最终轮廓尽量一次进给完成,以免产生刀痕等缺陷。

5)避免刀具与非加工面的干涉,保证加工过程安全可靠等。

(2)加工工艺参数 在确定加工工艺参数之前,应先确定加工余量。加工余量过大会影响加工工时,也浪费材料;加工余量过小,不易消除各种误差,容易造成废品。因此在满足粗加工、半精加工和精加工的加工余量时,应尽可能缩小加工余量,但也要有充分的加工余量来防止零件废品的产生。加工工艺参数指的是切削用量,包括主轴转速、进给速度和切削深度等。不同的加工方法,其切削用量也不相同。切削用量的选择应基于加工方式。粗加工时应选择尽可能大的切削深度,再根据机床动力和刚性的限制条件选取尽可能大的进给速度,最后根据刀具的寿命确定最佳的主轴转速(切削速度)。半精加工和精加工时应先保证加工质量,再兼顾切削效率和加工成本,即在精加工时应选择较小的切削深度、进给速度及较高的切削速度。

三、整体叶轮数控加工工艺设计案例

图 5-17 示出了整体叶轮零件模型及主要尺寸图,整体叶轮主要由叶片和轮毂构成,叶片与轮毂的交界处俗称叶根(叶片和轮毂之间为变圆弧过渡)。该叶轮有 15 个叶片,叶片的厚度为 2mm。叶轮的加工精度和表面质量应满足设计要求,如表面粗糙度 Ra 值应不小于 1.6μm。通过检测叶轮某些截面(图 5-17c)的轮廓形状来检测叶轮轮廓精度和叶片厚度是否满足要求,叶片厚度偏差应小于 0.03mm。叶轮表面的残留高度不应大于 0.005mm。通过对整体叶轮零件数控加工工艺过程分析,先确定叶轮毛坯、加工方法及所使用的刀具类型和机床类型、夹具、工艺基准,再确定零件的数控加工工艺路线,最后确定刀具的进给路线和加工工艺参数。整体叶轮的数控加工工艺过程见表 5-10。

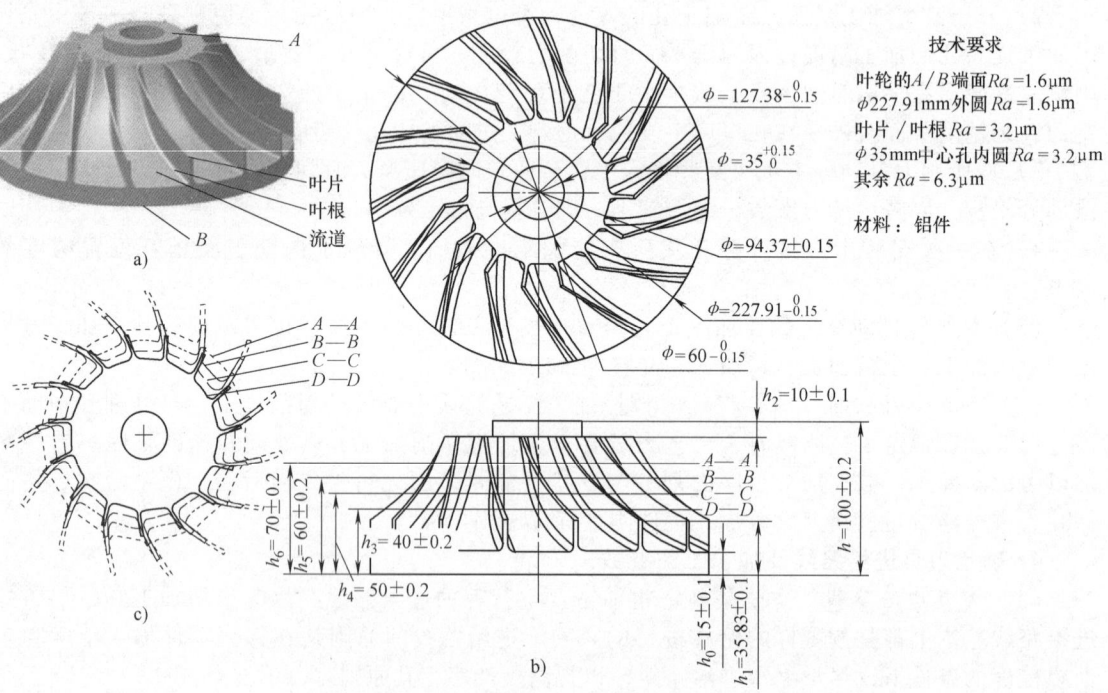

图 5-17 整体叶轮零件模型及其主要尺寸图

根据整体叶轮加工工艺过程,在车床和五轴加工中心上可完成整体叶轮的加工。在加工件数较少的情况下,无需大批量锻造毛坯,因此可采用车床将圆柱棒料车成整体叶轮锥形,

再在五轴加工中心上完成剩余工序的加工（具有工序集中的特点）。整体叶轮形成的重要过程如图 5-18 所示。

表 5-10　整体叶轮的数控加工工艺过程（简表）

序号	工序名称	工序内容及要求	设　备
1	下料	确定毛坯尺寸、类型、余量等	—
2	叶轮锥形加工	1）粗车外圆和端部定位基准面（留余量 1mm） 2）精车外圆和端部定位基准面 3）粗车叶轮外轮廓（留余量 1mm） 4）精车叶轮外轮廓 5）钻中心孔	车削加工中心
3	打定位工艺孔	钻定位销孔（与工装相匹配）	加工中心
4	检验	检验毛坯尺寸和定位工艺孔是否满足要求	高精度检测设备
5	铣整体叶轮	1）叶轮流道粗加工（留余量 0.5mm） 2）叶轮流道精加工 3）叶轮叶片/叶根精加工	五轴加工中心
6	检验	检验叶轮加工精度	
7	去定位工艺孔	车削掉定位工艺孔，满足尺寸要求	车削加工中心
8	最终检验	出具详细的检验报告	轮廓测量仪 三坐标测量机
9	包装、入库	完成零件包装并入库	

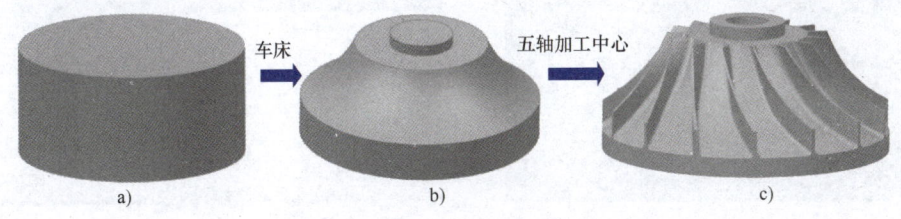

图 5-18　整体叶轮形成的重要过程
a）整体叶轮毛坯　b）叶轮锥形　c）叶轮

四、叶轮数控加工程序的编制及加工工艺仿真

1. 叶轮数控加工程序的编制

根据零件轮廓的复杂程度可灵活选择手动编程或自动编程。由于叶轮轮廓较为复杂，因此选择自动编程。车削较为简单，这里就不再介绍了。通过 CAM 自动编程的核心思想，首先建立或导入叶轮三维 CAD 模型并进入 CAM 加工环境；接着根据机床坐标系、刀具、加工方法等信息创建几何组、刀具组和加工方法组，进一步创建、设置并生成具体的加工工序（图 5-19），加工工序设置的内容主要有指定加工切削区域、驱动方法、投影矢量、刀具、刀轴、刀轨等参数。

由于叶轮的加工区域具有重复性，因此，可通过对象变化命令对各个刀具轨迹进行变换，最终生成叶轮的完整刀路。在变换的过程中需对变换的类型、变换参数、结果等参数进行定义。最后对完整的刀具轨迹进行确认。基于已确认生成的完整刀具轨迹，进行叶轮切削的可视化动态模拟仿真，仿真过程效果图如图 5-20 所示。单击工序导航器的最高级目录，在右键的子菜单中选择后处理，并在后处理器中选择合适的机床类型，即可自动生成对应类型数控机床的叶轮数控加工程序（G 代码），生成工序的示意图如图 5-21 所示。

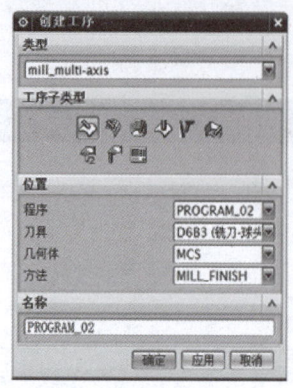 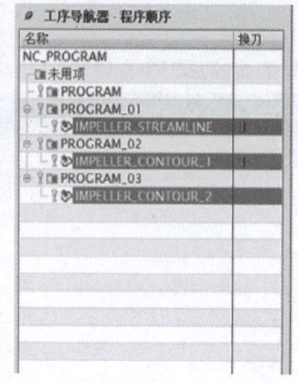 

图 5-19　加工工序设置及生成效果示意图

2. 叶轮数控加工工艺仿真

由叶轮数控加工程序，用模拟加工软件进行仿真（如 VeriCUT）后，再上机床试加工。

 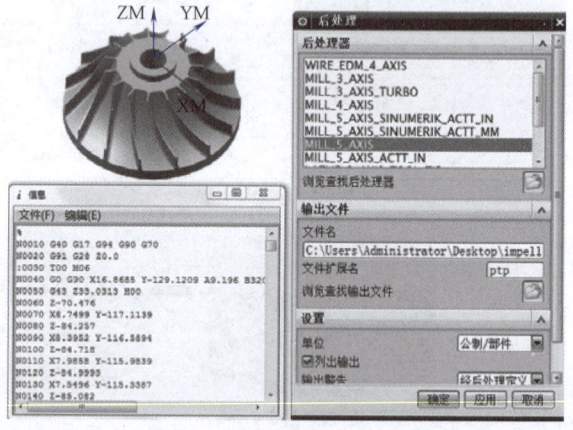

图 5-20　切削动态模拟仿真效果　　　　图 5-21　生成后处理程序

该仿真加工能较为贴合实际的模拟机床加工叶轮，避免机床碰撞事故，还可提高零件的试切成功率，减少废品，同时还可以对程序进行优化，提高生产效率，提高零件表面质量。

以 VeriCUT 为例，在其系统中，通过单击"Setup"→"Toolpath"命令，将"Toolpath Type"设置为"G-Code"格式，即可用于仿真 G 代码刀具轨迹文件。如在 VeriCUT 数据库中没有找到所需的机床模型，用户可以根据需要自定义机床模型。VeriCUT 软件仿真大概需要经过以下几个步骤：

（1）选择机床及匹配的控制系统　这里不阐述车削叶轮雏形的加工过程，仅阐述叶轮的加工仿真过程。叶轮零件需要在五轴数控机床上进行加工，因此需要构造一个具有 X、Y、Z 三个直线轴和 B、C 两个旋转轴的数控机床模型。在确定数控机床的同时，也需要确定机床的控制系统。

（2）创建夹具及毛坯　选择适合叶轮加工所对应的夹具类型，并导入叶轮雏形（车削之后的叶轮零件）。

（3）设置坐标系及 G 代码偏置　在导航器内分别单击坐标系统和 G 代码偏置并选择对应的坐标系和 G 代码偏置。

（4）创建刀具、添加 G 代码　在导航器内单击加工刀具并选择对应的刀具，再对装夹点等参数进行设置。在导航器内单击数控程序并选择叶轮数控加工程序。

(5) 加工过程仿真 所有参数设置完成后，单击重置模型并进行仿真，仿真结果如图 5-22 所示。

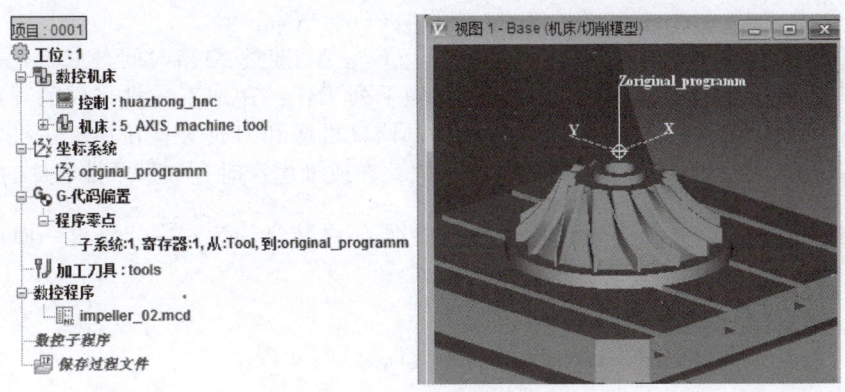

图 5-22 工件模拟加工结果示意图

通过 VeriCUT 软件仿真，我们不仅可得到叶轮数控程序是否满足要求，还可以得到工件体积、切除材料体积等信息。如果数控程序不能满足零件加工精度的要求，应该重新分析刀具加工参数、刀具加工轨迹、机床进给参数等因素，进一步在 CAM 软件中进行设置，之后再进行后处理并生成数控程序。将再次生成的数控程序放到 VeriCUT 软件中进行 G 代码仿真，确保程序无误，再进行切削试加工，直至零件的加工精度满足要求。

第五节 机械加工工艺过程的技术经济分析及工艺文件

一、时间定额

时间定额是在一定的技术、组织条件下制订出来的完成单件产品（如一个零件）或某项工作（如一个工序）所必需的时间。时间定额是安排生产计划、核算成本的重要依据之一，也是设计或扩建工厂（或车间）时计算设备和人员数量的重要资料。

时间定额中的基本时间可以根据切削用量和行程长度来计算；其余组成部分的时间，可取自根据经验而来的统计资料。

在制订时间定额时要防止两种偏向：一种是时间定额订得过紧，影响了工人的主动性和积极性；另一种是时间定额订得过松，反而失去了它应有的指导生产和促进生产的作用，因此制订的时间定额应该具有平均先进水平，并且应随着生产水平的发展而及时修订。

完成一个零件的一个工序的时间称为单件时间。它包括下列组成部分：

(1) 基本时间（$T_{基本}$） 基本时间是指直接改变工件的尺寸、形状、相对位置和表面质量所耗费的时间。对于切削加工来说，基本时间是切除金属所耗费的机动时间（包括刀具的切入和切出时间在内）。

(2) 辅助时间（$T_{辅助}$） 辅助时间是指在各个工序中为了保证完成基本工艺工作需要做的辅助动作所耗费的时间。所谓辅助动作包括：装、卸工件，开动和停止机床，改变切削用量，测量工件，手动进刀和退刀等手动动作。

基本时间和辅助时间的总和称为操作时间。

(3) 工作地点服务时间（$T_{服务}$） 工作地点服务时间是指工人在工作班时间内照管工作地点及保持工作状态所耗费的时间。例如，在加工过程中调整刀具、修正砂轮、润滑及擦拭机床、清理切屑等所耗费的时间，一般按操作时间的 2%~7% 来计算。

(4) 休息和自然需要时间（$T_{休息}$） 休息和自然需要时间是指用于照顾工人休息和生理

上的需要所耗费的时间，一般按操作时间的2%来计算。

因此，单件时间是

$$T_{单件} = T_{基本} + T_{辅助} + T_{服务} + T_{休息}$$

在成批生产中，还需要考虑准备-终结时间（$T_{准终}$）。准备-终结时间是成批生产中每当加工一批零件的开始和终了时，需要一定的时间做下列工作：在加工一批零件的开始时需要熟悉工艺文件，领取毛坯材料，安装刀具和夹具，调整机床和刀具等；在加工一批零件的终了时，需要拆下和归还工艺装备，发送成品等。因此在成批生产时，如果一批零件的数量为N'，准备-终结时间为$T_{准终}$，则每个零件所分摊到的准备-终结时间为$\dfrac{T_{准终}}{N'}$。将这一时间加到单件时间中去，即得到成批生产的单件工时定额

$$T_{定额} = T_{单件} + \dfrac{T_{准终}}{N'} = T_{基本} + T_{辅助} + T_{服务} + T_{休息} + \dfrac{T_{准终}}{N'}$$

在大量生产中，每个工作地点完成固定的一个工序，所以在单件工时定额中没有准备-终结时间，即$T_{定额} = T_{单件}$。

二、工艺过程的技术经济分析

制订机械加工工艺过程时，在同样能满足被加工零件的加工精度和表面质量的要求下，通常可以有几种不同的加工方案来实现，其中有些方案可具有很高的生产率，但设备和工夹具方面的投资较大，另一些方案则可能投资较省，但生产率较低，因此，不同的方案就有不同的经济效果。为了选取在给定的生产条件下最经济合理的方案，对不同的工艺方案进行技术经济分析和评比就具有重要意义。

制造一个零件或一台产品所必须的一切费用的总和，就是零件或产品的生产成本。这种制造费用实际上可分为与工艺过程有关的费用和与工艺过程无关的费用两类，其中，与工艺过程有关的费用占70%～75%。因此，对不同的工艺方案进行经济分析和评比时，就只需分析、评比它们与工艺过程直接有关的生产费用、即所谓工艺成本。工艺成本并不是零件的实际成本，它由两部分构成：可变费用和不变费用。前者包括材料费、操作费用、工人的工资、机床电费、通用机床折旧费和修理费、通用夹具和刀具费等与年产量有关并与之成正比的费用；后者包括调整工人的工资、专用机床折旧费和修理费、专用刀具和夹具费等与年产量的变化没有直接关系的费用，即当年产量在一定范围内变化时，这种费用基本上保持不变。因此，一种零件（或一道工序）的全年工艺成本S可用下式表示为

$$S = NV + C \tag{5-1}$$

式中　V——每个零件的可变费用（元/件）；

　　　N——零件的生产纲领（件）；

　　　C——全年的不变费用（元）。

因此，单件工艺（或工序）成本是

$$S_i = V + \dfrac{C}{N} \tag{5-2}$$

可见，全年的工艺成本S与生产纲领N呈线性正比关系（图5-23），而单件工艺成本S_i与N呈双曲线关系（图5-24），即当N很小时，由于设备负荷很低，单件工艺成本S_i会很高，这种双曲线变化关系表明：当C值（主要是专用设备费用）一定时，若生产纲领较小，则$\dfrac{C}{N}$与V相比在成本中所占比重就较大，因此N的增大就会使成本显著下降，这种情况就相当于单件生产与小批生产；反之，当生产纲领超过一定范围，使$\dfrac{C}{N}$所占比重已很小，此时就需采

用生产效率更高的方案,使 V 减小,才能获得好的经济效果,这就相当于大量、大批生产的情况。现就两种不同的工艺方案为例进行介绍。

1) 当分析、评比两种基本投资相近,或都是在采用现有设备条件下,只有少数工序不同的工艺方案时,可按式(5-2)对这两种工艺方案的单件工艺成本进行分析与对比。

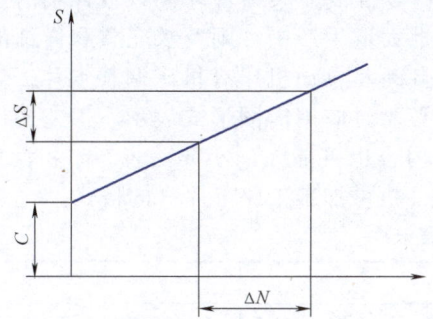

图 5-23 全年工艺成本 S 与生产纲领 N 的关系

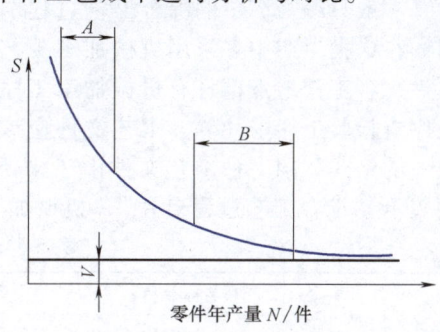

图 5-24 单件工艺成本 S_i 与生产纲领 N 的关系

$$S_{i\mathrm{I}} = V_{\mathrm{I}} + \frac{C_{\mathrm{I}}}{N} \qquad S_{i\mathrm{II}} = V_{\mathrm{II}} + \frac{C_{\mathrm{II}}}{N}$$

当年生产纲领变化时,则由图 5-25 知,两种方案可按临界产量 N_c 合理地选取经济方案Ⅰ或Ⅱ。

当两个工艺方案有较多的工序不同时,就应该按式(5-1)分析、对比这两个工艺方案的全年工艺成本,即

$$S_{\mathrm{I}} = NV_{\mathrm{I}} + C_{\mathrm{I}} \qquad S_{\mathrm{II}} = NV_{\mathrm{II}} + C_{\mathrm{II}}$$

当年生产纲领变化时,则由图 5-26 知,可按两直线交点的临界产量 N_c 分别选定经济方案Ⅰ或Ⅱ。此时,有

$$N_c V_{\mathrm{I}} + C_{\mathrm{I}} = N_c V_{\mathrm{II}} + C_{\mathrm{II}}$$

$$N_c = \frac{C_{\mathrm{II}} - C_{\mathrm{I}}}{V_{\mathrm{I}} - V_{\mathrm{II}}}$$

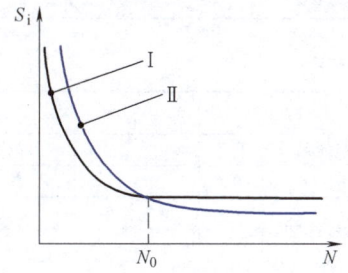

图 5-25 两种工艺方案单件工艺成本的比较

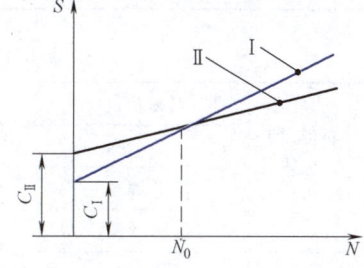

图 5-26 两种工艺方案全年工艺成本的比较

2) 当两个工艺方案的基本投资差额较大时,通常就是由于工艺方案中采用了高生产率的价格昂贵的设备或工艺装备,即用较大的基本投资而提高劳动生产率使单件工艺成本降低,因此,在进行评比时就必须同时考虑到这种投资的回收期限,回收期越短则经济效果就越好。

进行技术经济分析时,必须注意:要在确保零件制造质量的前提下,全面考虑提高劳动生产率、改善劳动条件和促进生产技术的发展等问题。通常对生产纲领较大的主要零件的工艺方案,应通过对工艺成本的估算和对比评定其经济性;而对于一般零件,则可利用各种技术经济指标(常用的有:每台机床的年产量——t/台、件/台,每一生产工人的年产量——t/人、件/人,每平方米生产面积的年产量——t/m^2、件/m^2,材料利用率,设备负荷率等),结合生产经验,对不同方案进行经济论证,选取在该生产条件下最经济合理的方案。

三、工艺文件

把工艺过程的各项内容归纳写成文件形式,就是一种工艺文件,即工艺规程。工艺文件的种类和形式有多种多样,它的详简程度也有很大差别,要视生产类型而定。在单件小批生产中,一般只编写简单的综合工艺过程卡片,只有关键零件或复杂零件才制订较详细的工艺规程。在成批生产中多采用机械加工工艺卡片。在大批大量生产中,则要求完整和详细的工艺文件,各工作地点都订有机械加工工序卡片,对半自动及自动机床有机床调整卡片,对检验工序有检验工序卡片等。工艺文件应该简明易懂,必要时应用简图形式表示。工艺文件尚无统一的格式。同一种工艺文件由于来源不同,它的内容也可能大同小异。表 5-11 ~ 表 5-13 分别表示"综合工艺过程卡片""机械加工工艺卡片""机械加工工序卡片"的格式。

表 5-11 综合工艺过程卡片

(工厂名)	综合工艺过程卡片	产品名称及型号		零件名称		零件图号				
		材料	名称	毛坯	种类	零件质量/kg	毛重		第 页	
			牌号		尺寸		净重		共 页	
			性能		每料件数	每台件数		每批件数		
工序号	工序内容			加工车间	设备名称及编号	工艺装备名称及编号			技术等级	时间定额/min
						夹具	刀具	量具		单件	准备—终结
更改内容										
编制		抄写		校对		审核			批准	

表 5-12 机械加工工艺过程卡片

(工厂名)	机械加工工艺卡片	产品名称及型号		零件名称		零件图号				
		材料	名称	毛坯	种类	零件质量/kg	毛重		第 页	
			牌号		尺寸		净重		共 页	
			性能		每料件数	每台件数		每批件数		
工序	安装	工步	工序内容	同时加工零件数	切削用量				设备名称及编号	工艺装备名称及编号			技术等级	工时定额/min
					背吃刀量/mm	切削速度/(m/min)	每分钟转数/(r/min)或往复次数	进给量/(mm/r)或(mm/2L)		夹具	刀具	量具		单件	准备—终结
更改内容															
编制		抄写		校对		审核			批准						

第五节 机械加工工艺过程的技术经济分析及工艺文件

为了减少制订工艺过程的劳动量,缩短生产准备时间,使新产品能迅速投产,对同类型的多种零件可制订典型的工艺规程作为代表,这时,首先要求把零件按结构形状的相似性进行分类,使同一类零件的加工表面和工艺特征相似,其次还可以将同类零件划分为组,使每组零件的尺寸大小和加工精度要求相似。例如,轴类零件可以分为光轴、阶梯轴、空心轴三大类,每类按尺寸、大小、质量再分成几组。在总结国内各工厂先进经验的基础上,根据不同生产类型,为每组零件制作典型的工艺规程。这样不仅减少了制订工艺过程的工作量,而且通过典型工艺规程的制订,能更好地总结先进生产经验,促进生产技术的发展,改善工艺过程的技术经济效果。

对于油漆、包装、涂防锈油、探伤、去磁、动平衡等工艺,常常不必单独制订工艺规程,可以制订工艺守则,说明其工艺要求和工艺过程,作为通用性的工艺文件。

表 5-13 机械加工工序卡片

(厂名全称)	机械加工工序卡片	产品型号		零(部)件图号		文件编号	
						共 页	
		产品名称		零(部)件名称		第 页	
(工序简图)		车间	工序号	工序名称	材料牌号		
		毛坯种类	毛坯外形尺寸	每坯件数	每台件数		
		设备名称	设备型号	设备编号	同时加工件数		
		夹具编号		夹具名称	冷却液		
					工序时间		
					准终	单件	
工步号	工步内容	工艺装备	主轴转速/(r/min)	切削速度/(m/min)	进给量/(mm/r)	背吃刀量/mm	进给次数	工时定额 基本	辅助

描图									
描校									
底图号									
装订号									
* n				编制(日期)	审核(日期)	会签(日期)	*	*	
标记	处数	更改文件号	签字	日期	标记	处数	更改文件号	签字	日期

注:*空格可根据需要写。

第六节　制订机械加工工艺规程实例——车床主轴箱箱体工艺规程的制订

机床产品是制造要求较高的一种中型机械，普通机床的生产纲领大多属于成批生产类型，现以中批生产的主轴箱箱体机械加工工艺规程的制订为例，简要介绍成批生产条件下制订工艺规程的方法和要点。

1. 主轴箱箱体的结构特点及技术条件分析

车床主轴箱箱体是车床几个箱体中精度要求最高的一个，它的加工质量，对机床的工作精度和工作性能，对装配劳动量都有很大的影响；它又是主轴箱部件装配中的一个基础件，因此主轴箱箱体的加工质量就成为车床制造中很重要的一环。

主轴箱体上有与床身导轨面结合的平面、装手柄的平面及其他平面，以及一些孔系和端面。大多数箱体内部还有隔板，而且体积较小，在一般情况下它的刚性是比较高的。

图 5-27 所示为车床主轴箱箱体的简图（见书后插页），主要的技术条件有：

(1) 轴孔精度　轴孔的尺寸精度和形状精度对轴承的配合质量有很大的关系，因而也对轴的回转精度、传动平稳性、噪声、轴承寿命有重大影响。主轴箱体轴孔的公差、表面粗糙度、形状精度都要求较高，尤其以主轴孔要求为最高。其尺寸精度为标准公差 6 级，其余轴孔为标准公差 6~7 级。轴孔的形状精度，凡未作特殊规定的，一般在其尺寸公差范围之内。对主轴孔常常单独规定圆度和素线平行度的公差，一般不超过孔径尺寸公差的一半。如：轴线 Ⅳ—Ⅳ 上的主轴孔 $\phi140J6$、$\phi160J6$、$\phi180J6$ 的圆度和素线平行度公差均分别为 0.01mm 和 0.005mm。

(2) 轴孔的位置精度　同一轴线上各轴孔的同轴度和端面对轴线的垂直度误差，会使轴承歪斜，影响轴的回转精度和轴承的寿命。轴线间的平行度误差会影响轴上齿轮的啮合质量。轴线之间的距离偏差对渐开线齿轮来讲影响较小，但要防止距离过小，使齿轮啮合时没有齿侧间隙，甚至咬死。此外车床主轴箱箱体通过底面 D 和导向面 E 和床身连接，是主轴箱箱体零件的装配基准，它们决定了主轴轴线对床身导轨的位置关系。主轴轴线对装配基准的距离偏差和平行度误差，与装配时的刮研劳动量有关，零件图中规定：

1) 主轴孔 $\phi180J6$、$\phi160J6$、$\phi140J6$ 的同轴度公差为 0.008mm。
2) 各轴孔轴线之间的尺寸公差为 0.1mm 左右。
3) 各轴孔轴线之间的平行度大多是：在 300mm 长度上公差为 0.03mm。
4) 主轴孔端面与轴线的垂直度公差为 0.02mm。
5) 主轴孔轴线对装配基面的平行度在 650mm 长度上公差为 0.03mm，并且只允许主轴前端向上和向前（在垂直和水平两个方向上）。

(3) 平面的精度　装配基面的平面度不但影响主轴箱与床身的接触质量，而且在加工过程中作为定位基面时更直接影响轴孔的加工精度。因此，规定底面 D 和导向面 G 必须平直，并用涂色法检验它们和标准平面的接触面积，另外还规定了 D 面和 H 面的垂直度公差。

对于主轴箱的顶面 B 也有平面度的要求。这里有两种情况：一种情况是顶面的平行度只是为了保证顶面和主轴箱盖的密封性，以防止在工作时润滑油漏出；另一种情况是在加工过程中以顶面作为统一基准，这时对顶面的平面度的要求就更高一些。

(4) 表面粗糙度　主轴孔的表面粗糙度 Ra 值为 $0.8~1.6\mu m$，其余轴孔的表面粗糙度 $Ra \leqslant 1.6\mu m$，装配基面和定位基面的表面粗糙度 Ra 值为 $1.6~3.2\mu m$（刮研加工），其他平面的表面粗糙度 Ra 值为 $1.6~6.3\mu m$。

可见，主轴箱箱体的主要加工表面是平面和孔。由于箱体的尺寸不大、刚性较好，所以平面加工一般没有困难。只是由于要求尽可能减少装配时的刮研劳动量，因此对平面加工的精度和表面粗糙度要求较高。在加工轴孔时，因为刀具和辅助工具（例如钻头和镗杆）的尺寸都受到孔径尺寸的限制，不能过大，因而容易变形，影响加工质量。而且箱体内的隔板上也有精度要求高的孔。在加工这些孔时，要求刀具悬伸更长，因此刀杆更易变形，精度更难保证。此外，任何轴孔的加工不但要保证轴孔本身的精度和同轴度，而且还要照顾它和其他轴孔或平面的位置精度。所有这些情况都说明孔系加工很难达到精度要求，这就是主轴箱箱体加工中的关键。

2. 毛坯分析

零件材料为 HT200 铸件。根据制造厂现有的毛坯生产条件和主轴箱箱体零件，属于中批生产类型的生产纲领，因而采用木模手工造型的方法生产毛坯。这种毛坯的精度低，尤其是铸孔的形状精度和位置精度低，所留余量多而不均匀。选择粗基准时，应特别注意加工表面上的余量分配以及与不加工表面的位置和尺寸要求。并且，还必须注意合理安排消除毛坯内应力的热处理工序。

3. 定位基面的选择和加工顺序的安排

主轴箱箱体孔系加工的要求高，需要经过多次安装，所以有可能也有必要采用面积分布较大的平面作为统一基准，通常有两种不同的考虑：

1) 用底面 D 及导向面作为统一基准。这样，定位基面与装配基面（设计基面）相重合，避免了基准不重合误差；箱体的顶面开口向上，也便于在加工过程中测量孔径，安装、调整刀具和观察加工情况。一般情况下都采用这种定位方法。

但是由于箱体内部隔板上也有精度要求高的轴孔，在加工这些轴孔时，会因刀杆伸出过长，易于弯曲变形，不能保证轴孔加工精度，这时就必须在箱体内加中间支承，因此中间支承只能如图 5-28 所示那样从箱体顶面的开口处伸入箱体内。每加工一个工件，吊模就要装拆一次。这种活动结构镗模加工精度，当然要比固定结构镗模的加工精度要低一些，且需要装卸吊模的辅助时间。

2) 在大批量时，可采用图 5-29 所示的定位方案和夹具结构，即改用顶面及两销孔作为统一基准，镗孔用的中间支承直接固定在夹具底板上。

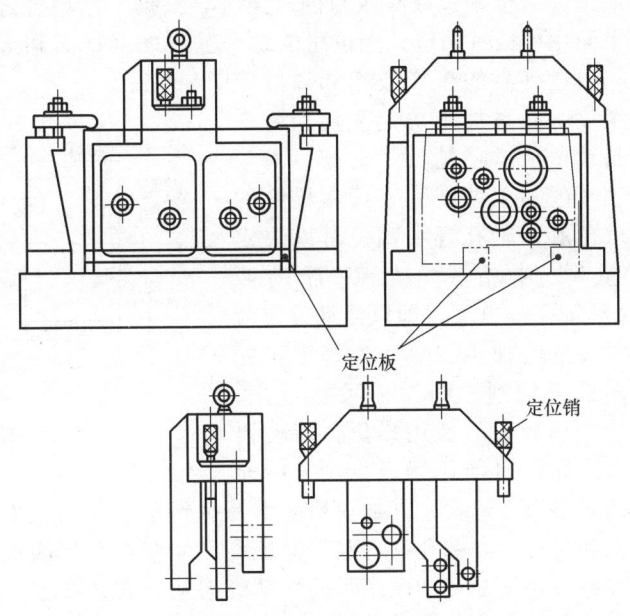

图 5-28 以主轴箱箱体底面作为定位基准面的镗模示意图

这样，上述加工精度低和辅助时间长的问题就解决了。但这种定位方法在加工过程中无法观察加工情况、测量孔径和调整刀具，因而要求采用定尺寸刀具直接保证孔的尺寸精度；因切屑全部落在镗模底板上，在装卸工件时，必须注意清除切屑，以避免影响定位精度；还必须提高作为定位面的顶面的加工精度，其中两个定位销孔或是额外加工（此时称工艺孔），或需把原有的孔的加工精度提高。

现若根据工厂生产经验和对上述两方案所需工艺成本的估算，采用第 1) 方案较为经济合理。

选择主轴箱箱体加工的粗基准时应考虑的问题主要是：

1) 主轴孔是该箱体中要求最高的孔,粗基准的选择应保证主轴孔的加工余量均匀,孔壁厚薄均匀。

2) 保证所有轴孔都有适当的加工余量和适当的孔壁厚度,保证底面和导向面有足够的加工余量。

3) 保证箱体内壁与装配时的装入零件(主要是齿轮)之间有足够的间隙。

由于该箱体零件又是形状复杂、尺寸较大的铸件,所以成批生产条件下粗加工时利用划线找正较易解决上述问题,也就是要以主轴孔及其轴线为粗基准进行划线。

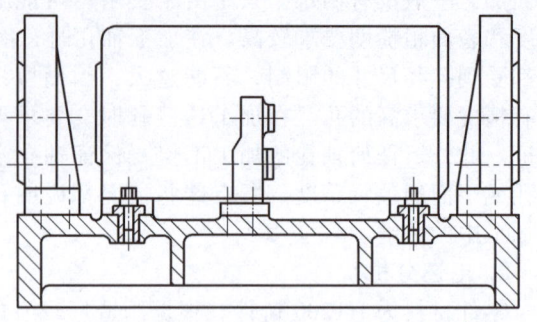

图 5-29 以主轴箱箱体顶面作为定位基面的镗模示意图

结合粗、精基准面的选择,箱体类零件的加工顺序总是先加工平面再加工孔系,先加工主要表面再加工次要表面,并应提高作为精基面的 D 面和 E 面的加工精度。

4. 加工方法的选择

箱体上各种表面的加工方法和加工方案,可参照表 5-7 和表 5-8,在成批生产条件下通常有:平面加工可用粗刨—精刨方案或粗铣—精铣方案或粗铣—磨(也可分为粗磨和精磨)方案等;主轴孔和其余轴孔的加工可用粗镗—精镗(还可分几个工步完成)方案或粗镗—半精镗—精镗—细镗(金刚镗或滚压)的方案等。根据工厂生产经验和车间加工设备情况,决定加工一般平面用粗铣—精铣,定位用的统一基准面(D 面和 E 面)用粗铣—半精铣—粗磨—精磨方案,以达到高的生产效率和高的定位精度。孔系加工决定采用粗镗—半精镗—精镗(精铰)方案,由于主轴孔的加工精度和表面粗糙度的要求比其余轴孔还要高,所以决定用粗镗—半精镗—精镗—浮动镗(又称铰孔)方案,即以浮动镗作为轴承孔的终加工工序。如果主轴孔也用铰刀铰削,则铰刀尺寸过大,制造费用和刃磨费用昂贵,劳动强度大,所以目前用得很少。若用通

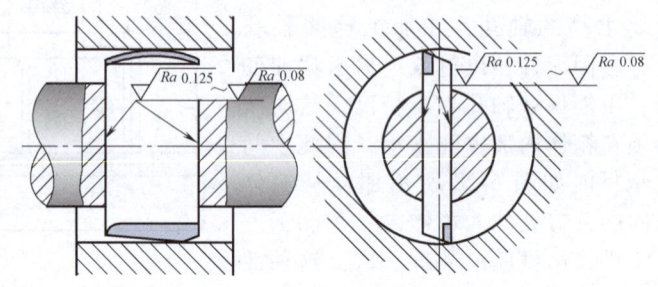

图 5-30 用浮动镗刀镗孔

常的单刃镗刀镗孔,其加工精度不易达到主轴孔的技术要求。浮动镗刀镗高精度孔比用铰刀铰孔和单刃镗刀镗孔都有利于保证高尺寸精度和低表面粗糙度,所以是机床制造厂用得较多的一种方法(图 5-30),即把浮动镗刀块(图 5-31)安装在镗杆的长方形孔中,不作紧固,使它能在长方孔中浮动,其加工余量一般为 0.03~0.07mm,镗刀块就在镗杆的方孔中按孔的加工余量自动定心,并进行切削和产生挤压作用。这种加工方法,对前一道精镗工序要求较高,由于镗刀块的浮动作用,就只能凭尺寸精度很高的镗刀块来提高孔的尺寸精度和降低表面粗糙度,而没有纠正形状和位置误差的能力。

为了达到零件图对孔系精度的要求,除了选择底面 D 和导向面 E 作为统一基面外,在进行粗镗时,可先用样板在经过精铣的端面上划出各轴孔的加工线,以代替镗模,节省制造镗模的费用和缩短工艺装备的制造周期,并可提高粗镗工序的位置精度;精镗是保证这种位置精度的关键工序,所以决定采用专用镗模(参阅《机床夹具设计原理》),使孔系的位置精度只取决于这种镗模和镗杆的制造精度,这样,就可利用制造精度一般而生产效率较高的组

合机床来完成精镗孔系工序。

5. 热处理工序的安排

主轴箱箱体是加工要求较高的基准件，又是形状复杂的铸件，必须消除内应力，防止加工和装配以后产生变形，所以应合理安排时效处理工序。一般精度的机床铸件可以采用自然时效和人工时效两种方式，此处就容许主轴箱箱体在粗加工前即在毛坯铸造后进行人工时效处理，消除铸件内应力，以免除箱体在机械加工车间和热处理车间之间的运输劳动量。为了进一步消除粗加工后的内应力，故将粗、精加工分开，并在粗加工以后精加工以前，把工件存放一段时间，使之产生自然时效的作用，以利于保证精加工的质量。

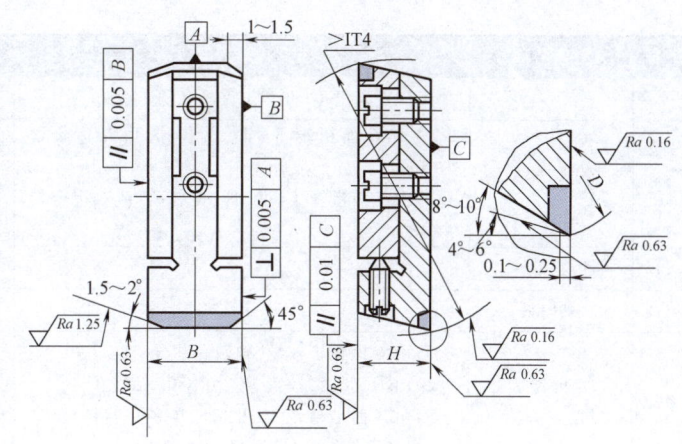

图 5-31　浮动镗刀块

6. 检验工序的安排

由于加工方案中已拟定两次划线工序，各轴孔除经过用样板划线外还要由镗模进行调整法加工，所以只考虑安排一次最终检验，按零件图要求进行检验。

7. 工艺过程的拟定

经过对上述问题的分析、研究和评比、估算以后，就可尽量考虑工序的集中，减少安装和调整的次数，以利于保证加工表面间的位置精度。经过综合分析和调整，就得到中批生产条件下的主轴箱箱体零件机械加工工艺过程，见表 5-14。

8. 加工余量的决定

平面采用单边余量，孔采用直径上的双边余量。由于此处均为简单情况下的余量问题，所以可直接由《金属机械加工工艺人员手册》（或《机械制造工艺设计手册》）等结合生产经验进行选取。

表 5-14　车床主轴箱箱体机械加工工艺过程（简表）

序号	工序名称	工序内容及要求	基　面	设　备
1	铸造			
2	热处理	人工时效，消除内应力		
3	上底漆			
4	划线	1）按图样外形尺寸及轴孔位置划出Ⅳ孔中心线 2）划出 B、D、E、F 各面加工线及找正线 3）根据内部轴承位置及内腔壁划出 A、C 两面加工线及找正线	主轴孔轴线	划线平板
5	铣顶面	1）粗铣 B 面 2）精铣 B 面	以 F 面为安装基准面，找正中心线垫平	端面铣床
6	铣侧面和定位面	1）粗铣 F 面及 G 面 2）精铣 D 面，半精铣 D、F 面，铣沉割槽	以 B 面为安装基面，找正中心线	专用龙门铣床
7	磨定位面	1）粗磨 D 面及 E 面 2）精磨 D 面及 E 面	以 B 面为安装基面，找正 E 面	专用磨床
8	铣端面	粗精铣 A、C 面	D 面和 E 面	端面铣床

(续)

序号	工序名称	工序内容及要求	基 面	设 备
9	划线	用样板划出Ⅰ、Ⅱ、Ⅲ、Ⅳ轴孔加工线		划线平板
10	粗镗	1) 由C面粗镗Ⅱ、Ⅲ、Ⅳ各孔, 留双边余量 4~5mm 2) 由A面粗镗Ⅰ、Ⅱ、Ⅲ、Ⅳ各孔, 留双边余量 3~4mm	D面和E面, 并按轴孔加工线找正	卧式镗床
11	油漆	全部油漆		
	自然时效			
12	半精镗和钻扩铰	1) 由C面钻扩铰Ⅶ、Ⅷ两孔 2) 由F面钻扩铰Ⅸ、Ⅹ、Ⅺ各孔,钻Ⅻ孔 3) 由A面半精镗Ⅰ、Ⅱ、Ⅲ、Ⅳ各孔并精铰Ⅰ、Ⅱ、Ⅲ各孔。钻扩铰Ⅴ、Ⅵ、Ⅶ、Ⅷ各孔	D面、E面及C面	镗孔组合机床
13	浮动镗	用浮动镗刀块精镗主轴孔Ⅳ	D面、E面及C面	卧式镗床
14	钻孔	钻、攻全部光孔和螺孔,钻扩铰Ⅻ孔		立式钻床
15	磨侧面	粗、精磨F面	D面和E面	导轨磨床
16	去毛刺	倒棱、去毛刺		钳工台
17	检验	按零件图要求进行最终检查		检验平板
18	涂油	除锈斑、清洗上油		
	入库			

9. 工艺尺寸的计算

这里没有基准不重合的尺寸换算和复杂的尺寸计算。只是为了专用镗模和划线样板的设计与制造, 需要对孔系坐标尺寸进行简单的换算, 以便按换算结果在坐标镗床上调整精密的坐标读数。

在主轴箱箱体的零件图上, 各轴孔的位置已换算成从一原点(某一轴孔的中心或箱体上两个加工平面的交点)出发的坐标尺寸。例如, 主轴轴孔Ⅳ的位置是以底面D和导向面E的交点O为原点来标注坐标尺寸的。而轴孔Ⅲ、Ⅴ在水平方向上的尺寸, 又是以轴孔Ⅳ的中心为原点来标注的(图5-32)。

现就以这三个轴孔坐标尺寸换算为例, 进行工艺尺寸的计算:

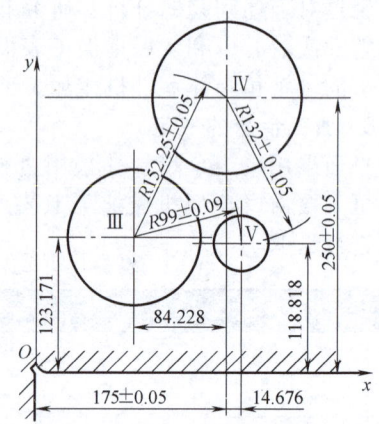

图 5-32 车床主轴箱箱体轴孔中心线位置关系

1) 确定轴孔Ⅳ相对于D面和E面的交点O的坐标尺寸公差。由于零件图上已标有公称尺寸, 并考虑到车床产品装配时需求解等高性尺寸链等要求, 取经济公差

$$x_{0-Ⅳ} = (175 \pm 0.05) \text{mm}, y_{0-Ⅳ} = (250 \pm 0.05) \text{mm}$$

2) 以轴孔Ⅳ为坐标原点, 计算轴孔Ⅲ和轴孔Ⅴ的坐标尺寸和公差。

轴孔Ⅲ的坐标尺寸为

$$x_{Ⅳ-Ⅴ} = 84.228 \text{mm}$$
$$y_{Ⅳ-Ⅴ} = 250\text{mm} - 123.171\text{mm} = 126.829\text{mm}$$

轴孔Ⅴ的坐标尺寸为

$$x_{\text{IV}-\text{V}} = 14.676\text{mm}$$
$$y_{\text{IV}-\text{V}} = 250\text{mm} - 118.818\text{mm} = 131.182\text{mm}$$

此处通过 $x_{\text{IV}-\text{III}}$ 和 $y_{\text{IV}-\text{III}}$ 来保证设计上 IV—III 的中心距（152.25±0.05）mm 的要求，通过 $x_{\text{IV}-\text{V}}$ 和 $y_{\text{IV}-\text{V}}$ 来保证 IV—V 的中心距（132±0.105）mm 的设计要求，而设计上 III—V 中心距（99±0.09）mm 为组成环最多的封闭环，所以应由此决定坐标尺寸的公差，即

$$x_{\text{III}-\text{V}} = 84.228\text{mm} + 14.676\text{mm} = 98.904\text{mm}$$
$$y_{\text{III}-\text{V}} = 123.171\text{mm} - 118.818\text{mm} = 4.353\text{mm}$$

以 $R_{\text{III}-\text{V}}$ 表示 III 轴孔与 V 轴孔的中心距，则

$$(R_{\text{III}-\text{V}})^2 = (x_{\text{III}-\text{V}})^2 + (y_{\text{III}-\text{V}})^2$$

微分后

$$2(R_{\text{III}-\text{V}})\text{d}(R_{\text{III}-\text{V}}) = 2(x_{\text{III}-\text{V}})\text{d}(x_{\text{III}-\text{V}}) + 2(y_{\text{III}-\text{V}})\text{d}(y_{\text{III}-\text{V}})$$

若取

$$\text{d}(x_{\text{III}-\text{V}}) = \text{d}(y_{\text{III}-\text{V}})$$

则

$$\text{d}(x_{\text{III}-\text{V}}) = \text{d}(y_{\text{III}-\text{V}}) = \frac{(\pm 0.09) \times 99}{98.904 + 4.353} \approx \pm 0.086$$

再按等公差法求 $x_{\text{III}-\text{V}}$ 和 $y_{\text{III}-\text{V}}$ 的组成环的公差，即

$$T(x_{\text{IV}-\text{III}}) = T(x_{\text{IV}-\text{V}}) = \pm \frac{1}{2}(0.086)\text{mm} = \pm 0.043\text{mm}$$

$$T(y_{\text{IV}-\text{III}}) = T(y_{\text{IV}-\text{V}}) = \pm \frac{1}{2}(0.086)\text{mm} = \pm 0.043\text{mm}$$

所以坐标尺寸及其公差为

$$x_{\text{IV}-\text{III}} = (84.228 \pm 0.043)\text{mm}$$
$$x_{\text{IV}-\text{V}} = (14.676 \pm 0.043)\text{mm}$$
$$y_{\text{IV}-\text{III}} = (126.829 \pm 0.043)\text{mm}$$
$$y_{\text{IV}-\text{V}} = (131.182 \pm 0.043)\text{mm}$$

以上 $x_{\text{IV}-\text{III}}$ 和 $y_{\text{IV}-\text{III}}$ 也是（152.25±0.05）mm 的组成环，$x_{\text{IV}-\text{V}}$ 和 $y_{\text{IV}-\text{V}}$ 也是（132±0.105）mm 的组成环，都是公共环，所以应分别予以验算

$$\text{d}(152.25) = \frac{\pm 0.043 \times (84.228 + 126.829)}{152.25}\text{mm} = \pm 0.0596\text{mm} > \pm 0.05\text{mm}$$

$$\text{d}(132) = \frac{\pm 0.043 \times (131.182 + 14.676)}{132}\text{mm}$$
$$= \pm 0.0475\text{mm} < \pm 0.105\text{mm}$$

可见封闭环（152.25±0.05）mm 有超差的危险，所以应由此重新分配公差，即

$$\text{d}(x_{\text{IV}-\text{III}}) = \text{d}(y_{\text{IV}-\text{III}}) = \pm \frac{0.05 \times (152.25)}{84.228 + 126.829}\text{mm} = \pm 0.036\text{mm}$$

故应取
$$x'_{\text{IV}-\text{III}} = (84.228 \pm 0.036)\text{mm}$$
$$x'_{\text{IV}-\text{V}} = (14.676 \pm 0.05)\text{mm}$$
$$y'_{\text{IV}-\text{III}} = (126.829 \pm 0.036)\text{mm}$$
$$y'_{\text{IV}-\text{V}} = (131.182 \pm 0.05)\text{mm}$$

在将此换算结果标成直角坐标标注，如图 5-33 所示。

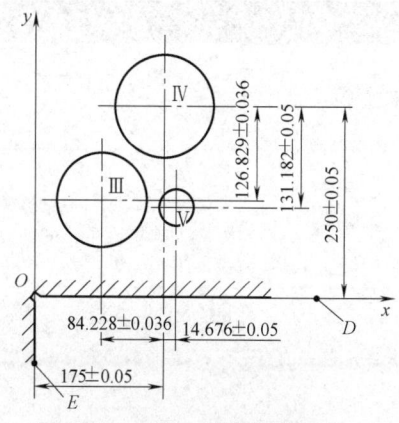

图 5-33 车床主轴箱箱体轴孔轴心坐标尺寸换算结果

10. 确定切削用量、时间定额和填写"机械加工工艺卡片"等工艺文件

第七节 机器装配工艺规程设计

机器的装配是整个机器制造过程中的最后一个阶段,它包括装配、调整、检验和试验等工作。机器或产品的质量,是以机器或产品的工作性能、使用效果和寿命等综合指标来评定的。装配工作任务之所以繁重就在于产品的质量最终由它来保证;而且又因为装配工作占有大量的劳动量,因此对生产任务的完成、人力与物力的利用和资金的周转又有直接的影响。

近年来,在毛坯制造和机械加工等方面实现了高度的机械化和自动化,发展了大量新工艺,大大节省了人力和费用。因此机器装配在整个机器制造中所占的比重日益加大。装配工作的技术水平和劳动生产率必须大幅度提高,才能适应整个机械工业的发展形势,达到质量好、效率高、费用低的要求,为国民经济有关部门提供大量先进的成套技术装备。

因为装配尺寸链分析计算方法能够对机器结构的尺寸与公差从设计要求、装配方法和零件加工三方面进行统筹规划,定量分析,以期满足优质、高效和低成本的生产要求;而装配工艺规程的制订也在很大程度上取决于装配方法,为此,本章以第二和第三小节为学习重点。至于装配工艺规程的实例及装配工作中的许多具体方法,本章不作细述,可在生产实习中结合具体对象进行现场教学。

一、机械装配生产类型及其特点

机械装配的生产类型按装配工作的生产批量大致可分为大批大量生产、成批生产及单件小批生产三种。生产类型支配着装配工作且各具特点,诸如在组织形式、装配方法、工艺装备等方面都有不同。为使装配工作大幅度地提高其工艺水平,必须注意各种生产类型的特点及现状,研究其本质联系,才能抓住重点,有的放矢地进行工作。为了简洁起见,现将各种生产类型的装配工作的特点列于表 5-15。

由表 5-15 可以看出,对于不同的生产类型,它的装配工作的特点都有其内在的联系,而装配工艺方法亦各有侧重。例如,大量生产汽车或拖拉机的工厂,它们的装配工艺主要是互换法装配,只允许有少量简单的调整,工艺过程必须划分得很细,即采用分散工序原则,以便达到高度的均衡性和严格的节奏性。在这样的装配工艺基础上和专用高效工艺装备的物质基础上,才能建立移动式流水线以至自动装配线。

表 5-15 各种生产类型装配工作的特点

生产类型	大批大量生产	成批生产	单件小批生产
装配工作特点	产品固定,生产活动经常反复,生产周期一般较短	产品在系列化范围内变动,分批交替投产或多品种同时投产,生产活动在一定时期内重复	产品经常变换,不定期重复生产,生产周期一般较长
组织形式	多采用流水装配线:有连续移动、间隔移动及可变节奏等移动方式,还可采用自动装配机或自动装配线	产品笨重批量不大的产品多采用固定流水装配,批量较大时采用流水装配,多品种平行投产时用多品种可变节奏流水装配	多采用固定装配或固定式流水装配进行总装,同时对批量较大的部件也可采用流水装配
装配工艺方法	按互换法装配,允许有少量简单的调整,精密偶件成对供应或分组供应装配,无任何修配工作	主要采用互换法,但灵活运用其他保证装配精度的装配工艺方法,如调整法、修配法及合并法以节约加工费用	以修配法及调整法为主,互换件比例较少
工艺过程	工艺过程划分很细,力求达到高度的均衡性	工艺过程的划分须适合于批量的大小,尽量使生产均衡	一般不订详细工艺文件,工序可适当调度,工艺也可灵活掌握

(续)

生产类型	大批大量生产	成批生产	单件小批生产
工艺装备	专业化程度高,宜采用专用高效工艺装备,易于实现机械化自动化	通用设备较多,但也采用一定数量的专用工、夹、量具,以保证装配质量和提高工效	一般通用设备及通用工、夹、量具
手工操作要求	手工操作比重小,熟练程度容易提高,便于培养新工人	手工操作比重较大,技术水平要求较高	手工操作比重大,要求工人有高的技术水平和多方面的工艺知识
应用实例	汽车、拖拉机、内燃机、滚动轴承、手表、缝纫机、电气开关	机床、机车车辆、中小型锅炉、矿山采掘机械	重型机床、重型机器、汽轮机、大型内燃机、大型锅炉

单件小批生产则趋向另一极端,它的装配工艺方法以修配法及调整法为主,互换件比例较小,与此相应,工艺上的灵活性较大,工序集中,工艺文件不详细,设备通用,组织形式以固定式为多。这种装配工作的效率,一般较低。要提高单件小批生产的装配工作的效率,必须注意装配工作的各个特点,保留和发扬合理的部分,改进和废除不合理的习惯,以大批大量生产类型所采用方法的精神实质,通过具体措施予以改进和提高。例如,采用固定式流水装配就是一种组织形式上的改进。又如,尽可能采用机械加工或机械化手动工具来代替繁重的手工修配操作;以先进的调整法及测试手段来提高调整工作的效率;总结先进经验,制订详细的装配施工指导性工艺文件和操作条例,这样既保持了装配工作可以适当调度和灵活掌握的必要性,又便于保质保量按期完成装配任务,同时又有利于培养新工人。

至于成批生产类型的装配工作的特点则介于大批大量和单件小批这两种之间,它的情况和改进措施在表格中已经表达,不再赘述。

二、达到装配精度的工艺方法

凡是装配完成的机器必须满足规定的装配精度。装配精度是机器质量指标中的重要项目之一,它是保证机器具有正常工作性能的必要条件。

机器装配是将加工合格的零件组装成部件和机器。一般零件都有规定的加工公差,即有一定的加工误差。在装配时这种误差的累积就会影响装配精度。当然希望这种累积误差不要超出装配精度指标所规定的允许范围,从而使装配工作只是简单的连接过程,不必进行任何修配或调整。但事实并非都能如此理想。这是因为零件的加工精度不但在工艺技术上受到现实可能性的限制,而且又受到经济性的制约。例如,在组成部件或机器有关零件较多而装配最终精度的要求较高时,即使把经济性置之度外,尽可能地提高零件加工精度以降低累积误差,但是结果往往还是无济于事。因此要达到装配精度,不能只依赖于提高零件的加工精度,在一定程度上还必须依赖于装配工艺技术。在机器精度要求较高、批量较小时,尤其如此。在长期的装配实践中,人们根据不同的机器和不同生产类型的条件,创造了许多巧妙的装配工艺方法。这种保证装配精度的工艺方法可以归纳为四大类,即互换法、选配法、修配法和调整法,现详述如下。

1. 互换法

互换法的实质就是用控制零件加工误差来保证装配精度的一种方法。换言之,就是零件加工公差按下面两种原则来规定:

1) 有关零件公差之和应小于或等于装配公差,这一原则可以用公式表示为

$$T_0 \geq \sum_{i=1}^{n} T_i = T_1 + T_2 + \cdots\cdots + T_n \tag{5-3}$$

式中　T_0——装配公差;

T_i——各有关零件的制造公差。

显然,在这种装配方法中,零件是完全可以互换的,因此它又称为"完全互换法"。

2) 有关零件公差值二次方之和的二次方根小于或等于装配公差,即

$$T_0 \geq \sqrt{\sum_{i=1}^{n} T_i^2} = \sqrt{T_1^2 + T_2^2 + \cdots\cdots + T_n^2} \tag{5-4}$$

显然,与式(5-3)相比,按式(5-4)计算时,零件的公差可以放大些,使加工容易而经济,同时仍能保证装配精度。

按式(5-3)制订零件公差,适用于任何生产类型。按式(5-4)制定零件公差,只适用于大批大量生产类型,其依据是概率理论。当符合一定条件时,也能达到"完全互换法"的效果,否则,可能有一部分被装配的制品不符合装配精度要求,此时就称为"不完全互换法"。

完全互换法的优点是:
1) 装配过程简单,生产率高。
2) 对工人技术水平要求不高,易于扩大生产。
3) 便于组织流水作业及自动化装配。
4) 容易实现零、部件的专业协作,降低成本。
5) 备件供应方便。

因为有这些优点,因此只要能满足零件经济精度要求,无论何种生产类型都首先考虑采用完全互换法装配。但是在装配精度要求较高,尤其是组成零件数目较多时,就难以满足经济精度要求。因此在大量大批生产条件下,就可考虑采用不完全互换法。此时零件公差可以放大些,但将有一部分制品的装配精度可能超差。这就需要考虑好补救的措施,或者事先进行经济核算来论证可能生产废品而造成的损失小于因零件制造公差放大而得到的增益,那么,不完全互换法就值得采用。

2. 选配法

在成批或大量生产条件下,若组成零件不多而装配精度很高时,采用完全互换法或不完全互换法,都将使零件的公差过严,甚至超过了加工工艺的现实可能性。例如:内燃机的活塞与缸套的配合,滚动轴承内外环与滚珠的配合等。在这种情况下,就不宜甚至不能只依靠零件的加工精度来保证装配精度,而可以用选配法。选配法是将配合件中各零件仍按经济精度制造(即制造公差放大了),然后选择合适的零件进行装配,以保证规定的装配精度要求。

选配法按其形式不同有三种,即直接选配法、分组装配法及复合选配法。

(1) **直接选配法** 直接选配法是由装配工人在许多待装配的零件中,凭经验挑选合适的互配件装配在一起。这种方法在事先不对零件进行测量和分组,而是在装配时直接由工人试凑装配,挑选合适的零件,故称为直接选配法。其优点是简单,但工人挑选零件可能要花费较长时间,而且装配质量在很大程度上取决于工人的技术水平。因此这种选配法不宜采用在节拍要求严格的大批大量流水线装配中。

(2) **分组装配法** 分组装配法是直接选配法的发展。这种方法事先将互配零件测量分组,装配时按对应组进行装配,以达到装配精度要求。这种选配法的优点是:
1) 零件加工公差要求不高,而能获得很高的装配精度。
2) 同组内的零件仍可以互换,具有互换法的优点,故又称为"分组互换法"。

分组选配法的缺点是:
1) 增加了零件存储量。
2) 增加了零件的测量、分组工作并使零件的储存、运输工作复杂化。

采用分组装配的注意事项如下：

1) 配合件的公差应相等，公差的增加要同一方向，增大的倍数就是分组数。这样才能在分组后按对应组装配而得到预定的配合性质（间隙或过盈）。

如图5-34所示，以轴孔动配合为例，设轴与孔的公差按完全互换法的要求分别为 $T_{轴}$、$T_{孔}$，并令 $T_{轴}=T_{孔}=T_0$，装配后得到最大间隙为 S_{lmax}，最小间隙为 S_{lmin}。

由于公差 T 太小，加工困难，故用分组装配法。为此，将轴、孔公差在同一方向放大到经济可行的地步，设放大了 n 倍，即 $T'=nT$。零件加工完毕后，将轴与孔按尺寸分为 n 组，故每组公差仍为 $T=\dfrac{T'}{n}$。装配时按对应组装配，现以第 k 组为例，轴孔对应组装配后得到的最大与最小间隙为

$$S_{k\max}=\left[S_{l\max}+(k-1)T_{孔}-(k-1)T_{轴}\right]=S_{i\max}$$
$$S_{k\min}=\left[S_{l\min}+(k-1)T_{孔}-(k-1)T_{轴}\right]=S_{i\min}$$

可见无论哪一个对应组，装配后得到的配合精度与性质不变，都满足原设计要求。如果轴与孔的公差不相等，就不能使各组获得相同的配合性质。

2) 配合件的表面粗糙度、几何公差必须保持原设计要求，不能随着公差的放大而降低表面粗糙度要求和放大几何公差。

3) 要采取措施，保证零件分组装配中都能配套，不产生某一组零件由于过多或过少，无法配套而造成积压和浪费。

按照一般正态分布规律，零件分组后，各组配合件的数量是基本相等的。以轴和孔配套为例，其配套情况如图5-35a所示。但如果由于某种工艺因素而造成尺寸分布不是正态分布，如图5-35b所示。因而在零件分组后，对应组的零件数量不等，造成某些零件过多或过少现象，这在

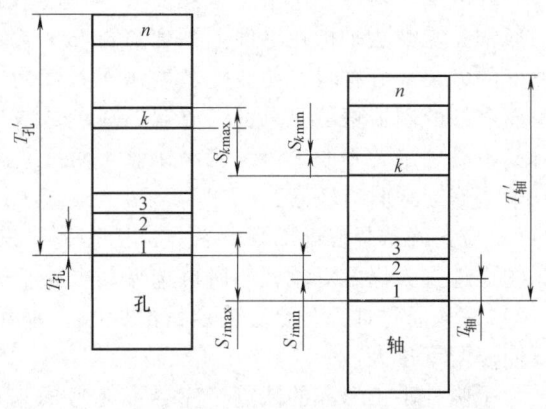

图5-34 轴孔分组装配图

实际生产中往往难以避免，须要采取措施予以解决。例如一种办法是采取分组公差不等的方法来平衡对应组的零件数量，如图5-35c所示。但必须先分析由此而造成配合精度降低的情况是否允许。另一种办法是在聚集相当数量的不配套零件后，专门加工一批零件来配套。

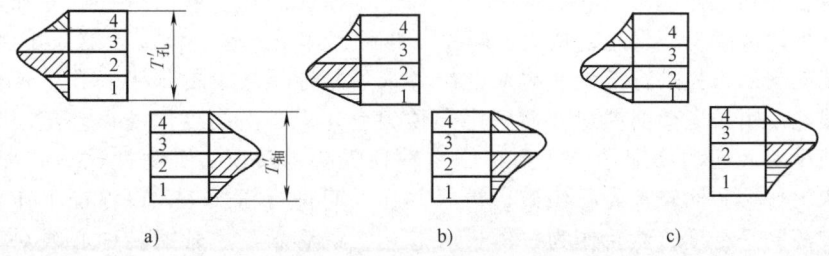

图5-35 轴孔分组配套情况

4) 分组数不宜过多，否则将使前述两项缺点更加突出而增加费用。
5) 应严格组织对零件的精密测量、分组、识别、保管和运送等工作。

由上述可知，分组装配法的应用只适于装配精度要求很高、组成件很少（一般只有两个、三个）的情况下。作为分组装配法的典型，就是大量生产滚动轴承的工厂，为了不因前述缺点而造成过多的人力和费用的增加，一般都采用自动化测量和分组等措施。

（3）**复合选配法** 复合选配法是上述两种方法的复合，即零件预先测量分组，装配时再在各对应组中凭工人经验直接选配。这一方法的特点是配合件的公差可以不相等。由于在分组的范围中直接选配，因此既能达到理想的装配质量，又能较快地选择合适的零件，便于保证生产节奏。在汽车发动机装配中，气缸与活塞的装配大都采用这种方法，一般汽车与拖拉机发动机的活塞均由活塞制造厂大量生产供应，同一规格的活塞其裙部尺寸要按椭圆的长轴分组。

3. 修配法

在单件小批生产中，装配精度要求高而且组成件多时，完全互换法或不完全互换法均不能采用。例如，车床主轴顶尖与尾架顶尖的等高性、转塔车床的刀具孔与车头主轴的同轴度都要求很高，而它们的组成件都较多。假使采用完全互换法，则有关零件的有关尺寸精度势必达到极高的要求；若采用不完全互换法，则由于公差值放大不多也无济于事，在单件小批生产条件下更无条件采用不完全互换法，在这些情况下修配法将是较好的方法而被广泛采用。

通常，修配法是指在零件上预留修配量，在装配过程中用手工锉、刮、研等方法修去该零件上的多余部分材料，使装配精度满足技术要求。修配法的优点是能够获得很高的装配精度，而零件的制造精度要求可以放宽。缺点是增加了装配过程中的手工修配工作，劳动量大，工时又不易预定，不便于组织流水作业，而且装配质量依赖于工人的技术水平。

采用修配法时应注意：

1）应正确选择修配对象。首先应选择那些只与本项装配精度有关而与其他装配精度项目无关的零件作为修配对象；然后再选择其中易于拆装且修配面不大的零件作为修配件。

2）应该通过计算，合理确定修配件的尺寸及其公差，既要保证它具有足够的修配量，又不要使修配量过大。

为了弥补手工修配的缺点，应尽可能考虑采用机械加工的方法来代替手工修配，例如采用电动或气动修配工具，或用"精刨代刮""精磨代刮"等机械加工方法。

这种思想的进一步发展，人们创造了所谓"综合消除法"，或称"就地加工法"。这种方法的典型例子是：转塔车床对转塔的刀具孔进行"自镗自"，这样就直接保证了同轴度的要求。因为装配累积误差完全在零件装配结合后，以"自镗自"的方法予以消除，因而得名。这种方法广泛应用于机床制造中，如龙门刨床的"自刨自"、平面磨床的"自磨自"、立式车床的"自车自"等。

此外还有合并加工修配法，它是将两个或多个零件装配在一起后进行合并加工修配的一种方法，这样可以减少累积误差，从而也减少了修配工作量。这种修配法的应用例子也较多，例如将车床尾架与底板先进行部装，再对此组件最后精镗尾架上的顶尖套孔，这样就消除了底板的加工误差。由于尾架部件从底面到尾架顶尖套孔中心的高度尺寸误差减小，因此在总装时，就可减少对底面的修配量，达到车床主轴顶尖与尾架顶尖等高性这一装配精度要求。又如万能铣床工作台和回转盘先行组装，再合并在一起进行精加工，以保证工作台台面与回转盘底面有较高的平行度，然后作为一体进入总装，最后满足主轴回转中心线对工作台面的平行度要求，由于减少了加工累积误差，因此在总装时修配劳动量大为减轻。

由于修配法有其独特的优点，又采用了各种减轻装配工作量的措施，因此除了在单件小批生产中被广泛采用外，在成批生产中也采用较多。至于合并法或综合消除法，其实质都是减少或消除累积误差，这种方法在各类生产中都有应用。

4. 调整法

调整法与修配法在原则上是相似的，但具体方法不同。这种方法用一个可调整的零件，在装配时调整它在机器中的位置或增加一个定尺寸零件（如垫片、垫圈、套筒等）以达到装配精度。上述两种零件，都起到补偿装配累积误差的作用，故称为补偿件，这两种调整法分别称为可动补偿件调整法和固定补偿件调整法。

图 5-36 表示了保证装配间隙（以保证齿轮轴向游动的限度）的三种方法：①互换法，以尺寸 A_1、A_2 的制造精度保证装配间隙 A_0；②加入一个固定的垫圈来保证装配间隙 A_0；③加入一个可动的套筒来达到装配间隙 A_0。

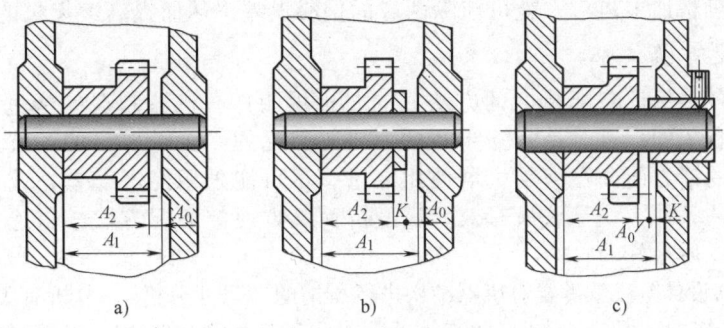

图 5-36 保证装配间隙的方法

调整法的应用是相当广泛的。例如自行车车轮的轴承，就是用可调整零件"轴挡"以螺纹联接方式来调整轴承间隙的。图 5-37a 所示是用调节螺钉来调节轴承间隙的例子；图 5-37b 所示是通过调节楔块的上下位置来调节丝杠与螺母轴向间隙的例子。

调整法的优点是：

1) 能获得很高的装配精度，在采用可动件调整法时，可达到理想的精度，而且可以随时调整由于磨损、热变形或弹性变形等原因所引起的误差。

2) 零件可按经济精度要求确定加工公差。

它的缺点是：

1) 往往需要增加调整件，这就增加了零件的数量，增加了制造费用。

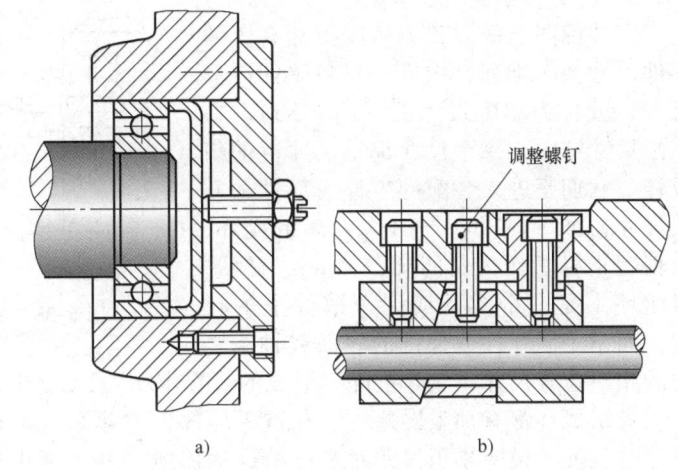

图 5-37 调整法实例

2) 应用可动调整件时，往往要增大机构的体积。

3) 装配精度在一定程度上依赖于工人的技术水平，对于复杂的调整工作，工时较长，时间较难预定，因此不便于组织流水作业。

因此调整法的应用，应根据不同的机器、不同的生产类型予以妥善地考虑。在大量大批生产条件下采用调整法，应该预先采取措施，尽量使调整方便迅速。例如用调整垫片时，应准备几档不同规格的垫片。利用螺孔间隙时，应事先进行计算以免产生调整量不够的情形。由于螺孔间隙有限，在机构复杂时，计算也非常复杂，不易准确，故在机械结构允许时，可采用长圆孔，以扩大调整量。在单件小批生产条件下，往往在调整好零件或部件的位置后，再钻螺钉孔，攻螺纹。这就不属于调整法，而实质上就是"综合消除法"。

调整法进一步发展，产生了"误差抵消法"。这种方法是在装配两个或两个以上的零件时，调整其相对位置，使各零件的加工误差相互抵消以提高装配精度。例如，在安装滚动轴承时，可用这个方法调整径向圆跳动。这是在机床制造业中常用来提高主轴回转精度的一个方法，其实质就是调整前后轴承偏心量（向量误差）的相互位置（相位角）。又如滚齿机的工作台与分度蜗轮的装配，也可用这个方法抵消偏心误差以提高其同轴度。

这种方法再进一步发展，又产生了"合并法"，即是将互配件先行组装，经调整，再进行加工，然后作为一个整体进入总装，以简化总装配工件，减少误差的累积。为此，分度蜗轮与工作台组装后再精加工齿形，就可消除两者的偏心误差，从而提高滚齿机的传动链精度。

三、装配尺寸链

以上阐述了各种保证装配精度的方法，同时也说明：在机器制造的全过程中，设计、加工与装配是密切相关的，有时是相互矛盾的。研究装配的一个重要目的，就是要全面顾及这个矛盾及其矛盾的诸方面。在满足机器使用要求，尽可能采用经济公差，或在不致使机械加工带来多大困难的条件下，寻求最有效、最经济而又方便的装配方法，以达到整个产品制造效率高、费用低、质量好的目的。

为此，在机器设计阶段就需要对机器结构进行所谓的"尺寸分析"，分析有关零件的尺寸误差对机器装配精度的影响，根据具体情况确定装配方法，然后才能合理地标注零件制造公差及技术条件。在制订产品装配工艺过程、解决生产中的装配质量问题时，也需要这种分析。尺寸链原理是进行尺寸分析和计算的工具，在零件机械加工中，我们曾用它来计算工序尺寸与公差，这种尺寸链称为"加工工艺尺寸链"，在装配中所用的尺寸链，就称为"装配尺寸链"。

1. 装配尺寸链的基本概念

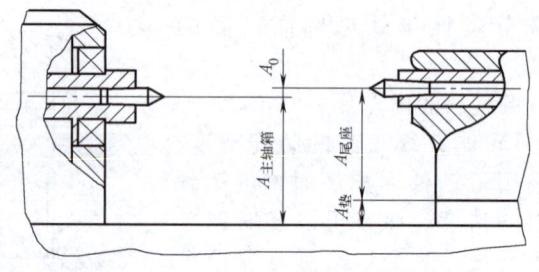

图 5-38 装配尺寸链（直线尺寸链）示例

在装配图上把对某项精度指标有关的零件尺寸依次排列，构成一组封闭的链形尺寸，就称为装配尺寸链（图 5-38）。在装配尺寸链中，每个尺寸都是尺寸链的组成环，它们是进入装配的零件或部件的有关尺寸，如 $A_{垫}$、$A_{尾座}$、$A_{主轴箱}$ 都组成环，而精度指标常作为封闭环，如 A_0。显然，封闭环不是一个零件或一个部件上的尺寸，而是不同零件或部件的表面或轴线之间的相对位置尺寸，它是装配后形成的。在本例中，$A_{垫}$ 和 $A_{尾座}$ 是增环，$A_{主轴箱}$ 则是减环。

各组成环都有加工误差，所有组成环的误差累积就形成封闭环的误差。因此，应用装配尺寸链就便于说明累积误差对装配精度的影响，并可列出计算公式，进行定量分析，确定合理的装配方法和零件的公差。

图 5-38 所示的装配尺寸链示例属于"线性尺寸链"，它是由彼此平行的直线尺寸所组成的，这是在一般机器中最常见的，因而是应用最广的一种装配尺寸链。

在万能卧式铣床总装时，要求保证的最终精度指标之一是主轴回转中心线对工作台台面的平行度要求。立式铣床或立式钻床总装时，则要求保证主轴回转中心线对工作台台面的垂直度。在这种情况下，封闭环与组成环的几何特征不是直线而是平行度或垂直度，总之它们之间的关系是角度关系，故属于"角度尺寸链"，这种尺寸链也是常见的，如图 5-39 所示。

此外，在装配中有时也会遇到"平面尺寸链"。这种尺寸链虽然也是由若干直线尺寸所组成，但它们彼此不一定完全平行。车床溜板箱部件进入总装时就遇到这类装配尺寸链。

图 5-40 所示为溜板箱与大拖板的装配示意图。图中，P_6 表示大拖板中齿轮的分度圆半

径，P_4 是它的轴心到结合面间的距离，P_5 是它的轴心与紧固孔中心间的距离，P_1 代表溜板箱中齿轮的分度圆半径，P_2、P_3 的含义分别与 P_4、P_5 相同，叙述从略。为了保证齿轮啮合有一定的间隙，在尺寸链中以 P_0 表示（可通过有关齿轮参数折算得到）。因此，在装配时需要将溜板箱沿其装配结合面相对于大拖板移动到适当的位置，然后用螺钉紧固（即调整装配法），再打定位销。然而，溜板箱上的螺孔中心线与大拖板上的通孔中心线之间的偏移量 P_k 受到通孔大小的限制，即调节量有一定的限度，为此，可通过这一平面尺寸链来计算。假使计算结果说明调节量不够，则需扩大通孔直径，或者紧缩其他组成环的公差。

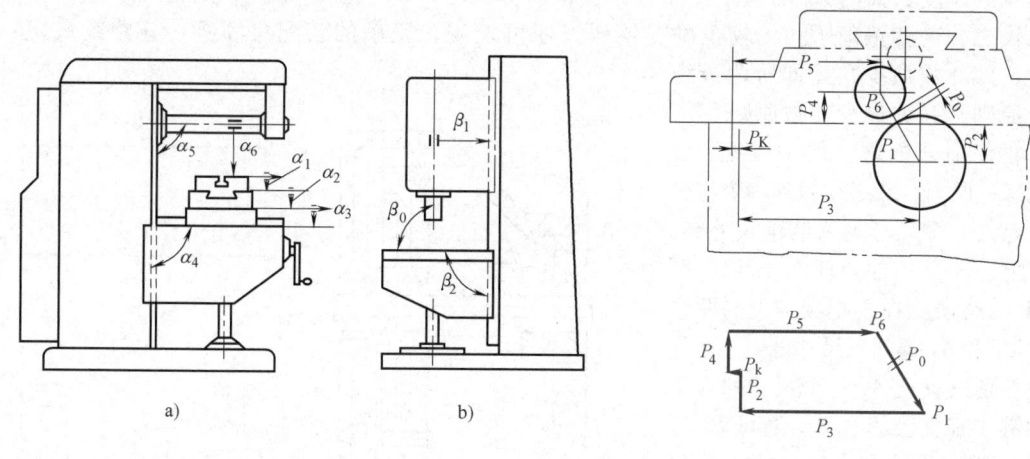

图 5-39 角度装配尺寸链示例　　　　图 5-40 平面尺寸链示例

应用装配尺寸链分析与解决装配精度问题，其关键步骤有三：第一是建立装配尺寸链，也就是根据封闭环查明组成环；第二是确定达到装配精度的方法，也称为解装尺寸链（问题）的方法；第三是作出必要的计算。最终目的是确定经济的、至少是可行的零件加工公差，第二和第三步骤往往是需要交叉进行的。例如对某一装配尺寸链问题，开始时选用了完全互换法来解决，经过计算而发现对组成环的精度要求太高，于是考虑采用其他的装配方法，从而又要进行相应的计算。因此，这两个步骤可以合称为装配尺寸链（问题）的解算。

2. 装配尺寸链的建立

（1）建立装配尺寸链的基本原理和方法　如上所述，正确地建立装配尺寸链是关键步骤之首，因为它是解算装配尺寸链问题的依据。对于初学者来说，在装配尺寸链的建立中，往往产生的困难和问题是：第一找不到封闭环；第二把不相干的尺寸排列到尺寸链中去。找不到封闭环的原因，是未能在装配图上发现装配时可能产生的精度问题，也就是不了解结构的装配精度要求。把不相干的尺寸列入尺寸链，其原因是没有注意运用装配基准这一概念。至于复杂的机械结构和复杂的装配问题，要能正确建立其装配尺寸链，还需要有一定的装配实践知识。为此，对初学者来说，需要从简单的着手，明确建立装配尺寸链的基本原理与方法，运用到实际中去，积累装配知识，才能达到熟练和融会贯通的地步。

装配尺寸链的封闭环是在装配之后形成的，而且这一环是具有装配精度要求的。装配尺寸链中的组成环，是对装配精度要求发生直接影响的那些零件或部件（在总装时部件作为一个整体进入总装）上的尺寸或角度（在线性尺寸链时是尺寸，在角度尺寸链时是角度）。作为组成环的那些零件或部件，在进入装配中，各个零件的装配基准贴接（基准面相接或在轴孔配合时使轴线相重合），从而就形成了尺寸相接或角度相接的封闭图形，即装配尺寸链。

（2）最短路线（最少环数）原则　装配尺寸链中的组成环是由各组成零件的装配基准相连接而联系着的，因此，对于一个既定的机械结构，对其中某一项装配精度（即封闭环）有关的组成环应该是一定的，简化或近似的分析则是另一回事，多出的组成环往往是和此封闭环没有直接关系的，甚至是毫无关联的尺寸。例如图 5-41a 所示的变速箱，其中 A_0 代表轴向间隙，是必须保证的一个装配精度，哪些零件上的哪些轴向尺寸与 A_0 有关呢？只有正确地查明有关尺寸，才能正确地建立与 A_0 有关的装配尺寸链。在图上直接标列了许多零件尺寸，其目的是让读者去寻找有关尺寸。图 5-41b 与图 5-41c 列出了两种不同的装配尺寸链，前者是错误的，后者是正确的。前者的错误所在是将变速箱箱盖上的两个尺寸 B_1 和 B_2 都列入了尺寸链中。很明显，箱盖上只有凸台高度 A_2 这个尺寸与 A_0 直接有关，而尺寸 B_1 的大小只影响箱盖法兰的厚度，而与 A_0 的大小并无直接关系。在图 5-41c 上把 B_1 和 B_2 去除，而以 A_2 一个尺寸取代之，这就正确了。比较正确与错误，便可发现，正确的装配尺寸链，其路线最短，换言之，即环数最少，此即所谓最短路线原则，又称最少环数原则。

再仔细分析这一例子可见，要满足这一原则，又必须做到一个零件上只允许一个尺寸列入装配尺寸链，简言之，即"一件一环"。所以，图 5-41b 的错误就在于把箱盖上的两个尺寸 B_1 和 B_2 都列入尺寸链中，而没有注意到只有把 A_2 一个尺寸列入该尺寸链才有直接的意义。通过 B_1 和 B_2 来间接获得凸台高度尺寸 A_2，只有在加工工艺上有意义，即基准转换，而在机械结构的设计上则无意义。不符合最少环数原则的后果是容易理解的，即由于组成环数无必要的

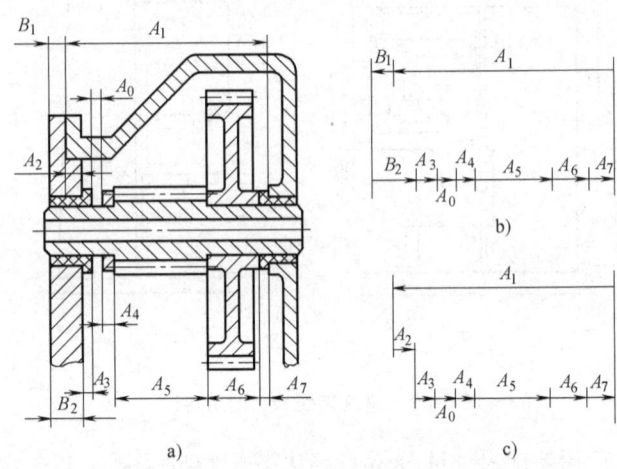

图 5-41 装配尺寸链组成的最小环数原则示例

增多，所能分配到的公差就减小，从而使零件加工的精度要求提高而成本增加。

符合最短路线原则的那些尺寸，就是零件图上应该标注的尺寸，称为"设计尺寸"，它们都有一定的精度要求，是通过装配尺寸链的解算而规定的。在零件机械加工中，由于工艺上原因而需要通过其他尺寸来间接保证设计尺寸时，才需要经过尺寸换算而产生"工艺尺寸"。

3. 装配尺寸链的计算方法

（1）极值法的补充　不论哪一种装配尺寸链问题，解算尺寸链的基本原则只有两类：极值法和概率法。有关极值法的计算公式已有详述，在此再作一些补充。有关概率法的原理及计算方法将在后面说明。

装配尺寸链的计算（工艺尺寸链亦如此）存在两种情形，习惯上称作"正面计算"和"反面计算"。正面计算就是已知组成环（公称尺寸及其偏差），要求计算封闭环（公称尺寸及其偏差）。反面计算就是已知封闭环，要求计算组成环。

第一种情形发生在已有产品装配图和全部零件图的情况下，用以验证组成环公差、公称尺寸及其偏差的规定是否正确，是否满足装配精度指标。

第二种情形产生在产品设计阶段，即根据装配精度指标确定组成环公差、标注组成环公称尺寸及其偏差，然后才能将这些已确定的公称尺寸及基偏差标注到零件图上。

毫无疑问，正面计算是极为容易的，它仅仅是将一个已经解决的"尺寸链问题"的答案作一次验算而已。反面计算，才真正是解尺寸链问题的计算。

反面计算中，在确定组成环公差时，已学过三种方法，即等精度法、等公差法和根据具体情况确定法。这里介绍一种所谓的"中间计算法"（或称"相依尺寸公差法"）。中间计算法是将一些比

较难以加工和不宜改变其公差的组成环的公差预先肯定下来，只将极少数或一个比较容易加工或在生产上受限制较少的组成环作为试凑对象。这样，试凑工作大为简化。这个环称为"相依尺寸"，意思是该环的尺寸相依于封闭环和其他组成环的尺寸及公差。于是得：

$$T(A_0) = T(A_y) + \sum_{i=1}^{n-2} T(A_i) \tag{5-5}$$

式中　　A_y——相依尺寸；

$T(A_i)$、$T(A_y)$、$T(A_0)$——组成环（除相依尺寸以外）、相依尺寸及封闭环的公差。

根据同样理由可得到计算公称尺寸及相依尺寸上下极限偏差的公式：

公称尺寸

$$A_0 = \sum_{i=1}^{m} \vec{A}_i - \sum_{i=m+1}^{n-1} \overleftarrow{A}_i$$

若相依尺寸是增环，则

上极限偏差

$$\mathrm{ES}(\vec{A}_y) = \mathrm{ES}(A_0) - \sum_{i=1}^{m-1} \mathrm{ES}(\vec{A}_i) + \sum_{i=m+1}^{n-1} \mathrm{EI}(\overleftarrow{A}_i) \tag{5-6}$$

下极限偏差

$$\mathrm{EI}(\vec{A}_y) = \mathrm{EI}(A_0) - \sum_{i=1}^{m-1} \mathrm{EI}(\vec{A}_i) + \sum_{i=m+1}^{n-1} \mathrm{ES}(\overleftarrow{A}_i) \tag{5-7}$$

若相依尺寸是减环，则

上极限偏差

$$\mathrm{ES}(\overleftarrow{A}_y) = -\mathrm{EI}(A_0) + \sum_{i=1}^{m} \mathrm{EI}(\vec{A}_i) - \sum_{i=m+1}^{n-2} \mathrm{ES}(\overleftarrow{A}_i) \tag{5-8}$$

下极限偏差

$$\mathrm{EI}(\overleftarrow{A}_y) = -\mathrm{ES}(A_0) + \sum_{i=1}^{m} \mathrm{ES}(\vec{A}_i) - \sum_{i=m+1}^{n-2} \mathrm{EI}(\overleftarrow{A}_i) \tag{5-9}$$

式中　　ES——尺寸的上极限偏差；

EI——尺寸的下极限偏差；

$\vec{A}_i$——增环；

$\overleftarrow{A}_i$——减环；

m——增环数；

n——包括相依尺寸和封闭环在内的总环数。

（2）**概率计算法**　　极值法的优点是简单可靠，但缺点是：它是根据极端情况出发，推导出封闭环与组成环的关系式，因此计算得到的组成环公差过于严格。在封闭环要求高，组成环数目很多时，这种情况就更加严重。公差过小就意味着加工成本高，甚至在现实的加工条件下无法达到。其实，根据概率理论，每个组成环尺寸处在极限情况的机会是很少的，在组成环较多，而且在大批量生产条件下，这种极端情况的出现机会已小到没有考虑的必要，在这种情况下，完全可以按概率论的原理来计算尺寸链。

在第六章中我们将会看到，加工尺寸除了正态分布外还有非正态分布，因此在应用概率法计算尺寸链时，就存在正态分布和非正态分布两类情况。后者的计算要比前者复杂。为了由简到繁地把问题说清，故这里先介绍正态分布情况下的概率计算法。

以图 5-42a 为例，一个键装入轴的槽中，根据设计要求，需要保证一定的间隙。

设键的宽度公称尺寸以 A_1 表示,轴的槽宽公称尺寸以 A_2 表示,间隙公称尺寸以 A_0 表示。假定尺寸 A_1 与 A_2 的公差 $T(A_1)$ 与 $T(A_2)$ 都是对称分布的,尺寸分散均呈正态分布,则尺寸的平均值就是基本值。这样,装配后得到的间隙 A_0 的尺寸分散均也呈正态分布,$T(A_0)$ 也是对称的,尺寸平均值也就是基本值 A_0,如图 5-42b 所示。

根据概率理论,可得组成环 A_1、A_2 与封闭环 A_0 三者的方均根误差关系式

$$\sigma(A_0) = \sqrt{\sigma(A_1)^2 + \sigma(A_2)^2}$$

由此推广到有 $n-1$ 个组成环的情形,则有

$$\sigma(A_0) = \sqrt{\sum_{i=1}^{n-1} \sigma(A_i)^2} \quad (5\text{-}10)$$

因为对于正态分布,其随机误差即尺寸分散范围 ω 与方均根偏差 σ 间的关系可取为 $\omega = 6\sigma$,从而,各组成环的尺寸分散范围为 $\omega(A_i) = 6\sigma(A_i)$。封闭环的尺寸分散范围为 $\omega(A_0) = 6\sigma(A_0)$。为此,当取 $T(A_i) = \omega(A_i)$ 和 $T(A_0) = \omega(A_0)$ 时,根据式(5-10)便得到

$$T(A_0) = \sqrt{\sum_{i=1}^{n-1} T(A_i)^2} \quad (5\text{-}11)$$

即封闭环公差等于各组成环公差二次方和的二次方根。

前面已假设各组成环的公差是对称分布的,因而得到的封闭环公差当然也是对称分布的。所以封闭环的上、下极限偏差极易得到,即

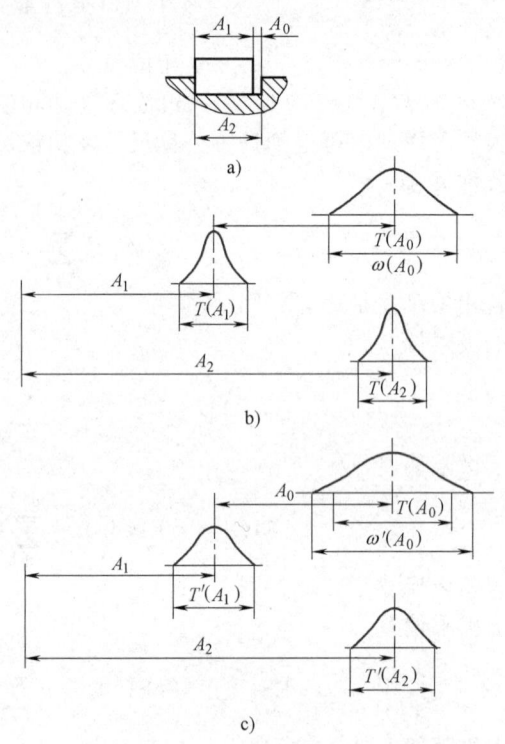

图 5-42 装配尺寸链概率计算法
a) 单键配合 b) 完全互换 c) 不完全互换

$$ES(A_0) = +\frac{T(A_0)}{2} \quad (5\text{-}12)$$

$$EI(A_0) = -\frac{T(A_0)}{2} \quad (5\text{-}13)$$

假使各组成环的公差不是对称分布的,则可以将它们改为对称分布,同时改用平均尺寸作为公称尺寸,再进行计算。为避免换算平均尺寸的麻烦,可采用所谓的"中间偏差",其要点如下:

在直线尺寸链的情形下,即

$$A_0 = \sum_{i=1}^{m} \vec{A_i} - \sum_{i=m+1}^{n-1} \overleftarrow{A_i}$$

求出各组成环中间偏差 $\Delta(A_i)$

$$\Delta(A_i) = \frac{1}{2}[ES(A_i) + EI(A_i)] \quad (5\text{-}14)$$

再求出封闭环中间偏差 $\Delta(A_0)$ 和上、下极限偏差,得

$$\Delta(A_0) = \sum_{i=1}^{m} \Delta(\vec{A_i}) - \sum_{i=m+1}^{n-1} \Delta(\overleftarrow{A_i}) \quad (5\text{-}15)$$

$$ES(A_0) = \Delta(A_0) + \frac{1}{2}T(A_0) \tag{5-16}$$

$$EI(A_0) = \Delta(A_0) - \frac{1}{2}T(A_0) \tag{5-17}$$

用概率法作反向计算时，可按下式先作估计，即

$$T_{平均} = \frac{T(A_0)}{\sqrt{n-1}} = \frac{\sqrt{n-1}}{n-1}T(A_0) \tag{5-18}$$

式中 n——包括封闭环在内的总环数。

若 $T_{平均}$ 基本上满足经济精度的要求，则可按各组成环加工的难易程度合理调配公差。显然，在概率法中试凑各组成环的公差，比在极大极小法中要麻烦得多，为此，更需要利用"相依尺寸公差法"。则

$$T(A_0) = \sqrt{T(A_y)^2 + \sum_{i=1}^{n-2} T(A_i)^2}$$

从而得到

$$T(A_y) = \sqrt{T(A_0)^2 - \sum_{i=1}^{n-2} T(A_i)^2} \tag{5-19}$$

这样，就可避免试凑，立即求得相依尺寸公差 $T(A_y)$。

用概率计算法所得到的好处是能够放大组成环公差，这一点从式（5-14）即可看出，它比用极大极小法求得的组成环平均公差要大 $\sqrt{n-1}$ 倍。这里需要说明，当取 $T(A_0) = \omega(A_0) = 6\sigma(A_0)$ 时，封闭环尺寸合格的装配制品占总的 99.73%，只有 0.27% 的制品不合格。这样小的概率，可认为是不会出现的，因此，用概率计算法来解算装配尺寸链，也可看作是完全互换法。只有当封闭环公差小于其尺寸分散带 $\omega'(A_0)$ 时，则将随着它们之间的相差程度而使不合格装配制品的概率增大。图 5-42c 就表示了这种情况。比较图 5-42c 及图 5-42b，即可看出，由于 $T(A_0) < \omega'(A_0)$ 时，即 $T(A_0) < 6\sigma(A_0)$ 时，不合格制品的概率就会增大，例如，当 $T(A_0) = 5\sigma(A_0)$ 时，不合格品的概率是 1.24%；当 $T(A_0) = 4\sigma(A_0)$ 时，不合格的概率将达到 4.56%。凡此情况，就属于"不完全互换法"。

从图 5-53c、b 可以看出，采用不完全互换法时，组成环公差放大了，虽使零件加工成本降低，但是，为了处理不合格的装配制品，将使装配费用增加。因此有必要进行经济核算，权衡得失。

（3）计算举例　为了说明基本公式的应用方法与效果，下面以图 5-42a 为例来说明具体的计算方法和结果。

设 $A_1 = 20$mm，$A_2 = 20$mm，$A_0 = 0_{+0.05}^{+0.20}$mm（设计要求）。要求根据生产类型和具体条件确定装配方法，并计算出 A_1 和 A_2 的上下极限偏差。

首先考虑用完全互换法装配，计算平均精度，即

$$T_{平均} = \frac{0.2 - 0.05}{3 - 1} \text{mm} = 0.075 \text{mm}$$

这个数值对 20mm 的尺寸来讲符合经济精度。

因为尺寸 A_1 为外尺寸，A_2 为内尺寸，前者比后者容易加工，故将公差按生产经验分配，先确定 $T(A_2) = 0.1$mm，然后试计算出 $T(A_1)$。即

$$T(A_1) = T(A_0) - T(A_2) = 0.15\text{mm} - 0.1\text{mm} = 0.05\text{mm}$$

因为设计上对 A_2 的公差分布并无规定要求，故可按加工的"入体"习惯方法，即内尺寸采用单向正公差，所以尺寸 A_2 及其偏差可预先确定为

$$A_2 = 20_0^{+0.1}\text{mm}$$

因为 A_1 是减环，按式（5-8）和式（5-9）可求出

$$\text{ES}(A_1) = -\text{EI}(A_0) + \text{EI}(A_2) = -0.05\text{mm} + 0\text{mm} = -0.05\text{mm}$$

$$\text{EI}(A_1) = -\text{ES}(A_0) + \text{ES}(A_2) = -0.2\text{mm} + 0.1\text{mm} = -0.10\text{mm}$$

于是得

$$A_1 = 20_{-0.10}^{-0.05}\text{mm}$$

因为用了经济公差，所以不论哪一种生产类型，这种装配方法都是合适的。

下面按概率计算法来估计实际生产的间隙 A_0 的分布范围。按式（5-11）得

$$T(A_0) = \sqrt{T(A_1)^2 + T(A_2)^2} = \sqrt{(0.05)^2 + (0.1)^2}\text{mm} \approx 0.112\text{mm}$$

由式（5-14）、式（5-15）求组成环和封闭环的中间偏差

$$\Delta(A_1) = \frac{1}{2}[\text{ES}(A_1) + \text{EI}(A_1)] = \frac{-0.05 - 0.1}{2}\text{mm} = -0.075\text{mm}$$

$$\Delta(A_2) = \frac{1}{2}[\text{ES}(A_2) + \text{EI}(A_2)] = \frac{0.1 + 0}{2}\text{mm} = 0.05\text{mm}$$

$$\Delta(A_0) = \Delta(A_2) - \Delta(A_1) = 0.05\text{mm} - (-0.075)\text{mm} = 0.125\text{mm}$$

因此可得到间隙的实际范围的上、下极限偏差［式（5-16）、式（5-17）］

$$\text{ES}(A_0) = \Delta(A_0) + \frac{T(A_0)}{2} = 0.125\text{mm} + \frac{0.112}{2}\text{mm} = 0.181\text{mm}$$

$$\text{EI}(A_0) = \Delta(A_0) - \frac{T(A_0)}{2} = 0.125\text{mm} - \frac{0.112}{2}\text{mm} = 0.069\text{mm}$$

即按概率法计算时，间隙尺寸的实际分布是

$$A_0 = 0_{+0.069}^{+0.181}\text{mm}$$

这说明：在实际中，尺寸 A_0 的波动范围要比按极大极小法计算的范围小一些（图 5-43）。反过来说，若按概率法计算，尺寸 A_1 和 A_2 的公差均可以放大些。现在来看一下，尺寸 A_1 和 A_2 的公差可以放大多少。

和前面相同，预先确定 $A_2 = 20^{+0.1}\text{mm}$，则作为相依尺寸的 A_1 的公差可按式（5-19）求出

$$T(A_1) = \sqrt{T(A_0)^2 - T(A_2)^2} = \sqrt{(0.15)^2 - (0.10)^2}\text{mm} = 0.112\text{mm}$$

即尺寸 A_1 的公差比按极大极小法计算大了一倍多。

为了确定 A_1 的公差带范围，可将各环的公差均改为对称分布，同时公称尺寸也作相应的改变。

$$A_2 = 20_0^{+0.10}\text{mm} = 20.05 \pm 0.05\text{mm}$$

$$A_0 = 0_{+0.05}^{+0.20}\text{mm} = 0.125 \pm 0.075\text{mm}$$

$$A_1 = A_2 - A_0 = 20.05\text{mm} - 0.125\text{mm} = 19.925\text{mm}$$

结果得

$$A_1 = 19.925\text{mm} \pm \frac{T(A_1)}{2} = 19.925\text{mm} \pm 0.056\text{mm} = 20_{-0.131}^{-0.019}\text{mm}$$

而用极大极小法计算出来的 A_1 是

$$A_1 = 20_{-0.10}^{-0.05}\text{mm}$$

为了验证计算的正确性，可将上面的计算结果作正面的计算，即

$$T(A_0) = \sqrt{T(A_1)^2 + T(A_2)^2} = \sqrt{(0.10)^2 + (0.112)^2}\text{mm} = 0.15\text{mm}$$

$$\Delta(A_2) = \frac{0.1 + 0}{2}\text{mm} = 0.05\text{mm}$$

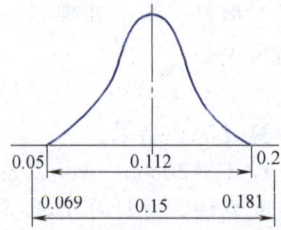

图 5-43 极大极小计算法与概率计算法的比较

$$\Delta(A_1) = \frac{(-0.019 - 0.131)}{2}\text{mm} = -0.075\text{mm}$$

$$\Delta(A_0) = \Delta(A_2) - \Delta(A_1) = 0.05\text{mm} - (-0.075)\text{mm} = 0.125\text{mm}$$

$$\text{ES}(A_0) = \Delta(A_0) + \frac{T(A_0)}{2} = 0.125\text{mm} + \frac{0.15}{2}\text{mm} = 0.20\text{mm}$$

$$\text{EI}(A_0) = \Delta(A_0) - \frac{T(A_0)}{2} = 0.125\text{mm} - \frac{0.15}{2}\text{mm} = 0.05\text{mm}$$

即 $A_0 = 0^{+0.20}_{+0.05}$mm，说明上面的计算是正确的。

(4) **非正态分布情况下的概率计算法** 当组成环为非正态分布时，封闭环的分布也是非正态的。由统计公差理论，可得到封闭环公差与组成环公差的关系式为

$$T(A_0) = \frac{1}{k_0}\sqrt{\sum_{i=1}^{n-1} k_i^2 T(A_i)^2} \tag{5-20}$$

式中 k_0, k_i——封闭环和组成环的"相对分布系数"。

但当组成环数目较多（如多于五个），且其中不存在特大或特小相差悬殊的公差，这种情况是很普遍的，此时封闭环接近正态分布，故取 $k_0 = 1$。

假设组成环中存在偏态分布，则这些组成环的分布中心与平均尺寸中心（公差带中心）不重合。换言之，用中间偏差计算时，分布中心将偏离公差带中心，则有

$$u = \alpha \frac{T}{2}$$

式中 α——不对称系数。

于是，封闭环的中间偏差可由下式求得

$$\Delta(A_0) = \sum_{i=1}^{m}[\Delta(\vec{A_i}) + u(\vec{A_i})] - \sum_{i=m+1}^{n-1}[\Delta(\overleftarrow{A_i}) + u(\overleftarrow{A_i})] \tag{5-21}$$

根据 $\Delta(A_0)$，就可由式 (5-16)、式 (5-17) 求出封闭环的上、下极限偏差。

相对分布系数 k_i 和不对称系数 α_i 可通过查阅公差设计手册或通过实验获得。

4. 装配尺寸链的解算实例

所谓装配尺寸链的解算，是指应用装配尺寸链方法解决实际问题，并作必要的计算。所以，在这项工作中，首先要根据装配精度建立相应的装配尺寸链，然后合理选择达到装配精度的方法，同时应用合适的计算方法进行尺寸链计算。下面将通过实例来表明这一解算过程，以便读者进一步理解，如何根据实际情况选择装配方法并作相应的计算。在实例中还增加了分组垫片调整法的解算方法。

例 5-4

车床尾架与主轴等高尺寸链。

(1) **根据车床精度指标列出相应的装配尺寸链** 在车床尾架的装配中，尾顶尖应高出主轴箱主轴顶尖 A_0。图 5-44 中所列尺寸链即是由与 A_0 这项精度指标有关的零、部件尺寸组合而成的。这个尺寸链称为保证前后顶尖等高性的装配尺寸链。各环的意义如下：

A_0——尾顶尖对前顶尖的高出量（冷态），$A_0 = 0^{+0.06}_{+0.03}$mm；

A_1——主轴箱装配基准面至前顶尖的高度，$A_1 = 160$mm；

A_2——尾架垫块的厚度，$A_2 = 30$mm；

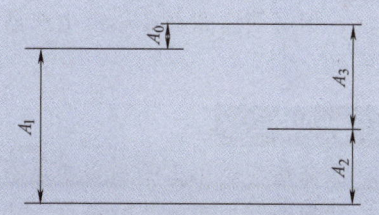

图 5-44 车床顶尖等高性装配尺寸链

A_3——尾架体装配基准面至后顶尖的高度，$A_3 = 130\text{mm}$。

（2）确定增环、减环，验算公称尺寸　从图中很容易看出：A_1 是减环，A_2、A_3 是增环。

验算公称尺寸

$$A_0 = -A_1 + A_2 + A_3 = -160\text{mm} + 30\text{mm} + 130\text{mm} = 0\text{mm}$$

符合封闭环的公称尺寸等于各组成环公称尺寸的代数和的要求。

（3）决定解装配尺寸链问题的方法并作相应的计算　一般地说，不论何种生产类型，首先应考虑采用完全互换法。在生产批量较大、组成环数又较多时（两个以上）可酌情考虑采用不完全互换法；在封闭环精度较高、组成环环数较少（2~3 个）时，可考虑采用选配法；在上述方法均不能采用时，才考虑采用修配法或调整法。对本例来说，该车床属于小批生产，在封闭环精度如此之高（$T_{平均} = 0.03/3\text{mm} = 0.01\text{mm}$），而且还有接触刚度的要求下，只有采用刮研修配法。因此，首先要合理选择修配对象。显然，在本例情况下，以修配垫块的上平面最为合适，于是可将各组成环按经济精度确定加工公差，即

$$A_1 = (160 \pm 0.1)\text{mm} \qquad A_2 = 30^{+0.2}_{0}\text{mm} \qquad A_3 = (130 \pm 0.1)\text{mm}$$

应用极值法计算得

$$A_0 = 0^{+0.4}_{-0.2}\text{mm}$$

把这一数值与装配要求 $A_0 = 0^{+0.06}_{+0.03}\text{mm}$ 比较一下就知道，当 A_0 出现 -0.2mm 时，垫块上已无修配量，因此应该在 A_2 尺寸上加上修配补偿量 0.23mm。把尺寸 A_2 修改为

$$A_2 = 30.23^{+0.2}_{0}\text{mm} = 30^{+0.43}_{+0.23}\text{mm}$$

再计算得

$$A_0 = 0^{+0.63}_{+0.03}\text{mm}$$

从而可知，当 A_0 出现最小值 $+0.03\text{mm}$ 时，刚好满足装配精度要求，所以最小修刮量等于零；A_0 出现最大值 $+0.63\text{mm}$ 时，超差量为 0.57mm，即（$0.63\text{mm} - 0.06\text{mm} = 0.57\text{mm}$），所以最大修刮量应是 0.57mm。

为了提高接触刚度，垫块上平面必须经过刮研，因此它必须具有最小修刮量，比如，按生产经验最小修刮量为 0.1mm，那么就应将此值加到 A_2 尺寸上去，于是得

$$A_2 = 30.1^{+0.43}_{+0.23}\text{mm} = 30^{+0.53}_{+0.33}\text{mm}$$

然后再计算，可得 $A_0 = 0^{+0.73}_{+0.13}\text{mm}$，因此最小修刮量为 0.1mm，最大修刮量为 0.67mm，这样的修刮量是比较大的，故在机床制造中常采用"合件加工"法来降低修配劳动量。

实际上出现最大修刮量的机会总是较少的。假使要精确估计修配量，可以应用概率计算法，但必须注意到在小批生产条件下，还应该运用非正态分布的概率计算法。

例 5-5

车床溜板箱小齿轮与齿条啮合精度的尺寸链，如图 5-45 所示。

为保证溜板箱的装配精度，小齿轮与齿条不应产生过盈，也不应有过大的间隙（即对 B_0 的精度要求是较高的）。这一尺寸链问题也用修配法解决。修配对象不能选溜板箱的结合面，因为结合面经修配后，将使开合螺母中心和光杠孔的位置上移，从而影响光杠与丝

杠的装配精度（另有相应的尺寸链）。显然，修配齿条的装配面是最合适的，不仅修配量小、操作方便，而且主要是它不和其他装配精度有牵连。

本例说明在选择修刮面时，应注意使修刮的补偿量与保证其他精度指标的尺寸链无关。具体的计算方法从略。

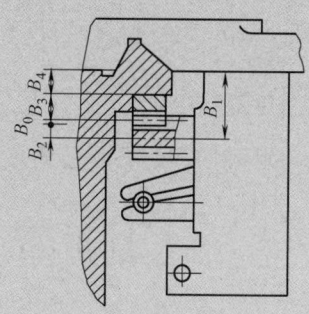

图 5-45　车床溜板箱小齿轮与齿条啮合装配尺寸链

例 5-6

分组垫片调整法。

在图 5-46 所示的机构中，装配后要求保证间隙 $A_0 = 0.2^{+0.1}_{0}$ mm。若用完全互换法装配，则四组成环能分配到的平均公差仅为 $T_{平均} = 0.1/4$ mm $= 0.025$ mm，这一要求较高，制造厂认为不经济。同时又考虑到小齿轮端面与固定轴肩中加一垫片有利于补偿，故决定采用固定补偿调整法。又因为该机械的装配属于大批生产流水作业，要求装配迅速，有一定的节奏，故垫片尺寸应事先进行计算，然后按计算尺寸制造。制造成各档尺寸的垫片，在装配时可根据实际间隙，选取相应的垫片，故称为分组垫片调整法。计算方法如下：

1) 决定垫片厚度的公称尺寸及公差

$$N = 2\text{mm} \quad T_N = 0.02\text{mm}$$

2) 修改结构尺寸。在原设计中，有

$$A_1 = 21.2\text{mm} \quad A_2 = 10\text{mm} \quad A_3 = 10\text{mm} \quad A_4 = 1\text{mm}$$

现将 A_1 加长，改为

$$A'_1 = A_1 + N = 21.2\text{mm} + 2\text{mm} = 23.2\text{mm}$$

3) 决定组成环性质，验证公称尺寸。可以看出：A_1 是增环；N、A_2、A_3、A_4 都是减环。

$$A_0 = A'_1 - (N + A_2 + A_3 + A_4) = 23.2\text{mm} - (2 + 10 + 10 + 1)\text{mm} = 0.2\text{mm}$$

4) 确定组成环的经济公差。它们的尺寸及其极限偏差为

$$A'_1 = 23.2^{+0.12}_{0}\text{mm} \quad A_2 = 10^{0}_{-0.10}\text{mm}$$

$$A_3 = 10^{+0.10}_{0}\text{mm} \quad A_4 = 1^{0}_{-0.08}\text{mm}$$

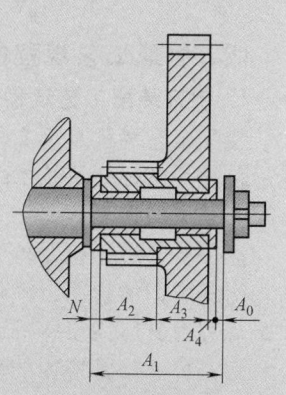

图 5-46　保证装配间隙的分组垫片调整法

5) 计算超差量，由式（5-6）、式（5-7）得

$$A'_0 = 0.2^{+0.30}_{-0.10} \text{mm}$$

即间隙变动范围是 0.1~0.5mm，$T(A'_0) = 0.4$mm。所以超差量是

$$\delta = T(A'_0) - T(A_0) = 0.4\text{mm} - 0.1\text{mm} = 0.3\text{mm}$$

此超差量应予以补偿，故 δ 称为补偿量。

6) 确定垫片的分档数 n。假如垫片做得绝对精确，没有公差，则分档数 n 的计算式为

$$n = \left[\frac{T(A'_0)}{T(A_0)}\right] = \left[\frac{\delta}{T(A_0)}\right] + 1$$

但事实上垫片是不可能做得绝对精确的，故必须把垫片的加工公差 T_N 考虑进去，得

$$n = \left[\frac{T(A'_0)}{T(A_0) - T(N)}\right] = \left[\frac{\delta + T_N}{T(A_0) - T_N}\right] + 1$$

上面两式中的 [•] 表示对量 • 取整。

由于 $T_N = 0.02$mm，因此得

$$n = \left[\frac{0.3 + 0.02}{0.1 - 0.02}\right] + 1 = 5$$

7) 确定补偿范围的尺寸分档及各档垫片尺寸，因为间隙公差 $T(A'_0) = 0.4$mm，共分五档，见表 5-16，故各档公差为

$$\frac{T(A'_0)}{n} = \frac{0.4}{5}\text{mm} = 0.08\text{mm}$$

表 5-16 分组垫片的各档尺寸及其偏差　　　　　　　　　（单位：mm）

组号	间隙尺寸分档	垫片尺寸及其偏差	装配后得到的间隙范围
1	2.10~2.18	$1.88^{+0.02}_{0}$	0.2~0.3
2	2.18~2.26	$1.96^{+0.02}_{0}$	0.2~0.3
3	2.26~2.34	$2.04^{+0.02}_{0}$	0.2~0.3
4	2.34~2.42	$2.12^{+0.02}_{0}$	0.2~0.3
5	2.42~2.50	$2.20^{+0.02}_{0}$	0.2~0.3

四、装配工艺规程的制订

1. 制订装配工艺规程的基本原则

装配工艺规程是用文件形式规定的装配工艺过程，它是指导装配工作的技术文件，也是进行装配生产计划及技术准备的主要依据。对于设计或改建一个机器制造厂，它是设计装配车间的基本文件之一。

进一步来讲，机器及其部、组件装配图，尺寸链分析图，各种装配夹具的应用图、检验方法图及它们的说明，零件机械加工技术要求一览表，各个"装配单元"及整台机器的运转、试验规程及其所用设备图，以至于装配周期图表等，均属于装配工艺规程范围内的文件。这一系列文件和日常应用的装配过程卡片及工序卡片构成一整套掌握产品装配技术、保证产品质量的技术资料。

由于机器的装配在保证产品质量、组织工厂生产和实现生产计划等方面均有其特点，故着重提出如下四条原则：

1) 保证产品装配质量，并力求提高其质量。
2) 钳工装配工作量尽可能小。

3)装配周期尽可能缩短。

4)所占车间生产面积尽可能小,即力争单位面积上具有最大生产率。

着重提出上述四条原则的含义是:

1)机器的装配是整个机器制造过程的最后一个阶段,机器的质量最终由装配来保证。装配工作完成得好坏,诸如对进入装配的零部件是否仔细检验,清洗、去毛刺等准备工作是否彻底,零部件的连接是否准确和施力大小是否恰当,运动部分的接触情况及间隙大小是否调整得当等一系列工作的好坏都是影响机器质量的重要因素。不准确的装配,即使在高质量的零件条件下,也会装出没有工作能力的坏机器。对于重大产品的关键部分,若有一丝疏忽,将会导致严重后果。准确、仔细地按一定规范进行装配就能达到预定的质量要求,并且还可争取最大的精度储备,以延长机器的使用寿命,装配出一部分高档产品。

另外,机器的设计质量和零件制造质量(包括材料和热处理)都会在装配过程中反映出来。因此要抓住装配质量,就要从产品分析开始,直至运转试验,鉴定出厂为止。在产品分析时,研究保证装配精度及质量的方法,可以发现对零件机械加工的全部要求,而且可促进全面分析整个产品制造的优质、高产和低成本问题。

2)装配工作的钳工劳动量很大,大量的人力与时间花费在清洗、修配、调整、校平、配合、连接以及整个过程中的经常检验和运输吊装工作上。

由于上述原因,装配周期往往较长,使企业资金周转缓慢;又使零件及部件积压,占据了生产面积。

为此,在制订装配工艺规程时,必须尽力采取各种技术和组织措施,合理安排装配工序或作业计划,以减轻劳动强度、提高装配效率、缩短装配周期和节省生产面积。

作为符合上述装配工艺原则的典型例子是大量生产汽车或拖拉机的工厂,在那里,组件、部件装配采取平行作业,总装配采用流水作业,在强制移动的装配线上进行;装配工作的机械化程度高,装配车间的平面布置极为紧凑,装配周期以分钟来计算。

2. 装配工艺规程的内容、制订方法与步骤

制订装配工艺规程的步骤,大致可划分为四个阶段。现将这四个阶段中的内容、注意事项以及必要的说明一并叙述如下。

(1) *产品分析*

1)研究产品图样和装配时应满足的技术要求。

2)对产品结构进行"尺寸分析"与"工艺分析"。前者即装配尺寸链分析与计算,后者是指结构装配工艺性、零件的毛坯制造及加工工艺性分析。

3)将产品分解为可以独立进行装配的"装配单元",以便组织装配工作的平行、流水作业。

上述工作中的第1)和第2)项内容基本上与制订机械加工工艺过程相同,故不再赘述。不过,这里着重在分析装配技术要求和装配工艺性方面,为此作必要的补充说明如下:

机器的质量是以其一定的使用性能、一定的可靠性和经济性来衡量的。这里强调"一定",是指这三方面的质量特性应有恰当的规定而不能理解为越高越好,否则将徒然增加成本。这三方面的质量标准是经过试验研究及生产实践来确定的,规定一系列参数并形成技术文件。在产品生产达到一定的成熟地步时,便将形成行业质量标准。在机器装配时应有一定的技术要求来保证产品质量标准。这些技术要求主要包括几何参数和物理参数两大方面,前者如间隙、配合性质、相互位置、运动精度、接触质量等,后者如转速、质量、静平衡、动平衡、密封性、摩擦要求、振动、噪声等,总之有各种各样的参数,随具体机器的品种类型而定。上述内容丰富的技术要求均必须在装配时予以满足,故必须进行详细的研究和分析,若发现技术要求不明确或欠缺不全等问题,则需要向产品设计部门提出,以便作出必要的补充或采取处理办法。

机器的装配工艺性是指机器的结构符合装配工艺上的要求，装配工艺对机器结构的要求主要有下列三个方面：

1) 机器结构能被分解成若干独立的装配单元。
2) 装配中的修配工作和机械加工工作应尽可能少。
3) 装配与拆卸都方便。

对于设计者来说，应尽可能满足装配工艺性要求；对工艺人员来说，必须了解设计意图，会同研究有关装配工艺性方面的问题，妥善处理。长期的机器生产，已累积了许多装配工艺性方面的经验，不胜枚举。经验告诉我们，结构装配工艺性的优劣，对于能否顺利地装拆产品，关系很大。常常有这种例子，结构上仅仅作一些小小的修改，都能为装配工作带来很大的方便，从而既提高了装配效率又易于保证装配质量。今举一例如下：

图 5-47a 所示为带轮轴（图上未画出带轮）装入箱体的情况，原结构设计的装配工艺性不好，装配时必须先将轴插入箱体左端孔内，才能装上齿轮、套以及右端的轴承，当装上以后，必须使两个轴承同时进入箱体孔内，这样就使装配工作发生困难。后来，设计者将左端阶梯形轴承孔的非配合部分直径略微放大些，能够使齿轮与右端轴承通过；另外再将轴的中间最大直径圆柱部分长度加大 3~5mm（图 5-47b），这样就消除了旧结构的缺点，带来的优点是带轮轴上的全部零件均能事先装在轴上，形成一个完整的装配单元，总装时又能顺利地将它插入箱体孔，右端和左端轴承先后依次进入轴承孔内。

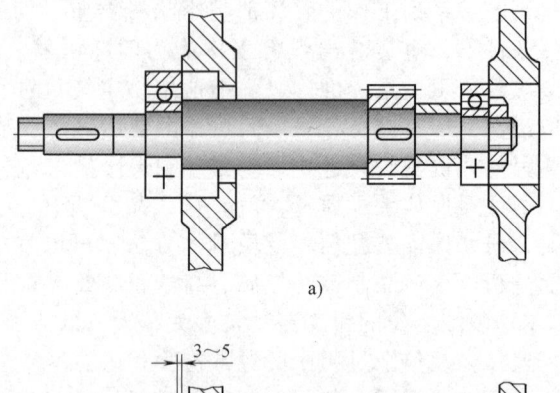

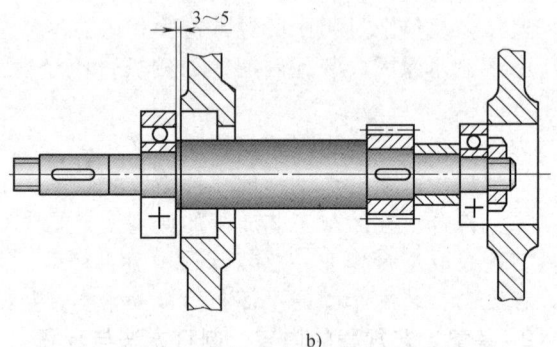

图 5-47　装配工艺性实例之一

图 5-48 是另一个实例，它说明了拆卸的方便性。图 5-48a 所示的轴承座孔设计是不正确的，因为由于轴承磨损而需要更换，或由于没有装好而需要拆下重装时，这个结构使轴承外环的拆卸发生困难。显而易见，图 5-48b 所示的设计是正确的，轴承很容易从孔内打出。

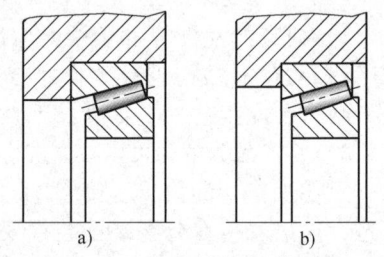

图 5-48　装配工艺性实例之二

通过这一阶段的工作，需要明确产品图样和技术要求，若有不符合工艺性的地方，应作修改，对达到装配精度的方法以及相应的零件加工精度要求都应予以最后确定。

关于"装配单元"的划分，一般分为五个等级，图 5-49 表示了划分装配单元的构思，它称为装配单元系统图。在图上，按纵向分成五个等级的装配单元：零件、合件、组件、部件和机器。

零件——组成机器的基本元件，一般零件都是预先装成合件、组件或部件才进入总装，直接装入机器的零件较少。

合件——合件可以是若干零件永久连接（焊、铆等）或者是连接在一个"基准零件"上少数零件的组合，合件组合后，有的可能还需要加工。例如发动机连杆小头孔中压入衬套后

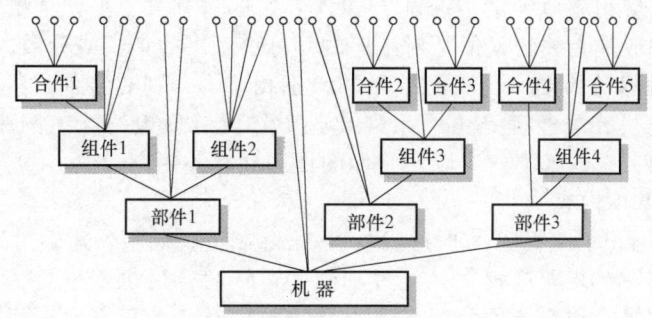

图 5-49 装配单元系统图示意

再经精镗孔,在前面提到的"合并加工法"中,假使组成零件数较少也属于合件。图 5-50a 所示,即称为合件,其中蜗轮属于"基准零件"。

组件——组件是指一个或几个合件和几个零件的组合。图 5-50b 所示属于组件,其中蜗轮与齿轮合件即是先前装好的一个合件,阶梯轴即为基准零件。

部件——一个或几个组件、合件或零件的组合。

机器——又称产品,它是由上述全部装配单元结合而成的整体。

由图 5-49 可以看出,同一等级的装配单元在进入总装之前互不相关,故可同时独立地进行装配,实行平行作业。在总装配时,只要选定一个零件或部件作为基础,首先进入总装,其余零、部件相继就位,实现流水作业。这样就可缩短装配周期,又便于制订装配作业计划和布置装配车间。而且装配单元的划分,又便于制订各个单元的技术规范和装配规程,便于累积装配技术经验。例如许多工厂或研究所对于一些典型的组合件或部件,在总结生产经验、使用经验和研究成果的基础上,编制了典型装配工艺规程(包括装配工艺参数等技术数据),这些新产品的设计与装配工艺规程的制订极为有用。这些典型组合件或部件有:各种滑动轴承、滚动轴承、精密机床主轴、高速磨头;各种齿轮及蜗杆传动部件;管接头及密封件等。

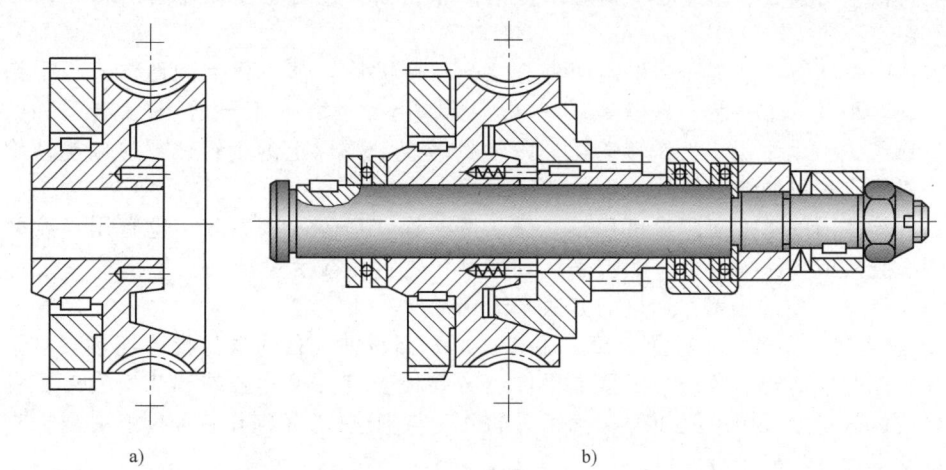

图 5-50 合件和组件示例

(2) 装配组织形式的确定 装配组织形式一般分为固定和移动两种。固定装配可直接在地面上或在装配台架上进行。移动装配又分连续移动和间歇移动,可在小车上或输送带上进行。

装配组织形式的选择主要取决于产品结构特点(尺寸大小与质量等)和生产批量,见表 5-15,这里不再重述。总之,由于装配工作的各个方面均有其内在联系的规律性,所以装配组织形式一旦确定，也就相应地确定了装配方式，诸如运输方式、工作地的布置等。至于对装配工艺基本内容，一般是无关的，但是对工序的划分、工序的集中或分散，则有很大关系。

(3) 装配工艺过程的确定　与装配单元的级别相应，分别有合件、组件、部件装配和机器的总装配过程。这些装配过程是由一系列装配工作以最理想的施工顺序来完成的，为此，首先有必要叙述装配工作的基本内容以及它们的作用和有关要点。

1) 装配工作的基本内容：

① 清洗。进入装配的零件必须进行清洗，以去除制造、储藏、运输过程中所粘附的切屑、油脂和灰尘。零、部件在装配过程中，经过刮削、运转磨合后也要进行清洗。清洗工作对保证和提高机器装配质量、延长产品使用寿命有着重要的意义。特别是对机器的关键部分，如轴承、密封、润滑系统、精密偶件等，则更为重要。

清洗工艺的要点主要是清洗液（如煤油、汽油等石油溶剂，碱液和各种化学清洗液等）、清洗方法（如擦洗、浸洗、喷洗和超声波清洗等）及其工艺参数（如温度、压力等）。清洗工艺的选择，须根据工件的清洗要求、工件材料、批量大小、油脂、污物性质及其粘附情况等因素予以确定。此外，还需注意工件清洗后应具有一定的中间防锈能力。清洗液应与清洗方法相适应，并有相应的设备和劳动保护要求。

② 刮削。刮削工艺的特点是切削量小、切削力小、热量产生也少，又因为无须用大的装夹力来装夹工件，所以装夹变形也小，因此，刮削方法可以提高工件尺寸精度和几何精度，降低表面粗糙度和提高接触刚度；装饰性刮削刀花可美化外观，但刮削工作的劳动量大。因此目前已广泛采用机械加工来代替刮削，然而，刮削工艺还具有用具简单、不受工件形状和位置及设备条件的限制等优点，便于灵活应用，因此在机器装配或修理中，仍是一种重要的工艺方法。例如机床导轨面、密封结合面、内孔、轴承或轴瓦以致蜗轮齿面等还较多地采用刮削方法。

刮削的质量一般用各种研具以涂色方法来检验，也可采用与刮削对象相配的零件来检验。对于容易变形的工件，在刮削时要注意支承方式。

③ 平衡。旋转体的平衡是装配过程中的一项重要工作，尤其是对于转速高、运转平稳性要求高的机器，对其零、部件的平衡要求更为严格，而且还有必要在总装后在工作转速下进行整机平衡。

旋转体的平衡有静平衡和动平衡两种方法。一般的旋转体可作为刚性体进行平衡，其中直径大、长度小者（如飞轮、带盘等），一般只需进行静平衡；对于长度较大者（如鼓状零件或部件）则须进行动平衡。工作转速在一阶临界转速75%以上的旋转体，应以挠性旋转体进行平衡，例如汽轮机的转子便是一个典型的例子。

对于旋转体内的不平衡质量可用钻、铣、磨、锉、刮等方法去除；也有用螺纹联接、铆接、补焊、胶接或喷涂等方法加配重来达到平衡；也可用改变平衡块在平衡槽（设计结构时予以先考虑设置）中的位置和数量的方法来达到平衡。

④ 过盈连接。在机器中过盈连接采用甚多，大都是轴、孔的过盈配合连接。对于过盈连接件，在装配前应清洗洁净；对于重要机件还需要检查有关尺寸公差和几何公差，有时为了保证严格的过盈量，采用单配加工（汽轮机的叶轮与轴连接），则在装配前有必要检查单配加工中的记录卡片，严格进行复检。

过盈连接的装配方法常用的有压入（轴向）配合法。压入配合法在装配中要把配合表面的微观不平度挤平，所以实际过盈有所减小。一般的机械常用压入配合法，重要和精密机械常用热胀或冷缩配合法。

⑤ 螺纹联接。在机械结构中广泛采用螺纹联接。螺纹联接的质量除受到加工精度的影响外，还与装配技术有很大关系。例如拧紧螺母的次序不对、施力不均匀，将使部件变形，降低装配精度。对于运动部件上的螺纹联接，若紧固力不足，会使连接件的寿命大大缩短，以

致造成事故。为此，对于重要的螺纹联接，必须规定预紧力的大小。对于中、小型螺栓，常用定力矩法（用定力矩扳手）或扭角法控制预紧力。如需精确控制，则可根据连接的具体结构，采用千分尺或在螺栓光杆部分装设应变片，精确测量螺栓伸长量。

⑥ 校正。校正是指各零部件间相互位置的找正、找平及相应的调整工作。一般都发生在大型机械的基体件装配和总装配中。例如重型机床床身的找平、活塞式压缩机气缸与十字头滑道的找正中心（对中）、汽轮发电机组各轴承座的对正轴承中心、水压机立柱的垂直度校正以及棉纺机架的找平（平车）等。

常用校正的方法有平尺、角尺、水平仪校正，拉钢丝校正，光学校正，近年来又有激光校正等方法。

除上述装配工作外，部件或总装后的检验、试运转、油漆、包装等一般也属于装配工作，大型动力机械的总装工作一般都直接在专门的试车台架上进行，有详细的试车规程。在这种情况下，试车工作则由试车车间负责进行。

2) 装配工艺方法及其设备的确定。由上述可知，根据机械结构及其装配技术要求便可确定装配工作内容，为完成这些工作需要选择合适的装配工艺及相应的设备或工夹量具。例如对过盈连接，采用压入配合还是热胀（或冷缩）配合法，采用哪种压入工具或哪种加热方法及设备，诸如此类，需要根据结构特点、技术要求、工厂经验及具体条件来确定。对于新建工厂，则可收集有关资料或参考有关手册（如《机械工程手册》），根据生产类型等因素予以确定。

对于一些装配工艺参数，如滚动轴承装配时的预紧力大小、螺纹联接预紧力的大小，若无现成经验数据可以参照时，则需进行试验或计算。

有必要使用专用工具或设备时，则提出设计任务书。

为了估计装配周期，安排作业计划，对各个装配工作需要确定工时定额和确定工人等级。

3) 装配顺序的确定。不论哪一等级的装配单元的装配，都要选定某一零件或比它低一级的装配单元作为基准件，首先进入装配工作；然后根据结构具体情况和装配技术要求考虑其他零件或装配单元装入的先后次序。总之要有利于保证装配精度，以及使装配连接、校正等工作能顺利进行。一般规律是：先下后上，先内后外，先难后易，先重大后轻小，先精密后一般。

运用尺寸链分析方法，有助于确定合理的装配顺序。车床床身最重，它是总装配的基准件，溜板箱部件结构最复杂，有好几组装配尺寸链的封闭环集中在该部件中，所以在总装配中须要首先予以考虑和安排。

以上是指零件和装配单元进入装配的次序安排。关于装配工作过程，应注意安排：

① 零件或装配单元进入装配的准备工作。主要是注意检验，不让不合格品进入装配；注意倒角，清除毛刺，防止表面受伤；进行清洗及干燥等。

② 基准零件的处理。除安排上述工作外，要注意安放水平及刚度，只能调平不能强压，防止因重力或紧固变形而影响总装精度。为此要注意安排支承的安放、基准件的调平等工作。

③ 检验工作。在进行某项装配工作中和装配完成后，都要根据质量要求安排检验工作，这对保证装配质量极为重要。对于重大产品的部装、总装后的检验还涉及运转和试验的安全问题。要注意安排检验工作的对象，主要有：运动副的啮合间隙和接触情况，如导轨面、齿轮、蜗轮等传动副，轴承等；过盈连接、螺纹联接的准确性和牢固情况，各种密封件和密封部位的装配质量，防止"三漏"（漏水、漏气、漏油）；润滑系统、操纵系统等的检验，为产品试验做好准备。

(4) 装配工艺规程文件的整理与编写　有关装配工艺范围内的全套文件名称已在前面提到，这里着重讲装配工艺流程图。在装配单元系统图的基础上，再结合装配工艺方法及顺序的确定，发展了装配工艺流程图，该图的基本形式如图 5-51 所示。

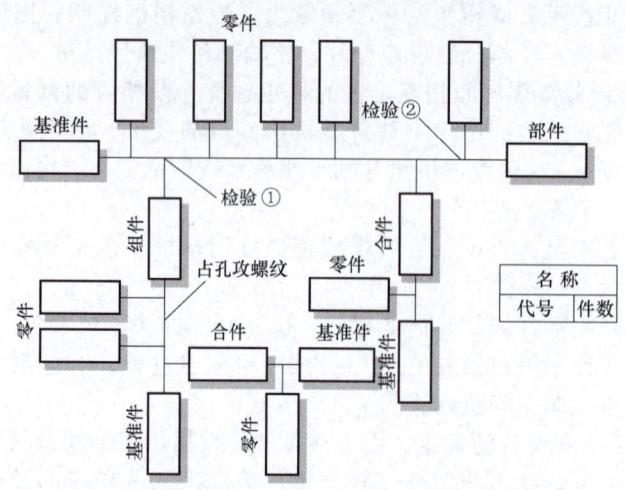

图 5-51　装配工艺流程示意图

由图可以看出该部件的构成及其装配过程。该部件的装配是由基准件开始，沿水平线自左向右装配成部件为止。进入部装的各级单元，依次是：一个零件、一个组件、三个零件、一个合件、一个零件。在过程中有两个检验工序。上述一个组件的构成及其装配过程也可从图上看出，它是以基准件开始由一条向上的垂线一直引到装成组件为止，然后由组件再引垂线向上与部装水平线衔接。进入该组件装配的有一个合件、两个零件，在装配过程中有钻孔和攻螺纹的工作。至于两个合件的组成及其装配过程也可明显地看出，无需赘述。

图上每一长方框中都需填写零件或装配单元的名称、代号和件数。格式可如图上右下方附图表示的形式，或按实际需要自定。

由于实际的产品包含的零件和装配单元众多，不便集中画成一张总图，故在实际应用时，都分别绘制各级装配单元的流程图和一张总装流程图。例如仍以图 5-51 为例，既然其中进入部装的一个组件和一个合件已另有它们的装配流程图，故在部装流程图上无需重复，只要画上该组件及该合件的方框即可。

此外，装配单元的分级数目及名称完全可按具体需要自行确定。

由上述可见，装配工艺流程图既反映了装配单元的划分，又直观地表示了装配工艺过程，它对于拟定装配工艺过程、指导装配工作、组织计划以及控制装配进度均提供了方便。

在单件小批生产条件下，一般只编写装配过程卡片，来不及编写工序（操作）卡片，在这种情况下，可以直接利用装配工艺流程图来代替工序卡片。对于重要工序，则可专门编写具有详细说明工序内容、操作要求以及注意事项的"装配指示卡片"。

思考与练习题

5-1　什么是生产过程、工艺过程和工艺规程？

5-2　何为工序、工步、走刀？

5-3　零件获得尺寸精度、形状精度、位置精度的方法有哪些？

5-4　不同生产类型的工艺过程各有何特点？

5-5　试简述工艺规程的设计原则、设计内容及设计步骤。

5-6 拟定工艺路线须完成哪些工作？

5-7 试简述粗、精基准的选择原则。为什么在同一尺寸方向上粗基准通常只允许用一次？

5-8 加工图 5-52 所示零件，其粗基准、精基准应如何选择？（标有 ✓ 符号的为加工面，其余为非加工面）。图 5-52a、b 及 c 所示零件要求内外圆同轴，端面与孔心线垂直，非加工面与加工面间尽可能保持壁厚均匀；图 5-52d 所示零件毛坯孔已铸出，要求孔加工余量尽可能均匀。

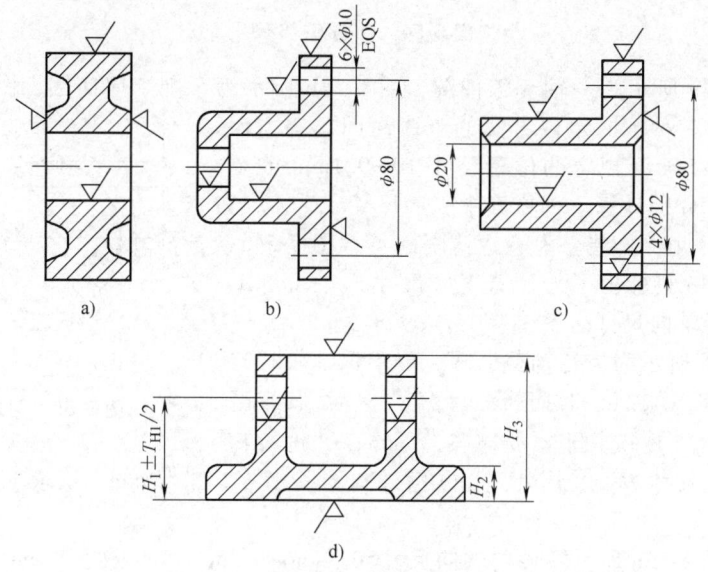

图 5-52 习题 5-8 图

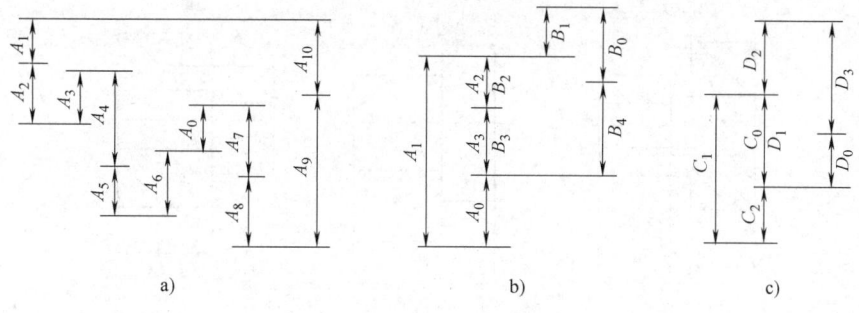

图 5-53 习题 5-13 图

5-9 一般情况下，机械加工过程都要划分为几个阶段进行，为什么？

5-10 试简述按工序集中原则、工序分散原则组织工艺过程的工艺特征，各适用于什么场合？

5-11 什么是加工余量、工序余量和总余量？

5-12 试分析影响工序余量的因素，为什么在计算本工序加工余量时必须考虑本工序装夹误差的影响？

5-13 图 5-53 所示尺寸链中（图中 A_0、B_0、C_0、D_0 是封闭环），哪些组成环是增环？哪些组成环是减环？

5-14 试分析比较用极值法解算尺寸链与用统计法解算尺寸链的本质区别。

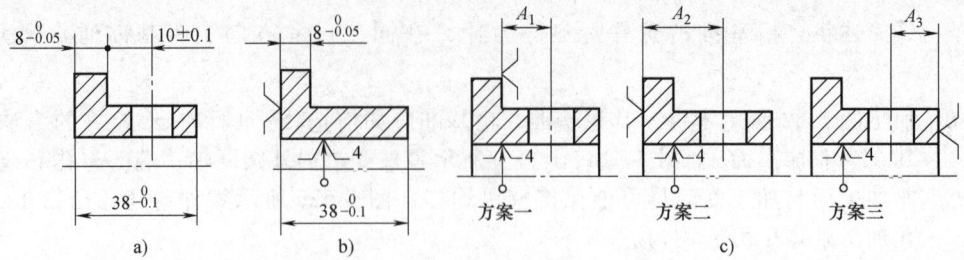

图 5-54 习题 5-15 图

5-15 图 5-54a 所示为一轴套零件图，图 5-54b 所示为车削工序简图，图 5-54c 所示为钻孔工序三种不同定位方案的工序简图，均需保证图 5-54a 所规定的位置尺寸 10 ± 0.1mm 的要求，试分别计算三种方案中工序尺寸 A_1、A_2 与 A_3 的尺寸及公差。为表达清晰起见，图 5-54a、图 5-54b 只标出了与计算工序尺寸 A_1、A_2、A_3 有关的轴向尺寸。

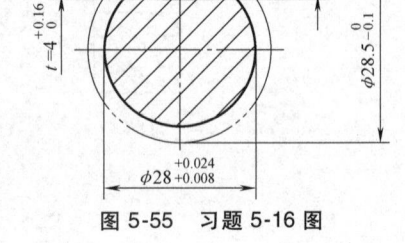

图 5-55 习题 5-16 图

5-16 图 5-55 所示为齿轮轴截面图，要求保证轴径尺寸 $\phi 28^{+0.024}_{+0.008}$μm 和键槽深 $t=4^{+0.16}_{0}$mm。其工艺过程为：①车外圆至 $\phi 28.5^{0}_{-0.1}$mm；②铣键槽槽深至尺寸 H；③热处理；④磨外圆至尺寸 $\phi 28^{+0.024}_{+0.008}$mm。试求工序尺寸 H 及其极限偏差。

5-17 加工图 5-56a 所示零件的轴向尺寸 $50^{0}_{-0.1}$mm，$25^{0}_{-0.3}$mm 及 $5^{+0.4}_{0}$mm，其有关工序如图 5-56b、c 所示，试求工序尺寸 A_1、A_2、A_3 及其极限偏差。

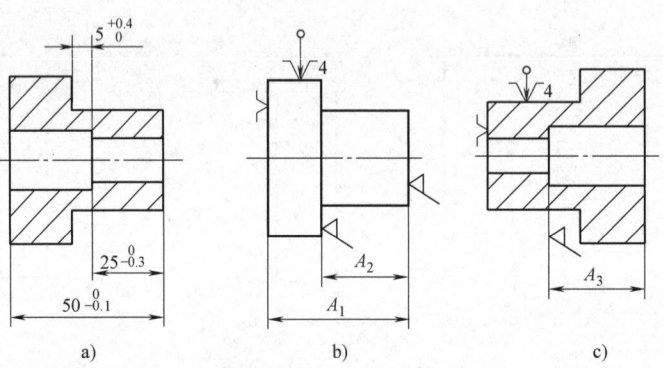

图 5-56 习题 5-17 图

5-18 什么是生产成本、工艺成本？什么是可变费用、不变费用？在市场经济条件下，如何正确运用经济分析方法合理选择工艺方案？

5-19 成批生产条件下，单件时间定额由几部分组成？各代表什么含义？

5-20 什么是完全互换装配法？什么是统计互换装配法？试分析其异同，各适用于什么场合。

5-21 设有一轴孔配合，若轴的尺寸为 $\phi 80^{0}_{-0.10}$mm，孔的尺寸为 $\phi 80^{+0.20}_{0}$mm，设轴、孔尺寸均按正态分布，试用完全互换法和统计互换法分别计算封闭环尺寸及其偏差。

5-22 图 5-57 所示减速器上某轴结构的尺寸分别为：$A_1=40$mm，$A_2=36$mm；$A_3=4$mm；

要求装配后齿轮端部间隙 A_0 保持在 0.10~0.25mm 范围内，如选用完全互换法装配，试确定 A_1、A_2、A_3 的公差等级和极限偏差。

5-23 图 5-58 所示为车床溜板与床身导轨的装配图，为保证溜板在床身导轨上准确移动，压板与床身下导轨面之间的间隙须保持在 0.1~0.3mm 范围内，如选用修配法装配，试确定图示修配环 A 和其他有关尺寸的尺寸公差和极限偏差。

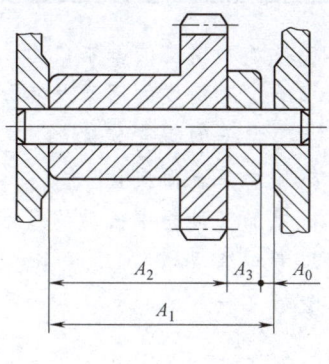

图 5-57 习题 5-22 图

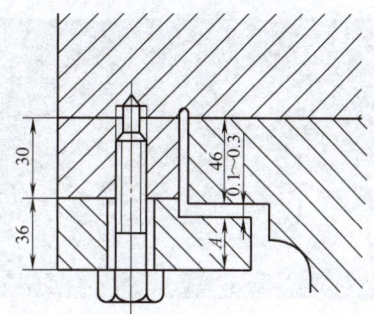

图 5-58 习题 5-23 图

参考文献

[1] 顾崇衔，等. 机械制造工艺学 [M]. 西安：陕西科学技术出版社，1987.
[2] 王先逵. 机械制造工艺学. 北京：机械工业出版社，1995.
[3] 于骏一，夏卿，包善裴. 机械制造工艺学 [M]. 长春：吉林教育出版社，1986.
[4] 包善裴，王龙山，于骏一. 机械制造工艺学 [M]. 长春：吉林科学技术出版社，1995.
[5] 卢秉恒. 机械制造技术基础 [M]. 北京：机械工业出版社，1999.
[6] 宾鸿赞，曾庆福. 机械制造工艺学 [M]. 北京：机械工业出版社，1990.
[7] 陈懋圻. 机械制造工艺学 [M]. 沈阳：辽宁科学技术出版社，1990.
[8] 于骏一. 典型零件制造工艺 [M]. 北京：机械工业出版社，1989.
[9] 王宝玺. 汽车拖拉机制造工艺学 [M]. 北京：机械工业出版社，1991.
[10] 孟少农. 机械加工工艺手册 [M]. 北京：机械工业出版社，1991.
[11] 海锦涛，张立斌，陆辛. 先进制造技术 [M]. 北京：机械工业出版社，1996.
[12] 刘时雍. 机械切削与工艺管理标准汇编 [M]. 北京：中国标准出版社 1993.
[13] 匡建新，黄开又. 数控机床对刀原则方法及其应用 [J]. 组合机床与自动化加工技术，2003（3）：46-48.

第六章
机械制造质量分析与控制

第一节　机械加工精度的基本概念
第二节　影响加工精度的因素及其分析
第三节　加工误差的综合分析
第四节　机械加工表面质量
第五节　机械加工过程中振动的基本概念
　　　　思考与练习题
　　　　参考文献

　　质量分析与控制是机械制造过程中的重要环节，涵盖了整个制造加工过程。瑞士手表因其优秀的品质而闻名于世。

　　优质、高产、低消耗，这是对每一个机械制造企业的基本要求。不断地提高产品的质量，提高其使用效能与使用寿命，最大限度地消灭废品，降低次品率，提高产品的合格率，以及最大限度地节约材料和人力的消耗，乃是机械制造行业必须遵循的原则。每一种机械产品都是由许多互相关联的零件装配而成的，机器的最终制造质量就和零件的加工质量直接有关。机器零件的加工质量是整台机器质量的基础。

　　机器零件的加工质量指标有两种：一是加工精度，二是加工表面质量。本章研究的是加工精度及表面质量的分析与控制问题。

第一节　机械加工精度的基本概念

一、加工精度与加工误差

　　所谓加工精度指的是零件在加工以后的几何参数（尺寸、形状和位置）与图样规定的理想零件的几何参数符合的程度。符合程度越高，加工精度也越高。所谓理想零件，对表面形状而言，就是绝对正确的圆柱面、平面、锥面等；对表面位置而言，就是绝对的平行、垂直、同轴和一定的角度等；对于尺寸而言，就是零件尺寸的公差带中心。

　　由于加工中的种种原因，实际上不可能把零件做得绝对精确并同理想的完全相符，总会产生一些偏离。这种偏离，就是所谓的加工误差。从实际出发，从多快好省的全面的观点出发，也没有必要把个个零件都做得绝对精确。因此只要能保证零件在机器中的功能，把零件的加工精度保持在一定范围之内是完全允许的。所以，国家给机械工业规定了各级精度和相应的公差标准。只要零件的加工误差不超过零件图上按零件的设计要求和公差标准所规定的偏差，就算保证了零件加工精度的要求。由此可见，"加工精度"和"加工误差"这两个概念是从两种观点来评定零件几何参数这个同一事物。加工精度的低和高就是通过加工误差的大和小来表示的。所谓保证和提高加工精度的问题，实际上也就是限制和降低加工误差的问题。

二、加工经济精度

　　由于在加工过程中有很多因素影响加工精度，所以同一种加工方法在不同的工作条件下所能达到的精度是不同的。任何一种加工方法，只要精心操作，细心调整，并选用合适的切削参数进行加工，都能使加工精度得到较大的提高，但这样做会降低生产率，增加加工成本。

加工成本和加工误差的关系如图 6-1 所示。由图 6-1 可知，加工误差 δ 与加工成本 C 成反比关系。用同一种加工方法，如欲获得较高的精度（即加工误差较小），成本就要提高；反之亦然。但上述关系只是在一定范围内才比较明显，如图 6-1 中的 AB 段。而 A 点左侧的曲线几乎与纵坐标平行，这时即使很细心地操作，很精心地调整，成本提高了很多，但精度提高得却很少乃至不能提高。相反，B 点右侧曲线几乎与横坐标平行，它表明用某种加工方法去加工工件时，即使工件精度要求很低，但加工成本并不因此无限制地降低，而必须耗费一定的最低成本。一般所说的加工经济精度指的是，在正常加工条件下（采用符合质量标准的设备、工艺装备和标准技术等级的工人，不延长加工时间）所能保证的加工精度。

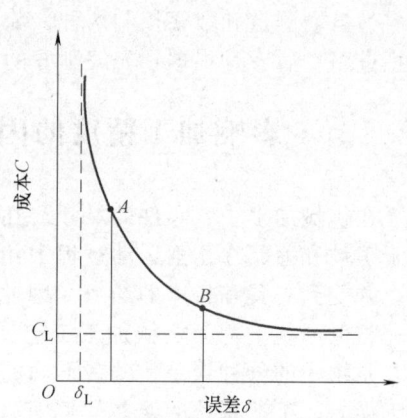

图 6-1 加工成本和加工误差的关系

某种加工方法的加工经济精度不应理解为某一个确定值，而应理解为一个范围（图 6-1 中的 AB），在这个范围内都可以说是经济的。当然，加工方法的经济并不是固定不变的，随着工艺技术的发展，设备及工艺装备的改进，以及生产的科学管理水平的不断提高等，各种加工方法的加工经济精度等级范围也将随之不断提高。

三、零件获得加工精度的方法

零件的加工精度包括尺寸精度、形状精度和位置精度。

形状精度的获得，可概括为以下三种方法：

1) 轨迹法——利用切削运动中刀具刀尖的运动轨迹形成被加工表面的形状。这种加工方法所能达到的精度，主要取决于这种成形运动的精度。

2) 成形法——利用成形刀具切削刃的几何形状切出工件的形状。这种方法所能达到的精度，主要取决于切削刃的形状精度和刀具的装夹精度。

3) 展成法——利用刀具和工件做展成切削运动，切削刃在被加工面上的包络面形成的成形表面。这种加工方法所能达到的精度，主要取决于机床展成运动的传动链精度与刀具的制造精度。

位置精度（平行度、垂直度、同轴度等）的获得与工件的装夹方式和加工方法有关。当需要多次装夹加工时，有关表面的位置精度依赖夹具的正确定位来保证；如果工件一次装夹加工多个表面时，各表面的位置精度则依靠机床的精度来保证，如数控加工中主要靠机床的精度保证工件各表面之间的位置精度。

尺寸精度的获得方法有以下四种：

1) 试切法。即先试切出很小一部分加工表面，测量试切后所得的尺寸，按照加工要求适当调整刀具切削刃相对工件的位置，再试切，再测量，如此经过两三次试切和测量，当被加工尺寸达到要求后，再切削整个待加工面。

2) 定尺寸刀具法。用具有一定尺寸精度的刀具（如铰刀、扩孔钻、钻头等）来保证被加工工件尺寸精度的方法（如钻孔）。

3) 调整法。利用机床上的定程装置、对刀装置或预先调整好的刀架，使刀具相对机床或夹具满足一定的位置精度要求，然后加工一批工件。这种方法需要采用夹具来实现装夹，加工后工件精度的一致性好。

在机床上按照刻度盘进刀然后切削,也是调整法的一种。这种方法需要先按试切法决定刻度盘上的刻度。大批量生产中,多用定程挡块、样板、样件等对刀装置进行调整。

4) 自动控制法。使用一定的装置,在工件达到要求的尺寸时,自动停止加工。这种方法可分为自动测量和数字控制两种,前者机床上具有自动测量工件尺寸的装置,在达到要求时,停止进刀;后者是根据预先编制好的机床数控程序实现进刀的。

第二节 影响加工精度的因素及其分析

在机械加工中,零件的尺寸、几何形状和表面间相对位置的形成,归结到一点,就是取决于工件和刀具在切削运动过程中相互位置的关系,而工件和刀具,又安装在夹具和机床上面,并受到夹具和机床的约束。因此,在机械加工时,机床、夹具、刀具和工件就构成了一个完整的系统,称为机械加工工艺系统。加工精度问题也就涉及整个工艺系统的精度问题。工艺系统中的种种误差,就在不同的具体条件下,以不同的程度复映到工件上,形成工件的加工误差。工艺系统的误差是"因",是根源;加工误差是"果",是表现。因此把工艺系统的误差称为原始误差。

研究零件的机械加工精度,就是研究工艺系统原始误差的物理、力学本质,掌握其基本规律,分析原始误差和加工误差之间的定性与定量关系,这是保证和提高零件加工精度的必要的理论基础。

以某工厂活塞精镗销孔工序为例,在加工时以止口定位、顶部夹紧,通过分析可能影响工件和刀具间相互位置的种种因素,就可以对工艺系统的原始误差有一个全面的了解,如图6-2 所示。

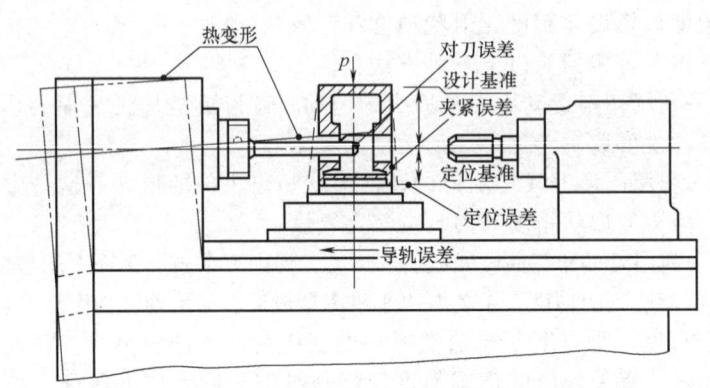

图 6-2 活塞销孔精镗工序中的原始误差

1) 装夹。活塞以止口部分装夹到机床溜板上的定位凸台上面,在活塞顶部用手动螺杆夹紧。此时就产生了设计基准(顶面)与定位基准(止口端面)不重合而引起的定位误差,还存在由于夹紧力过大而引起的夹紧误差。这两项原始误差统称为工件装夹误差。

2) 调整。包括在装夹工件前后对机床部件的调整、传动链的调整和夹具在机床上位置的调整以及对刀等。调整的作用是使工件和切削刃之间保持正确的相对位置。每当更换一种型号的活塞时,都需要对夹具、刀具、量具进行调换和调整。然后试切几个工件,进行局部重新调整(如镗刀的伸长长度)。这时就产生了调整误差。另外机床、刀具、夹具本身的制造误差在加工前就已经存在了,把这类原始误差称为工艺系统的静误差。

3) 加工。由于在加工过程中产生了切削力、切削热、摩擦等因素，工艺系统就产生了受力变形、热变形、刀具磨损等原始误差，影响了已调整好的工件、刀具间的相对位置，从而引起了工件的种种加工误差。这类在加工过程中产生的原始误差称为工艺系统的动误差。在活塞加工中，某厂精镗活塞销孔的机床用电加热主轴箱中的油液，温升在70℃以上，产生了很大的热变形；销孔的精度要求很高，对刀具磨损很敏感。因此这两项原始误差比较突出。

有些工件在毛坯制造（铸、锻、焊、轧制）和切削加工的力和热的作用下，会产生内应力，引起了工件变形。把这项原始误差也列入动误差中。

4) 测量。销孔中心线到顶面的距离是通过测量而得到的，因此测量方法和量具本身的误差自然就加入到度量的读数之中，这称为测量误差。

5) 原理误差。在某些表面的加工中，从加工面的形成原理中就存在着误差，称为原理误差。

综上所述，加工过程中可能出现的种种原始误差如下：

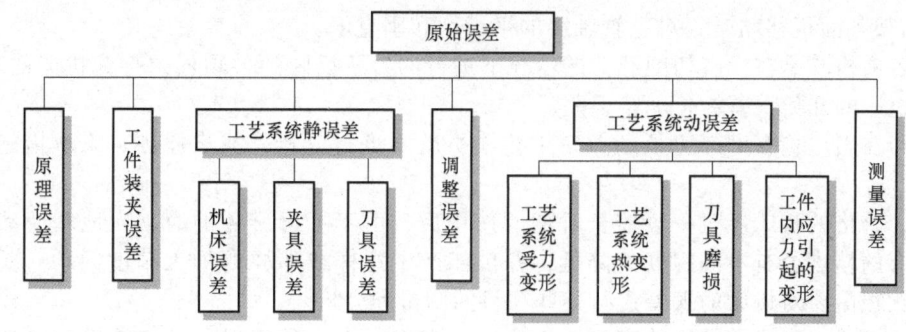

一、原理误差

原理误差是由于采用了近似的加工运动或者近似的刀具轮廓而产生的。在很多场合下，为了得到规定的零件表面，都必须在工件和刀具的运动之间建立一定的联系，例如车削螺纹，必须使工件和车刀之间有准确的螺旋运动联系；滚切齿轮，必须使工件和滚刀之间有准确的展成运动。在活塞裙部椭圆磨削时，就要求工件在每一个旋转中对刀具做相应的径向运动，两个运动之间的联系必须满足椭圆截面形状的要求。机械加工中的这种运动联系一般称为加工原理，它经常出现在加工成形表面的场合。这种运动联系一般都是由机床的机构来保证的，也有很多场合是用夹具来保证的。前者如螺纹加工、齿轮加工等，后者如活塞裙部椭圆的靠模磨削等。除此以外，还有用成形刀具直接加工出成形表面的方法。从理论上讲，我们应采用合乎理想的加工原理，完全准确的运动联系，以求获得完全准确的成形表面。但是，采用理论上完全正确的加工原理有时会使机床或夹具的结构极为复杂，造成制造上的困难；或者由于环节过多，增加了机构运动中的误差，反而得不到高的加工精度。在生产实际中也常采用近似的加工原理以获得实效。采用近似的加工原理往往还可以提高生产率和使工艺过程更为经济。因此决不能认为有了原理误差就不算是一种完善的加工方法。

用成形刀具加工复杂的曲线表面时，要使刀具刃口做出完全符合理论曲线的轮廓，有时非常困难，所以往往采用圆弧、直线等简单、近似的型线。例如齿轮模数铣刀的成形面轮廓就不是纯粹的渐开线，所以有一定的原理误差。此外，对于每种模数，只用一套（8~26把）模数铣刀来分别加工在一定齿数范围内的所有齿轮。这样一来，由于每把铣刀是按照一种模数的一种齿数而设计和制造的，因而加工其他齿数的齿轮时，齿形就有了偏差，这也是一种原理误差。误差的大小可以从有关刀具设计的资料中查得。

滚刀也是这样，它具有两种原理误差：一种是由所谓的"近似造型法"发展而来的原理误差，即是由于制造上的困难，采用阿基米德基本蜗杆或法向直廓基本蜗杆来代替渐开线基本蜗杆而产生的误差；另一种是由于滚刀切削刃数有限，所切成的齿轮的齿形实际上是一根折线，和理论上的光滑渐开线相比较，滚切齿轮就是一种近似的加工方法。

二、机床误差

机床误差来自三个方面：机床本身的制造、磨损和安装。

根据我国机床行业的《机床专业标准》，机床在出厂以前都要通过机床精度检验，检验的内容是机床主要零、部件本身的形状和位置误差，要求它们不超过规定的数值。以车床为例，主要项目有：

1) 床身导轨在垂直面和水平面内的直线度和平行度。
2) 主轴轴线对床身导轨的平行度。
3) 主轴的回转精度。
4) 传动链精度。
5) 刀架各溜板移动时，对主轴轴线的平行度和垂直度。

以上各项检验是在没有切削载荷的情况下进行的，所反映的各项误差称为机床的静误差。它包括了机床的几何误差和传动链误差。

若机床在出厂检查中产生了超差，工艺人员就要进行分析，找出原因，采取措施，解决问题。

另外，合格的机床经过一段较长时期的使用后，由于不可避免的磨损、地基变动和其他原因，原有的精度会有不同程度的降低，并可能产生这样或那样的加工精度问题。要解决这种问题，往往需要对机床的误差进行某些项目的测量和分析。

当然，评价一台机床精度的高低，不能只看它在静态下的情况，还应该看它在切削载荷下的动态情况。在研究和解决实际生产中加工精度问题时，就必须这样全面地考虑和分析问题。但是认识事物，总是要经过一个从简单到复杂，从表面到本质，从局部到整体的过程。在本节中先研究和分析机床的静误差对加工精度的影响，然后在下一节再研究和分析机床的动误差。另外，在静态下机床精度的好坏，是机床保证加工精度的基础。没有静态精度，也就谈不上机床的动态精度。

在本节中，我们着重分析机床静误差中对加工精度占举足轻重地位的导轨误差、主轴误差和传动链误差。

1. 导轨误差

导轨是机床中确定主要部件的相对位置的基准，也是运动的基准，它的各项误差直接影响被加工工件的精度。例如车床的床身导轨，在水平面内有了弯曲以后，在纵向切削过程中，刀尖的运动轨迹相对于工件轴心线之间就不能保持平行，当导轨向后凸出时，工件上就产生鞍形加工误差。而当导轨向前凸出时，就产生鼓形加工误差。

导轨在垂直平面内的弯曲对加工精度的影响就不一样，它小到可以忽略不计的程度。我们可以通过图 6-3 来说明这一点。图 6-3a 表示由导轨在垂直面内的弯曲而使刀尖在垂直面内位移量为 δ_z，引起工件上的半径误差 ΔR，则

$$(R+\Delta R)^2 = \delta_z^2 + R^2$$

忽略 ΔR^2 项，得

$$\Delta R \approx \frac{\delta_z^2}{2R}$$

即工件上的直径误差为

$$\Delta D \approx \frac{\delta_z^2}{R} \qquad (6\text{-}1)$$

图 6-3b 表示导轨在水平面内的弯曲使刀尖在水平面内位移 δ_y，引起工件在半径上的误差 $\Delta R'$。因 $\Delta R' = \delta_y$，所以在工件直径上的加工误差将为 $\Delta D = 2\delta_y$。

现假设 $\delta_y = \delta_z = 0.1\text{mm}$；$D = 40\text{mm}$，则

$$\Delta R = \frac{0.1^2}{40}\text{mm} = 0.00025\text{mm}$$

$\Delta R' = 0.1\text{mm} = 400\Delta R$

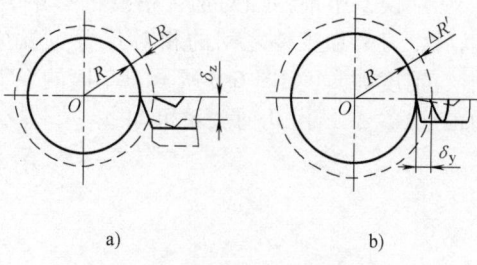

图 6-3 刀具在不同方向上的位移量对工件直径的影响

可见，$\Delta R'$ 比 ΔR 大 400 倍。这就是说，在垂直面内导轨的弯曲对加工精度的影响很小，可以忽略不计；而在水平面内同样大小的导轨弯曲就不能忽视。

那么，对各种机床的导轨是否只要考虑在水平面内的弯曲就行呢？实际上却不是这样。例如在转塔车床上加工时，往往把刀具垂直安装，如图 6-4 所示。在这种情况下，导轨在垂直平面内的误差就直接影响到工件的直径尺寸。所以原始误差所引起的切削刃与工件间的相对位移，如果产生在加工表面的法线方向，则对加工精度就有直接的影响；如果产生在切线方向，就可以忽略不计。这个概念很重要，在分析加工精度问题时经常要用到它。

此现象引出了一个重要的概念，即误差的敏感方向。一般情况下，加工表面的法线方向为误差的敏感方向。为了方便起见，在无特殊说明的情况下，使工艺系统的坐标系与切削力的坐标系统一，即加工表面的法向定为 Y 向，切向为 Z 向，故 Y 向为误差敏感方向。通过上述两个例子说明，在分析加工精度的影响因素时，误差敏感方向的原始误差是不容忽视的。

车床和磨床的床身导轨误差（根据国标的检验标准）共有三个项目：

1）在垂直面内的直线度误差（弯曲），如图 6-5a 所示。

2）在水平面内的直线度误差（弯曲），如图 6-5b 所示。

3）前后导轨的平行度误差（扭曲），如图 6-6 所示。

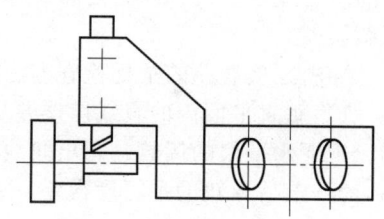

图 6-4 转塔车床刀具的安装

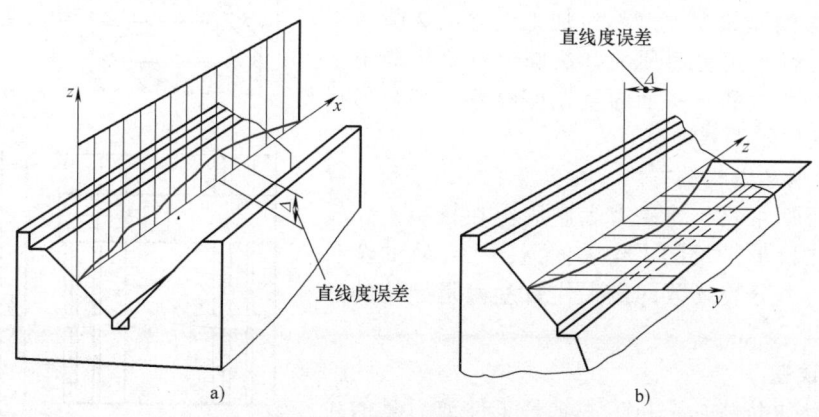

图 6-5 导轨的直线度误差
a) 在垂直面内的直线度误差　b) 在水平面内的直线度误差

三项误差中前两项对加工精度的影响,在上面已经作了初步分析。而床身导轨间产生扭曲以后,刀架和工件之间的相对位置也发生了变化,结果就引起了工件的形状误差(鼓形、鞍形、锥度等)。如图 6-6 所示,车床的 V 形导轨相对于平导轨有了平行度误差 Δ 以后,引起了加工误差 Δ_y,由几何关系可知

$$\Delta y : H \approx \Delta : A$$

即

$$\Delta y \approx \frac{H\Delta}{A} \tag{6-2}$$

一般车床 $H \approx \frac{2}{3}A$,外圆磨床 $H \approx A$,因此这项原始误差对精度的影响很大。

机床导轨的几何精度,不但取决于它的制造精度和使用的磨损情况,而且还和机床的安装情况有很大的关系。在生产实际中,安装机床这项工作被称为"安装水平的调整"。安装水平调整得不好,就会破坏导轨的制造精度,影响导轨在机床工作时所起的基准作用。所以,无论在新机床出厂检验或是使用厂把它安装起来投入工作之前,都要首先按照国家标准或制造厂的机床说明书中的规定,检验安装水平。特别是长度较长的龙门刨床、龙门铣床和导轨磨床等,它们的床身导轨是一种细长的结构,刚性较差,在本身自重的作用下就容易变形。如果安装得不正确,或者地基处理不当,经过一段时间就会发生下沉,都会使床身弯曲,形成上述的种种原始误差。

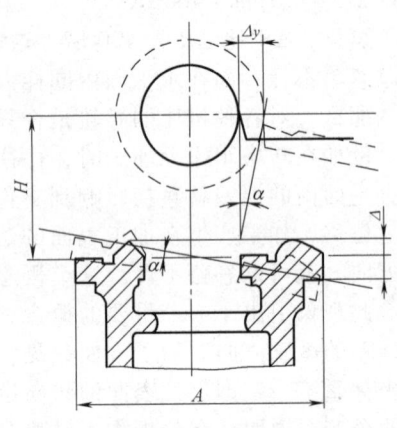

图 6-6 导轨扭曲所形成的加工误差

导轨三项误差的常规检查方法有:

1) 垂直平面内的直线度误差。采用与导轨相配合的桥板、水平仪,在导轨纵向上分段检测,记下水平仪的读数,画出曲线图,再计算其误差大小和判断凹凸程度。

2) 前后导轨的平行度误差。采用桥板和水平仪,在导轨的几个横向上检测,取其最大代数差。

3) 水平面内的直线度误差。采用桥板和准直仪。

以上三种检查方法都较费工时。对于车床而言,导轨垂直方向的原始误差既然对加工误差的影响可以忽略不计,可否采用更简便的办法呢?只要检测出上列后两项(平行度和水平面内直线度误差)综合形成的水平方向的原始误差即可。

如图 6-7 所示的检测方法,在床身之外,平行于导轨面放置一桥形平尺,将磁力表座固定在桥板上,千分表表头抵在桥形平尺的工作表面上,在导轨的全长上推拉桥板,千分表读数的最大代数差就是导轨的综合原始误差。

2. 主轴误差

(1) 主轴回转精度 机床主轴是工件或刀具的位置基准和运动基准,它的误差直接影响着工件的加工精度。对于主轴的要求,集中到一点,就是在运转的

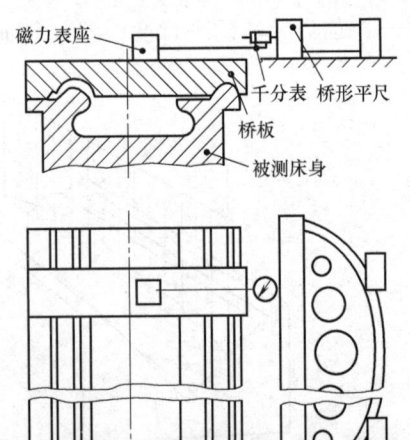

图 6-7 导轨原始误差的检测

情况下，它能保持轴心线的位置稳定不变，也就是所谓的回转精度。主轴的回转精度不但和制造精度（包括加工精度和装配精度）有关，而且还和受力后的变形（即下节所讨论的刚度跳动问题）有关，并且随着主轴转速的增加，还需要解决主轴的散热问题。不过主轴部件的制造精度是主轴回转精度的基础。

在主轴部件中，由于存在着主轴轴颈的圆度误差、轴颈的同轴度误差、轴承本身的各种误差、轴承之间的同轴度误差、主轴的挠度和支承端面对轴颈轴线的垂直度误差等原因，主轴在每一瞬时回转轴线的空间位置都是变动的，即存在着回转误差。

根据国际生产工程学会（CIRP）的统一规定，回转轴线的定义：即是回转物体绕之而转动的线段，此线段和回转体固接并一起相对于另一条叫作轴线平均线的线段做轴向的、径向的和倾角运动。轴线平均线的线段是固定在不回转的物体上回转轴线的平均位置上的线段。在此有必要结合实际说明定义中的一些概念，为了讨论主轴回转精度，需要建立主轴轴心、主轴几何轴线、主轴理想回转轴线和转轴平均轴线等有关的概念。今以双支承滑动主轴系统为例，主轴轴心是支承处轴颈截面的轮廓曲线为一理想圆时，该圆心就是主轴轴心。将前后两个支承处轴颈截面的基圆圆心连成直线并使其延伸即是主轴的几何轴线，也就是CIRP文件中规定的"回转物体绕之而转动的线段，此线段和回转体固接"。主轴理想回转轴线是假定的一条在空间位置不变的回转轴线。对于任何一种结构形式的轴系，其主轴理想回转轴线都是唯一的。如果主轴的几何轴线和它重合，那就没有回转误差了。由于前述的各种误差因素的影响，主轴几何轴线的位置不但在主轴回转中经常变化，而且在回转中也不重复（例如在滚动轴承支承的主轴，其几何轴线主要由内环的外滚道截面轮廓曲线所决定，但在回转中受到滚动体和外环内滚道接触表面的影响）。可以认为在任何瞬间，主轴一方面绕自己的几何轴线旋转，另一方面这根几何轴线还相对于主轴理想回转轴线做相对运动，人们把它分解为三种独立的运动形式：纯轴向窜动 Δx、纯径向移动 Δr 和纯角度摆动 $\Delta \gamma$（图6-8），这些量都是指主轴几何轴线变动的极限位置。

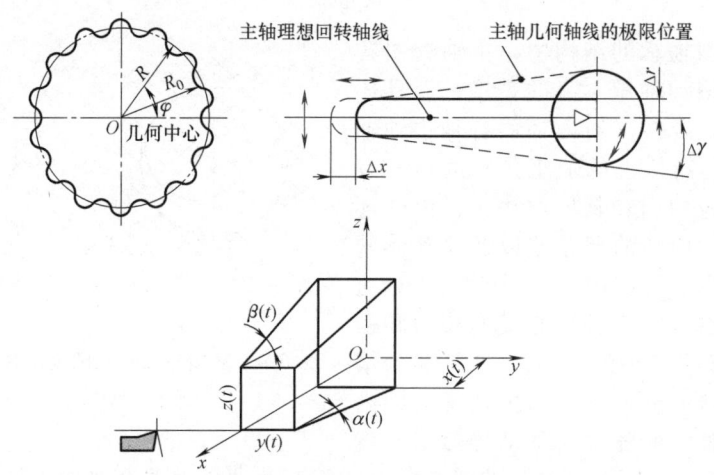

图 6-8 主轴轴心和几何轴线的位置变动

不同的加工方法，主轴回转误差所引起的加工误差也不同，见表6-1。在车床上加工外圆或内孔时，主轴径向回转误差可以引起工件的圆度和圆柱度误差，但对加工工件端面则无直接影响。主轴轴向回转误差对加工外圆或内孔的影响不大，但对所加工端面的垂直度及平面度则有较大的影响。在车螺纹时，主轴轴向回转误差可使被加工螺纹的导程产生周期性误差。

表 6-1 机床主轴回转误差产生的加工误差

主轴回转误差的基本形式	车床上车削			镗床上镗削	
	内、外圆	端 面	螺 纹	孔	端面
径向圆跳动	近似真圆（理论上为心脏线形）	无影响	螺距误差	椭圆孔（每转跳动一次时）	无影响
纯轴向窜动	无影响	平面度、垂直度（端面凸轮形）		无影响	平面度垂直度
纯角度摆动	近似圆柱（理论上为锥形）	影响极小		椭圆柱孔（每转摆动一次时）	平面度（马鞍形）

适当提高主轴及箱体的制造精度，选用高精度的轴承，提高主轴部件的装配精度，对高速主轴部件进行平衡，对滚动轴承进行预紧等，均可提高机床主轴的回转精度。在生产实际中，从工艺方面采取转移主轴回转误差的措施，消除主轴回转误差对加工精度的影响，也是十分有效的。例如，在外圆磨床上用两端死顶尖定位工件磨削外圆、在内圆磨床上用 V 形块装夹磨主轴锥孔、在卧式镗床上采用镗模和镗杆镗孔等。

以上我们仅举一些简单的特例分析了三种纯误差运动对加工精度的影响，在实际的轴系结构中，问题要复杂得多，主轴几何轴线的误差运动往往是三种纯误差的综合。

下面结合上述三种纯误差和更为复杂的轴心飘移来分析来自主轴部件缺陷的根源。

在主轴用滑动轴承的结构中，主轴是以轴颈在轴套内旋转的。在车床一类机床上主轴的受力方向是一定的（切削力方向基本上不变），主轴轴颈被压向轴套表面的一定地方，孔表面接触点几乎不变。这时主轴轴颈的圆度误差将传给工件，如图 6-9a 所示，而轴套孔的误差则对加工精度的影响较小。在镗床一类机床上，作用在主轴上的切削力是随镗刀而旋转的，轴表面接触点几乎不变，因此轴套孔的圆度误差将传给工件，而与轴颈圆度误差的关系不大，如图 6-9b 所示。

在主轴用滚动轴承的结构中，主轴的回转精度不但取决于滚动轴承本身的精度，而且还在很大程度上和配合件（对内环而言是主轴轴颈，对外环而言是箱体上的轴座孔）的精度有关。滚动轴承本身的回转精度取决于：内外环滚道的圆度误差，内环的壁厚差以及滚动体的尺寸差和圆度误差（图 6-10），在前后支承处这些误差综合起来造成了主轴轴心线的移动和摆动，在主轴每一转中都是变化的。这是因为滚动体的自转和公转的周期并不和主轴（连同内环）一样。主轴轴线的随机性移动传给工件就

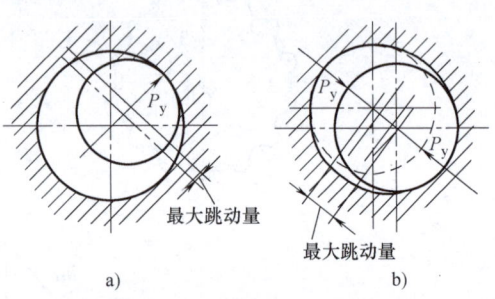

图 6-9 轴颈与轴套孔圆度误差引起的径向跳动
a) 车床类机床　b) 镗床类机床

形成了工件加工表面的圆度误差和波度。推力轴承滚道端面误差会造成主轴的轴向窜动。滚锥、向心推力轴承的内外滚道的倾斜既会造成主轴的轴向窜动，又会引起径向移动和摆动，从而产生加工面的圆度误差和端面不平。

至于主轴轴颈的精度，粗看起来好像关系不大。因为主轴轴颈是和滚动轴承的内环装成一体而旋转的，只要滚动轴承的回转精度能保证就行了。其实不然，如果忽视了主轴轴颈精度的话，那么滚动轴承即使制造得再精密也是白费的。要看到轴承内外环是一种薄壁零件，受力后很容易变形，它安装到主轴轴颈上时又有一定过盈量。因此轴颈如果不圆，内环就会

第二节 影响加工精度的因素及其分析

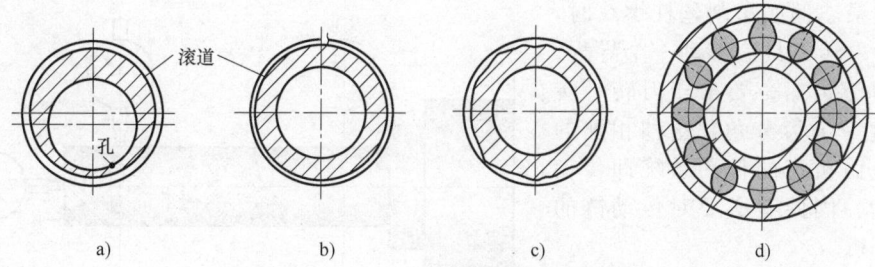

图 6-10 轴承内环及滚动体的形状误差
a) 孔与滚道不同轴　b) 滚道不圆　c) 滚道有波度　d) 滚动体的不同与尺寸差

变形,使内环的滚道也变得不圆。这样就破坏了滚动轴承原来的精度,导致主轴回转精度的下降。图 6-11 表示滚动轴承内环在装上有圆度误差的轴颈之前和装上以后,在圆度仪上测得的圆度误差。同样,轴承外环装到箱体的内孔中时,若内孔不圆也将引起外环滚道的变形。由此可见,滚动轴承的配合件表面精度对保证主轴回转精度是很重要的因素。

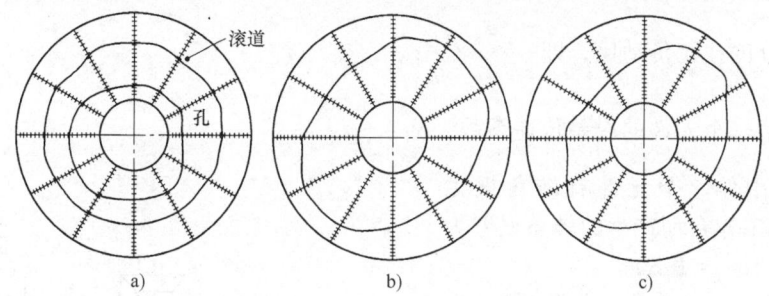

图 6-11 在安装前后轴承内环滚道的形状误差（用圆度仪测量）
a) 安装前内环的孔和滚道的形状误差　b) 主轴轴颈的形状误差　c) 装上轴颈后的内环滚道的形状误差

目前几乎绝大部分机床的主轴部件结构都采用滚动轴承。由于它在很大的转速和载荷范围内,能够满足主轴的回转精度、振动状况和工作温度方面的要求,而且在润滑方面的费用比滑动轴承少,因此得到广泛的应用。但是随着高精度机床的发展,与之相应的高精度滚动轴承的供应仍然是个问题。对于加工公差等级 IT5 级的中等尺寸工件,直径公差只有 $10\mu m$ 左右,工件的形状误差（若按直径误差的 $\frac{1}{2} \sim \frac{1}{3}$ 计）就只有 $5\mu m$ 左右。而高精度车床的主轴和内圆磨床工件头架主轴的回转精度一般为 $5 \sim 8\mu m$。由此可见,要保证这样的加工精度是很困难的。加工精度要求特别高的机床（坐标镗床、精密镗床、量具制造中的外圆、内圆磨床）要求能保证工件的形状误差小于 $3\mu m$,在这种情况下对主轴回转精度的要求就更高了。在目前,有些工厂就从现有的产品中加以挑选,或者采用在装配后修磨内外环和重新选配尺寸差别小、圆度好的滚动体来提高滚动轴承的回转精度。

（2）主轴回转精度的测量方法　在生产现场中沿用的测量主轴轴线的跳动、窜动和摆动的方法是:将一根精密心棒插入主轴孔,在其周围表面的两处及端部打表（图 6-12）。虽然这种方法简便,但测得的径向移动中既包含有主轴回转轴线的径向移动,又有锥孔相对于回转轴线的偏心所引起的径向移动,无法加以区分。再则由于打表测量是在主轴慢速回转下进行的,不能反映主轴在工作转速下的回转误差,先进的测量方法是通过传感器在主轴以工作速度旋转的情况下进行采样,然后进行分析处理,得出主轴的各项误差。

3. 传动链误差

对某些表面的加工,如齿轮、蜗轮、螺纹、丝杠表面的形成,要求刀具和工件之间有严格的运动关系。例如车削丝杠螺纹时，要求工件转一转刀具应移动一个导程；在单头滚刀滚齿时，要求转刀转一转工件应转过一个齿分角。这种相连的运动关系是由机床的传动系统即传动链来保证的，因此有必要对传动链的误差加以分析。

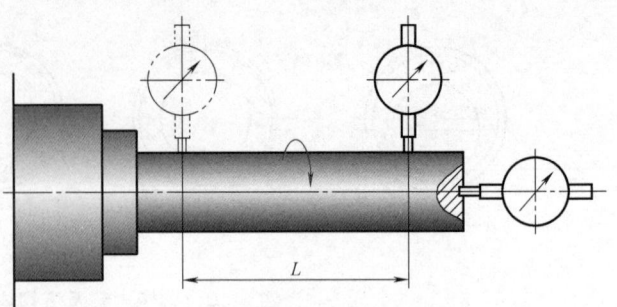

图 6-12 主轴回转精度的传统测量方法

图 6-13 所示是 Y3180 型滚齿机的传动链图。假定滚刀匀速回转，若滚刀轴上的齿轮 1 由于加工和安装而产生转角误差 $\Delta\varphi_1$，则通过传动链传到工作台，造成这一终端元件的转角误差为

$$\Delta\varphi_{1n} = \Delta\varphi_1 \times \frac{80}{20} \times \frac{28}{28} \times \frac{28}{28} \times \frac{28}{28} \times i_差 \times i_分 \times \frac{1}{96} = \Delta\varphi_1 \times i_差 \times i_分 \times \frac{1}{24} = K_1 \Delta\varphi_1$$

式中 $i_差$——差动轮系的传动比，在滚直齿时为 1；

$i_分$——分度挂轮传动比，即 $\dfrac{z_e}{z_f} \times \dfrac{z_a}{z_b} \times \dfrac{z_c}{z_d}$；

K_1——第一个元件的误差传递系数，$K_1 = \dfrac{1}{24} i_差 i_分$。

若传动链中第 j 个元件有转角误差 $\Delta\varphi_j$，则传递到工作台而产生的转角误差为

$$\Delta\varphi_{jn} = K_j \Delta\varphi_j$$

式中 K_j——第 j 个元件的误差传递系数，例如齿轮 2（$z_2 = 20$）有转角误差 $\Delta\varphi_2$，则工作台产生的转角误差为

$$\Delta\varphi_{2n} = K_2 \Delta\varphi_2 = \Delta\varphi_2 \times \frac{28}{28} \times \frac{28}{28} \times \frac{28}{28} \times i_差 \times i_分 \times \frac{1}{96} = K_2 \Delta\varphi_2$$

$$K_2 = \frac{1}{96} i_差 i_分$$

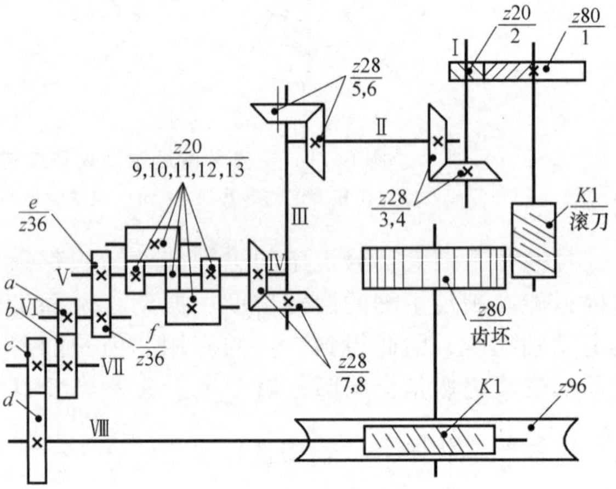

图 6-13 Y3180 型滚齿机传动链图

由于所有的传动件都可能存在误差，因此，各传动件引起的工作台总的转角误差为

$$\Delta\varphi_\Sigma = \sum_{j=1}^{n} \Delta\varphi_{jn} = \sum_{j=1}^{n} K_j \Delta\varphi_j$$

为了提高传动链的传动精度，可采取如下的措施：

1) 尽可能缩短传动链，减少误差源数 n。

2) 尽可能采用降速传动，因为升速传动时 $K_j > 1$，传动误差被扩大，降速传动时 $K_j < 1$，传动误差被缩小；尽可能使末端传动副采用大的降速比（K_j 值小），因为末端传动副的降速比越大，其他传动元件的误差对被加工工件的影响越小；末端传动元件的误差传递系数等于 1，它的误差将直接反映到工件上，因此末端传动元件应尽可能地制造得精确些。

3) 提高传动元件的制造精度和装夹精度，以减小误差源 $\Delta\varphi_j$，并尽可能地提高传动链中升速传动元件的精度。

此外，还可以采用传动误差补偿装置来提高传动链的传动精度。

三、调整误差

在活塞加工中，就存在着许多工艺系统的调整问题。例如：

1) 机床的调整。在磨削裙部的椭圆外圆时，每更换一种活塞型号，就要按照椭圆度的数值对主轴上的偏心盘进行调整，以获得准确的工件长短轴的摆动量。另外，还要按照裙部的锥度，调整工作台在水平面内的角度。

2) 夹具的调整。在磨削裙部的椭圆外圆时，还要调整连接在主轴端部的定位圆盘的角度方位，使圆盘上带动活塞销座的拨杆处于准确的位置，加工出的椭圆短轴刚好通过活塞销孔的轴线。

3) 刀具的调整。在半精车和精车环槽时，由于各个环槽的深度不一样，就要求用专用样件，把一组切槽刀调整到准确的伸长量。在采用多刀切削止口时，同样要求把刀具调整到准确的相互位置。其他如在镗销孔、车顶面等工序中，都需要把刀具调整到准确的位置。

总之，在机械加工的每一个工序中，总是要进行这样或那样的调整工作。由于调整不可能绝对准确，就会带来了一项原始误差，即调整误差。

不同的调整方式，有不同的误差来源：

(1) 试切法调整　广泛用在单件、小批生产中。这种调整方式产生调整误差的来源有三个方面：

1) 测量误差。量具本身的误差和使用条件下的误差（如温度影响、使用者的细致程度）掺入到测量所得的读数之中，在无形中扩大了加工误差。

2) 加工余量的影响。在切削加工中，切削刃所能切掉的最小切屑厚度是有一定限度的，锐利的切削刃可达 $5\mu m$，已钝化的切削刃只能达到 $20\sim50\mu m$，切屑厚度再小时切削刃就"咬"不住金属而打滑，只起挤压作用。在精加工场合下，试切的最后一刀，总是很薄的。这时如果认为试切尺寸已经合格，就合上纵走刀机构切削下去，则新切到部分的切深比已试切的部分大，切削刃不打滑，就要多切下一点，因此最后所得的工件尺寸要比试切部分的尺寸小些（镗孔时则相反）。粗加工试切时情况刚好相反。由于粗加工的余量比试切层大得多，受力变形也大得多，因此粗加工所得的尺寸要比试切部分的尺寸大些（图6-14）。

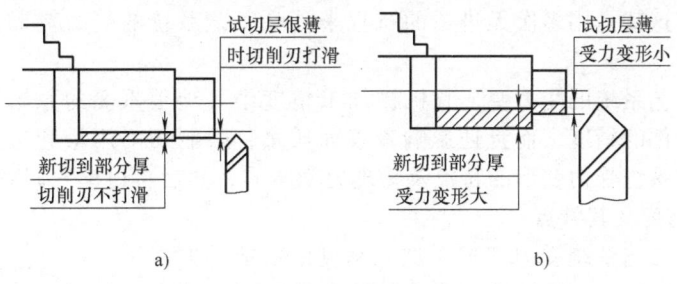

图 6-14　试切调整
a) 精加工　b) 粗加工

3) 微进给误差。在试切的最后一刀时，总是要微量调整一下车刀（或砂轮）的径向进给量。这时常会出现进给机构的"爬行"现象，结果刀具的实际径向移动比手轮上转动的刻度数要偏大或偏小些，以致难以控制尺寸的精度，造成了加工误差。操作工人深刻了解爬行现象是在极低的进给速度下才产生的，因此常常采用两种措施：一种是在微量进给以前先退出刀具，然后再快速引进刀具到新的手轮刻度值，中间不加停顿，使进给机构滑动面间不产生静摩擦；另一种是轻轻敲击手轮，用振动消除静摩擦。这时调整误差就取决于操作者的操作水平。

(2) 按定程机构调整 在大批量生产中广泛采用行程挡块、靠模、凸轮等机构保证加工精度。这时候，这些机构的制造精度和调整，以及与它们配合使用离合器、电气开关、控制阀等的灵敏度就成了影响误差的主要因素。

(3) 按样件或样板调整 在大批量生产中用多刀加工时，常用专门样件来调整切削刃间的相对位置，如活塞槽半精车和精车时就是如此。

当工件形状复杂，尺寸和质量都比较大的时候，利用样件进行调整就太笨重，且不经济，这时可以采用样板对刀。例如在龙门刨床上刨床身导轨时，就可安装一块轮廓和导轨横截面相同的样板来对刀。在一些铣床夹具上，也常装有对刀块，专门供铣刀对刀之用。这时候，样板本身的误差（包括制造误差和安装误差）和对刀误差就成了调整误差的主要因素。

四、工艺系统受力变形对加工精度的影响

1. 现场加工中工艺系统受力变形的现象

在车床上加工一根细长轴时，可以看到在纵向进给过程中切屑的厚度发生了变化，越到中间，切屑层越薄，加工出来的工件出现了两头细中间粗的腰鼓形误差。根据力学知识很容易判断，这是由于工件的刚性太差，因而一受到切削力就会朝着与刀具相反的方向变形，越到中间变形越大，实际切深也就越小，所以产生腰鼓形的加工误差。在另外一些场合下，工件的刚性很好，在切削力的作用下工件并没有变形，却也产生了"让刀"的现象。例如在旧车床上加工刚性很好的工件时，经过粗车一刀后，再要精车的话，有时候不但不把刀架横向进给一点，反而要把它反向退回一点，才能保证精车时切去极薄的一层以满足加工精度和表面粗糙度的要求，否则可能使实际切深过多而达不到加工质量。从上面细长轴的弹性变形思路出发，可以想象，产生这种现象的原因是：由于使用日久，工艺系统中的机床的某些与加工尺寸有关的部分（如头架、尾架或刀架），在切削力作用下产生了受力变形。粗车时的切削力大，则受力变形也大，引起了刀具相对于工件的退让——让刀。粗车完毕后，受力变形恢复，这时候即使不进刀，甚至把刀架稍稍后退一点再进给的话，刀尖仍然可以切到金属。所以说，在这种情况下控制加工精度的问题，实际上主要就是控制工艺系统受力变形的问题。工艺系统受力变形在磨削加工中显得更突出。在精磨主轴和活塞外圆的最后几个行程中，砂轮并没有再向工件进给，即所谓"无进给磨削"或"光磨"，但依然磨出火花，先多后少，直至无火花为止。这就是用多次无进给的行程来消除工艺系统的受力变形，以保证工件的加工精度和表面粗糙度。

由此可见，工艺系统的受力变形是机械加工精度中一项很重要的原始误差，它不但严重地影响着加工后工件的精度，而且还影响着表面质量，限制切削用量和生产率的提高。下面首先分析一下工艺系统受力变形的特点及物理力学本质，然后再讨论它们对加工精度的影响。

2. 机床部件刚度及其特点

为了分析计算工艺系统受力变形对加工精度的影响，要引进一个有用的概念，即工艺系统的刚度。如图 6-15 所示，当车刀切削工件时，在切削刃上和工件上分别受到大小相等、方向相反的切削力的作用；而切削力的分力 F_y 对加工精度的影响最大。在切削力的作用下，刀具（由于工艺系统的受力变形）和工件相对退让；设让刀距离为 y，则工艺系统在 y 方向的刚度是

$$k = \frac{F_y}{y}$$

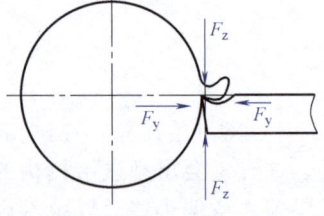

图 6-15 车削时作用在刀具上和工件上的力

由于切削过程中切削力是不断地变化的，工艺系统在动态下产生的变形不同于静态下的

变形，这样就有静刚度和动刚度的区别。在一般情况下，工艺系统的动刚度与静刚度成正比关系，此外还与系统的阻尼、交变力频率与系统固有频率之比有关。为了搞清工艺系统受力变形的最基本的概念，在本节中只讨论静刚度的问题。工艺系统动刚度问题是系统振动问题的一部分，将在本章最后加以介绍。在下面各段中将静刚度都简称为刚度。

若有一根棒料装夹在卡盘中，则可以按照材料力学中的悬臂梁公式，把这根棒料的刚度 k 直接计算出来。

$$y = \frac{F_y l^3}{3EI} \qquad k = \frac{F_y}{y} = \frac{3EI}{l^3}$$

式中　l——棒料悬伸长度（mm）；

　　　E——棒料的弹性模量（N/mm^2），对钢料来说：$E = 2 \times 10^5 \text{N/mm}^2$；

　　　I——棒料截面的惯性矩（mm^4），$I = \frac{\pi d^4}{64}$；

　　　d——棒料的直径（mm）。

所以
$$k = \frac{3 \times 2 \times 10^5 \times \pi d^4}{64 l^3} \approx 30000 \frac{d^4}{l^3} (\text{N/mm})$$

图 6-16 表示在顶尖间加工棒料时工件的受力变形。根据经验得知，可以把它近似地当作两端架在自由支承上的梁。由材料力学可知，当载荷施加在梁的中间时，产生的弹性位移最大，即

$$y = \frac{F_y l^3}{48EI}$$

因此对于钢料而言

$$k = \frac{48EI}{l^3} \approx 480000 \frac{d^4}{l^3} (\text{N/mm})$$

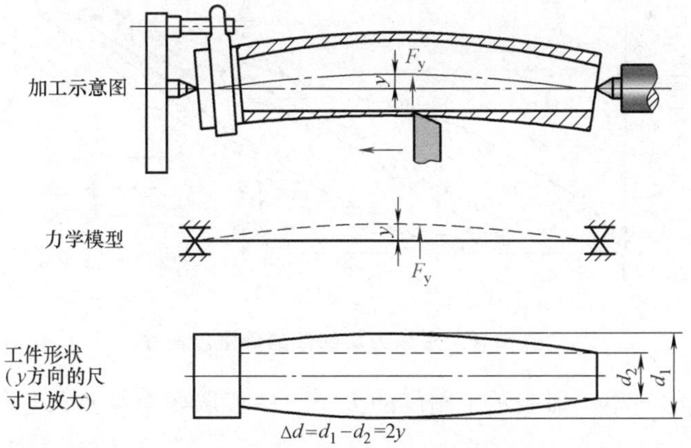

图 6-16　在顶尖间加工棒料的变形

上面所举的零件刚度的例子，一般可以用材料力学的公式作近似的计算，和实际值接近。但是遇到由若干零件组成的部件时，刚度问题就比较复杂。迄今还没有合适的计算方法，需要用实验的方法来加以测定。为了易于说明问题，先看一下车床刀架和头尾架静刚度的测试结果。如图 6-17 所示，在车床两顶尖之间，安装一根短而粗的心轴，并在刀架上装上一个螺旋加力器，在加力器和心轴之间放一个测力环。转动加力器的加力螺钉，刀架与心轴之间便产生了作用力，力的大小由测力环中的千分表 3 读出（测力环预先在材料试验机上校正过，千分表的读数代表受多大的作用力）。在这个力的作用下，刀架的位移可以由装在床身上的千

分表 4 直接测出，头架和尾架的位移则可由千分表 1 和 2 测出。

图 6-18 所示为一台旧车床刀架部件的静刚度曲线。试验时载荷逐渐加大，再逐渐减少，反复三次。图中所示就是三次加载卸载的曲线。

由图可见：

1) 力和变形的关系不是直线关系，不符合胡克定律，这反映了部件的变形不纯粹是弹性变形。

2) 加载曲线与卸载曲线不重合，它们间包容的面积代表了在加载卸载的循环中所损失的能量，也就是消耗在克服部件内零件之间的摩擦力和接触面塑性变形所做的功。

3) 当载荷去除后，变形恢复不到起点，这说明部件的变形不仅有弹性变形，而且还产生了不能恢复的塑性变形。图中所示的变形可达 $10\mu m$ 左右。在反复加载以后，残余变形逐渐减少到零，加载曲线才和卸载曲线重合。

4) 部件的实际刚度远比想象的要小，也就是说，不要看刀架的轮廓尺寸相当大，它并不是铁板一块，而是由许多零件组合而成的，其中存在着许多薄弱环节，所以在受力变形时不能和整体的零件相比。从图 6-18 可

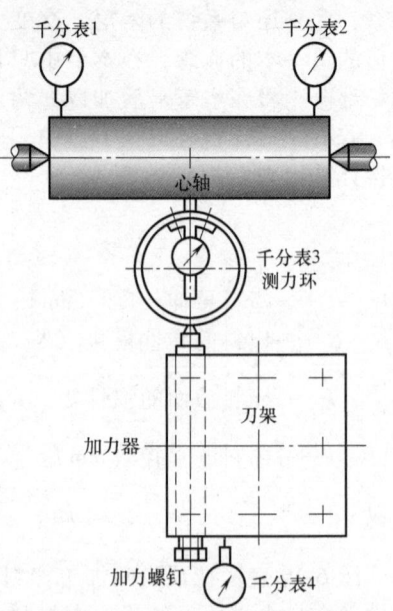

图 6-17　车床刀架、头尾架静刚度测量示意图

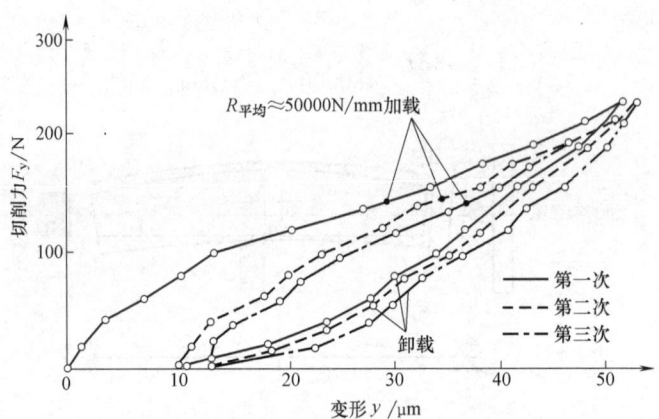

图 6-18　车床刀架部件的静刚度曲线

知，载荷-变形曲线的斜率，即表示了刚度的大小。一般取两个端点的连线的斜率来表示其平均刚度，在本例中

$$k_{平均} = \frac{250 \times 1000}{52} \text{N/mm} = 5000 \text{N/mm}$$

只相当于一个 30mm×30mm×200mm 铸铁悬臂梁的刚度。

上述试验说明了部件的受力变形和单个零件的受力变形是大有区别的。后者是零件本身的弹性变形，而前者则除了零件本身的弹性变形以外，还有其他因素。

根据研究，影响部件刚度的因素有：

（1）接触变形（零件与零件间接触点的变形）　机械加工后零件的表面并非理想的平整和光滑，而是有着宏观的形状误差和微观的表面粗糙度。所以零件间的实际接触面也只是名

义接触面的一小部分,而真正处于接触状态的,则又是这一小部分中的表面粗糙度中的个别凸峰(图6-19)。因此在外力的作用下,这些接触点处产生了较大的接触应力,因而有较大的接触变形。这种接触变形中不但有表面层的弹性变形而且还有局部的塑性变形,造成了部件的刚度曲线不是直线而是复杂的曲线,这也就是部件的刚度远比实体的零件本身的刚度要低的原因。接触表面塑性变形的最后结果造成了上述的残余变形,在多次加载卸载循环以后,接触状态才趋于稳定。接触变形是出现残余变形的一个原因,另一种原因是接触点之间存在着油膜,经过几次加载后,油膜才排除,这一现象也影响残余变形的性质,这种现象在滑动轴承副中最为显著。

接触变形在机床的受力变形中占有相当重要的位置,有时还会起主要作用。过去有些机床尽管在构件上,如床身、箱体等显得刚性很好,但是和同类的尺寸较小、质量较轻的机床相比,前者的加工精度反而不如后者高,却落得了"傻、大、粗"的评价。当然,从动态的出发点来看,原因是多方面的,例如,床身的加强肋板布置法,在外形尺寸和

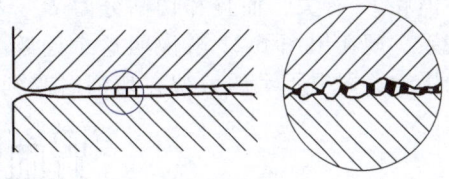

图 6-19 表面的接触情况

质量不增加的条件下,床身的静刚度和动刚度能够成倍地提高,但是应看到整台机床的刚度不光是取决于各构件和部件的刚度,而且还依赖于构件、部件之间的接触刚度这项环节。

一般情况下,表面越粗糙,接触刚度越小,表面宏观几何形状误差越大,实际接触面积越小,接触刚度越小;材料硬度高,屈服极限也高,塑性变形就小,接触刚度就大;表面纹理方向相同时,接触变形较小,接触刚度就大。因此,减小连接零件的表面粗糙度是提高机床构件、部件间接触刚度的有效措施。

(2) **薄弱零件本身的变形** 在部件中,个别薄弱的零件对部件刚度影响颇大。图6-20a所示为刀架和其他溜板中常用的楔铁。由于结构薄而长,刚度很差,再加上不易做得平直,接触不良,因此在外力作用下,楔铁容易发生很大的变形,使刀架的刚度大为降低。图6-20b所示为轴承套和轴颈、壳体的接触情况。由于轴承套本身的形状误差而形成局部接触。在外力 F 的作用下,轴承套就像弹簧一样,产生了较大的变形,使这个轴承部件的刚度大为降低。只有在薄弱环节完全压平以后,部件的刚度才逐渐提高,这类部件的刚度曲线如图6-20c所示,其刚度具有先低后高的特征。

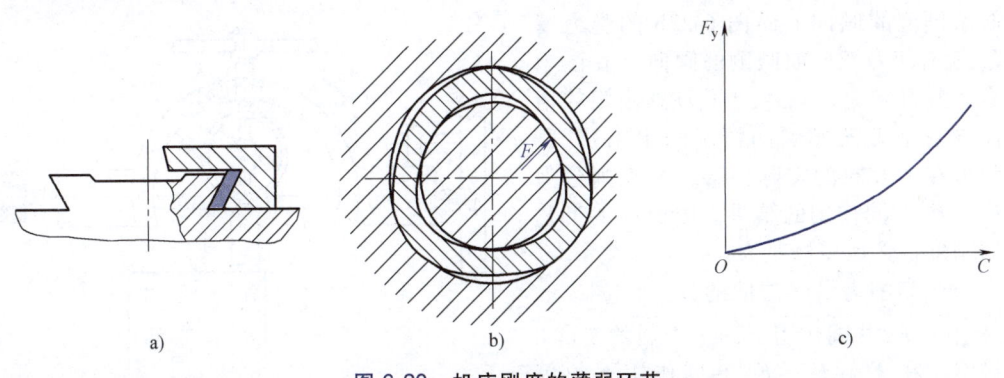

图 6-20 机床刚度的薄弱环节

(3) **间隙的影响** 在刚度试验中如果在正反两个方向加载荷,便可发现间隙对变形的影响,如图6-21所示。在加工过程中,如果是单向受力,使零件始终靠在一面,那么间隙对位移没有什么影响。但如果像镗头、行星式内圆磨头等受力方向经常改变的轴承,则间隙引起的位移对加工精度的影响就比较重要了。

（4）摩擦的影响 在加载时，零件与零件的接触面间的摩擦力阻止变形的增加；在卸载时，摩擦力又阻止变形的减少。因此在图 6-18 中显示出加载曲线和卸载曲线不相重合。

（5）施力方向的影响 在上面的刚度试验中，施加的载荷和测量变形的方向都是在 Y 方向，可以认为是模拟了切削过程中起决定性作用的力和位移。但是部件的变形和单个零件的变形不同，Y 方向的位移，不但和 F_y 有关，而且和切削分力 F_z、F_x 的大小都有关系，现在用图 6-22 来说明这个问题。先不考虑 F_x 的影响，图中所示的刀架在切削时受到两个方向的力

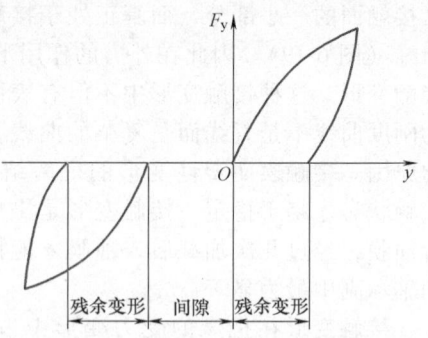

图 6-21 间隙对刚度曲线的影响

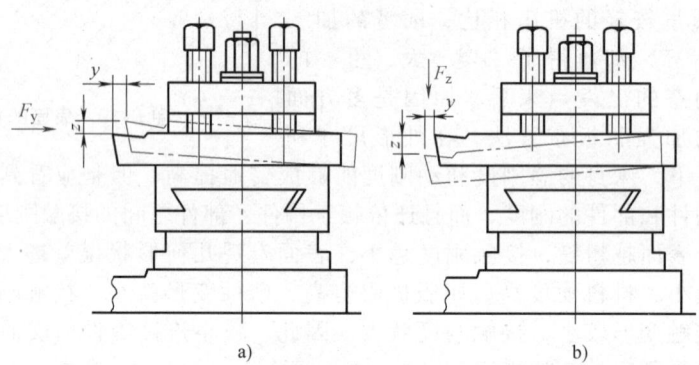

图 6-22 刀架在切削力作用下的变形

F_y、F_z，产生了两个方向的变形 y、z。图 6-22a 中表示，F_y 不仅使刀架产生了 Y 方向的变形，而且也产生了 Z 方向的变形。同样的，在图 6-22b 中，F_z 力也将使刀架产生 Y 和 Z 两个方向的变形。换句话说，变形 y 不只是由于 F_y 而产生的，而是在 F_y、F_z 综合作用下产生的，变形 z 也是一样。由于结构上的原因，作用在切削刃上的切削力不是均等地传递到刀架部件中各个接触面上，而是有的接触面上的受力大些，有的小些，因此变形也不一样。像图 6-22a 那样受力的情况，F_y 对燕尾导轨面的力矩就有使刀架向后倾侧的倾向；而图 6-22b 的受力情况，F_z 就有使刀架向前倾侧的倾向（在图中为了表示醒目起见，只绘出了刀具倾侧的情况，而没有把刀架倾侧的情况画出来）。所以切削刃在 Y 方向的实际位移，是切削分力 F_x、F_y、F_z 共同作用的结果。因此前述工艺系统的刚度定义也需修改为

$$\frac{F_y(切削力沿 Y 方向的分力)}{y(在 F_x、F_y、F_z 共同作用下的 Y 方向的变形)}$$

显然，在 F_x、F_y、F_z 共同作用下的部件刚度也就和图 6-17 中所示单纯模拟 F_y 作用下所测定的刚度有了出入。

为了更精确地测定机床部件的刚度，可采用带有三向加力的测力装置，如图 6-23 所示。在这个装置的半圆形角铁式的框架 2 上，

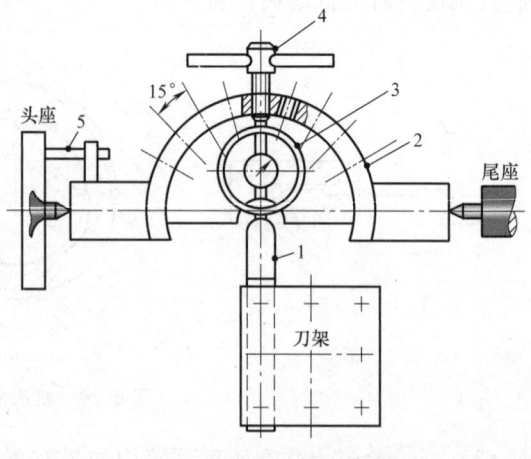

图 6-23 三向测力装置
1—受力杆 2—框架 3—测力环
4—加力螺杆 5—拨杆

每隔 15°有一螺孔。依照所模拟的 F_x 和 F_y 的比例，把加力螺杆 4 旋入相应螺孔。螺杆 4 和固定在刀架上的受力杆 1 之间放置测力环 3。再依照所模拟的 F_z 和 F_y 的比例，把车头主轴转动，通过拨杆 5 把测定装置回转到相应的角度。

图 6-24 表示同一车床刀架在 F_y 和 F_z 不同比例下的刚度曲线。它说明了在单向作用力下测定的刚度（图 6-18）和在三向作用力下测定的刚度是不同的。图 6-24 是模拟割刀切断工件的测定结果（$F_x=0$），图中诸曲线具有下列 $F_y：F_z$ 的数值

$A—F_y/F_z=0.3$ $B—F_y/F_z=0.5$
$C—F_y/F_z=0.8$ $D—$仅有 F_y 力

对于车床头、尾座的刚度测定也有同样的情况，即单向受力下的刚度值和三向受力下的刚度值也是不同的。在此，或许会发生这样的疑问：为什么在刚度确定的主要公式中只用了一个 F_y 的力？既然实际上的变形

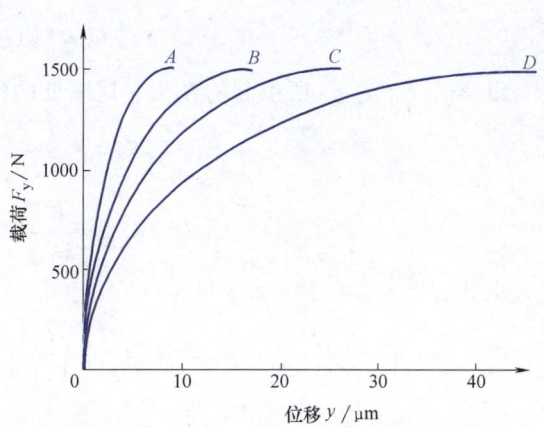

图 6-24　车床刀架刚度曲线

同时受到 F_x、F_y、F_z 的影响，为什么不用合力 $F=\sqrt{F_x^2+F_y^2+F_z^2}$ 来计算？

解释是这样的：在一般的弹性变形中，我们过去已经习惯于变形与作用力方向一致的概念，而在加工误差问题上，我们只着眼于垂直于加工表面的法向变形 y。要同时兼顾到上述两点，用 $k=\dfrac{F_y}{y}$ 这个表达式还是比较合适的。只是要理解 y 是在 F_x、F_y、F_z 共同作用下产生的。

3. 工艺系统受力变形对加工精度的影响

机械加工时，机床的有关部件、夹具、刀具和工件在切削力的作用下，都有不同程度的变形，导致切削刃和加工表面在 Y 方向的相对位置发生变化，产生了加工误差。正如上面分析过的部件位移一样，工艺系统在受力情况下的总位移 $y_{系统}$ 是各个组成部分位移 $y_{机床}$、$y_{夹具}$、$y_{刀具}$、$y_{工件}$ 的叠加，即

$$y_{系统}=y_{机床}+y_{夹具}+y_{刀具}+y_{工件}$$

而

$$k_{系统}=\frac{F_y}{y_{系统}} \quad k_{机床}=\frac{F_y}{y_{机床}} \quad k_{夹具}=\frac{F_y}{y_{夹具}} \quad k_{刀具}=\frac{F_y}{y_{刀具}} \quad k_{工件}=\frac{F_y}{y_{工件}}$$

$$k_{系统}=\frac{1}{\dfrac{1}{k_{机床}}+\dfrac{1}{k_{夹具}}+\dfrac{1}{k_{刀具}}+\dfrac{1}{k_{工件}}}$$

也就是说，当工艺系统的各个组成部分的刚度已知后，就可以求出整个工艺系统的刚度。

工艺系统刚度对加工精度的影响，可以归纳为下列几种常见的形式：

（1）**由于受力点位置的变化而产生的工件形状误差**　工艺系统的刚度除了受到各组成部分刚度的影响之外，还有一个很大的特点，那就是随着受力点的位置变化而变化。为了说明这个问题，以在车床顶尖间加工的光轴为例。先假定工件短而粗，刚度很高，它在受力下变形比机床、夹具、刀具的变形小，可以忽略不计，则工艺系统的总位移完全取决于机床头尾座（包括顶尖）和刀架（包括刀具）的位移，如图 6-25a 所示。当车刀移动到如图 6-25 所示的位置时，在切削力的作用下（图中仅表示出 F_y），头座由 A 移动到 A'，尾座由 B 移动到 B'，刀架由 C 移动到 C'，它们的位移分别为 $y_{头座}$、$y_{尾座}$、$y_{刀架}$。此时工件的轴线由 AB 移动到 $A'B'$，则在切削点处的位移 y_x 为

$$y_x = y_{头座} + \delta_x$$

由于
$$\delta_x = (y_{尾座} - y_{头座})\frac{x}{l}$$

所以
$$y_x = y_{头座} + (y_{尾座} - y_{头座})\frac{x}{l}$$

设 F_A、F_B 为 F_y 所引起的在头、尾座处的作用力，则
$$F_A = F_y \frac{l-x}{l} \quad F_B = F_y \frac{x}{l}$$

把
$$y_{头座} = \frac{F_A}{k_{头座}} \quad y_{尾座} = \frac{F_B}{k_{尾座}}$$

代入上式，得
$$y_x = \frac{F_y}{k_{头座}}\left(\frac{l-x}{l}\right)^2 + \frac{F_y}{k_{尾座}}\left(\frac{x}{l}\right)^2$$

又因
$$y_{刀架} = \frac{F_y}{k_{刀架}}$$

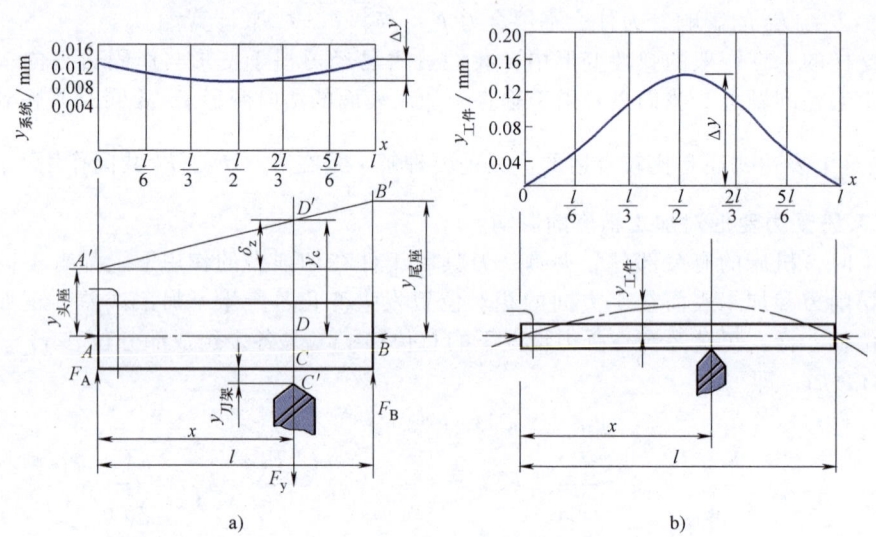

图 6-25 工艺系统的变形随施力点位置的变化情况

工艺系统的总位移
$$y_{系统} = y_x + y_{刀架} = F_y\left[\frac{1}{k_{刀架}} + \frac{1}{k_{头座}}\left(\frac{l-x}{l}\right)^2 + \frac{1}{k_{尾座}}\left(\frac{x}{l}\right)^2\right]$$

工艺系统的刚度
$$k_{系统} = \frac{F_y}{y_{系统}} = \frac{1}{\dfrac{1}{k_{刀架}} + \dfrac{1}{k_{头座}}\left(\dfrac{l-x}{l}\right)^2 + \dfrac{1}{k_{尾座}}\left(\dfrac{x}{l}\right)^2}$$

设 $F_y = 300\text{N}$，$k_{头座} = 60000\text{N/mm}$，$k_{尾座} = 50000\text{N/mm}$，$k_{刀架} = 40000\text{N/mm}$ 顶尖间距离 600mm，则沿工件长度上工艺系统的位移见下表（参阅图 6-25a）：

x	0 （头座处）	$\frac{1}{6}l$	$\frac{1}{3}l$	$\frac{1}{2}l$ （工件中间）	$\frac{2}{3}l$	$\frac{5}{6}l$	l （尾座处）
$y_{系统}/\text{mm}$	0.0125	0.0111	0.0104	0.0103	0.0107	0.0118	0.0135

工件轴向最大直径误差（鞍形）为

$$(y_{尾座} - y_{中间}) \times 2 = (0.0135 - 0.0103) \times 2\text{mm} = 0.0064\text{mm}$$

再假定工件细而长，刚度很低，机床、夹具、刀具在受力下的变形可以忽略不计，则工艺系统的位移完全取决于工件的变形，如图 6-25b 所示。当车刀移动到图示的位置时，在切削力作用下工件的中心线产生弯曲。根据材料力学的计算公式，在切削点处的位移为

$$y_{工件} = \frac{F_y}{3EI} \times \frac{(l-x)^2 x^2}{l}$$

仍设 $F = 300\text{N}$，工件尺寸为 $\phi 30\text{mm} \times 600\text{mm}$，$E = 2 \times 10^5 \text{N/mm}^2$，则沿工件长度上的位移有见下表（参阅图 6-25b）：

x	0 （头座处）	$\frac{1}{6}l$	$\frac{1}{3}l$	$\frac{1}{2}l$ （工件中间）	$\frac{2}{3}l$	$\frac{5}{6}l$	l （尾座处）
$y_{系统}/\text{mm}$	0	0.052	0.132	0.017	0.132	0.052	0

故工件轴向最大直径误差（鼓形）为 $0.17\text{mm} \times 2 = 0.34\text{mm}$，比上面的误差要大 50 倍。

综合以上两例的分析，可以推广到一般情况，即工艺系统的总位移为图 6-25a 和图 6-25b 的位移的叠加，即

$$y_{系统} = F_y \left[\frac{1}{k_{刀架}} + \frac{1}{k_{头座}} \left(\frac{l-x}{l} \right)^2 + \frac{1}{k_{尾座}} \left(\frac{x}{l} \right)^2 + \frac{(l-x)^2 x^2}{3EIl} \right]$$

$$k_{系统} = \frac{1}{\frac{1}{k_{刀架}} + \frac{1}{k_{头座}} \left(\frac{l-x}{l} \right)^2 + \frac{1}{k_{尾座}} \left(\frac{x}{l} \right)^2 + \frac{(l-x)^2 x^2}{3EIl}}$$

由此可见，工艺系统的刚度在沿工件轴向的各个位置是不同的，所以加工后工件各个横截面上的直径尺寸也不相同，造成了加工后工件的形状误差（如锥度、鼓形、鞍形等）。图 6-26a、b、c 表示在内圆磨床、单臂龙门刨床和卧式镗床上加工时工艺系统中对加工精度起决定性作用的部件的变形状况。它们都是随着施力点位置的变化而变化的。图 6-26d 表示同样的镗孔加工，采用了工件进给而镗杆不进给的方式，工艺系统刚度不随施力点位置的变动而变化，同时，镗杆受力情况从悬臂梁变成简支梁，从而大大地提高了加工精度。

（2）由于切削力变化引起的加工误差-误差复映规律 由于毛坯加工余量和材料硬度的变化，在加工过程中引起了切削力的变化，进而引起工艺系统受力变形，产生了工件的尺寸误差和形状误差。

图 6-27 所示为加工一个具有偏心的毛坯。在工件每一转的过程中，切削深度将从最小值 a_{p2} 增加到最大值 a_{p1}，然后再减小到 a_{p2}。由于切削深度的变化引起了切削力的变化。变化的切削力作用在工艺系统上，使它的受力变形也发生了相应的变化。切削力大时，变形也大；切削力小时，变形相应地变小。所以加工偏心毛坯之后得到的工件仍然是略有偏心的。这种现象在工艺学中称为误差复映。

现在试求加工误差和毛坯误差之间的定量关系。

根据切削原理，切削分力 F_y 可表示为

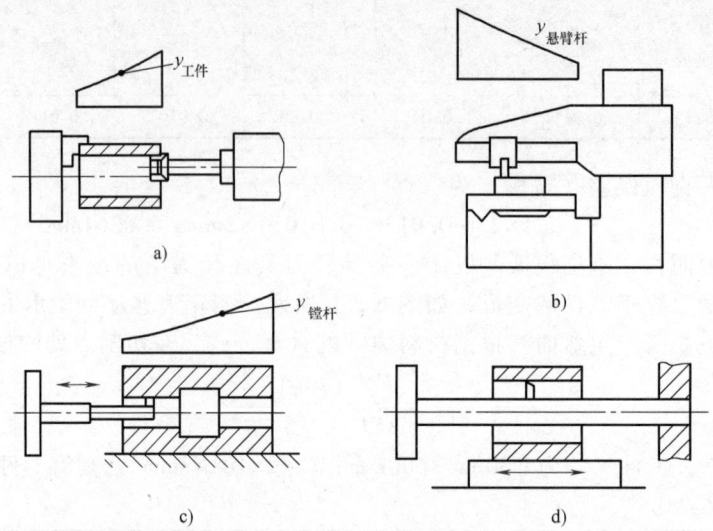

图 6-26 工艺系统受力变形随施力点位置的变化而变化的情况
a) 内圆磨床 b) 单臂龙门刨床 c) 卧式镗床，镗杆进给 d) 工件进给

$$F_y = C_{F_y} a_p^{x_{F_y}} f^{y_{F_y}}$$

式中 C_{F_y} ——与刀具几何形状以及切削条件（刀具材料及几何参数、工件材料及其强度与硬度、切削用量、冷却液等）有关的系数；

a_p、f ——背吃刀量、进给量；

x_{F_y}、y_{F_y} ——指数。

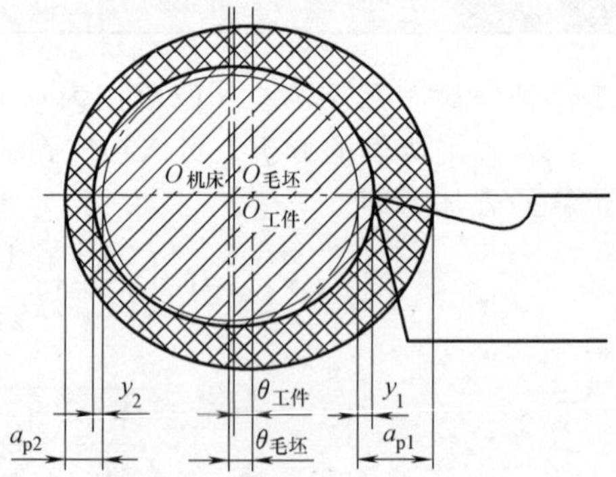

在材料硬度均匀，刀具几何形状、切削条件和进给一定的情况下，有

$$C_{F_y} f^{y_{F_y}} = C(常数)$$

则

$$F_y = C a_p^{x_{F_y}}$$

图 6-27 车削时的误差复映

对于一般切刀的几何形状（$\kappa_r = 45°$，$\gamma_0 = 10°$，$\lambda_s = 0°$），x_{F_y} 接近于 1，则

$$F_y = C a_p$$

由此引起的工艺系统受力变形为

$$y_1 = \frac{C a_{p1}}{k_{系统}} \qquad y_2 = \frac{C a_{p2}}{k_{系统}}$$

$$\Delta_{工件} = y_1 - y_2 = \frac{C}{k_{系统}}(a_{p1} - a_{p2})$$

由于

$$\Delta_{毛坯} = a_{p1} - a_{p2}$$

所以

$$\Delta_{工件} = \frac{C}{k_{系统}} \Delta_{毛坯}$$

令

$$\varepsilon = \frac{\Delta_{工件}}{\Delta_{毛坯}}$$

则

$$\varepsilon = \frac{C}{k_{系统}}$$

上式表示了加工误差与毛坯误差之间的比例关系，说明了"误差复映"的规律，定量地反映了毛坯误差经加工所减小的程度，称之为"误差复映系数"。可以看出：工艺系统刚度越高，ε 越小，即复映在工件上的误差越小。

当加工过程分成几次进给时，每次进给的复映系数为 ε_1、ε_2、ε_3、……，则总的复映系数 $\varepsilon_\text{总} = \varepsilon_1 \varepsilon_2 \varepsilon_3 \cdots$。

由于变形 $y_\text{总}$ 总是小于 a_p，复映系数 ε 总是小于 1，经过几次进给后，ε 降到很小的数值，加工误差也就降到允许的范围以内。

由以上分析，可以把误差复映的概念推广到下列几点：

1) 每一件毛坯的形状误差，不论是圆度、圆柱度、同轴度（偏心、径向跳动等）、平直度误差等都以一定的复映系数复映成工件的加工误差，这是由于切削余量不均匀而引起的。

2) 在车削的一般情况下，由于工艺系统刚度比较高，复映系数远小于 1，在 2~3 次进给以后，毛坯误差下降很快。尤其是第二次第三次进给时的进给量 f_2 和 f_3 常常是递减的（半精车、精车），复映系数 ε_2 和 ε_3 也就递减，加工误差下降得更快。所以在一般车削时，只有在粗加工时用误差复映规律估算加工误差才有实际意义。但是在工艺系统刚度低的场合下，如镗孔时镗杆较细、车削时工件较细长以及磨孔时磨杆较细等，则误差复映的现象比较明显，有时需要从实际反映的复映系数着手分析提高加工精度的途径。

3) 在大批大量生产中，都是采用定尺寸调整法加工的，即刀具在调整到一定的切深后，就一件件连续加工下去，不再逐次试切，逐次调整切削深度。这样，对于一批尺寸大小有参差的毛坯而言，每件毛坯的加工余量都不一样，由于误差复映的结果，也就造成了一批工件的"尺寸分散"。为了保持尺寸分散不超出允许的公差范围，就有必要查明误差复映的大小。这也是在分析和解决加工精度问题时常常遇到的一项工作。

(3) 其他作用力引起工艺系统受力变形的变化所产生的加工误差　机械加工中除了切削力作用于工艺系统之外，还作用着其他力，如夹紧力、工件重力、机床移动部件的重力、传动力以及惯性力等，这些力也能使工艺系统中某些环节的受力变形发生变化，也会产生加工误差。

1) 夹紧力引起的加工误差。对于刚性较差的工件，若是夹紧时施力不当，也常引起工件的形状误差。最常见的是用自定心卡盘夹持薄壁套筒镗孔。夹紧后套筒成为棱圆状（图 6-28a），虽然镗出的孔为正圆形（图 6-28b），但松夹后，套筒的弹性回复使孔产生了三角棱圆形（图 6-28c）。所以在生产中采用在套筒外加上一个厚壁的开口过渡环（图 6-28d），使夹紧力均匀地分布在薄壁套筒上，从而减少了变形。

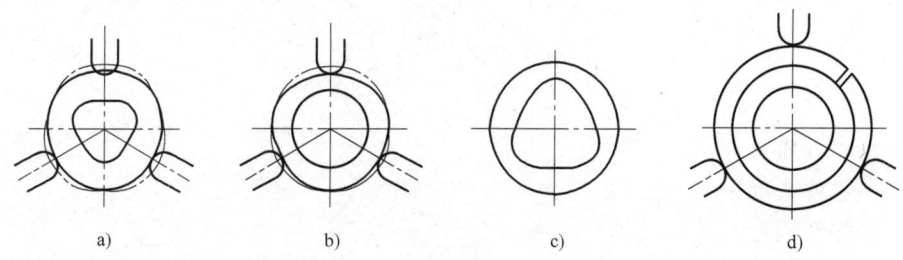

图 6-28　夹紧力引起的加工误差

2) 由于机床部件和工件本身重力及它们在移动中位置的变化而引起的加工误差。在大型机床上，机床部件在加工中位置的移动改变了部件自重对床身、横梁、立柱的作用点位置，也会引起加工误差。

图 6-29a、b 表示大型立车在刀架的自重下引起了横梁的变形，形成了工件端面的不平度

和外圆上的锥度。工件的直径越大,加工误差也越大。

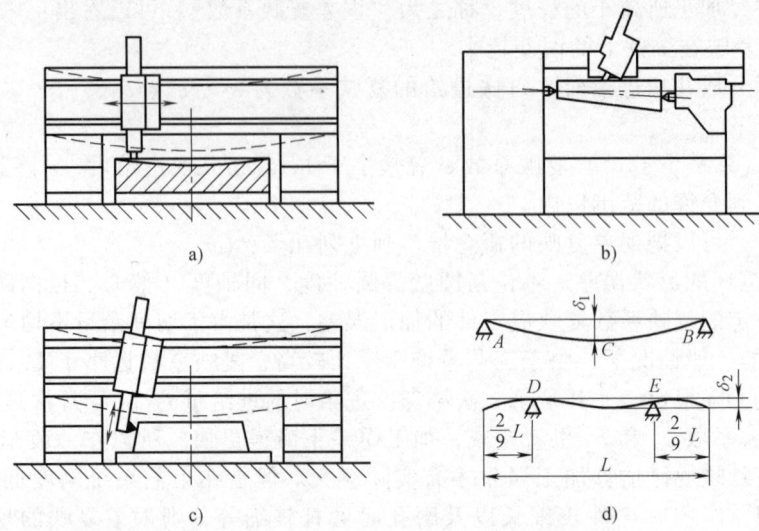

图 6-29 机床部件和工件自重所引起的误差

由于工件自重而引起加工误差的例子如图 6-29c 所示。图中所示为在靠模车床上加工尺寸较大的光轴。由于尾座刚度比头座低,头尾座在工件重力的作用下所产生的受力变形不相同,位移的方向又正好是影响加工精度的方向,因而在工件上产生了锥度的误差。不过这种误差可以通过调整靠模板的斜度来纠正。

磨床床身及工作台等零件精度要求高,过去大多采用手工刮研,现已发展到配磨,大大提高了生产率,减轻了劳动强度,并解决了淬硬导轨面的精加工问题,不过,床身和工作台的长高比值较大,是一种挠性结构件,如果加工时支承不恰当,由自重引起的变形就会大大超过其几何精度允差值。图 6-29d 表示了两种不同的支承方式下,均匀截面的挠性零件的自重变形规律:当支承在两个端点 A 和 B 时,自重引起中间的最大变形量为

$$\delta_1 = \frac{5}{384} \frac{WL^3}{EI}$$

当支承在离两端 $\frac{2}{9}L$ 的 D 和 E 时,自重引起的两端最大变形量为

$$\delta_2 = \frac{0.1}{384} \frac{WL^3}{EI} \qquad \delta_2 = \frac{1}{50}\delta_1$$

式中　W——零件质量;

L——零件长度;

E——弹性模量;

I——截面惯性矩。

以上说明了第二种支承方法是优越的。

我国有些磨床厂对狭长形工作台等挠性精密零件采用在 $\frac{2}{9}L$ 处装夹的方法是十分重视的,取得了良好的效果。

除上述夹紧力和重力外,传动力和惯性力也会使工艺系统产生受力变形,从而引起加工

误差。在高速切削加工中，离心力的影响不可忽略，常常采用"对重平衡"的方法来消除不平衡的现象，即在不平衡质量的反向加装重块，使工件和重块的离心力相等而方向正好相反，达到相互抵消的效果。必要时还须适当地降低转速，以减少离心力的影响。

4. 减少工艺系统受力变形的途径

减少工艺系统受力变形是机械加工中保证质量和提高效率的有效途径。根据生产实际的经验，可以归纳为下列几个方面：

1）提高工艺系统中零件间的配合表面质量，以提高接触刚度。由于部件的接触刚度大大低于实体零件本身的刚度，所以提高接触刚度是提高工艺系统刚度的关键，绝不能简单地认为要提高刚度，只有把机床的各部分加厚加大，这样将会造成浪费。提高机床导轨的刮研质量、提高顶尖锥体同主轴和尾座套筒锥孔的接触质量、多次修研加工精密零件用的中心孔等，都是在实际生产中经常采用的工艺方法。通过刮研，降低了配合面的表面粗糙度和提高了形状精度，使实际接触面积增加，使微观表面和局部区域的弹性、塑性变形减小，从而有效地提高了接触刚度。

提高接触刚度的另一种方法就是预加载荷，这样不但消除了配合面间的间隙，而且从一开始就有较大的实际接触面积。例如图 6-30a 表示卧轴矩台平面磨床的主轴轴承中所采用的预加载荷装置，它使滚动轴承内外环和钢珠之间造成初期局部变形。图 6-30b 表示铣床主轴常用的拉杆装置，它使铣刀杆的锥部和主轴的锥孔紧密接触，这些都是提高机床主轴部件刚度的有效措施。图 6-30c 表示加了预加载荷后部件刚度由 K_0 提高到 K 的变化。

在生产实际中，还采用了其他方法来增加接触刚度。例如：在车削端面时，只需横向进给而不需纵向进给时，就可以把溜板锁紧在车床导轨上；在铣床上铣削平面时，不需要做垂直进给，就可以把升降台锁紧在立柱上等。

2）设置辅助支承提高部件刚度。图 6-31a 所示为在转塔车床上加工时采用的辅助支承式的装置，它可以大大地提高牌楼式刀架的刚度。图 6-31b 也是转塔车床上常用的提高刀架和镗杆刚度的措施。镗杆先伸进主轴箱主轴孔中的导套之内，在导套的支承下进行镗孔，这样比不用导套支承而成悬臂式的刚度要高得多。

3）当工件刚度成为产生加工误差的薄弱环节时，缩短切削力作用点和支承点的距离也可以提高工件的刚度。例如在车削细长轴时，利用中心架，使支承间的距离缩短一半，工件的刚度就比不用中心架提高了八倍（图 6-32a）。

采用跟刀架车削细长轴时（图 6-32b），切削力作用点与跟刀架支承点间的距离便减少到 5~10mm，工件的刚度可提高。只是这时工艺系统刚度的薄弱环节转移到跟刀架本身和跟刀架与刀架溜板的结合面上去了。

在卡盘加工中用了后顶尖支承后，比不用后顶尖时，工件刚度的提高得更为显著（图 6-32c）。

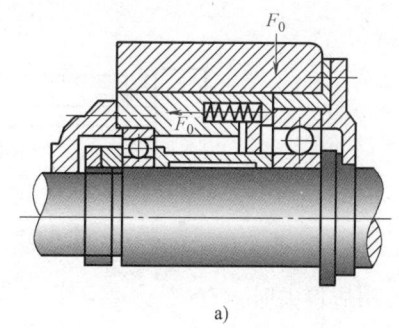

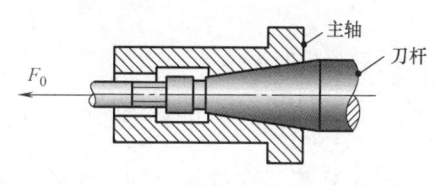

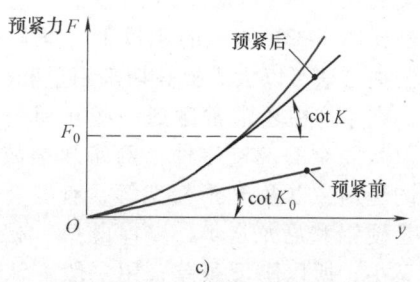

图 6-30 主轴部件与预加载荷

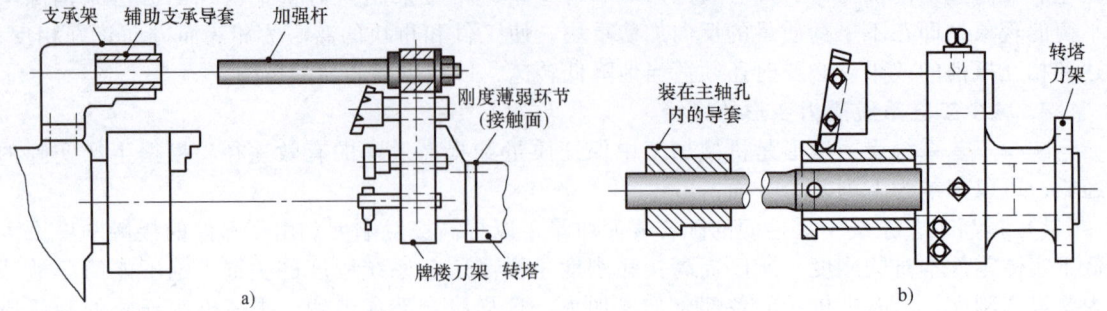

图 6-31 转塔车床提高刀架刚度的措施

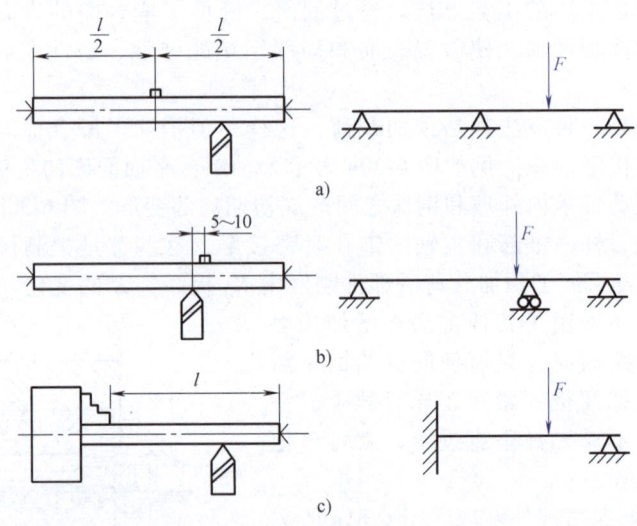

图 6-32 用辅助支承提高工件刚度

不用后顶尖时，有

$$K_{1\text{工件}} = \frac{3EI}{l^3}（当力作用在工件自由端时）$$

用后顶尖时，有

$$K_{2\text{工件}} = \frac{110EI}{l^3}（当力作用在工件中心时）$$

图 6-33 表示在铣床上加工角铁类零件的两种装夹法。图 6-33a 所示的整个工艺系统刚度显然比图 6-33b 所示的刚度低，所以采用后一种装夹方法可以大大提高切削用量和生产率。

在生产中还常常碰到一些几何公差要求高而形状复杂的薄壁零件，例如开槽鼓轮、开窗孔的套筒，以及 U 形托架等，有时它们的材料还是硬铝和尼龙之类，壁厚既薄，相连的截面积又小，所以刚度很差，用一般方法很难加工出来。某厂把低熔合金（熔点为 80℃）灌入零件的空间，冷凝后两者成为一个实心体，就避免了夹紧时和切削中的受力变形。全部工序完成后，熔去低熔合金，即可得到合格的零件。

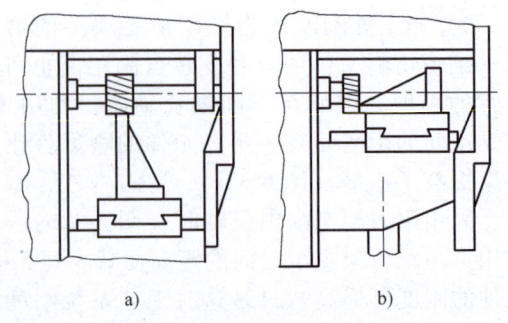

图 6-33 铣角铁时的两种装夹

五、工艺系统热变形引起的加工误差

1. 工艺系统的热变形及其热源

在机床上进行加工时,工艺系统受到切削热、摩擦热以及阳光和取暖设备的辐射热等的影响,因此工件、刀具以及机床的许多部分都会因温度的升高而产生复杂的变形,从而改变它们之间的相对位置,破坏工件和刀具之间相对运动的正确性,改变已调整好的加工尺寸,引起切削深度和切削力的改变,以及破坏传动链的精度等,所以,工艺系统的热变形对加工精度具有显著的影响,特别是在精密加工和大件加工中,由于热变形所引起的加工误差有时可占工件总误差的40%~70%。

实践表明,机床在工作中受到多种热源的影响,主要有:

1) 电气热:机械动力源的能量损耗转化为热(电动机、电气箱、油泵、液压操纵箱、活塞副、各种阀件等)。

2) 传动部分将发生摩擦热(轴承副、齿轮副、离合器、导轨副等),并通过润滑油而将热量散布开来,特别是床身内部的润滑油池,形成一个很大的热源,对床身的热变形影响很大,会造成导轨弯曲。

3) 切削热的大部分是被切屑和冷却液带走的,但是切屑和冷却液落到床身上后,其热量也就传递给床身,使后者产生了热变形。

4) 环境传来的热(室温的变化、阳光的照射、取暖装置的影响等)使机床各部分受热不均匀而引起变形。

一般而言,1)、2)两项是起主要作用的,但在个别情况下3)或4)也可能突出成为主要矛盾。

2. 机床的热变形及其对加工精度的影响

由于各类机床的结构和工作条件相差很大,所以引起机床热变形的热源和变形形式也是多种多样的。根据热变形影响的不同,可以把机床分为三类:

1) 加工精度要求很高或较高的精密机床(例如坐标镗床和磨床类机床)。

2) 半自动和自动机床。在整个工作时间(一班或一昼夜)内,都要求这些机床在一次调整后加工精度稳定。但机床的热变形会导致加工精度(尺寸、形状、位置等)不断地变化,产生超差。

3) 床身较长的机床。由于床身与地基的温差使导轨弯曲变形,破坏加工精度(例如导轨磨床和龙门刨床)。

图6-34表示了几种机床在工作状况下热变形的大概趋势。由于机床本身产生了热变形,引起了刀具和工件相对位置的变化,从而产生不同的加工误差。

3. 减少机床热变形对加工精度影响的基本途径

(1) 结构措施

1) 热对称结构。机床大件结构和布局对机床的热态特性有很大的影响,近年来国内外都进行了系统的研究,提出了所谓热对称结构的设计思想。以加工中心机床为例(图6-35),在受热影响下,单立柱结构产生相当大的扭曲变形;而双立柱结构由于左右对称,仅产生垂直方向的平移(这种单向的原始误差,很容易用垂直坐标移动的修正量来补偿)。因此,双立柱式结构的机床主轴相对于工作台的热变形比单立柱结构小得多。

热对称结构的优越性,在国内某厂生产的B665出口牛头刨床上也得到了验证。按该厂设计的原滑枕截面结构,如图6-36a所示,"滑枕移动对上工作台面的平行度"这项指标一直不稳定,夏天生产的合格品,到了冬天又不合格了。经过试验:高速运动滑枕,停车后立即观察夹在刀柱上、支在工作台前端的百分表读数(图6-36b),得出滑枕热变形曲线,如图6-36c

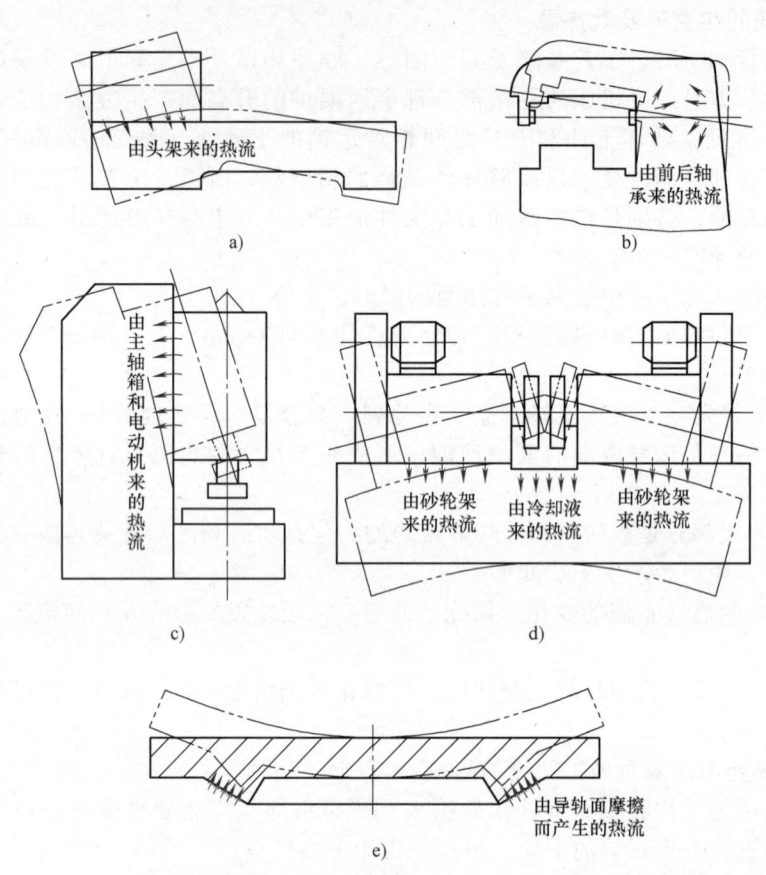

图 6-34 几种机床的热变形趋势
a) 车床的热变形 b) 万能铣床的热变形 c) 平面磨床的热变形
d) 双端面磨床的热变形 e) 立式车床工作台的热变形

所示，最大变形可达 0.25mm 以上。其原因就是由于运动下的导轨部分摩擦生热，而该部分的质量较大，热量多，所以滑枕截面底部的热膨胀比上部大，迫使整个滑枕弯曲变形，如图 6-36d 所示。后来就更改了结构设计，将导轨布置在滑枕截面中间，如图 6-36e 所示，用在 BA6063 牛头刨床上，滑枕的翘曲变形下降到 0.01～0.015mm，达到规定要求。

2) 在设计上使关键件的热变形避开加工误差的敏感方向。图 6-37 所示的车床主轴箱和床身连接的结构中，图 6-37a 比图 6-37b 有利，因前者的主轴轴线对于安装基准即水平台界面而言，只有 Z 方向的热位移，不在加工误差的敏感方向上，因此它对加工精度的影响很小；而后者的安装基准为垂直台阶面，故除了 Z 方向的热位移外还产生 Y 方向的热位移，它对加工精度有直接的影响。

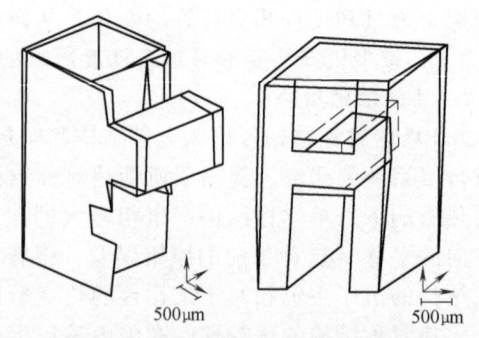

图 6-35 立柱热对称结构

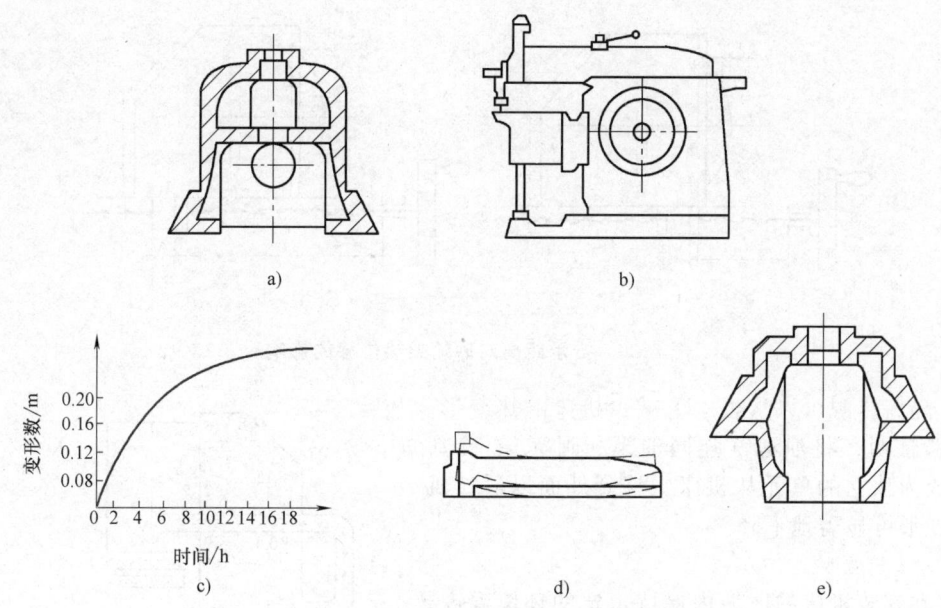

图 6-36 牛头刨床滑枕结构热变形及其改进
a) 滑枕截面示意图　b) 滑枕前端与工作台面距离变化试验　c) 滑枕热变形曲线
d) 滑枕热变形示意图　e) 滑枕截面选型示意图

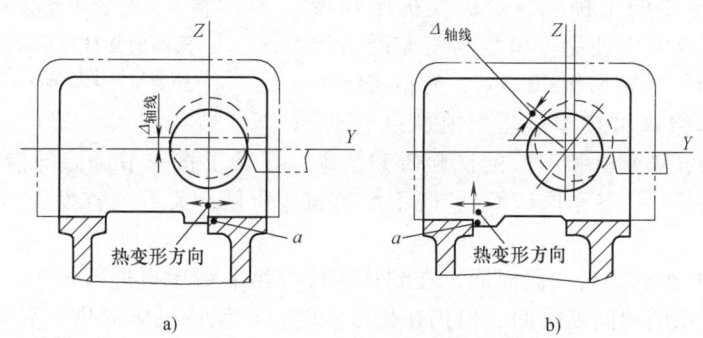

图 6-37 主轴箱的两种装配结构的热位移的示意图

3）合理安排支承的位置，使产生热位移（对加工精度有直接影响）的有效部分缩短。图 6-38a 所示的结构就比图 6-38b 所示的结构好。因为控制砂轮架 Y 方向位置的丝杠的有效长度，在图 6-38a 中为 L_1，比图 6-38b 中的 L 要短，因热变形所产生的加工误差较小。

4）对发热量大的热源（如装入式电动机、泵、油池、轴承等）采用足够冷却的措施：扩大散热表面，保证良好的自然冷却条件（不形成热空气袋），使用强制式的空气冷却、水冷却、循环润滑等措施。

5）均衡关键件的温升，避免弯曲变形。图 6-39 表示平面磨床采用热空气来加热温升较低的立柱后壁，以均衡立柱前后壁的温升，这样可以显著地降低立柱的弯曲变形。热空气从电动机风扇排出，通过特设的管道导向防护罩和立柱后壁的空间，再排出到外面。在这种情况下，被加工工件的端面的平面度可以降低到未采取均衡措施前的 $\frac{1}{3} \sim \frac{1}{4}$，这种方法又称为热补偿法。

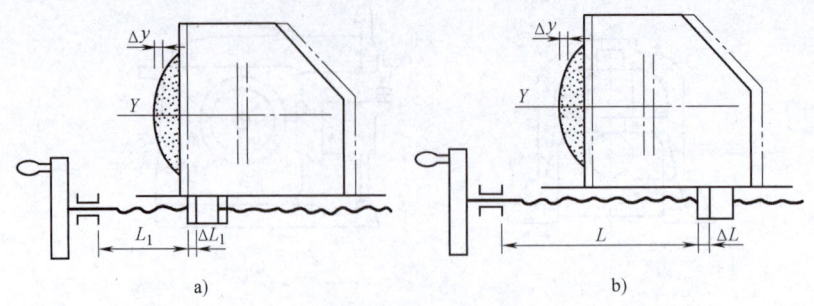

图 6-38 支承距离对砂轮架热位移的影响

6) 隔离热源可以从根本上减少机床的热变形。不少试验证明,将油池(连同油泵、阀等)、冷却液箱等成为独立的单元从机床中移到外面以后,机床的热变形可显著地下降。

(2) 工艺措施

1) 在安装机床的区域内保持恒定的环境温度,如均匀安排车间内加热器、取暖系统等的位置,使热流的方向不朝向机床,以及建立车间门斗或帘幕等。此外,精密机床还不应受到阳光的直接照射,以免引起不均匀的热变形。

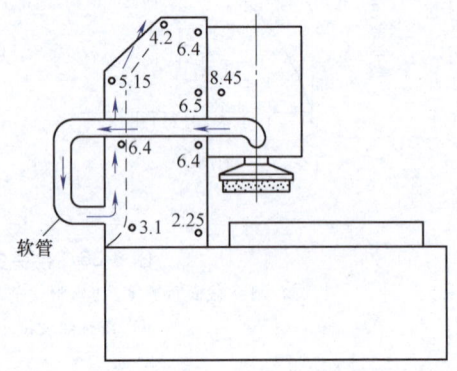

图 6-39 在平面磨床上用热空气均衡立柱冷后壁的温度场

"○"表示测量温度的地方,数字的单位是℃

2) 将精密机床中的坐标镗床、螺纹机床和齿轮机床等安装在恒温室中使用。恒温精度应严格控制(一般精度取±1℃,精密级±0.5℃,超精密级为±0.01℃)。恒温基数则可按季节适当地加以变动。经我国有关设计院、研究所和工厂的试验研究结果,试行了按季节调温的措施(例如春、秋季取20℃,夏季取23℃,冬季取17℃),既不影响制造质量,又可节省投资和水电消耗,还有利于工人的健康。

3) 让机床在开车后空转一段时间,在到达或接近热平衡后再进行加工,在加工有些精密零件时,尽管有不切削的间断时间,但仍让机床空转,以保持机床的热平衡。

4. 刀具的热变形及其对加工精度的影响

切削时大部分切削热被切屑带走,传给刀具的热量只占很小的部分。但是刀具的体积小,热惯性小,所以还是有相当高的温升和热变形。图 6-40 所示三条曲线中的 A 表示了车刀在连续工作状态下的升温变形过程;B 表示切削停止后,刀具冷却的变形过程;C 表示在加工一批短小轴类零件时,由于刀具间断切削而温度忽升忽降所形成的变形过程。间断切削刀具总的热变形比连续切削要小一些,最后其波动量保持在 δ 范围内。因此,在调整好的转塔车床、自动和半自动车床上加工一批小零件时,刀具热变形对加工尺寸的影响并不显著,但在开动机床后开始一段时间内加工出的一些零件尺寸要偏大(加工外圆表

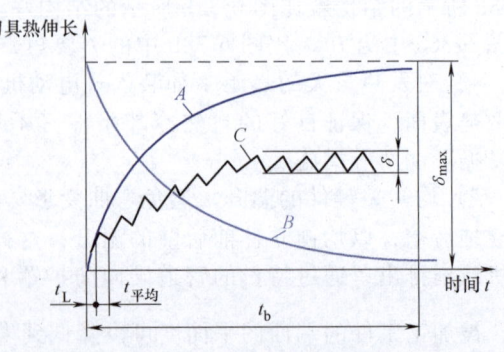

图 6-40 车刀的热伸长

面时）或偏小（加工内孔时）一些。

此外，还要指出的是，工件加工尺寸的变化除了受刀具热变形影响以外，还同时受到工艺系统的受力变形和刀具磨损等影响，上面所阐述的只是就刀具热伸长而言的。

5. 工件的热变形

工件在机械加工中所产生的热变形，主要是由于切削热的作用。有些大型零件同时还受环境温度变化的影响（如机床床身导轨）。从试验研究可知，大部分的切削热被切屑带走，传入工件的热量很少。例如：根据试验结果，车削中切屑所带走的热量达 50%~86%，而高速切削时还会超过 90%，传入刀具的热量为 10%~40%，传给工件的热量不到 10%。但是这种数据还不能笼统地用来估计工件的热变形大小。第一，上述这些比例关系，只适合于车、铣、刨、立镗、外拉削等切屑流出较畅、切屑和刀具的摩擦也较小的情况。若是像钻孔那样，由于横刃的挤压作用、切屑和钻头排屑沟的摩擦以及散热条件不好等原因，钻孔时所产生的热量约有 50% 进入工件。又如在卧镗铸铁工件时，切屑几乎全部留在孔内，传给切屑的热量又传给了工件。磨削时，约有 84% 的磨削热传入工件，只有 4% 传入磨屑，12% 传入砂轮。第二，即使是同样的热量，由于工件的受热体积（尺寸）不同，温升和热变形也不一样，例如薄壁件和实心件的情况就不一样。第三，工件受热均匀与否，对热变形的影响也很大，若工件单面受热，就容易产生弯曲。

现在分析一下工件受热比较均匀的情况（例如车削外圆）。设测得的工件温升为 ΔT，则热伸长 ΔL（直径上和长度上）可以按简单的物理公式计算，即

$$\Delta L = \alpha L \Delta T$$

式中 α——工材料的热膨胀系数，钢材为 $12 \times 10^{-6}/℃$，铸铁为 $11 \times 10^{-6}/℃$；

L——工件在热变形方向上的尺寸。

一般来说，工件热变形在精加工中比较突出，特别是长度长而精度要求很高的零件，如磨削丝杠就是一个突出的例子。若丝杠长度为 3m，每磨一次温度就升高约 3℃，则丝杠的伸长量为

$$\Delta L = 3000\text{mm} \times 12 \times 10^{-6}/℃ \times 3℃ = 0.1\text{mm}$$

而 6 级丝杠的螺距累积误差在全长上不允许超过 0.02mm，由此可见热变形的严重性。

工件的热变形对粗加工的加工精度而言本来关系不大，但是在高生产率的集中工序场合下，却给精加工带来了麻烦。例如在一台三工位的组合机床上，第一个工位是装卸工件，第二个工位是钻，第三个工位是铰孔，工件尺寸为 $\phi 40\text{mm} \times 40\text{mm}$，孔的直径为 $\phi 20\text{mm}$，材料为铸铁，钻孔时转速 $n = 310\text{r/min}$，进给量 $f = 0.36\text{mm/r}$，温升达 107℃，则工件的孔在直径上胀大了。

$$\Delta d = 20\text{mm} \times 11 \times 10^{-6}/℃ \times 107℃ = 0.024\text{mm}$$

钻孔完毕后接着铰孔，等到工件冷下来一收缩，误差就超过了 IT7 公差等级。所以在这种场合下，粗加工的工件变形就不能忽视了。

以上介绍的都是对均匀受热的工件而言，在一般情况下，它主要影响尺寸精度。若工件受热不均匀（例如刨削或磨削平面时，工件单面受热），就要产生形状误差（弯曲），而形状误差很难用调整的办法来解决，机床导轨面的磨削就是一个突出的例子。M131W 型外圆磨床导轨在磨削热的作用下，上下温差可达 3℃，在垂直面的热变形达 0.1mm。由于在磨削导轨时一般都不采用冷却液（加了冷却液会使清理加工面困难，而且现有的导轨磨床大多数没有防溅装置），磨削时所产生的热量，不能立即通过导轨表面散发掉。为了保证磨削精度，就不得不在走过几个行程后停车等待，让周围的空气把工件表面的热量带走。为了减少这种等待时间，现场中就用电风扇对准工件表面吹风，并用蒸发较快的液体涂在导轨表面上以加速冷却。

为了减少工件热变形对加工精度的影响，可以采取下列措施：

1）在切削区域施加充分的冷却液。
2）提高切削速度或进给量（如高速切削和高速磨削），使传入工件的热量减少。
3）工件在精加工前有充分的时间间隙，使它得到足够的冷却。
4）不使刀具和砂轮过分磨钝就进行刃磨和修正，以减少切削热和磨削热。
5）使工件在夹紧状态下有伸缩的自由（如采用弹簧后顶尖、气动后顶尖等）。

六、内应力引起的变形

在主轴和箱体加工中，都安排有时效处理的工序，目的是消除工件的内应力。

所谓内应力，指的是当外部的载荷去除以后，仍残存在工件内部的应力。内应力是由于金属内部宏观的或微观的组织发生了不均匀的体积变化而产生的。其外界因素就来自热加工和冷加工。

具有内应力的零件处于一种不稳定的状态。它内部的组织有强烈的倾向要恢复到一个稳定的没有内应力的状态，即使在常温下零件也不断地进行这种变化，直到内应力消失为止。在这种过程中，零件的形状逐渐地发生变化，原有的加工精度逐渐丧失。若把具有内应力的重要零件装配成机器，它在机器的使用期中产生了变形，就可能破坏整台机器的质量，带来严重的后果。

要判明工件加工后因内应力重新分布引起的工件变形趋势，需要先判断出工件表面存在的是拉应力还是压应力。判断的准则是：若工件表面层体积欲缩小而受里层的限制时，则工件表面层产生的是拉应力，反之是压应力。

下面就产生内应力的几种外部来源及其特点加以分析。

1. 毛坯制造中产生的内应力

在铸、锻、焊、热处理等加工过程中，由于各部分冷热收缩不均匀以及金相组织转变的体积变化，使毛坯内部产生了相当大的内应力。毛坯的结构越复杂，各部分的厚度越不均匀，散热的条件相差越大，则在毛坯内部产生的内应力也越大。具有内应力的毛坯由于内应力暂时处于相对平衡的状态，在短时期内还看不出有什么变动。但在切削去某些表面部分以后，就打破了这种平衡，内应力重新分布，零件就明显地出现了变形。通过图 6-41 所示的例子，可以说明上述的一些现象。

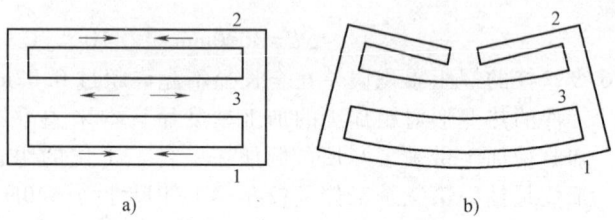

图 6-41 铸件因内应力而引起的变形

图 6-41a 表示一个内外壁厚相差较大的铸件。在浇注后，它的冷却过程大致如下：由于壁 1 和 2 比较薄，散热较易，所以冷却较快；壁 3 比较厚，所以冷却较慢。当壁 1 和 2 从塑性状态冷却到弹性状态时（约在620℃），壁 3 的温度还比较高，尚处于塑性状态。所以壁 1 和 2 收缩时壁 3 不起阻挡变形的作用，铸件内部不产生内应力。但当壁 3 也冷却到弹性状态时，壁 1 和 2 的温度已经降低很多，收缩速度变得很慢，而此时壁 3 收缩较快，就受到了壁 1 和 2 的阻碍。因此，壁 3 受到了拉应力，壁 1 和 2 受到了压应力，形成了相互平衡的状态。如果在这个铸件的壁 2 上开一个口，如图 6-41b 所示，则壁 2 的压应力消失，铸件在壁 3 和 1 的内应力作用下，壁 3 收缩，壁 1 伸长，铸件就发生弯曲变形，直至内应力重新分布达到新的平衡为止。推广到一般情况，各种铸件都难免产生冷却不均匀而形成的内应力，铸件的外表面总比中心部分冷却得快。特别是有些铸件（如机床床身）为了提高导轨面的耐磨性，采用局部激冷的工艺使它冷却更快一些，以获得较高的硬度，这样在铸件内部形成的内应力也就更大

些。若导轨表面经过粗加工刨去一层，这就像在图 6-41b 中的铸件壁 2 上开口一样，引起了内应力的重新分布并产生弯曲变形，如图 6-42 所示。但这个新的平衡过程需要一段较长的时间才能完成，因此尽管导轨经过精加工去除了这个变形的大部分，但铸件内部还在继续转变，合格的导轨面渐渐地就丧失了原有的精度。为了克服这种内应力重新分布而引起的变形，特别是对大型和精度要求高的零件，一般在铸件粗加工后进行时效处理，然后再精加工。

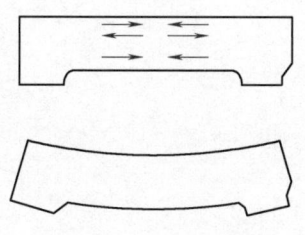

图 6-42　床身因内应力而引起的变形

2. 冷校直带来的内应力

冷校直带来的内应力，可以用图 6-43 来说明。丝杠一类的细长轴经过车削以后，棒料在轧制中产生的内应力要重新分布，产生弯曲，如图 6-43a 所示。冷校直就是在原有变形的相反方向加力 F，使工件向反方向弯曲，产生塑性变形，以达到校直的目的。在力 F 的作用下，工件内部的应力分布如图 6-43b 所示，即在轴线以上的部分产生了压应力（用"-"号表示），在轴心线以下部分产生了拉应力（用"+"表示），在轴线和上下两条虚线之间是弹性变形区域，应力分布成直线，在直线以外是塑性变形区域，应力分布成曲线。当外力 F 去除以后，弹性变形部分本来可以完成恢复而消失，但因塑性变形部分恢复不了，内外层金属就起了互相牵制的作用，产生了新的内应力平衡状态，如图 6-43c 所示。所以说，冷校直后的工件虽然减少了弯曲，但是依然处于不稳定状态，再加工一次后，又会产生新的弯曲变形。对要求较高的零件，就需要在高温时效后进行低温时效的后续工序中来克服这个不稳定的缺点。为了从根本上消除冷校直带来的不稳定的缺点，对于高精度的丝杠（6 级以上）根本不允许像普通精度丝杆那样采用冷校直工艺，而是采用加粗的棒料经过多次车削和时效处理来消除内应力。有些工厂经过试验研究，用热校直来代替冷校直，这样不但提高了丝杠的质量，而且大大地提高了生产率。这种热校直工艺是结合工件正火处理进行的，即工件在正火温度下（对 45 钢，在 860~900℃）放到平台上用手动液压机进行校直。在批量比较大的场合，丝杠用三辊式校直机进行热校直（图

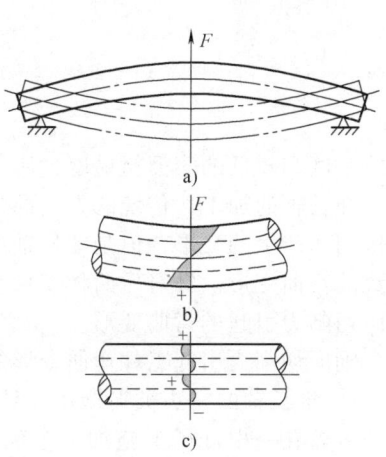

图 6-43　校直引起的内应力

6-44）。具体措施是：在工件边滚动边加压的过程中，同时在工件上通以电流，使工件温度始终不低于650℃，保持在良好的塑性状态下进行校直，大大地减少了丝杠的内应力，收到了良好的效果。

3. 切削（磨削）带来的内应力

切削（磨削）过程中形成的力和热，使被加工工件的表面层产生了内应力，这部分内容将在本章后面进行讨论。

七、保证和提高加工精度的途径

本节通过一些典型实例，进一步阐述保证和提高加工精度的途径，用以说明如何运用理论知识来分析和解决综合性加工精度的问题。

1. 听其自然，因势利导，直接消除或减小柔性工件受力变形的方法

在加工细长轴时，普遍存在的问题是精度差、效率低，即使在切削用量很小的情况下，也容易发生弯曲变形和振动，得不到准确的几何精度。即使采用了跟刀架，也很难车削出较

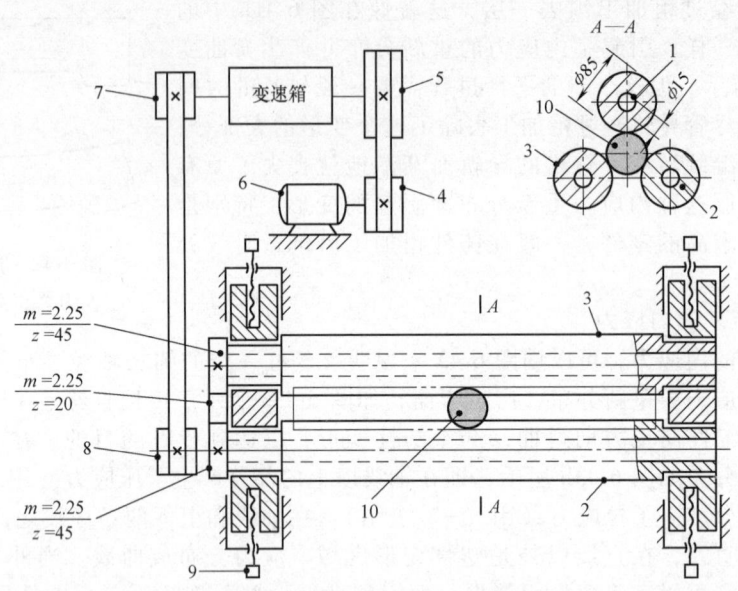

图 6-44 三辊式校直机原理图

1—上轧辊　2—主动轧辊　3—从动轧辊　4、5、7、8—传动带辊
6—电动机　9—调节螺钉　10—工件

高的精度和较低的表面粗糙度，所以过去说："车工怕细长"。

细长轴的加工，传统的方法都采用中心架或跟刀架，可以有效地减小工件因受到径向力的作用而产生的变形，但是细长轴的加工往往还会受到轴向力作用而产生变形和由于热伸长导致的弯曲变形。针对后两种变形生产实际中采用大进给量反向切削的方法，可有效地消除轴向切削力引起的弯曲变形。

轴向切削力引起工件弯曲变形的理由有三点：

1）细长轴的一头被夹持在卡盘中间，另一头施以轴向切削力时，就像材料力学中已分析过的，若在一根杆子上施加一个偏置压力，就容易产生弯曲变形，何况这根杆子又很细长，所以弯曲变形特别大（图 6-45a）。

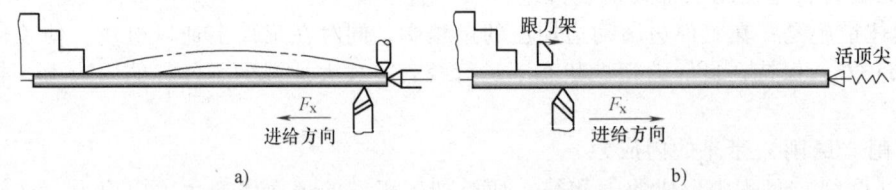

图 6-45 顺向进给和反向进给车削细长轴的比较

a）顺向进给时 F_x 对细长轴起压缩作用　b）反向进给时 F_x 对细长轴起拉伸作用

2）工件有了上述弯曲变形后，在高速回转下，由于离心惯性作用，又加剧了变形，并引起了振动。

3）工件在切削热的作用下必然产生热伸长。一根 1m 长的细长轴温升 40℃的轴向伸长量达 0.5mm，而卡盘和尾座顶尖之间的距离又是固定的，工件在轴向就没有伸缩的余地，因此产生了轴向力，加剧了工件的弯曲。

采用大进给反向切削细长轴的加工方法，包括以下几点主要内容：

1) 进给方向由卡盘指向尾座，和一般车削法的进给方向刚好相反。这样一来，轴向切削力 F_x 对工件的作用（从卡盘到切削所在点的一段）是拉伸而不是压缩（图6-45b），而在切削所在点到尾顶尖一段，则因采用了可伸缩的活顶尖，就不会把工件压弯。

2) 采用了大进给量和大的主偏角车刀，增大了 F_x，工件在强有力的拉伸作用下，还能消除径向的颤动，使切削平稳。

3) 伸缩性的活顶尖使工件在热伸长下有伸缩的余地。

4) 在卡盘一端的工件上车出了一个缩颈部分（图6-46），缩颈直径 $d \approx D/2$（D 为工件坯料的直径）。工件在缩颈部分的直径减小了，柔性就增加了，起了万向接头的作用，消除了由于坯料本身的弯曲而在卡盘强制夹持下轴心线歪斜的影响。

在用粗车刀车削出 50～80mm 一段距离以后，装上跟刀架。跟刀架的支承块装在刀尖后面 1～2mm 处，然后进行全长度的粗车。精车时跟刀架的支承块装在刀尖前面，以粗车过的表面作为支承基面，以避免支承块在已经精车了的表面上划出痕迹（图6-47）。

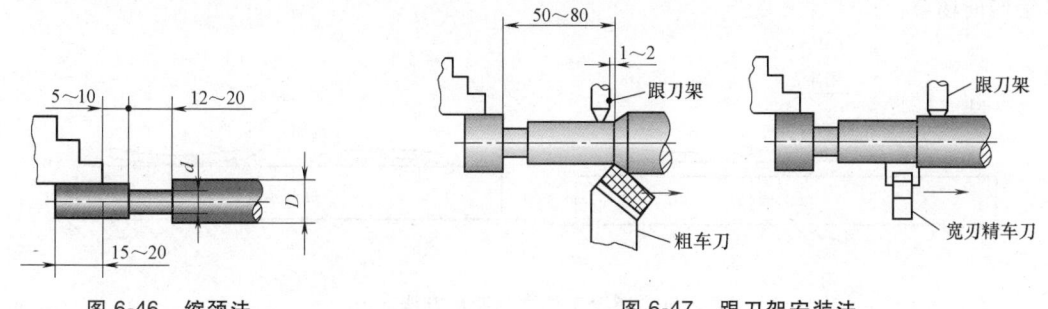

图6-46 缩颈法　　　　　　　图6-47 跟刀架安装法

机械加工中，还常遇到薄片零件需要在热处理淬硬以后进行磨削，例如机床中的摩擦片、空气压缩机中的阀片、刀具中的锯片等，它们的两个面都有相当高的平直度要求。但是由于磨削前经过车、铣、淬火等工序，已经产生了翘曲，因此磨削时在磁力吸盘的吸力下，虽然被吸平和磨平了，但卸下吸盘后，它又恢复了变形，结果废品率往往很高，所以过去说："磨工怕薄片"。

这类加工问题中的主要矛盾是工件薄、刚性差，很容易引起夹紧变形。因此要消除这类薄片工件在磨削加工中的夹紧变形，可以采用弹性的夹紧机构，使工件在自由状态下定位和夹紧，消除夹紧变形或提高工件刚性。

图6-48 所示为机床中一种摩擦片的简图，两个平面的平面度误差要求小于 0.02mm。图6-49 所示是磁力吸盘夹紧和弹性夹紧两种方式中工件变形状态的比较。用装在车床溜板上的磨头和碗形砂轮对在这种自由状态下固定的工件进行端面磨削，反复几次就可以得到平面度很高的摩擦片。当然由于在车床上一件件地加工，这种方法的生产率是比较低的，这是它的不足之处。但是装置的结构简单，加工适应性好，因此很适合于品种多而批量小的工厂。

弹性夹紧是采用环氧树脂粘结剂将摩擦片在自由状态下粘结到一块平板上。平板连同工件一起放到磁力吸盘上，磨平工件的上端面。再将工件从平板上取下来，以磨平了的一面放到磁力吸盘上，再磨另一面。由于环氧树脂在未硬化前有流动性，它可以填平工件（摩擦片）与平板间的空隙。环氧树脂硬化以后使工件和平板粘结成一体，大大地增强了工件的刚性。在磁力吸引下，工件不会产生夹紧变形，为磨削出平直的表面创造了条件。也可采用厚油脂代替环氧树脂填充在工件和磁力吸盘之间的间隙中，加强了工件的刚性，也取得了较好的效果，如图6-50所示。

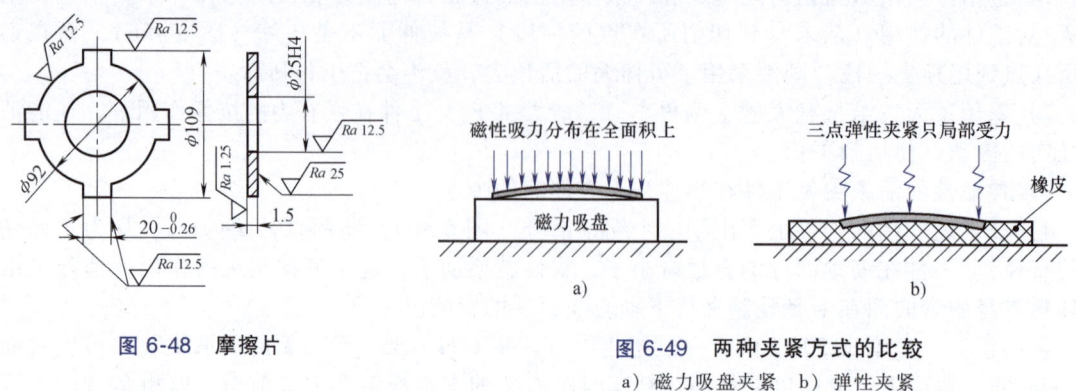

图 6-48 摩擦片

图 6-49 两种夹紧方式的比较
a) 磁力吸盘夹紧　b) 弹性夹紧

这种粘合的方法带来了一个缺点，就是多了一道粘结和拆开的工序，所以仍然只适于小批量生产的场合。

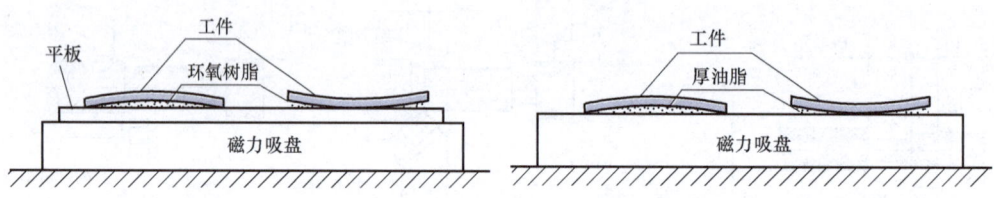

图 6-50 减少工件磨削变形方法之一

2. 人为设误，相反相成，抵消受力变形和传动误差的方法

工艺系统中产生了关键性的原始误差以后，有时候不允许采取直接消除或减小的方法（由于代价太大或费时太长等原因），于是出现了种种误差补偿或误差抵消的方法。

误差补偿的方法就是人为地造出一种新的原始误差去抵消当前成为问题的原始误差，负误差用人为的正误差去抵消，正误差用人为的负误差去抵消，尽量使两者大小相等、方向相反，从而达到减少加工误差、提高加工精度的目的。

如用人为的误差抵消装配后因自重而产生的变形。某厂在试制 X2012 型龙门铣床时，发生了横梁在两个立铣头自重的影响下产生的变形大大地超过了检验标准的情况。在这种情况下若是采用加强横梁刚度或减轻铣头质量的方法，来直接消除或减小原始误差，显然是行不通的。该厂就采取了误差补偿的方法。其做法是：在刮研横梁导轨时故意使导轨面产生"向上凸"的几何形状误差，去抵消横梁因铣头重量而产生"向下垂"的受力变形，解决了新产品试制中的难题，达到了检验标准的要求（图 6-51、图 6-52）。

再如精加工磨床床身导轨时用预加载荷方法，抵消装配后因部件自重产生的变形。

磨床床身是一个狭长的构件，刚度比较差。生产中发现：在精加工后，床身导轨的三项精度指标都已达到要求，但是在装上横向进给机构、操纵箱等以后再检查，导轨却产生了变形，有时还超差。经过分析认为：这是由于这些部件的自重引起床身受力变形的结果。因此我国有些磨床制造厂采取预加载荷的方法，在磨削导轨的精加工中，故意造成人为的几何形状误差去抵消装配后由部件自重而产生的误差，保证了产品的精度要求。所谓预加载荷，就是在床身上预先装上横进给机构、操作箱等部件，或者用"配重"代替部件（图 6-53），使导轨在变形状态下进行加工。这样，加工条件和装配、使用时的条件取得一致，就可以使产品保持导轨精加工的精度。按照工厂的经验，采用配重代替部件，应从等力矩的原则出发（因上述部件对导轨的影响主要是扭转变形），即 $W'L' = WL$，装部件（或配重）的基面必须保证有一定的精度，以免产生夹紧变形，引起新的误差。

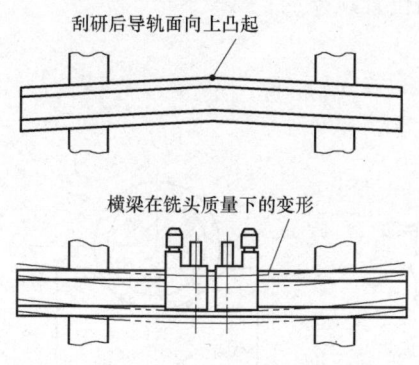

图 6-51　龙门铣床横梁的变形与刮研

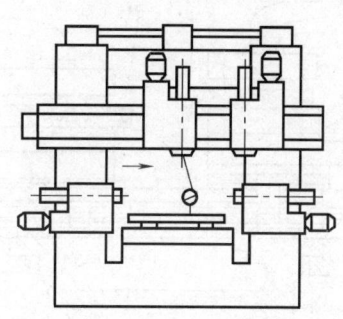

图 6-52　铣头水平移动时横梁平直度的检验

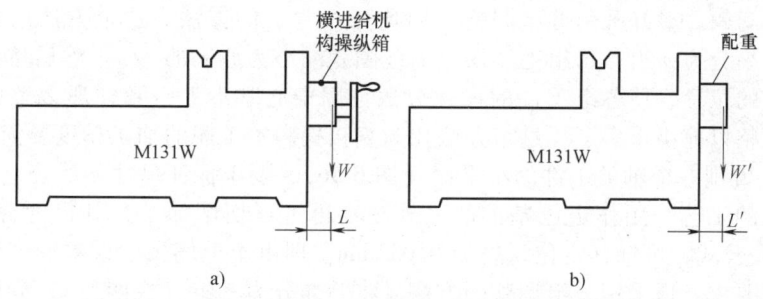

图 6-53　在床身上预加载荷磨削床身
a) 装上部件　b) 装上配重

车削外圆零件时，为减小径向力引起的变形，采用前后双刀架"对刀"切削，可使径向切削力相互抵消。

利用误差抵消以提高加工精度这一个思路的开拓，发展了利用切削力和受力变形相抵消的新方法。某厂在加工 $l : d > 25$ 的细长轴时，既不用中心架，也不用跟刀架，而是采用了前后双刀架"对刀"切削，同时适当地选用刀具几何角度，使径向切削力相互抵消，这样就可以用高切削速度和大的进给量同时进行半精车和精车，获得了良好的效果，如图 6-54 和图 6-55 所示。

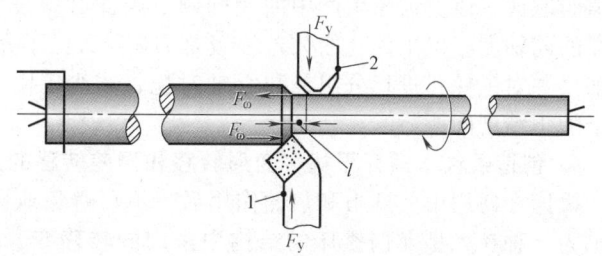

图 6-54　对刀切削示意图

3. 缩小范围，分别处理，分组控制定位误差的方法

在机械加工中有时会遇到这样的情况：本工序的工艺系统精度是稳定的，可是由上工序来的毛坯精度发生了变化，若按原来的工艺加工，就会产生超差。毛坯精度的变化可能是由于材料性能改变而引起的,也可能是由于上工序的工艺发生了变化而产生的。例如:有些表面原来须经过切削加工的,后来改成精铸、精锻、冷拉等工艺而不切削了。这种毛坯精度的变化对工序的影响,主要有下列两方面:

1) 通过误差复映规律,引起了本工序的尺寸误差和形状误差的扩大。
2) 通过定位误差的作用,引起了本工序各表面间位置误差的扩大。

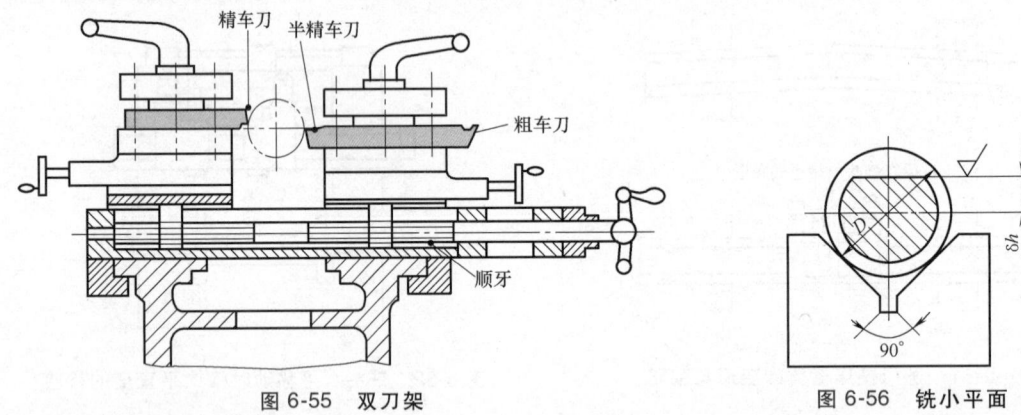

图 6-55 双刀架　　　　　　　　　　　图 6-56 铣小平面

要解决这类问题,最好采用分组调整(即均分误差)的方法。这个方法的实质就是:把毛坯按误差的大小分为 n 组,每组毛坯误差的范围就缩小为原来的 $1/n$。然后按各组分别调整刀具相对于工件的位置,使各组工件的尺寸分散范围中心基本上一致,那么整批工件的尺寸分散就比分组调整以前小得多了。这个办法比起直接提高本工序的加工精度要简便易行一些。

在 V 形块上铣削一个轴类工件的小平面(图 6-56),要求保证尺寸 h 的公差 $\delta h = 0.02 \text{mm}$。由于改用了精锻的工艺,用作定位基准的大外圆不再进行切削加工,其尺寸分散范围 $\Delta D = 0.05 \text{mm}$,由相关公式,可知其定位误差为 0.035mm,即由于毛坯尺寸误差而产生的定位误差已经超过了公差要求。现采用分组调整的方法,将毛坯分为三组(或四组),则各组的毛坯误差 ΔD 和定位误差 Δ_{dw} 分别为 0.017mm (或 0.0125mm) 和 0.012mm (或 0.0088mm),定位误差占工件误差的 60% (或 44%),比较合适。

又如某厂在制造 Y7520W 型齿轮磨床的交换齿轮时,产生了剃齿心轴与工件定位孔的配合间隙问题。配合间隙大了,会使剃齿后的工件产生几何偏心误差,反映在齿圈跳动这个参数上超差。同时剃齿时也容易产生振动,引起齿面的波纹度,因此齿轮在工作时的噪声也大。间隙问题成了该类齿轮生产中的大问题。因此必须设法限制配合间隙,保证工件孔和心轴间有高的同轴度。但工件孔的公差等级是 IT6 级,已不允许再提高。后来采用了多档尺寸的剃齿心轴,并对工件孔进行分组,和心轴对配,减少了由于间隙而产生的定位误差,从而解决了这个加工精度问题。

4. 创造条件,撇开干扰,变形转移和误差转移的方法

机床在使用中受到力和热的作用后,不可避免地会产生种种变形而形成原始误差。图 6-57 所示为一种在大型龙门铣床的结构中采用的转移变形的例子,在横梁上再安装一根附加的梁,使它承担铣头和配重的重量。这样一来,横梁就不承受铣头重量,把原来"向下垂"的受力变形转移到附加梁上去。很明显,附加梁的受力变形对加工精度不起任何影响。

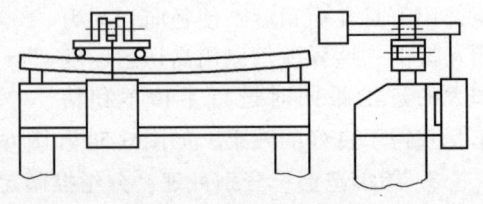

图 6-57 横梁变形的转移

转移误差和转移变形在实质上并没有什么区

别。只是前者指的是工艺系统的静误差，而后者指的是工艺系统的动误差。现在先来看一下转塔车床应用误差转移的例子。由于转塔在使用中经常不断地转来转去，要长期保持六个位置的定位精度是很困难的，修理也比较费事。所以在一般转塔车床的刀具调整中，都是把切削刃的切削基面放在垂直平面内，在生产中称为"立刀"安装法（图 6-58）。这样一来转塔转位误差 Δ 就处于 Z 的方向，而非误

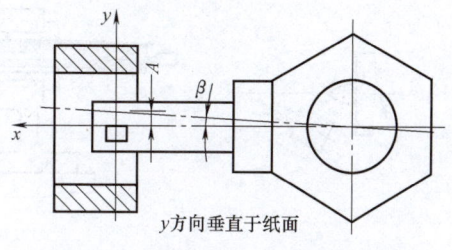

图 6-58 转塔车床的"立刀"安装法

差的敏感方向，由 Δ 而产生的加工误差 Δy 就小到可以忽略不计。根据这个思路，若在车床加工中也采用立刀安装的方法，就可以把四方刀架的转位误差转移掉，消灭镗削内孔时产生的报废现象。

5. 确保验收，把好最后一道关，"就地加工"达到最终精度的方法

在机械加工和装配中，有些精度问题牵涉到很多零部件间的相互关系，初看起来似乎很复杂。如果我们的思想束缚在一味提高零部件本身的精度上，就得不出多快好省的解决办法。工人在长期实践的基础上，采用了"就地加工"的简捷方法，干净利索地解决了初看起来困难重重的精度问题。

例如：在转塔车床制造中，转塔上六个安装刀架的大孔的轴线必须保证和机床主轴旋转的轴线重合，而六个平面又必须和主轴中心线垂直。如果把转塔作为单独零件加工出这些表面，要在装配中达到上述两项要求是很困难的，因为其中包含了很复杂的尺寸链关系。

就地加工的办法是：这些表面在装配前不进行精加工。在转塔装配到机床上以后，在主轴上装上镗刀杆，使镗刀旋转，转塔做纵进给运动，就可以依次精镗出转塔上的六个孔。然后再往主轴上装一个能做径向进给的小刀架。刀具一面旋转，一面径向进给，依次精加工转塔的六个平面。由于转塔上孔的轴线是依据主轴回转轴线而加工成的，当然保证了二者的同轴度；同样道理，也保证了六个平面与主轴轴线的垂直度。然后，卸去刀架，换上心轴和千分表，就可以检查所要求同轴度和垂直度两项精度（图 6-59）。

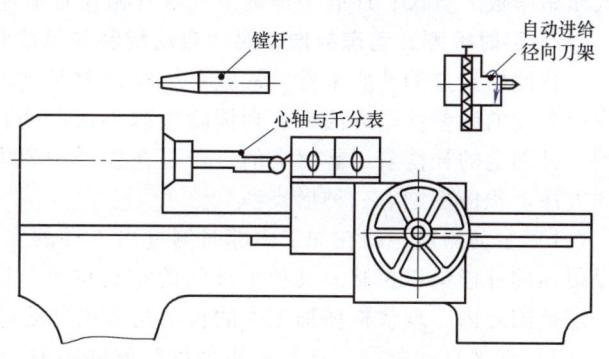

图 6-59 转塔车床转塔上六个孔和平面的加工与检验

"就地加工"的要点就是要保证部件间的位置关系，在这样的位置关系上利用一个部件装上刀具去加工另一个部件，有的人把这种方法称为"自干自"。

"就地加工"这个简捷的方法，不但在机床装配中用来达到最终精度，而且在零件的机械加工中也常常用来作为保证加工精度的有效措施。在现场中经常可以看到在机床上"就地"修正花盘平面的平面度、修正卡爪的同心度、在机床上"就地"修正夹具的定位面等。在精密机床制造中，车削精密丝杠采用了"自干自"方法，就是"就地加工"一个突出的例子，如图 6-60 所示。

6. 有比较，才有鉴别，误差平均的方法

在现场中，经常看到一些几何精度要求很高的轴和孔采用研磨方法来达到。研具本身并不要求具有很高的精度，但它却能在和工件做相对的运动中对工件进行微量的切削，最初是工件和研具的表面粗糙中最高点相接触，在一定的压力下，高点先磨损（主要是工件磨去得多，研具磨去得少，然后接触面扩大，高低不平处逐渐接近，几何形状的精度（圆度、圆柱度）也逐渐提高。这种表面间相对研擦和磨损的过程，也就是误差不断减少的过程，称为误

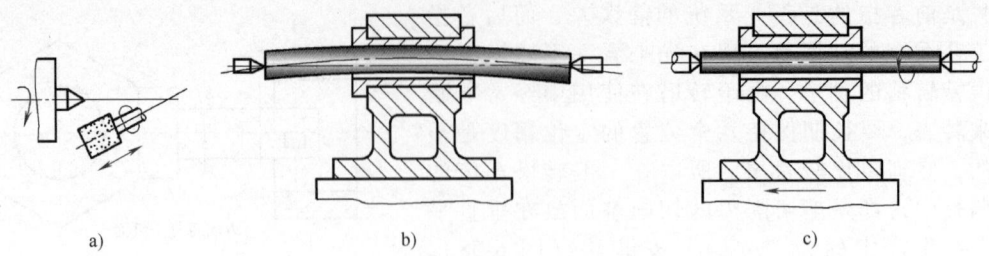

图 6-60　车削精密丝杠时三点同轴度的保证方法
a) 头架顶尖"自磨自"　b) 三点不同轴引起丝杠弯曲和接触不良　c) 导套内孔"自镗自"

差平均的方法。

利用误差平均的方法来制造精密零件，在机械加工的历史上由来已久，它是劳动人民智慧的结晶。在没有精密机床的时代，已经制造出来号称"原始平面"的精密平板，平面度达到几微米。这样高的精度，即使在今天也没有一台机床能够直接加工出来，还得靠"三块平板合研"的"误差平均"法刮研出来。还可以看到与平板相似的"基准"工具，如：直角尺、角度规、多棱体、分度盘、标准丝杠等高精密度的量具和工具，到今天还都采用"误差平均"法来获得的。现在又有不少新的经验，使这种老方法有了新的发展。

误差平均法的实质是：利用有密切联系的表面相互比较，相互检查，从对比中找出差距以后，或是相互纠正（如偶件的对研）或是互为基准进行加工。所谓有密切联系的表面有三种类型：一种是配偶件的表面，如精密标准丝杠与螺母对研；一种是成套件的表面，如散块式原始平板、直尺；还有一种是工件本身相互有牵连的表面，如分度盘的各个槽。

7. 实时检测，动态补偿，偶件自动配制和温度积极控制的方法

从原始误差的性质来看，常值系统性误差是比较容易消除的，只要把它量出来，就可以应用前述的误差补偿方法来达到消除或减小误差的目的。对于变值系统性原始误差就不是采用一种固定的补偿量所能解决的。于是在生产中就发展了可变补偿的方法，即所谓积极控制的方法。积极控制有三种形式：

1) 主动测量，即在加工中随时测量出工件的实际尺寸（形状、位置精度），随时给刀具以附加的补偿量以控制刀具和工件间的相对位置。这样，工件尺寸的变动始终被自动控制在一定范围之内。现代机械加工中的自动测量和自动补偿就属于这种形式。

2) 偶件自动配磨。这种方法是将互配件中的一件作为基准，去控制另一件的加工精度。在加工过程中自动测量工件的实际尺寸，并和基准件的尺寸比较，直至到达规定的差值时，机床自动停止，从而保证精密偶件间要求很高的配合间隙。

3) 积极控制起决定性作用的加工条件。在某些复杂精密零件的加工中，不可能对主要精度参数直接进行主动测量和控制，就应该针对起决定作用的误差因素进行积极控制，把它掌握在很小的变动范围以内。这就是积极控制的第三种形式，精密螺纹磨床的自动恒温控制就是一个突出的例子。

第三节　加工误差的综合分析

在本章第二节中，已经分析了产生加工误差的各项因素及其物理、力学本质，也提出了一些解决问题的途径，但问题的特点是局部的、单因素的。在实际生产中出现的加工精度问题往往是综合性很强的工艺问题，其影响因素也比较复杂，往往是多种因素交织在一起，因此，如何运用已学到的基本知识，掌握正确的分析方法，对生产实际中的加工精度问题进行综合的分析并提出解决问题的对策，同时在实际中能获得成效，是培养解决工艺问题能力的重要部分。

本节的中心内容是阐明机械加工误差综合分析的方法和步骤，并通过生产实例来具体说明。

一、加工误差的性质

区分加工误差的性质是研究和解决加工精度问题时极为重要的一环，各种加工误差，按它们在一批零件中出现的规律来看，可以分为两大类，即系统性误差和随机性误差。

(1) **系统性误差** 当连续加工一批零件时，这类误差的大小和方向保持不变，或是按一定的规律而变化。前者称为常值系统性误差，后者称为变值系统性误差。

原理误差、机床、刀具、夹具、量具的制造误差、调整误差、工艺系统的静力变形都是常值系统性误差，它们和加工的顺序（或加工时间）没有关系。机床、夹具和量具的磨损值在一定时间内可以看作是常值系统性误差。

机床和刀具的热变形、刀具的磨损都是随着加工顺序（或加工时间）而有规律地变化的，因此属于变值系统性误差。

(2) **随机性误差** 在加工一批零件中，这类误差的大小和方向是不规律地变化着的。毛坯误差（余量大小不一、硬度不均等）的复映误差、定位误差（基准面尺寸不一、间隙影响等）、夹紧误差（夹紧力大小不一）、多次调整的误差、内应力引起的变形误差等都是随机性误差。

随机性误差从表面上来看似乎没有什么规律，难以分析，但是应用数理统计的方法可以找出一批工件加工误差的总体规律，然后在工艺上采取措施来加以控制。

对于上述两类不同性质的误差，其解决途径也不一样。一般来说，对于常值系统性误差，可以在查明其大小和方向后，通过相应的调整或检修工艺装备的办法来解决，有时候还可以人为地用一种常值误差去抵偿本来的常值误差。例如：刀具的调整误差引起的工件的加工误差就是常值系统性误差，可以通过重新调整刀具加以消除。而对于变值系统性误差，可以在摸清其变化规律后，通过自动连续补偿、自动周期补偿等办法来解决。例如：磨床上对砂轮磨损和砂轮修正的自动补偿；机床热变形则采用空车运转使机床达到热平衡后再加工的方法来减少热变形的影响。可是随机性误差没有明显的变化规律，很难完全消除，只能对其产生的根源采取适当的措施以缩小其影响。例如对毛坯带来的误差，可以从缩小毛坯本身误差和提高工艺系统刚度两方面来减少其影响。在一些自动化机床上，在加工过程中采用积极检验的方法，对控制一批工件的加工误差的效果就更大。

二、加工误差的统计分析方法

对于生产实际中经常以复杂的因素而出现的加工误差问题，不能用前面阐述的单因素估算方法来衡量其因果关系，更不能由单个工件的检查来得出结论。因为单个工件不能暴露出误差的性质和变化的规律，单个工件的误差大小也不能代表整批工件误差的大小。由于在一批工件的加工过程中，既有变值系统性误差因素，也有随机性误差因素在作用，因此单个工件的误差是不断地变化的，凭单个工件去推断整批工件的误差情况极不可靠，所以就需要用统计分析的方法。

统计分析法就是以生产现场内对许多工件进行检查的结果为基础，运用数理统计的方法去处理这些结果，从中分析出规律性的东西，以找出解决问题的途径。

常用的统计分析有两种：分布曲线法和点图法。

1. 分布曲线法

检查一批精镗后的活塞销孔直径（尚未采用滚击法前的数据），图样规定的尺寸及公差为 $\phi 28_{-0.015}^{0}$ mm，抽查件数为100。测量时发现它们的尺寸是各不相同的，这种现象称为尺寸分散。把测量所得的数据按尺寸大小分组,每组的尺寸间隔为 0.002mm,列出表 6-2。

表 6-2 活塞销孔直径测量结果

组别	尺寸范围/mm	组平均尺寸 x/mm	组内工件数 m	频率 m/n
1	27.992~27.994	27.993	4	4/100
2	27.994~27.996	27.995	16	16/100
3	27.996~27.998	27.997	32	32/100
4	27.998~28.000	27.999	30	30/100
5	28.000~28.002	28.001	16	16/100
6	28.002~28.004	28.003	2	2/100

表中 n 是测量的工件数。如果用每组件数 m 或频率 m/n 作为纵坐标,以组平均尺寸 x 为横坐标,就可以作成图 6-61 所示的折线图。图中还表示出

分散范围 = 最大孔径 - 最小孔径 = 28.004mm - 27.992mm = 0.012mm

分散范围中心(即平均孔径)为 $=\dfrac{\sum mx}{n}=29.9979\text{mm}$

公差范围中心 $=28\text{mm}-\dfrac{0.015}{2}\text{mm}=27.9925\text{mm}$

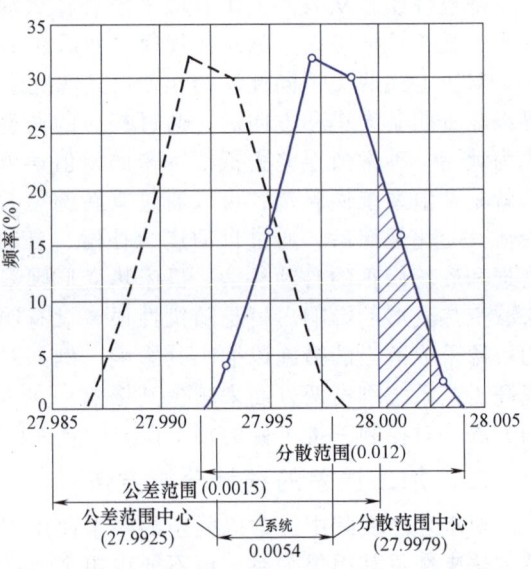

图 6-61 活塞销孔实际直径尺寸分布折线图

实际测量的结果表示:一部分工件已超出了公差范围(28.000~28.004,占 18%),成了废品,图 6-61 中的阴影部分就表示了废品部分。但是,从图中也可以看出,这批工件的分散范围 0.012mm 比公差带 0.015mm 小,但还是有 18% 的工件尺寸超出了公差上限,造成这种结果的原因是分散范围中心与公差带中心不重合,如果能够设法将分散中心调整到与公差范围中心重合,所有工件将全部合格。具体地讲,镗孔时要将镗刀伸出量调整得短一些才好。因次解决这道工序的精度问题是消除常值系统性误差,即

$\Delta_{系统}$ = 27.9979mm - 27.9925mm = 0.0054mm

再如在无心磨床上用贯穿法磨削活塞销,其公差为 $\phi 28_{-0.010}^{-0.001}$mm,公差范围为 27.999mm - 27.990mm = 0.009mm。设加工后量得的工件尺寸分布如图 6-62 所示,则尺寸分散范围 0.016mm 大于公差范围 0.009mm,常值系统误差为 27.9980mm - 27.9945mm = 0.0035mm,即使把分散范围中心调整到与公差范围中心重合,也还是要产生不合格品的,如图 6-62 阴影部分所示。要解决这类精度问题,则不但要把系统性误差减小,而且还要设法减小随机性误差。对前者可以把砂轮和导轮间的距离调整得小一些;对后者就不是调整方法可以解决的,这时就要全力去找出随机性误差过大的原因。经过调查研究说明,尺寸分散过大是由于毛坯误差复映造成的,根据复映系数随着磨削次数增加而递减的原理,可以增加一次贯穿磨削,这样做当然要增加费用,降低生产率。近年来有些工厂采用了冷挤压新工艺,使毛坯误差大大降低,这就可以从根本上解决这个问题。

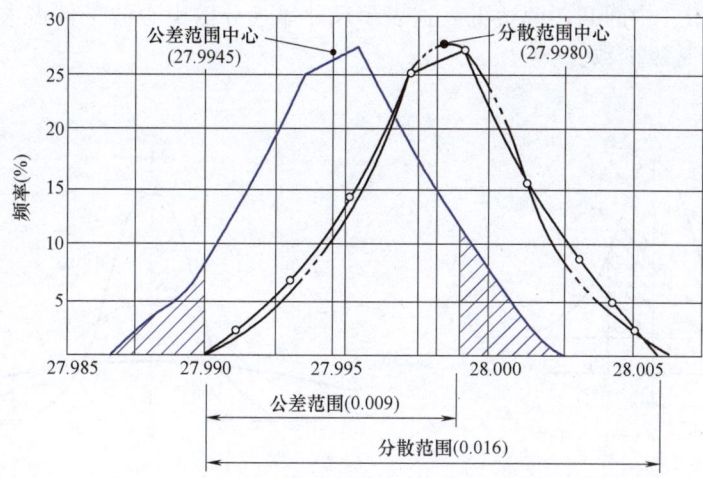

图 6-62 活塞销实际直径尺寸分布折线图

在绘制一批工件的尺寸分布图时，若所取的工件数量增加而尺寸间隔取得很小时，则作出的折线图就非常接近光滑的曲线，这就是所谓的**实际分布曲线**，如图 6-62 中点画线所示。

无数生产实践的经验表明：在正常条件下加工一批工件，其尺寸分布情况常和上述曲线相似。在研究加工误差问题时，我们常常应用数理统计学中一些"理论分布曲线"来近似地代替实际分布曲线，这样做有很大的方便和好处，其中应用最广泛的便是**正态分布曲线**（或称**高斯曲线**），它的方程式用概率密度函数 $y(x)$ 来表示，即

$$y(x) = \frac{1}{\sigma\sqrt{2\pi}} \exp\left[-\frac{(x-\bar{x})^2}{2\sigma^2}\right] \quad (-\infty < x < +\infty) \tag{6-3}$$

当采用这个理论分布曲线来代表加工尺寸的实际分布曲线时，上列方程各个参数的含义为：

x——工件尺寸；

$\bar{x}$——工件平均尺寸（分散范围中心），$\bar{x} = \sum\limits_{i=1}^{n} x_i / n$；

σ——方均根误差，$\sigma = \sqrt{\sum\limits_{i=1}^{n}(x_i - \bar{x})^2 / n}$；

n——工件总数（工件数目应足够多，例如 100～200 件）。

正态分布曲线下面所包含的全部面积代表了全部工件，即（100%）

$$\int_{-\infty}^{+\infty} \frac{1}{\sigma\sqrt{2\pi}} \exp\left[-\frac{(x-\bar{x})^2}{2\sigma^2}\right] dx = 1 \tag{6-4}$$

而图 6-63a 中阴影部分的面积 F 为尺寸从 $\bar{x}$ 到 x 间的工件的频率，即

$$F(\bar{x}, x) = \frac{1}{\sigma\sqrt{2\pi}} \int_{\bar{x}}^{x} \exp\left[-\frac{(x-\bar{x})^2}{2\sigma^2}\right] dx \tag{6-5}$$

在实际计算时，可以直接查积分表（表 6-3）。

实践证明：在调整好了的机床（例如自动机床）上加工，引起误差的因素中没有特别显著的因素，而且加工进行情况正常（机床、夹具、刀具在良好的状态下），则一批工件的实际尺寸分布可以看作是正态分布。也就是说，若引起系统性误差的因素不变，引起随机性误差的多种因素的作用都微小且在数量级上大致相等，则加工所得的尺寸将按正态分布曲线分布。

正态分布曲线具有下列特点：

1) 曲线成钟形,中间高,两边低。这表示尺寸靠近分散中心的工件占大部分,而尺寸远离分散中心的工件是极少数。

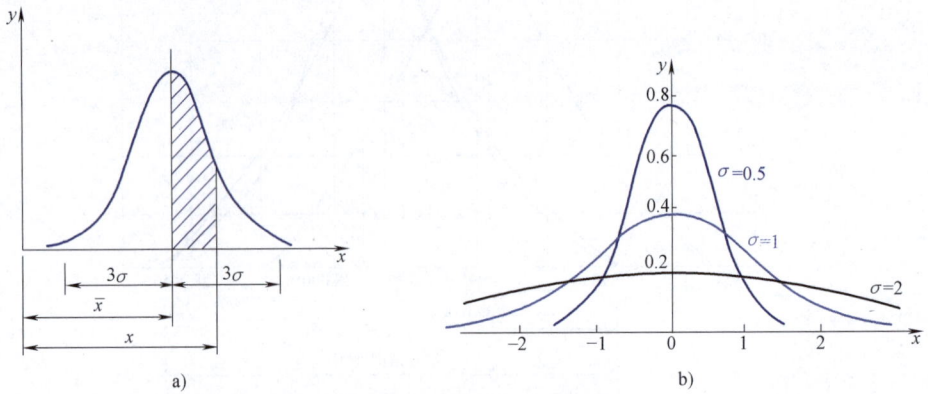

图 6-63 正态分布曲线的性质

表 6-3 $F = \dfrac{1}{\sigma\sqrt{2\pi}} \displaystyle\int_{\bar{x}}^{x} \exp\left[-\dfrac{(x-\bar{x})^2}{2\sigma^2}\right] dx$

$\dfrac{x-\bar{x}}{\sigma}$	F	$\dfrac{x-\bar{x}}{\sigma}$	F	$\dfrac{x-\bar{x}}{\sigma}$	F	$\dfrac{x-\bar{x}}{\sigma}$	F	$\dfrac{x-\bar{x}}{\sigma}$	F
0.00	0.0000	0.25	0.0987	0.50	0.1915	1.00	0.3413	2.50	0.4938
0.01	0.0040	0.26	0.1026	0.52	0.1985	1.05	0.3531	2.60	0.4953
0.02	0.0080	0.27	0.1064	0.54	0.2054	1.10	0.3643	2.70	0.4965
0.03	0.0120	0.28	0.1103	0.56	0.2123	1.15	0.3749	2.80	0.4974
0.04	0.0160	0.29	0.1141	0.58	0.2190	1.20	0.3849	2.90	0.4981
0.05	0.0199	0.30	0.1179	0.60	0.2257	1.25	0.3944	3.00	0.49865
0.06	0.0239	0.31	0.1217	0.62	0.2324	1.30	0.4032	3.20	0.49931
0.07	0.0279	0.32	0.1255	0.64	0.2389	1.35	0.4115	3.40	0.49966
0.08	0.0319	0.33	0.1293	0.66	0.2454	1.40	0.4192	3.60	0.499841
0.09	0.0359	0.34	0.1331	0.68	0.2517	1.45	0.4265	3.80	0.499928
0.10	0.0398	0.35	0.1368	0.70	0.2580	1.50	0.4332	4.00	0.499968
0.11	0.0438	0.36	0.1406	0.72	0.2642	1.55	0.4394	4.50	0.499997
0.12	0.0478	0.37	0.1443	0.74	0.2703	1.60	0.4452	5.00	0.49999997
0.13	0.0517	0.38	0.1480	0.76	0.2764	1.65	0.4505		
0.14	0.0557	0.39	0.1517	0.78	0.2823	1.70	0.4554		
0.15	0.0596	0.40	0.1554	0.80	0.2881	1.75	0.4599		
0.16	0.0636	0.41	0.1591	0.82	0.2939	1.80	0.4641		
0.17	0.0675	0.42	0.1628	0.84	0.2995	1.85	0.4678		
0.18	0.0714	0.43	0.1664	0.86	0.3051	1.90	0.4713		
0.19	0.0753	0.44	0.1700	0.88	0.3106	1.95	0.4744		
0.20	0.0793	0.45	0.1736	0.90	0.3159	2.00	0.4772		
0.21	0.0832	0.46	0.1772	0.92	0.3212	2.10	0.4821		
0.22	0.0871	0.47	0.1808	0.94	0.3264	2.20	0.4861		
0.23	0.0910	0.48	0.1844	0.96	0.3315	2.30	0.4893		
0.24	0.0948	0.49	0.1879	0.98	0.3365	2.40	0.4918		

2) 工件尺寸大于 $\bar{x}$ 和小于 $\bar{x}$ 的同间距范围内的频率是相等的。

3) 表示正态分布曲线形状的参数是 σ。如图 6-63b 所示,σ 越大,曲线越平坦,尺寸越分散,也就是加工精度越低;σ 越小,曲线越陡峭,尺寸越集中,也就是加工精度越高。

4) 从表 6-3 中可以查出,$x-\bar{x}=3\sigma$ 时,$F=49.865\%$,$2F=99.73\%$。即工件尺寸在 $\pm3\sigma$ 以

外的频率只占 0.27%,可以忽略不计。因此,一般都取正态分布曲线的分散范围为 ±3σ（图 6-63a）。

±3σ（或 6σ）的概念在研究加工误差问题时应用很广,是一个很重要的概念。简单地说,6σ 的大小代表了某一种加工方法在规定的条件下（毛坯余量、切削用量、正常的机床、夹具、刀具等）所能达到的加工精度。所以在一般情况下,应使公差带宽度 T 和方均根误差 σ 之间的关系为

$$T \geq 6\sigma \tag{6-6}$$

但考虑到变值系统性误差（如刀具磨损）及其他因素的影响,总是使公差带的宽度大于 6σ。刀具磨损会使分布曲线的位置移动及 σ 逐渐加大。在外圆加工中,开始加工时,应使尺寸分散范围接近公差带的下限;在孔加工中,开始加工时,应使尺寸分散范围接近公差的带上限。这样在刀具磨损过程中,工件的尺寸分散范围逐渐向上限（外圆加工）或向下限（孔加工）移动,可以保持在比较长的加工时间内使工件尺寸不超出公差带。

在上述检查活塞销孔的例子中,由表 6-2 所列的测量数值来计算 σ。

$$\sigma = \{[4\,(27.993-27.9979)^2+16\,(27.995-27.9979)^2+32\,(27.997-27.9979)^2$$
$$+30\,(27.999-27.9979)^2+16\,(28.001-27.9979)^2$$
$$+2\,(28.003-27.9979)^2]/100\}^{1/2} = 0.00223\text{mm}$$

$$6\sigma = 0.0134\text{mm}$$

通常就以 0.0134mm 作为在正常生产条件下（一次调整、同一机床、同一切削用量等）整批活塞销孔的尺寸分散范围。试比较一下上面所抽查 100 件测量的结果,尺寸分散范围为 0.012mm,可见是颇为接近的。

正态分布曲线除了用来进行加工误差性质的判断外,还常常用来进行工艺能力（工序能力）的计算。所谓工艺能力是指用工艺能力系数 C_p 来表示的,它是工件公差 T 和实际加工误差（分散范围 6σ）之比,即

$$C_p = T/6\sigma \tag{6-7}$$

根据工艺能力系数 C_p 的大小,可以将工艺分为五个等级:

$C_p > 1.67$ 为特级,说明工艺能力过高,不一定经济;

$1.67 \geq C_p > 1.33$ 为一级,说明工艺能力足够,可以允许一定的波动;

$1.33 \geq C_p > 1.00$ 为二级,说明工艺能力勉强,必须密切注意;

$1.00 \geq C_p > 0.67$ 为三级,说明工艺能力不足,可能出少量不合格品;

$0.67 \geq C_p$ 为四级,说明工艺能力不行,必须加以改进。

一般情况下,工艺能力不应低于二级。

数理统计的理论证明:如果从一批工件中取出一部分,则这部分的平均值和方均根误差,和整批工件的平均值和方均根误差是颇为接近的。这样就可以省去逐件检查的繁琐手续,而采取抽查较少的工件的办法来研究加工精度问题。在活塞销孔这个例子中,根据经验表明,即使抽查 50 件,所得到的尺寸平均值和方均根误差,也是和抽查 100 件或件件检查所得到的尺寸平均值和方均根误差相接近的。这种用局部的参数来代表整体参数的近似方法,给我们带来了极大的方便,当然在单件和小批生产中,就不能用统计分析方法。

在机械加工中,工件实际尺寸的分布情况,有时也出现并不近似于正态的分布。例如将两次调整下加工出的工件混在一起测量,则其分布曲线将为图 6-64a 所示的双峰曲线。实质上是两组正态分布曲线（如虚线所示）的叠加,即是在随机性误差中混入了系统性误差,每组有各自的分散范围中心和方均根误差。又如在活塞销贯穿磨削一例中,如果砂轮磨损较快而没有自动补偿的话,工件的实际尺寸分布将成平顶形,如图 6-64b 所示。它实质上是正态分布尺寸的分散范围中心在不断地移动,也即是在随机性误差中混有变值系统性误差。再如工艺

系统在远未达到热平衡而加工时,由于热变形开始较快,以后渐慢,直至稳定为止,则工件尺寸的实际分布也出现不对称状态,对于不分正负的几何误差,如轴向圆跳动、径向跳动等的分布曲线,也呈不对称性,称为偏态分布,即是加工误差偏向于接近零的一边,如图 6-64c 和表 6-4 中所列的偏态分布一项所示。对于非正态分布的加工误差,在计算出方均根 σ 值以后,就不能以 $\pm 3\sigma$ 作为其分散范围。根据数理统计理论的分析结果,非正态分布的分散范围,应将 6σ 除以相对分布系数 K,即等于 $\dfrac{6\sigma}{K}$。K 值的大小与分布曲线的形状有关。表 6-4 列出了几种典型分布曲线的 K 值和 α 值,α 称为相对不对称系数。

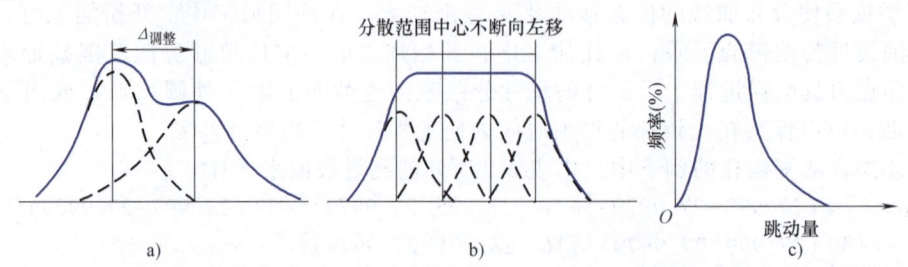

图 6-64 随机性误差和系统性误差混合而形成的分布曲线
a) 两次调整下加工的零件的尺寸分布曲线 b) 砂轮磨损下加工的零件分布曲线 c) 几何误差分布曲线

表 6-4 典型分布曲线的 K 值和 α 值

典型分布	正态分布	Simpson 分布 (等腰三角形)	等概率分布	平顶分布	偏态分布
分布曲线图形					
K	1	1.22	1.73	1.1~1.5	≈1.17
α	0	0	0	0	≈0.26
分布范围 Δ	6σ	4.92σ	3.47σ	4σ~5.45σ	5.13σ

有时候产生加工误差的因素比较复杂,这时就不容易从分布曲线中看出和区分出几种不同性质的加工误差。分布曲线法的另一个不足之处是必须待全部工件加工完毕后才能进行测量和处理数据,因此它不能暴露出在加工过程进行中误差变化的规律性,以供在线控制时之用,而点图法在这方面就比较优越。

2. 点图法

点图法的要点就是:按加工的先后顺序作出尺寸的变化图,以暴露整个加工过程中误差变化的全貌。具体方法是按工件的加工顺序定期测量工件的尺寸,以其序号为横坐标,以量得的尺寸为纵坐标,则可得到如图 6-65 所示的点图。该图是按自动车床上加工出来的工件直径的测量结果而画出的。用两根平滑的曲线 AA、BB 画出点的上下限,然后再在其中间画出其平均值曲线 OO。这条 OO 就表示了变值系统性误差的情况,其产生根源是车刀的热伸长和车刀的磨损两项因素的综合。在加工初期,车刀热伸长较快,起了主导作用,使加工出的工件直径逐渐变小。车刀的热伸长已达到了平衡状态,车刀的磨损起了主导作用,因此加工出的工件直径就逐渐变大。AA 线和 BB 线之间的宽度代表了在随机性误差作用下加工过程的尺寸分散。从这张点图中还可以看出,随着加工过程的进行,尺寸分散越来越大,这是由于刀具逐渐钝化,切削力随之逐渐增大,所以由毛坯误差复映而引起的随机性误差也逐渐增大。从图中还可以看出,在测量到第 50 号工件时,尺寸有了超差。在进行了一次换刀以后,产生了常值系统性误差 $\Delta_常$。常值系统性误差对点图上曲线的影响,也和对分布曲线的影响相同,即只影响曲线上下的位置,而不影响其形状或分散范围。

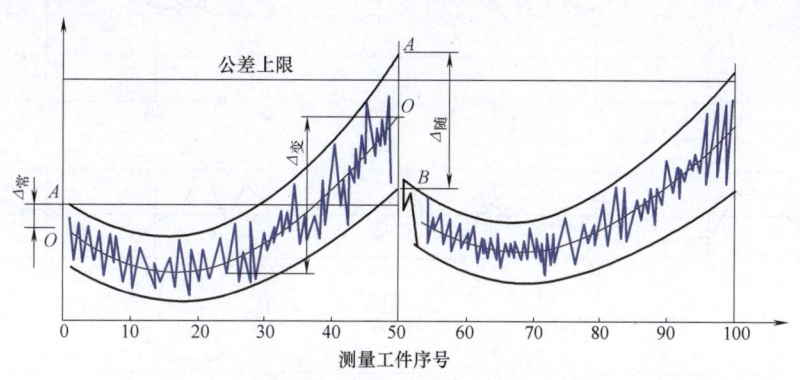

图 6-65　自动车床加工的点图

点图的用法有多种,下面主要阐述点图在工艺稳定性的判定和工序质量控制方面的应用。

所谓工艺的稳定,从数理统计的原理来说,一个过程(工序)的质量参数的总体分布,其平均值 $\bar{x}$ 和方均根差 σ 在整个过程(工序)中若能保持不变,则工艺是稳定的。为了验证工艺的稳定性,需要应用 $\bar{x}_i$ 和 R_i 两张点图。$\bar{x}_i$ 是将一批工件依照加工顺序分成 m 个为一组、第 i 组的平均值,共 K 组;R_i 是第 i 组数值的极差 $(x_{max}-x_{min})_i$。两张图常常合在一起应用,通称为 $\bar{x}-R$ 图 (图 6-66)。

不难理解,$\bar{x}$ 和 R 的波动反映了工件平均值的变化趋势和随机误差的分散程度。

在 $\bar{x}-R$ 图上分别画出中心线和控制线,控制线就是用来判断工艺是否稳定的界限。

$\bar{x}$ 图的中心线为 $\qquad \bar{\bar{x}} = \sum_{i=1}^{K} \bar{x}_i / K \qquad$ (6-8a)

R 图的中心线为 $\qquad \bar{R} = \sum_{i=1}^{K} \bar{R}_i / K \qquad$ (6-8b)

$\bar{x}$ 图的上控制界限为 $\qquad UCL = \bar{\bar{x}} + A\bar{R} \qquad$ (6-8c)

$\bar{x}$ 图的下控制界限为 $\qquad LCL = \bar{\bar{x}} - A\bar{R} \qquad$ (6-8d)

R 图的上控制界限为 $\qquad UCL = D\bar{R} \qquad$ (6-8e)

R 图的下控制界限取零,即 $\qquad LCL = 0 \qquad$ (6-8f)

一般情况下,组数 m 取 4 或 5,式中 A 和 D 的数值是根据数理统计的原理而定出的,见下表:

每组个数 m	A	D
4	0.73	2.28
5	0.58	2.11

图 6-66a 所示是精镗活塞孔的一个例子,$\bar{x}$ 图中绘有〇的点共有 6 个超出控制线,R 图中有 2 个点超出控制线,说明了工艺过程是不稳定的,虽然根据这批工件尺寸计算出的 6σ 并没有超过公差带 T(数据从略)。这里要着重指出:加工质量是否符合公差要求与加工过程是否稳定不是一回事,但加工过程中既然包含有不稳定的因素,就不能等闲视之,如果放任自流,迟早会出现超差而产生废品。

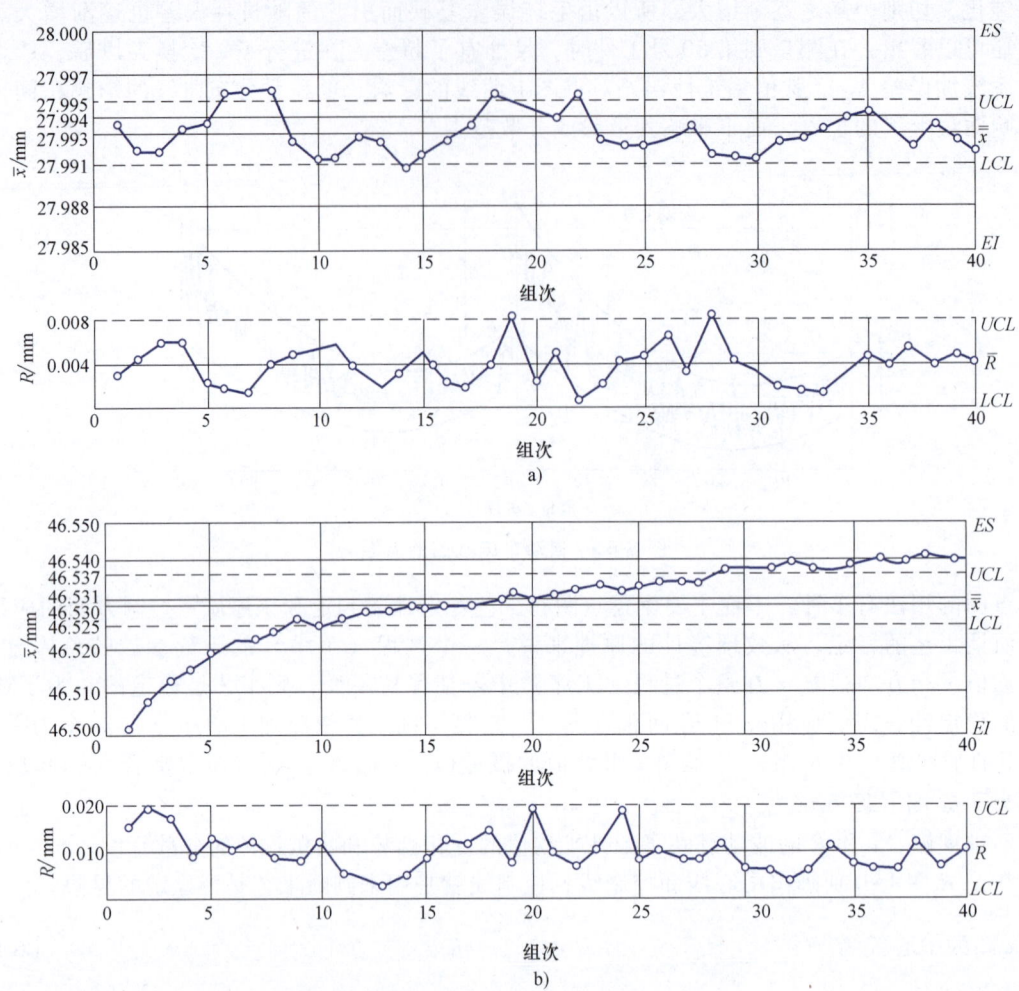

图 6-66 精镗活塞销孔和磨轴承内环孔的 $\bar{x}$-R 图

图 6-66b 所示是一台半自动内圆磨床上加工轴承内环孔的 $\bar{x}$-R 图。$\bar{x}$ 图中的点有明显上升的趋势,这是热变形影响的典型现象。任何一种产品点图上的点总是有波动的,但要区别两种不同的情况:第一种情况是只有随机的波动,属于正常波动,这表明工艺过程是稳定的;第二种情况为异常波动,这表明工艺过程是不稳定的。一旦出现异常波动,就要及时寻找原因,使这种不稳定的趋势得到消除。表 6-5 是根据数理统计学原理确定的正常波动与异常波动的标志。

表 6-5 正常波动与异常波动的标志

正 常 波 动	异 常 波 动
1. 没有点子超出控制线 2. 大部分点子在中线上下线动,小部分在控制线附近 3. 点子没有明显的规律性	1. 有点子超出控制线 2. 点子密集在中线上下附近 3. 点子密集在控制线附近 4. 连续 7 点以上出现在中线一侧 5. 连续 11 点中有 10 点出现在中线一侧 6. 连续 14 点中有 12 点以上出现在中线一侧 7. 连续 17 点中有 14 点以上出现在中线一侧 8. 连续 20 点中有 16 点以上出现在中线一侧 9. 点子有上升或下降倾向 10. 点子有周期性波动

与工艺过程加工误差分布图分析法比较,点图分析法的特点是:①所采用的样本为顺序小样本;②能在工艺过程进行中及时提供主动控制的资料;③计算简单。

第四节 机械加工表面质量

一、概述

机器零件的机械加工质量,除了加工精度之外,表面质量也是极其重要而不容忽视的一个方面。产品的工作性能,尤其是它的可靠性、耐久性,在很大程度上取决于其主要零件的表面质量。

机器零件的使用性能如耐磨性、疲劳强度、耐蚀性等除与材料本身的性能和热处理有关外,主要取决于加工后的表面质量。随着产品性能的不断提高,一些重要零件必须在高应力、高速、高温等条件下工作,由于表面上作用着很大的应力并直接受到外界介质的腐蚀,表面层的任何缺陷都可能引起应力集中、应力腐蚀等现象而导致零件的损坏,因而表面质量问题变得更加突出和重要。

机械加工的表面不可能是理想的光滑表面,而是存在着表面粗糙度、波度等表面几何形状误差以及划痕、裂纹等表面缺陷的。表面层的材料在加工时也会产生物理性质的变化,有些情况下还会产生化学性质的变化,该层总称为加工变质层。图 6-67 表示了加工表面层沿深度的变化,在最外层生成有氧化膜或其他化合物,并吸收、渗进了气体、液体和固体的粒子,故称为吸附层,该层的总厚度通常不超过 8nm($1\text{nm} = 10^{-9}\text{m}$)。

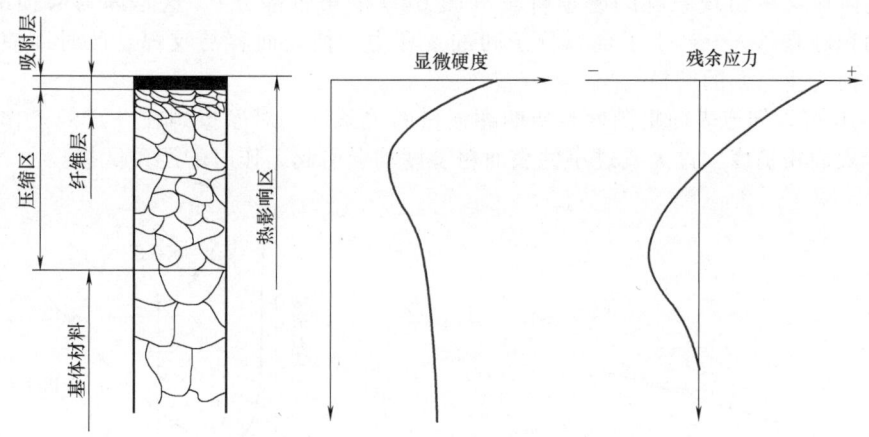

图 6-67 加工表面层深度的变化示意图

压缩区即为塑性变形区,由切削力造成,厚度约在几十至几百微米内,随加工方法的不同而变化,其间纤维层由被加工材料与刀具间的摩擦力造成。切削热也会使表面层产生各种变化,如同淬火、回火一样会使材料产生相变以及晶粒大小的变化等。在以上种种因素的作用下,最终使表面层的物理力学性能不同于基体,产生了显微硬度的变化以及表面层的残余应力。

综上可以归纳出,机械零件加工表面质量的主要内容包括两个方面。

1) 表面层的几何形状特征,主要由以下两个部分组成:

① 表面粗糙度,就是表面的微观几何形状误差。

② 波度。介于加工精度(宏观)和表面粗糙度之间的周期性几何形状误差,它主要是由加工过程中工艺系统的振动所引起的,如图 6-68 所示。

2) 表面层的物理力学性能的变化，主要有以下三方面的内容：

① 表面层因塑性变形引起的冷作硬化。
② 表面层因切削热引起的金相组织变化。
③ 表面层产生的残余应力。

二、表面质量对零件使用性能的影响

1. 表面质量对零件耐磨性的影响

零件的耐磨性主要与摩擦副的材料及润滑条件有关，但在这些条件已经确定的情况下，零件的表面质量就起决定性的作用。当两个零件的表面互相接触

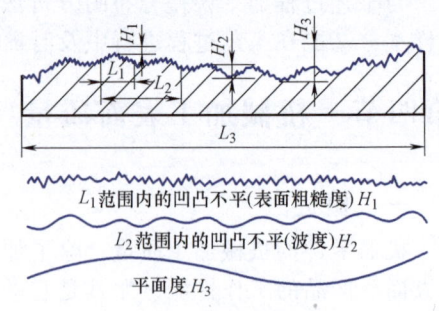

图 6-68　表面粗糙度和波度

时，实际只是在一些凸峰顶部接触，因此实际接触面积只是名义接触面积的一小部分。当零件上有了作用力时，在凸峰接触部分就产生了很大的单位面积压力，表面越粗糙，实际接触面积就越少，凸峰处的单位面积压力也就越大。当两个零件做相对运动时，在接触的凸峰处就会产生弹性变形、塑性变形及剪切等现象，即产生了表面的磨损。即使在有润滑的情况下，也因为接触点处单位面积压力过大，超过了润滑油膜存在的临界值，因而油膜被破坏，形成干摩擦。

在一般情况下，工作表面在初期磨损阶段（图 6-69 的第 Ⅰ 部分）磨损得很快，随着磨损的发展，实际接触面积逐渐增大，单位面积压力也逐渐降低，从而磨损将以较慢的速度进行，进入正常磨损阶段（图 6-69 的第 Ⅱ 部分）。此时在有润滑的情况下，就能起到很好的润滑作用。过了此阶段又将出现急剧的磨损阶段（图 6-69 的第 Ⅲ 部分）。这是因为磨损继续发展，实际接触面积越来越大，产生了金属分子间的亲和力，使表面容易咬焊。此时即使有润滑油也将被挤出而产生急剧的磨损。

从图 6-70 可以知道表面粗糙度与初期磨损量的关系。一对摩擦副在一定的工作条件下通常有一最佳表面粗糙度，过大或过小的表面粗糙度均会引起工作时的严重磨损。

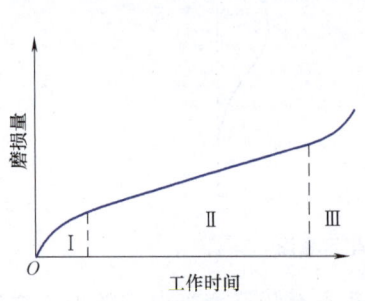

图 6-69　磨损过程的基本规律

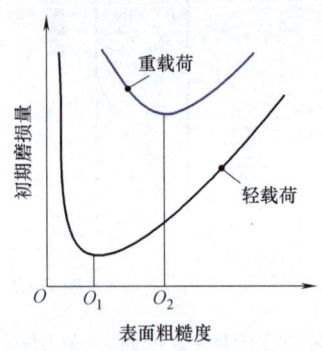

图 6-70　初期磨损量与表面粗糙度的关系

表面粗糙度的轮廓形状及加工纹路方向也对耐磨性有显著的影响，因为表面轮廓形状及加工纹路方向能影响实际的接触面积与润滑油的存留情况。

表面变质层会显著地改变耐磨性。最外层的非晶粒吸附层虽然很薄，但对摩擦常起着主要作用。表面层的冷作硬化减少了摩擦副接触部分处的弹性和塑性变形，因而减少了磨损，但是硬化程度与耐磨性并不呈线性关系，在硬化过度时，磨损会加剧，甚至产生剥落，所以硬化层也必须控制在一定的范围内。

表面层产生金相组织变化时由于改变了基体材料原来的硬度，因而也直接影响耐磨性。

2. 表面质量对零件疲劳强度的影响

在交变载荷的作用下，零件表面的粗糙度、划痕和裂纹等缺陷容易引起应力集中而萌生和扩展疲劳裂纹造成疲劳损坏。试验表明，对于承受交变载荷的零件，减小表面粗糙度可以使疲劳强度提高 30%～40%。加工纹路方向对疲劳强度的影响更大，如果刀痕与受力方向垂直，则疲劳强度将显著降低。不同材料对应力集中的敏感程度不同，因而效果也就不同。一般说来，钢的极限强度越高，应力集中的敏感程度就越大。

表面层的残余应力对疲劳强度的影响极大。表面层的残余压缩应力能够部分地抵消工作载荷施加的拉应力，延缓疲劳裂纹的扩展，因而能提高零件的疲劳强度。而残余拉伸应力容易使已加工表面产生裂纹，因而降低疲劳强度，带有不同残余应力表面层的零件，其疲劳寿命可相差数倍甚至数十倍。

表面的冷作硬化层能提高零件的疲劳强度，这是因为硬化层能阻碍已有裂纹的扩大和新的疲劳裂纹的产生，因此可以大大减少外部缺陷和表面粗糙度的影响。

3. 表面质量对零件耐蚀性的影响

当零件在潮湿的空气中或在有腐蚀性的介质中工作时，常会发生化学腐蚀或电化学腐蚀。化学腐蚀是由于在粗糙表面的凹谷处容易积聚腐蚀性介质而发生化学反应。电化学腐蚀是由于两个不同金属材料的零件表面相接触时，在表面的粗糙度顶峰间产生电化学作用而被腐蚀掉。所以降低表面粗糙度可以提高零件的耐蚀性。

零件在应力状态下工作时，会产生应力腐蚀，加速腐蚀作用。表面存在裂纹时，更增加了应力腐蚀的敏感性。表面产生冷作硬化或金相组织变化时也常会降低耐蚀能力。

4. 表面质量对配合质量的影响

对于间隙配合表面，如果表面粗糙度太大，初期磨损量就大，工作时间一长配合间隙就会增大，以至改变了原来的配合性质，影响了间隙配合的稳定性。对于过盈配合表面，轴在压入孔内时表面粗糙度的部分凸峰会挤平，而使实际过盈量比预定的小，影响了过盈配合的可靠性。所以对有配合要求的表面都要求较低的表面粗糙度。

5. 其他影响

表面质量对零件的使用性能还有一些其他的影响，如对没有密封件的液压油缸、滑阀来说，降低表面粗糙度可以减少泄漏，提高其密封性能；较低的表面粗糙度可使零件具有较高的接触刚度；对于滑动零件，降低表面粗糙度能使摩擦系数降低、运动灵活性增高，并减少发热和功率损失；表面层的残余应力会使零件在使用过程中缓慢变形，失去原来的精度，降低机器的工作质量等。

三、机械加工表面的粗糙度及其影响因素

1. 切削加工后的表面粗糙度

（1）**切削加工表面粗糙度的形成** 在切削加工表面上，垂直于切削速度方向的表面粗糙度称为横向粗糙度，在切削速度方向上测量的表面粗糙度称为纵向粗糙度。一般来说，横向粗糙度较大，它主要由几何因素和物理因素两方面形成，纵向粗糙度则主要由物理因素形成。此外，机床—刀具—工件系统的振动也常是主要的影响因素。有关振动的影响将在本章后面另行阐述。

1）几何因素。在理想的切削条件下，刀具相对工件做进给运动时，在加工表面上遗留下来的切削层残留面积（图 6-71），形成理论粗糙度，其最大高度 H，可由刀具形状、进给量 f 按几何关系求得。

在刀尖圆弧半径为零时，H 可由下式求得

$$H = \frac{f}{\cot\kappa_r + \cot\kappa_r'}$$

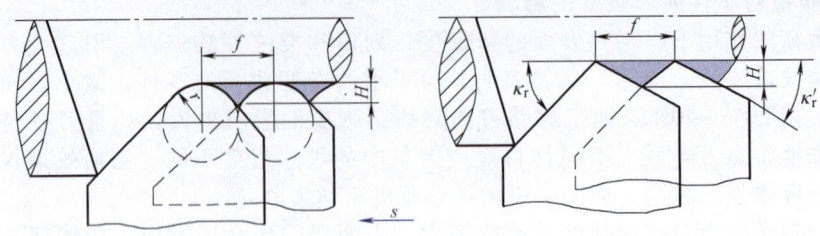

图 6-71 切削层残留面积

式中　　f——工件每转的进给量；

　　　　κ_r、κ'_r——车刀的主偏角和副偏角。

实际车刀刀尖总有圆角半径 r，此时 H 可由下式求得

$$H \approx \frac{f^2}{8r}$$

2）物理因素。切削加工后表面的实际表面粗糙度与理论表面粗糙度有着较大的差别，这是由于存在着与被加工材料的性能及切削机理有关的物理因素的缘故。

① 在切削过程中刀具的刃口圆角及后面的挤压与摩擦使金属材料发生塑性变形而使理论残留面积挤歪或沟纹加深，因而增大了表面粗糙度。图 6-72 中的表面实际轮廓形状由几何因素与物理因素综合形成，因而与由纯几何因素所形成的理论轮廓有较大的差别。

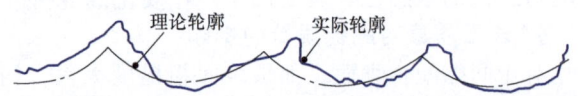

图 6-72　加工后表面的实际轮廓和理论轮廓

② 切削过程中出现刀瘤与鳞刺，会使表面粗糙度严重地恶化，在加工塑性材料（如低碳钢、铬钢、不锈钢、铝合金等）时，常是影响表面粗糙度的主要因素。

刀瘤是切削过程中切屑底层与前面发生冷焊的结果，刀瘤形成后并不是稳定不变的，而是不断地形成、长大，然后粘附在切屑上被带走或留在工件上，图 6-73 说明了这种情况。由于刀瘤有时会伸出切削刃之外，其轮廓也很不规则，因而使加工表面上出现深浅和宽窄都不断变化的刀痕，大大增加了表面粗糙度。

鳞刺是已加工表面上出现的鳞片状毛刺般的缺陷。加工中出现鳞刺是由于切屑在前面上的摩擦和冷焊作用造成周期性地停留，代替刀具推挤切削层，造成切削层与工件之间出现撕裂现象，如图 6-74 所示。如此连续发生，就在加工表面上出现一系列的鳞刺，构成已加工表面的纵向粗糙度。鳞刺的出现并不依赖于刀瘤，但刀瘤的存在会影响鳞刺的生成。

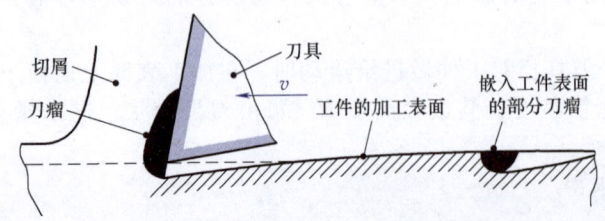

图 6-73　刀瘤对工件表面质量的影响

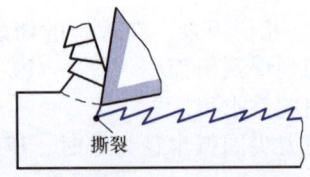

图 6-74　鳞刺的产生

（2）降低表面粗糙度的措施　由几何因素引起的表面粗糙度过大，可通过减小切削层残留面积来解决。减小进给量、刀具的主、副偏角，增大刀尖圆角半径，均能有效地降低表面粗糙度。

由物理因素引起的表面粗糙度过大，主要应采取措施减少加工时的塑性变形，避免产生刀瘤和鳞刺，对此影响最大的是切削速度和被加工材料的性能。

1) 切削速度v的影响。从实验知道，v越高，切削过程中切屑和加工表面的塑性变形程度就越轻，因而粗糙度也越小。刀瘤和鳞刺都在较低的速度范围产生，此速度范围随不同的工件材料、刀具材料、刀具前角等变化。采用较高的切削速度常能防止刀瘤、鳞刺的产生。图6-75所示为不同速度对表面粗糙度的关系的曲线。实线表示只受塑性变形的影响，虚线表示受刀瘤影响时的情况。

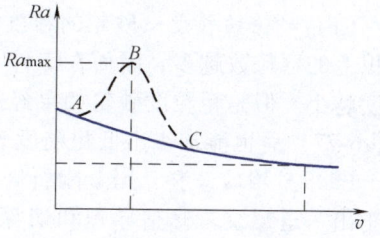

图6-75　切削速度对表面粗糙度的影响

2) 被加工材料性能的影响。一般来说，韧性较大的塑性材料，加工后表面粗糙度越大，而脆性材料的加工表面粗糙度比较接近理论表面粗糙度。对于同样的材料，晶粒组织越粗大，加工后的表面粗糙度也越大。因此为了降低加工后的表面粗糙度，常在切削加工前进行调质或正火处理，以得到均匀细密的晶粒组织和较高的硬度。

3) 刀具的几何形状、材料、刃磨质量的影响。刀具的前角γ_o对切削过程的塑性变形有很大影响。γ_o值增大时，塑性变形程度减小，表粗糙度也就能减小。γ_o为负值时，塑性变形增大，表面粗糙度也增大。后角α_o过小会增加摩擦。刃倾角λ_s的大小又会影响刀具的实际前角，因此都会影响加工表面的粗糙度。刀具的材料与刃磨质量对产生刀瘤、鳞刺等现象影响甚大，如用金刚石车刀精车铝合金时，由于摩擦系数较小，刀面上就不会产生切屑的粘附、冷焊现象，因此能减小表面粗糙度。此外，合理地选择冷却润滑液，提高冷却润滑效果，常能抑制刀瘤、鳞刺的生成，减少切削时的塑性变形，有利于减小表面粗糙度。

以上分析了影响切削加工表面粗糙度的两个主要因素，实际加工中究竟以哪个因素为主，还要根据加工方法以及加工表面的实际轮廓形状进行具体分析。

2. 磨削加工后的表面粗糙度

磨削加工与切削加工有许多不同之处，从几何因素看，由于砂轮上的磨削刃形状和分布很不均匀、很不规则，且随着砂轮工作表面的修正、磨粒的磨耗不断改变，要想定量地计算出加工表面粗糙度是较困难的，现有的各种理论公式或经验公式一般均有其局限性，且与实际情况有很大出入，所以这里只作定性讨论。

磨削加工表面是由砂轮上大量的磨粒刻划出的无数极细的沟槽形成的。每单位面积上刻痕越多，即通过单位面积上的磨粒数越多，以及刻痕的等高性越好，则粗糙度也就越小。

在磨削过程中由于磨粒大多具有很大的负前角，所以产生了比切削加工大得多的塑性变形。磨粒磨削时金属材料沿着磨粒侧面流动，形成沟槽的隆起现象，因而增大了表面粗糙度（图6-76）。磨削热使表面金属软化，易于塑性变形，也进一步增大了表面粗糙度。

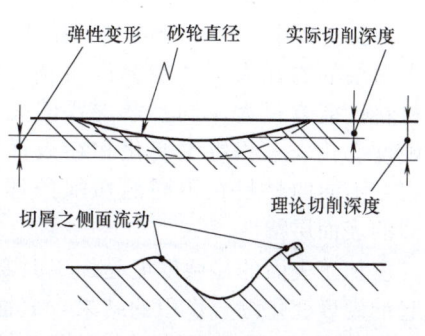

图6-76　磨粒在工件上的刻痕

由以上所述可知，影响磨削表面粗糙度的主要因素是：

(1) **砂轮的粒度** 砂轮的粒度越细，则砂轮工作表面的单位面积上的磨粒数越多，因而在工件上的刻痕也越密而细，所以粗糙度越小。但是粗粒度砂轮如果经过细修整，在磨粒上车出微刃（图 6-77）后也能加工出低粗糙度表面。

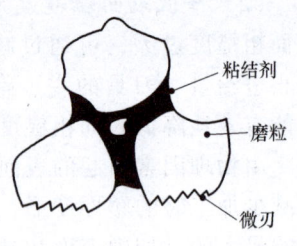

图 6-77 磨粒上的微刃

(2) **砂轮的修整** 用金刚石修整砂轮相当于在砂轮工作表面上车出一道螺纹，修整导程和切深越小，修出的砂轮就越光滑，磨削刃的等高性也越好，因而磨出的工件表面粗糙度也就越小。修整用的金刚石是否锋利对修整效果影响也很大。

(3) **砂轮速度** 提高砂轮速度可以增加在工件单位面积上的刻痕，同时塑性变形造成的隆起量随着 v 的增大而下降，原因是高速下塑性变形的传播速度小于磨削速度，材料来不及变形所致，因而表面粗糙度可以显著降低。

图 6-78 所示为砂轮速度对表面粗糙度影响的实验结果。

(4) **磨削切深与工件速度** 增大磨削切深和工件速度将增加塑性变形的程度，从而增大表面粗糙度。图 6-79、图 6-80 分别为磨削切深、工件速度对表面粗糙度影响的实验曲线。

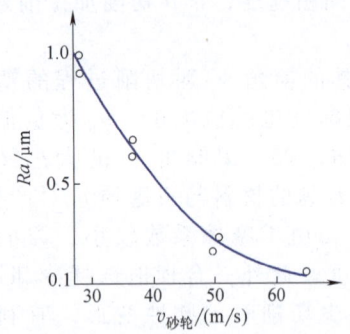

图 6-78 砂轮速度对比表面粗糙度的影响

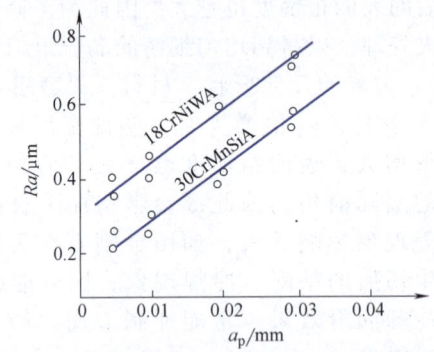

图 6-79 磨削切深对表面粗糙度的影响

通常在磨削过程中开始采用较大的磨削切深，以提高生产率，而在最后采用小切深或无进给磨削，以降低表面粗糙度。

其他如材料的硬度、冷却润滑液的选择与净化、轴向进给速度等都是不容忽视的重要因素。

四、机械加工后表面物理力学性能的变化

加工过程中工件由于受到切削力、切削热的作用，其表面层的物理力学性能会产生很大的变化，而与基体材料性能有很大不同，最主要的变化是表面层的微观硬度变化、金相组织变化和在表面层中产生的残余应力。不同的材料在不同的切削条件下加工产生种种不同的表面层特性。

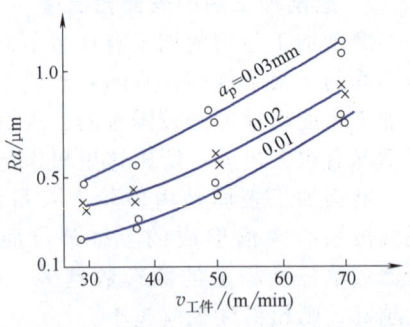

图 6-80 工件速度对表面粗糙度的影响

已加工表面的显微硬度是加工时塑性变形引起的冷作硬化和切削热产生的金相组织变化引起的硬度变化综合作用的结果。表面层的残余应力也是塑性变形引起的残余应力和切削热塑性变形和金相组织变化引起的残余应力的综合。下面分别对加工后的表面冷作硬化、表面金相组织变化和残余应力加以阐述。

1. 加工表面的冷作硬化

切削（磨削）过程中表面层产生的塑性变形使晶体间产生剪切滑移，晶格严重扭曲，并产生晶粒的拉长、破碎和纤维化，引起材料的强化，这时它的强度和硬度都提高了，这就是冷作硬化现象。

表面层的硬化程度主要以冷硬层的深度 h、表面层的显微硬度 H 以及硬化程度 N 表示（图 6-81），其中

$$N = \frac{H - H_0}{H_0} \times 100\%$$

式中 H_0——基体材料的硬度。

表面层的硬化程度取决于产生塑性变形的力、变形速度以及变形时的温度。切削力越大，塑性变形越大，因而硬化程度越大。变形速度越大，塑性变形越不充分，硬化程度也就减少。变形时的温度 t 不仅影响塑性变形程度，还会影响变形后的金相组织的恢复。若温度在 $(0.25 \sim 0.3)t_{熔}$ 范围内，即会产生恢复现象，也就是会部分地消除冷作硬化。

影响冷作硬化的主要因素有：

（1）刀具的影响　刀具的前角、刃口圆角和后面的磨损量对于冷硬层有很大的影响，前角减小，刃口及后面的磨损量增大时，冷硬层深度和硬度也随之增大。

（2）切削用量的影响　影响较大的是切削速度 v 和进给量 f，v 增大，硬化层深度和硬度都有所减小，这是由于一方面切削速度会使温度升高，有助于冷硬的恢复，另一方面由于 v 大，刀具与工件接触时间短，塑性变形程度减小。进给量 f 增大时，切削力增大，塑性变形程度也增大，因此硬化现象增大。进给量 f 较小时，由于刀具的刃口圆角在加工表面单位长度上的挤压次数增多，因此硬化现象也会增大，如图 6-82 所示。

（3）被加工材料的影响　硬度越小、塑性越大的材料切削后的冷硬现象越严重。

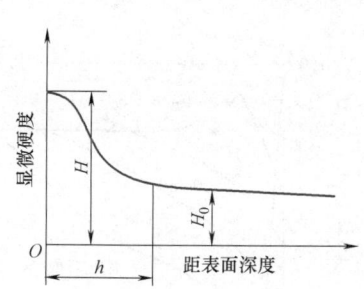

图 6-81　切削加工后表面层的冷作硬化

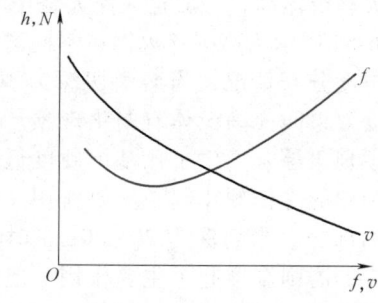

图 6-82　切削速度与进给量对冷作硬化的影响

2. 加工表面层的金相组织变化——热变质层

切削加工中由于切削热的作用，加工表面层会产生金相组织的变化。磨削加工由于磨削速度高，大部分磨粒带有很大的负前角，磨粒除了切削作用外，很大程度是在刮擦挤压工件表面，因而产生的磨削热比切削时大得多。加之，磨削时约有 70% 的热量瞬时进入工件，只有小部分通过切屑、砂轮、冷却液、大气带走，而切削时只有约 5% 的热量进入工件，致使磨削时工件表面层温度比切削时高得多，表面层的金相组织产生更为复杂的变化，表面层的硬度也相应有了更大的变化，直接影响了零件的使用性能。

（1）磨削时工件表面层的温度　磨削时在砂轮磨削区内有数个磨粒同时进行磨削，磨粒磨削点的温度 θ_g（图 6-83）非常高，一般均超过 1000℃，这样高的温度发生在微小的磨粒点上，随后以极高的速度向周围传导，形成砂轮磨削区的温度 θ_m，该温度直接决定了工件表面层的温度分布，工件表面的热变质层也由此产生。图 6-84 所示为平面磨削时的工件表面层温度分布图。

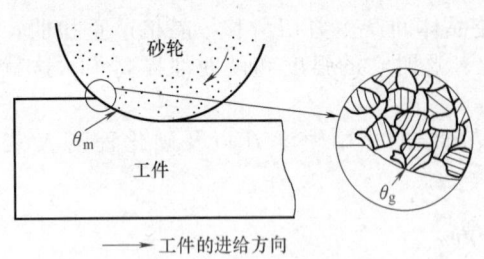 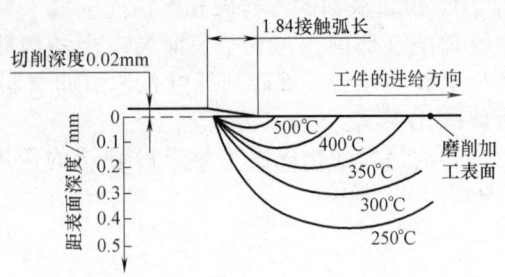

图 6-83　砂轮磨削区温度与磨粒磨削点温度　　　图 6-84　工件表面层温度分布

(2) 磨削表面层的金相组织变化　磨削表面层温度一般高于 500~600℃，某些情况下甚至可以达到 700℃ 以上，这样就在工件表面层产生了金相组织的变化。一般情况下，在轻磨削条件下磨出的表面层金相组织没有什么变化，中等磨削条件下磨出的表面层金相组织与基体相比产生了变化，变化层深度约为几微米，很容易在后续工序中去除。而重磨削条件下磨出的表面层金相组织变化层厚度显著加大，如果在后续的工序中去除余量较小，将不能全部去除变化层，就会影响使用性能。

磨削表面的金相组织变化程度与工件材料、磨削温度、加热时间等因素有关。以淬火钢而言，当磨削区温度超过马氏体转变温度（中碳钢为 250~300℃）时，工件表面原来的马氏体组织将转化成回火托氏体、索氏体等与回火组织相近的组织，使表面层硬度低于磨削前的硬度，一般称为回火烧伤。

当淬火钢表面层温度超过相变临界温度（一般约为 720℃）时，马氏体转变为奥氏体，又由于冷却液的急剧冷却，发生二次淬火现象，使表面出现二次淬火马氏体组织，硬度比原来的回火马氏体高，一般称为淬火烧伤。

图 6-85 所示为高碳淬火钢在不同磨削条件下出现的三种硬度分布情况，当磨削切深为 $10\mu m$ 时，表面由于温度效果回火马氏体有弱化现象。与塑性变形产生的冷硬现象综合产生了比基体硬度低的部分，里层由于磨削中的冷作硬化起了主要作用，产生了比基体硬度高的部分。当切深为 $20~30\mu m$ 时，冷作硬化的影响减少，磨削温度起了主要作用。但磨削温度低于相变温度，表面层中产生比基体硬度低的回火组织。当磨削深度增大至 $50\mu m$ 时，磨削区最高温度超过了相变温度，表层由于急冷效果产生二次淬火组织，硬度高于基体，里层冷却较慢，产生硬度低的回火组织，再往深处，硬度又逐渐上升直至未受磨削热影响的基体组织。

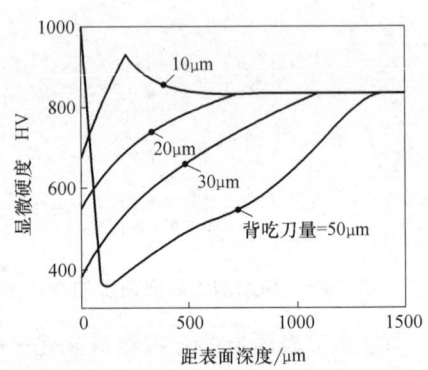

图 6-85　磨削加工表面的硬度

磨削时由于磨削热会引起磨削表面上颜色的变化，称为磨削烧伤色。在磨削热的作用下，磨削表面生成氧化膜，这种膜由于厚度不同，其反射光线的干涉状态不同，因而形成不同的颜色。烧伤色可显示表面层发生金相组织变化的程度，但表面没有烧伤色并不等于表面层未受热损伤。如在磨削过程中采用了过大的磨削用量，造成了很深的热变质层，以后的无进给磨削仅磨去了表面的烧伤色，但却未能去掉热变质层，留在工件上就会成为使用中的隐患。

(3) 减轻磨削热损伤的途径　减轻表面层磨削热损伤的途径是：①尽量减少磨削时产生的磨削热；②迅速将磨削热传走，以降低工件表面层的温度。具体措施有：

1) 改善砂轮的磨削性能，减小磨削热的产生。

① 合理选择砂轮。一般选择的砂轮应在磨削过程中具有自锐能力（即沙粒磨钝后自动破碎产生新的锋利的切削刃或自动从砂轮粘结剂处脱落的能力），砂轮应不致产生粘屑堵塞现象。不同的磨料在磨削不同材料的工件时有一定的适应范围，例如氧化铝砂轮磨削低合金钢、镍钢时不产生化学反应，磨损也较小，而用碳化硅砂轮磨削这些材料时，则产生较大的化学反应，磨损也大。但在磨削铸铁时，相对来说碳化硅的耐磨性优于氧化铝。人造金刚石由于硬度和强度都极高，切削刃锋利，磨削力小，用于磨削硬质合金时不容易产生裂纹，但却不适用于磨削钢件。立方氮化硼磨料（CBN）的硬度和强度虽然稍低于金刚石，但其热稳定性好，且与铁族元素的化学惰性高，所以磨削钢件时不产生粘屑，磨削热也较低，磨出的表面质量高，因此是一种很好的磨料，适用范围也很广。砂轮的粘结剂也会影响加工表面质量，精磨时采用橡胶粘结剂的砂轮可以防止表面产生烧伤，因为这种粘结剂具有一定的弹性，当磨粒受到过大磨削力时会自动退让，减小磨削深度。

② 增大磨削刃间距。增大磨削刃间距，可以使砂轮和工件间断接触，这样不仅改善了散热条件，而且工件受热时间缩短，金相组织转变来不及进行，因此能够大大地减少工件表面的热损伤程度。例如生产中用粗修整砂轮、松组织砂轮来解决烧伤问题是很见效的。开槽砂轮的效果则更好。图 6-86 所示的开槽砂轮可成功地磨削易产生烧伤裂纹的材料，其上的槽可以等距开（见 A 型），也可变距开（如 B 型）。也有人直接在磨床上用带螺旋线的滚轮在砂轮上滚挤出螺旋槽的办法，挤出的沟槽宽度为 1.5~2mm，槽与砂轮轴线约成 60°角，据称用这种砂轮磨削时，零件表面无烧伤，且能提高砂轮寿命 10 倍以上。

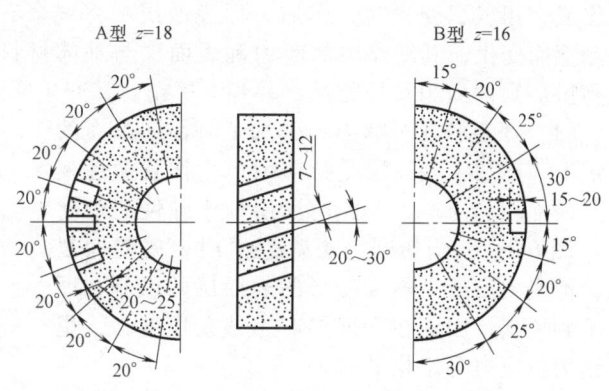

图 6-86 开槽砂轮

2) 正确选用磨削用量。磨削用量的选用应在保证表面层质量的前提下尽量不影响生产效率和表面粗糙度。由前述知识可知，增大磨削切深能显著地增大表面层的热损伤程度，使热变质层厚度增加。因而在生产中常在精磨时逐渐减小磨削切深，以便逐渐减小热变质层，并逐步去除前一次磨削行程的热变质层，最后再进行若干次的无进给磨削，这样可有效地避免表面层的热损伤。

降低砂轮速度也能减少表面层的热损伤，但因为降低砂轮速度会影响生产效率，故一般不常采用。若在提高砂轮速度的同时相应提高工件速度，可以避免烧伤。图 6-87 所示是磨削 18CrNiWA 钢时工件速度和砂轮速度无烧伤的临界比值曲线。曲线右下方是容易出现烧伤的危险区（Ⅰ区），曲线上左方是安全区（Ⅱ区）。

3) 提高冷却效果。现有的冷却方法往往效果很差，由于旋转的砂轮表面上产生强大气流层以致没有多少冷却液能进入磨削区，而常常是大量地喷注在已经离开磨削区的已加工表面上，此时磨削热量已进入工件表面造成了热损伤，所以改进冷却方法、提高冷却效果是非常必要的。具体改进措施有：

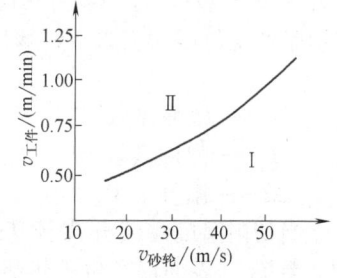

图 6-87 工件速度和砂轮速度无烧伤的临界比值曲线

① 采用高压大流量冷却，这样不但能增强冷却效果，而且还可对砂轮表面进行冲洗，使

其空隙不易被切屑堵塞。如有的磨床使用的冷却液流量为 3.7L/s，压力为 0.8~1.2MPa。机床带有防护罩，防止冷却液飞溅。

② 为减轻高速旋转的砂轮表面的高压附着气流的效果，可以加装空气挡板（图 6-88），以使冷却液能顺利地喷注到磨削区，这对于高速磨削更为必要。

③ 采用内冷却，砂轮是多孔隙能渗水的。冷却液引到砂轮中孔后靠离心力的作用甩出，从而使冷却液可以直接冷却磨削区，起到有效的冷却作用。由于冷却时有大量喷雾，机床应加防护罩。冷却液必须仔细过滤，防止堵塞砂轮孔隙，这一方法的缺点是操作者看不到磨削区的火花，在精密磨削时不能判断试切时的吃刀量，很不方便。

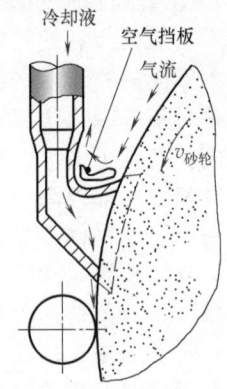

图 6-88 带空气当板的冷却液喷嘴

3. 加工表面层的残余应力

当切削及磨削过程中加工表面层相对于基体材料发生形状、体积变化或金相组织变化时，在加工后表面层中将残余有应力，应力大小随深度而变化，其最外层的应力和表面层与基体材料的交界处（以下简称里层）的应力符号相反，并相互平衡。其产生原因主要可归纳为以下三方面：

（1）**冷塑性变形的影响** 加工时在切削力的作用下，已加工表面层受拉应力产生伸长塑性变形，表面积趋向增大，此时里层处于弹性变形状态（图 6-89）。当切削力去除后里层金属趋向复原，但受到已产生塑性变形的表面层的限制，回复不到原状，因而在表面层产生残余压应力，里层则为拉应力与之相平衡。

（2）**热塑性变形的影响** 表面层在切削热的作用下产生热膨胀，此时基体温度较低，因此表面层热膨胀受基体的限制产生热压缩应力。当表面层的温度超过材料的弹性变形范围时，就会产生热塑性变形（在压应力作用下材料相对缩短）。

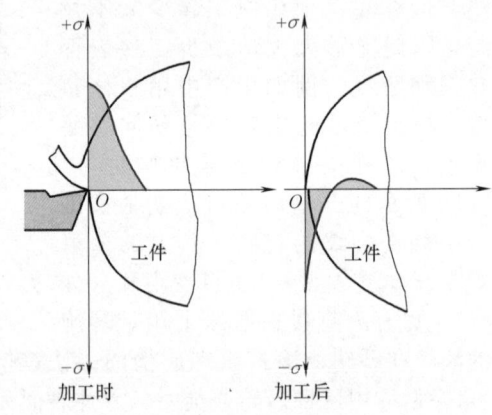

图 6-89 由冷塑性变形产生的残余应力

当切削过程结束，温度下降至与基体温度一致时，因为表面层已产生热塑性变形，但受到基体的限制产生了残余拉应力，里层则产生了压应力（图 6-90）。进一步可用图 6-91 所示的图解法来分析：当切削区温度升高时，表面层受热膨胀产生热压缩应力 σ，该应力随着温度的升高而线性增大（沿 OA），其值大致为

$$\sigma_热 = \alpha E \Delta t$$

式中 α——线胀系数；
E——弹性模量；
Δt——温升（℃）。

当切削温度继续升高至 T_A 时，热应力达到材料的屈服强度值（A 点处），温度再升高（T_A 至 T_B）表面层产生了热塑性变形，热应力值将停留在材料在不同温度时的屈服强度值处（沿 AB），磨削完毕，表面层温度下降，热应力按原斜率下降（沿 BC），直到与基体温度一致时，表面层产生拉应力，其值大致为

$$\sigma_残 = OC = BF = \sigma_F - \sigma_B$$

式中 σ_F——若不产生热塑性变形时，表面层在温度 T_B 时的热应力值；
σ_B——材料在温度为 T_B 时的屈服强度。

从图 6-91 可明显地看出，若磨削温度低于 T_A 时，应力沿 OA 增大，因未达到材料的屈服

强度 σ_A，故不产生热塑性变形，所以冷却时仍沿 AO 返回至 O 点，表面层不产生残余拉伸应力。若磨削温度超过 T_A，表面层产生热塑性变形，就会产生残余拉应力。磨削温度越高，热塑性变形越剧烈，残余拉应力也越大。同时表面层的残余拉应力值与材料的性能也有直接的关系。

（3）金相组织变化的影响 切削时产生的高温会引起表面层的相变。由于不同的金相组织有不同的相对密度，表面层金相组织变化的结果造成了体积的变化。表面层体积膨胀时，因为受到基体的限制，产生了压应力。反之表面层体积缩小，则产生拉应力。各种金相组织马氏体相对密度最小，奥氏体相对密度最大，相对密度值如下 $r_马 \approx 7.75$，$r_奥 \approx 7.96$，$r_残 \approx 7.78$，磨削淬火钢时若表面层产生回火现象，马氏体转化成索氏体或托氏体（这两种组织均为扩散度很高的珠光体），因体积缩小，表面层产生残余拉应力，里层产生残余压应力。若表面层产生二次淬火现象，则表面层产生二次淬火马氏体，其体积比里层的回火组织大，因而表层产生压应力，里层产生拉应力。

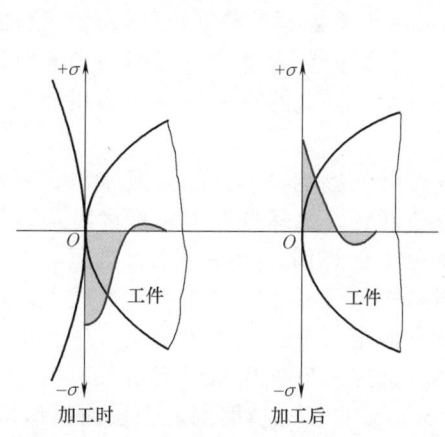

图 6-90 由热塑性变形产生的残余应力

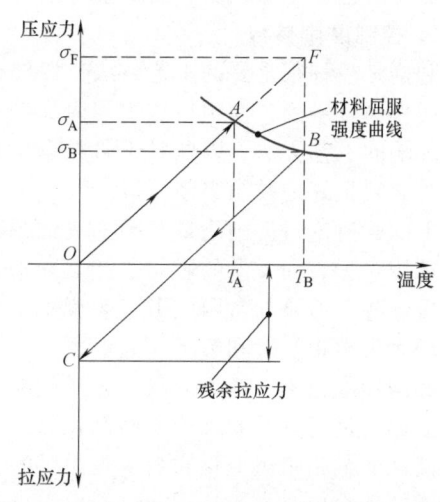

图 6-91 由热塑性变形产生的残余拉应力图解

实际机械加工后表面层上的残余应力是复杂的，是由上述三方面原因综合作用的结果。在一定条件下，其中某一种或两种原因可能起到主导作用。例如：在切削加工中如果切削热不高，表面层中没有产生热塑性变形，而是以冷塑性变形为主，此时表面层中将产生残余压应力。切削热较高以致在表面层中产生热塑性变形时，由热塑性变形产生的拉应力将与冷塑性变形产生的压应力相互抵消掉一部分。当冷塑性变形占主导地位时，表面层产生残余压应力；当热塑性变形占主导地位时，表面层产生残余拉应力。磨削时一般因磨削热较高，常以相变和热塑性变形产生的拉应力为主，所以表面层常带有残余拉应力。

当表面层的残余拉应力超过材料的强度极限时，零件表面就会产生裂纹，有的磨削裂纹也可能不在工件的外表面，而是在表面层下成为肉眼难于发现的缺陷。裂纹的方向常与磨削的方向垂直，或呈网状，裂纹的产生常与烧伤同时出现。

磨削裂纹的产生与材料及热处理工序有很大的关系，磨削硬质合金时，由于其脆性大、抗拉强度低及导热性差，所以特别容易产生裂纹。磨削含碳量高的淬火钢时，由于其晶界脆弱，也容易产生磨削裂纹。工件在淬火后如果存在残余应力，即使在正常的磨削条件下也可能出现裂纹。渗碳、渗氮时如果工艺不当就会在表面层晶界面上析出脆性的碳化物、氮化物，当磨削时在热应力作用下就容易沿着这些组织发生脆性破坏，而出现网状裂纹。

由于磨削热是产生残余拉应力的根本原因，因此防止产生裂纹的途径也在于降低磨削热以及改善其散热条件，前面所述的减轻表面热损伤的措施均有利于避免产生表面残余拉应力和裂纹。在磨削工序前后进行去除内应力的低温回火处理，也能有效地减小表面层的拉应力，防止产生磨削裂纹。

五、控制加工表面质量的途径

综上所述，在加工过程中影响表面质量的因素是非常复杂的，为了获得要求的表面质量，就必须对加工方法、切削参数进行适当的控制。控制表面质量常会增加加工成本，影响加工效率，所以对于一般零件宜用正常的加工工艺保证表面质量，不必提出过高的要求。而对于一些直接影响产品性能、寿命和安全工作的重要零件的重要表面就有必要加以控制了，例如，承受高应力交变载荷的零件需要控制受力表面不产生裂纹与残余拉应力；轴承沟道为了提高它的接触疲劳强度必须控制表面不产生磨削烧伤和微观裂纹；块规则主要应保证其尺寸精度及稳定性，故必须严格控制表面粗糙度和残余应力等。类似这样的零件表面，就必须选用合适的加工工艺，严格控制表面质量，并进行必要的检查。

1. 控制磨削参数

磨削是一种很重要的工艺方法，发展很快。它既可用于低表面粗糙度磨削代替光整加工，又可用作高效磨削，使粗精加工同时完成。但它也是一种影响因素众多、对产品表面质量有很大影响的工艺方法。因此对于直接影响产品性能、寿命、安全的重要零件在采用磨削工序加工时必须很好地控制磨削用量。

上面曾讨论过磨削用量对磨削表面质量单个组成部分的影响，现在综合起来看，有的参数的选用对于表面质量的影响是相互矛盾的。例如修整砂轮，从降低表面粗糙度考虑砂轮应修整得细些，但是却常因此引起表面的烧伤；为了避免工件烧伤，工件速度常选得较大，但又会增大表面粗糙度和容易引起颤振；采用小磨削用量却又降低了生产效率；而且不同的材料其磨削性能也不一样。所以，光凭经验或靠手册常不能全面地保证加工质量。生产中比较可行的办法是通过试验来确定磨削用量。可以先按初步选定的磨削用量磨削试件，然后通过检查试件的金相组织变化和测定表面层的微观硬度变化，就可以知道磨削表面层热损伤情况，据此调整磨削用量直至最后确定下来。

近年来国内外对磨削用量最佳化进行了不少理论研究工作，对如何实现以下方面进行了讨论：①高表面质量，包括无烧伤、无裂纹、达到要求的表面粗糙度和表面残余应力；②动态稳定性；③低成本；④高切除率等，分析了磨削用量、磨削力、磨削热与表面质量之间的相互关系，并用图表来表示各项参数的最佳组合。有人研究在磨削过程中加入过程指令，并通过计算机进行过程控制磨削。

另外还有靠控制磨削温度来保证工件质量的方法，办法是利用夹在砂轮间的铜或铝箔作为热电偶的一极，在磨削过程中连续测量磨削区的温度然后控制磨削用量。

2. 采用超精加工、珩磨等光整加工方法作为终加工工序

超精加工、珩磨等都是利用磨条以一定的压力压在工件的被加工表面上，并做相对运动以降低工件表面粗糙度和提高精度的工艺方法，一般用于表面粗糙度 $Ra<0.08\mu m$ 的表面的加工。由于切削速度低、磨削压强小，所以加工时产生的热量少，不会产生热损伤，并具有残余压应力，如果加工余量合适还可以去除磨削加工变质层。

采用超精加工、珩磨工艺虽然比直接采用精磨达到要求的表面粗糙度要多增加一道工序，但由于这些加工方法都是靠加工表面自身定位进行加工的，因而机床结构简单，精度要求不高，而且大多设计成多工位机床，并能进行多机床操作，所以生产效率较高，加工成本较低。由于上述优点，在大批量生产中应用得比较广泛。例如在轴承制造中为了提高轴承的接触疲劳强度和寿命，越来越普遍地采用超精加工来加工套圈与滚子的滚动表面。

(1) 超精加工 用细粒度的磨条以一定压力压在旋转的工件表面上，并在轴向做往复振荡进行微量切除的光整加工方法，它常用于加工内外圆柱、圆锥面和滚动轴承套圈的沟道。超精加工后表面粗糙度 $Ra<0.012\mu m$，表面加工纹路由波纹曲线相互交叉形成，这样的表面容易形成油膜，提高润滑效果，因此耐磨性好。由于切削区温度低，表面层有轻度塑性变形，所以表面带有低残余压应力。

(2) 珩磨 与超精加工类似，只是使用的工具不同以及运动方式不同，珩磨头带有若干块细粒度的磨条，靠机械或液压的作用胀紧并施加一定压力在工件表面上，并相对工件做旋转与往复运动，结果在工件表面上形成由螺旋线交叉而成的网状纹路。此种方法主要用于内孔的光整加工，孔径可自 $\phi 8 \sim \phi 1200mm$，长径比 L/D 可达 10 或 10 以上。

近年来采用了人造金刚石、立方氮化硼磨料制作的磨条，效率显著提高，珩磨压力增至 $1\sim 1.5MPa$，珩磨余量可达 $0.05\sim 0.1mm$，而磨削区温度仍很低，表面不产生变质层，因而使珩磨可取代内圆磨并能直接获得良好的表面质量。

(3) 研磨 将研磨剂涂敷（干式）或浇注（湿式）在研具与工件间，工件与夹具在一定压力下做不断变更方向的相对运动，在磨粒的作用下逐步刮擦并微量切除工件表面的很薄的金属层。此种方法可适用于各种表面的加工，表面粗糙度 Ra 值可达 $0.01\sim 0.16\mu m$，精度等级可达 5 级以上。研磨剂一般采用煤油、润滑油或油脂与研磨粉混合而成，有时还加入活性添加剂如油酸、硬脂酸等，则研磨时还有一定的化学作用。研具一般采用比工件软的材料制成，常用的有细小珠光体铸铁、夹布胶木、玻璃、纯铜等。一般研磨效率较低，且要求工人的技术熟练程度较高。在研磨较软材料时，宜将研磨粉压嵌在研具上然后进行研磨，以防止研磨粉嵌入工件表面。

若将配合偶件进行对研，可以达到很好的气、液密封的配合，但是对研偶件只能成对使用，不具有互换性。

(4) 抛光 抛光是在布轮、布盘等软的研具涂上抛光膏抛光工件的表面，靠抛光膏的机械刮擦和化学作用去掉表面粗糙度的峰顶，使表面获得光泽镜面。抛光时一般去不掉余量，所以不能提高工件的精度甚至还会损坏原有精度。经抛光的表面能减小残余拉应力值。

3. 采用喷丸、滚压、辗光等表面强化工艺

对于承受高应力、交变载荷的零件可以采用喷丸、滚压、辗光等表面强化工艺使表面层产生残余压应力和冷作硬化并降低表面粗糙度，同时消除了磨削等工序的残余拉应力，因此可以大大提高疲劳强度及耐应力腐蚀性能。借助强化工艺还可以用次等材料代替优质材料，以节约贵重材料。但是采用强化工艺时应注意不要造成过度硬化，过度硬化的结果会使表面层完全失去塑性性质甚至引起显微裂纹和材料剥落，带来不良的后果。因此采用强化工艺必须很好地控制工艺参数以获得要求的强化表面。

(1) 喷丸 喷丸是利用压缩空气或离心力将大量直径细小的丸粒（钢丸、玻璃丸）高速向零件表面喷射的方法，可以适用于任何复杂形状的零件。喷丸的结果在表面层产生很大的塑性变形，造成表面的冷作硬化及残余压应力，硬化深度可达 $0.7mm$。并可将表面粗糙度 Ra 值自 $3.2\mu m$ 降低至 $0.4\mu m$。喷丸后零件的使用寿命可提高数倍至数十倍。例如齿轮可提高 4 倍，螺旋弹簧可提高 55 倍以上。喷丸在磨削、电镀等工序后进行可以有效地消除这些工序带来的有害的残余拉应力。当表面粗糙度要求较小时，也可在喷丸强化后再进行小余量的磨削，但要注意控制磨削时的温度，以免影响强化的效果。喷丸工艺在国内已开始采用，取得了很好的效果。

(2) 滚压、辗光 用工具钢（T12A、CrWMn、CrNiMn 等，淬硬 $62\sim 64HRC$）制成的钢滚轮或钢珠在零件表面上进行滚压、辗光，使表面层材料产生塑性流动，从而形成新的光洁表面，表面粗糙度 Ra 值可从 $1.6\mu m$ 降低至 $0.1\mu m$，表面硬化深度达 $0.2\sim 1.5mm$，硬化程度达到 10%~40%。该方法由于使用简单，一般就在普通车床上装上滚压工具即可进行加工，所以应用广泛。

近年来采用了金刚石工具辗光工件表面的新方法，效果更为显著。金刚石工具修整成具有半径为 1~3mm，表面粗糙度 $Ra \leq 0.012\mu m$ 的球面或圆柱面。由于金刚石的物理力学性能高，且与金属配合时，摩擦系数小，所以消耗的动力和能量小，生产效率和表面质量高。经金刚石辗光后表面产生压应力，工件疲劳强度显著提高。

第五节 机械加工过程中振动的基本概念

机械加工中的振动，一般使刀具与工件之间产生相对位移，严重地破坏了工件和刀具之间正常的运动轨迹，振动不仅恶化了加工表面质量、缩短了刀具和机床的使用寿命，而且振动严重时将使加工无法进行。常常为了避免振动，不得不降低切削用量，从而降低了生产率。同时由于振动发出刺耳的噪声，不仅使劳动者容易疲劳、身心受到损害、工作效率降低，而且污染了环境。

根据机械加工中振动的特性，从两个方面对振动进行分类。

(1) 按工艺系统振动的性质分类

1) 自由振动——工艺系统受初始干扰力或原有干扰力取消后产生的振动。

2) 强迫振动——工艺系统在外部激振力作用下产生的振动。

3) 自激振动——工艺系统在输入输出之间有反馈特性，并有能源补充而产生的振动，在机械加工中也称为"颤振"。

(2) 按工艺系统的自由度数量分类

1) 单自由度系统的振动——用一个独立坐标就可确定系统的振动。

2) 多自由度系统的振动——用多个独立坐标才能确定系统的振动。二自由度系统是多自由度系统最简单的形式。

图 6-92 给出了工艺系统振动的分类及其产生的主要原因。

一、机械加工过程中的强迫振动

1. 机械加工过程中的强迫振动

机械加工中的强迫振动与一般机械中的强迫振动没有什么区别，其主要振源有来自机床内部的机内振源和来自机床外部的机外振源两大类。机外振源主要是通过地基传给机床的，可通过加设隔振地基来隔离。机内振源主要有：

(1) 机床高速旋转件不平衡 电动机转子、带轮、联轴节、砂轮以及被加工工件等旋转不平衡引起的周期性激振力，使加工过程产生强迫振动。

(2) 机床传动机构缺陷 制造不精确或安装不良的齿轮，传送带传动中平带的接头，V带厚度不均匀，液压传动系统中由于油泵工作特性引起的油路油压脉动等，都会引起强迫振动。

(3) 切削过程中的冲击 在铣削、拉削等加工中，刀齿在切入工件或从工件上切出时，都会产生冲击；加工断续表面也会发生由于周期性冲击而引起的强迫振动。

(4) 往复运动部件的惯性力 在具有往复运动部件的机床中，往复运动部件改变方向时所产生的惯性冲击，往往是这类机床加工中的主要强迫振源。

2. 机械加工过程中强迫振源的查找方法

如果已经确认机械加工过程中发生了强迫振动，就要设法查找振源，以便去除振源或减小振源对加工过程的影响。

第五节 机械加工过程中振动的基本概念

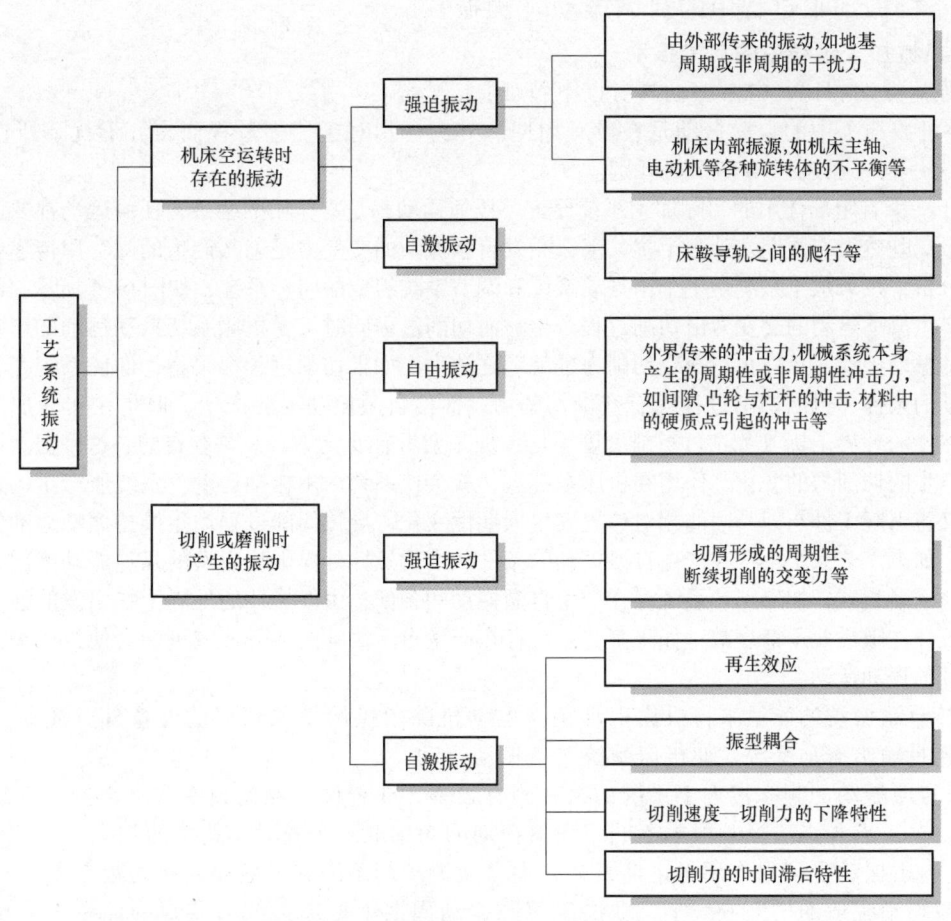

图 6-92 工艺系统振动的分类及产生的主要原因

由强迫振动的特征可知,强迫振动的频率总是与干扰力的频率相等或是它的倍数,我们可以根据强迫振动的这个规律去查找强迫振动的振源。其查找方法是:第一步,可对在加工现场拾取的振动信号(图 6-93a)进行频谱分析,以确定强迫振动的频率成分(图 6-93b 中的 f_1、f_2);第二步,对机床加工中所有可能出现的强迫振源频率进行估算,列出振源频率数据表备查;第三步,将经过频谱分析得到的强迫振动的频率与振源频率数据表进行比较,找出产生强迫振动的振源;第四步,通过试验来验证上面所找出的振源是否正确。空运转试验是寻找机内强迫振源的一种简单而有效的方法。其方法是:首先使机床处于工件加工前的静止状态(即装夹好工件和刀具,调整好机床位置,选择好切削用量等);然后在不进行切削的前提下,先后逐次开动机床所有的运动部件,同时测量机床各有关部件的振动位移,列表记录这些振动位移数据,观察并分析这些数据的变化,即可找出强迫振动的振源。

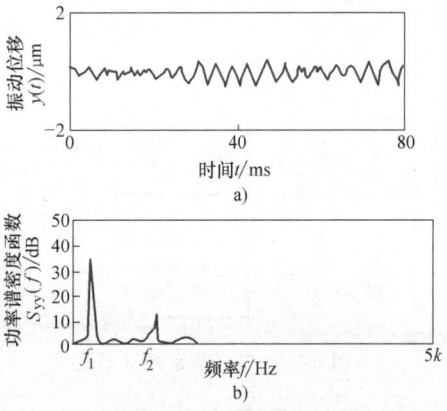

图 6-93 振动信号的时间历程图和频谱图

二、机械加工过程中的自激振动（颤振）

1. 机械加工过程中的自激振动

与强迫振动相比，自激振动具有以下特征：

1）机械加工中的自激振动是在没有周期性外力（相对于切削过程而言）干扰下所产生的振动，这一点与强迫振动有原则区别。

对于一个有阻尼作用的实际加工系统而言，任何运动都是力作用的结果，任何运动都要消耗一定的能量。既然没有周期性外力干扰，那么激发自激振动的交变力是怎么产生的呢？用传递函数的概念来分析，机床加工系统是一个由振动系统和调节系统组成的闭环系统，如图 6-94 所示。激励机床系统产生振动运动的交变力由切削过程产生，而切削过程同时又受机床系统振动运动的影响，机床系统的振动运动一旦停止，交变切削力也就随之消失。如果切削过程很平稳，即使系统存在产生自激振动的条件，也因切削过程没有交变切削力，而使自激振动不会产生。但是在实际加工过程中，偶然性的外界干扰（如工件材料硬度不均、加工余量有变化等）总是存在的，这种偶然性外界干扰所产生的切削力的变化，作用在机床系统上，就会使系统产生振动运动。系统所产生的这个振动运动又将引起工件与刀具间的相对位置发生周期性变化，导致切削过程产生维持振动运动的交变切削力。如果工艺系统不存在产生自激振动的条件，由偶然性外界干扰引发的强迫振动将因系统存在阻尼而逐渐衰减；如果工艺系统存在产生自激振动的条件，由偶然性的外界干扰引发的强迫振动将因系统存在阻尼而逐渐衰减；如果工艺系统存在产生自激振动的条件，就可能会使机床加工系统产生持续的振动运动。

维持自激振动的能量来自机床电动机，电动机除了供给切除切屑的能量外，还通过切削过程把能量输给振动系统，使机床系统产生振动运动。

2）自激振动的频率接近于系统的某一固有频率，或者说，颤振频率取决于振动系统的固有特性。这一点与强迫振动根本不同，强迫振动的频率取决于外界干扰力的频率。

3）自由振动受阻尼作用将迅速衰减，而自激振动却不因有阻尼存在而衰减为零。

自激振动幅值的增大或减小，取决于每一振动周期中振动系统所获得的能量与所消耗的能量之差的正负号。由图 6-95 可知，在一个振动周期内，若振动系统获得的能量 E_R 等于系统消耗的能量 E_Z，则自激振动是以 OB 为振幅的稳定的等幅振动。当振幅为 OA 时，振动系统每一振动周期从电动机获得的能量 E_R 大于振动所消耗的能量 E_Z，则振幅将不断增大，直至增大到振幅 OB 时为止；反之，当振幅为 OC 时，振动系统每一振动周期从电动机获得的能量 E_R 小于振动所消耗的能量 E_Z，则振幅会不断减小，直至减小到振幅 OB 时为止。

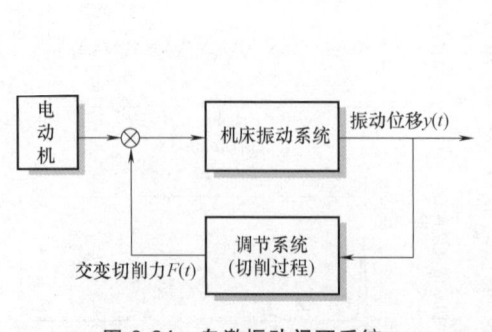

图 6-94 自激振动闭环系统

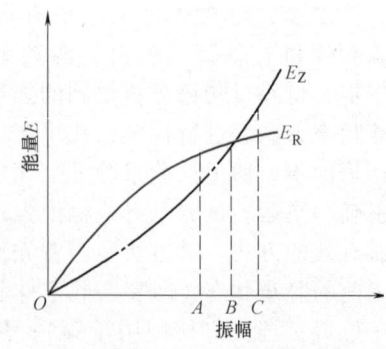

图 6-95 振动系统的能量关系

2. 机械加工过程中产生自激振动的条件

如果在一个振动周期内，振动系统从电动机获得的能量大于振动系统对外界做功所消耗的能量,若两者之差刚好能克服振动时阻尼所消耗的能量,则振动系统将有等幅振动运动产生。

图 6-96a 是一个单自由度振动系统模型,振动系统与刀架系统相连,且只在 y 方向振动。为分析问题简便起见,暂不考虑系统阻尼的作用。

分析图 6-96 可知,在刀架振动系统振入工件的半个周期内,它的振动位移 $y_{振入}$ 与径向切削力 $F_{y振入}$ 方向相反,切削力做负功(相当于刀架振动系统将已被压缩的弹簧 k 经振入运动而将所积蓄的部分能量释放出来);而在刀架振动系统振出工件的半个周期内,它的振动位移 $y_{振出}$ 与径向切削力 $F_{y振出}$ 方向相同,切削力做正功(相当于刀架振动系统通过振出运动使弹簧 k 压缩而获得能量)。只有正功大于负功,或者说只有系统获得的能量大于系统对外界释放的能量,系统才有可能维持自激振动。若用 $E_{吸收}$ 表示前者,$E_{消耗}$ 表示后者,则产生自激振动的条件可表示为:$E_{吸收} > E_{消耗}$。

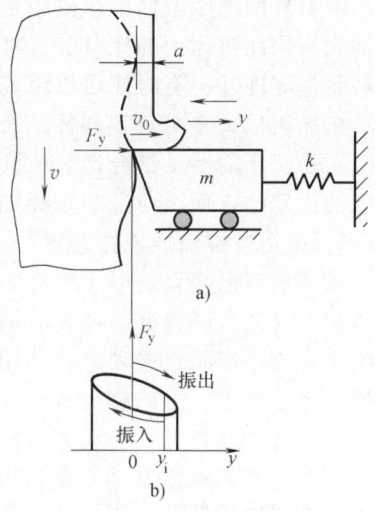

图 6-96 车削外圆单自由度振动系统模型

三、控制机械加工振动的途径

当机械加工过程中出现影响加工质量的振动时,首先应该判别这种振动是强迫振动还是自激振动,然后再采取相应的措施来消除或减小振动。消减振动的途径有:消除或减弱产生振动的条件;改善工艺系统的动态特性;采用消振减振装置。

1. 消除或减弱产生振动的条件

(1) 消除或减弱产生强迫振动的条件

1) 减小机内外干扰力。机床上高速旋转的零部件(例如,磨床的砂轮、车床的卡盘以及高速旋转的齿轮等),必须进行平衡,使质量不平衡量控制在允许范围内。尽量减小传动机构的缺陷,提高带传动、链传动、齿轮传动及其他传动装置的稳定性。对于高精度机床,尽量不用或少用齿轮、平带等可能成为振源的传动元件,并使电动机、液压系统等动力源与机床本体分离。对于往复运动部件,应采用较平稳的换向机构。

2) 调整振源频率。由强迫振动的特征可知,当干扰力的频率接近系统某一固有频率时,就会发生共振。因此,可通过改变电动机转速或传动比,使激振力的频率远离机床加工薄弱环节的固有频率,以避免共振。

3) 采取隔振措施。使振源产生的部分振动被隔振装置所隔离或吸收。隔振方法有两种,一种是主动隔振,阻止机内振源通过地基外传;另一种是被动隔振,阻止机外干扰力通过地基传给机床。常用的隔振材料有橡皮、金属弹簧、空气弹簧、泡沫乳胶、软木、矿渣棉、木屑等。

(2) 消除或减弱产生自激振动的条件 机械加工过程中的自激振动的产生与加工本身密不可分,但是产生自激振动机理的不同,所采取的减振措施也不同,如采用变速切削、合理选用切削用量,可以改变切削过程中能量的变化,可以减小或抑制自激振动的产生。

2. 改善工艺系统的动态特性

(1) 提高工艺系统的刚度 提高工艺系统薄弱环节的刚度,可以有效地提高机床加工系统的稳定性。增强连接结合面的接触刚度,对滚动轴承施加预载荷,加工细长工件外圆时采用中心架或跟刀架,镗孔时对镗杆设置镗套等措施,都可以提高工艺系统的刚度。

(2) 增大工艺系统的阻尼 工艺系统的阻尼主要来自零件材料的内阻尼、结合面上的摩擦阻尼以及其他附加阻尼。

由材料的内摩擦而产生的阻尼称为内阻尼。不同材料的内阻尼是不同的，铸铁的内阻尼比钢大，因此机床上的床身、立柱等大型支承件一般都用铸铁制造。除了选用内阻尼较大的材料制造零件外，有时还可以将高阻尼的材料附加到零件上去，增大零件的阻尼。

机床阻尼大多来自零部件结合面间的摩擦阻尼，应通过各种途径加大结合面间的摩擦阻尼。对于机床的活动结合面，应注意调整其间隙，必要时可施加预紧力以增大摩擦力。对于机床的固定结合面，应适当选择加工方法、表面粗糙度等级和比压。

3. 采用各种消振减振装置

常用的减振装置有以下三类。

（1）**动力式减振器**　动力减振器是通过一个弹性元件和阻尼元件将附加质量连接到主振系统上，当主振系统振动时，利用附加质量的动力作用，使加到主振系统上的附加作用力与激振力大小相等、方向相反，从而达到抑制主振系统振动的目的。

（2）**阻尼减振器**　在动力减振器的主系统和副系统之间增加一个阻尼器就是阻尼减振器。

（3）**冲击式减振器**　它是利用两物体相互碰撞时要损失动能的原理。利用附加质量直接冲击振动系统或振动系统的一部分，利用冲击能量把主振系统能量耗散。

思考与练习题

6-1　什么是主轴回转误差？它包括哪些方面？

6-2　在卧式镗床上采用工件送进方式加工直径为 $\phi200$mm 的通孔时，若刀杆与送进方向倾斜 $\alpha=1°30'$，则在孔径横截面内将产生什么样的形状误差？其误差大小为多少？

6-3　在车床上车一直径为 $\phi80$mm、长为 2000mm 的长轴外圆，工件材料为 45 钢，切削用量为 $v=2$m/s，$a_p=0.4$mm，$f=0.2$mm/r，刀具材料为 YT15，如果只考虑刀具磨损引起的加工误差，问该轴车后能否达到 IT8 的要求？

6-4　什么是误差复映？误差复映系数的大小与哪些因素有关？

6-5　已知某车床部件刚度为 $k_主=44500$N/mm，$k_{刀架}=13330$N/mm，$k_尾=30000$N/mm，$k_{刀具}$很大。

（1）如果工件是一个刚度很大的光轴，装夹在两顶尖间加工，试求：

1）刀具在床头处的工艺系统刚度。

2）刀具在尾座处的工艺系统刚度。

3）刀具在工件中点处的工艺系统刚度。

4）刀具在距床头为 2/3 工件长度处的工艺系统刚度。

并画出加工后工件的大致形状。

（2）如果 $F_y=500$N，工艺系统在工件中点处的实际变形为 0.05mm，求工件的刚度？

6-6　在车床上用前后顶尖装夹，车削长为 800mm，外径要求为 $\phi50_{-0.04}^{0}$mm 的工件外圆。已知 $k_主=10000$N/mm，$k_尾=5000$N/mm，$k_{刀架}=4000$N/mm，$F_y=300$N，试求：

1）由于机床刚度变化所产生的工件最大直径误差，并按比例画出工件的外形。

2）由于工件受力变形所产生的工件最大直径误差，并按同样比例画出工件的外形。

3）上述两种情况综合考虑后，工件最大直径误差是多少？能否满足预定的加工要求？若不符合要求，可采取哪些措施解决？

6-7　已知车床车削工件外圆时的 $k_系=20000$N/mm，毛坯偏心 $e=2$mm，毛坯最小背吃刀量 $a_{p_2}=1$mm，$C=C_yf^yHBW^n=1500$N/mm，问：

1) 毛坯最大背吃刀量 a_{p_1} 为多少？
2) 第一次进给后，反映在工件上的残余偏心误差 $\Delta_{\text{工}1}$ 是多少？
3) 第二次进给后的 $\Delta_{\text{工}2}$ 是多少？
4) 第三次进给后的 $\Delta_{\text{工}3}$ 是多少？
5) 若其他条件不变，让 $k_{\text{系}}$ = 10000N/mm，求 $\Delta'_{\text{工}1}$、$\Delta'_{\text{工}2}$、$\Delta'_{\text{工}3}$ 各为多少？并说明 $k_{\text{系}}$ 对残余偏心的影响规律。

6-8 在卧式铣床上按图 6-97 所示装夹方式用铣刀 A 铣削键槽，经测量发现。工件两端处的深度大于中间的，且都比未铣键槽前的调整深度小。试分析产生这一现象的原因。

6-9 在外圆磨床上磨削图 6-98 所示轴类工件的外圆 φ，若机床几何精度良好，试分析所磨外圆出现纵向腰鼓形的原因？

6-10 在某车床上加工一根长为 1632mm 的丝杠，要求加工成 8 级精度，其螺距累积误差的具体要求为：在 25mm 长度上不大于 18μm；在 100mm 长度上不大于 25μm；在 300mm 长度上不大于 35μm；在全长上不大于 80μm。在精车螺纹时，若机床丝杠的温度比室温高 2℃，工件丝杠的温度比室温高 7℃，从工件热变形的角度分析，精车后丝杠能否满足预定的加工要求？

6-11 在外圆磨床上磨削某薄壁衬套 A，如图 6-99a 所示，衬套 A 装在心轴上后，用垫圈、螺母压紧，然后顶在顶尖上磨衬套 A 的外圆至图样要求。卸下工件后发现工件呈鞍形，如图 6-99b 所示，试分析其原因。

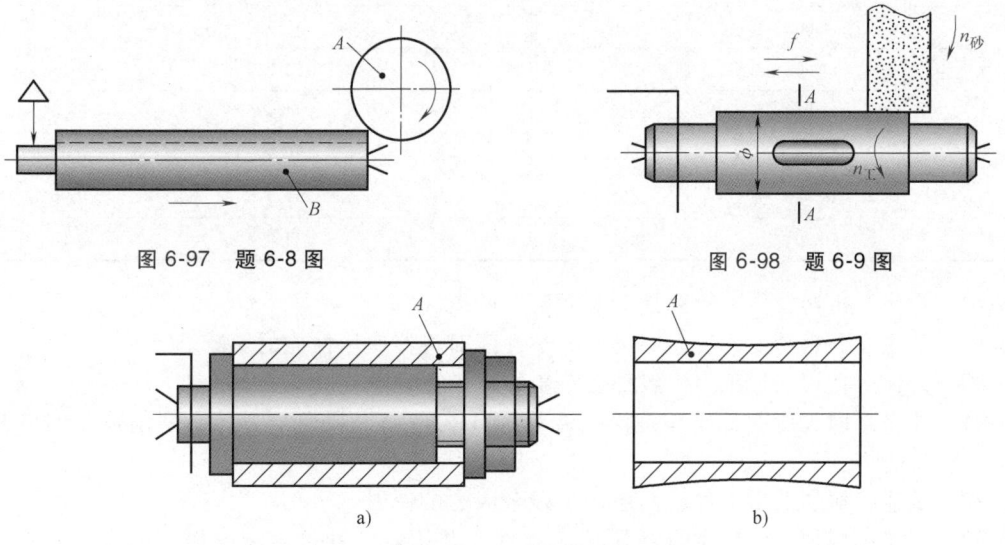

图 6-97 题 6-8 图　　图 6-98 题 6-9 图

a)　　b)

图 6-99 题 6-11 图

6-12 有一板状框架铸件，壁 3 薄，壁 1 和壁 2 厚，当采用宽度为 B 的铣刀铣断壁 3 后（图 6-100），断口尺寸 B 将会因内应力重新分布产生什么样的变化？为什么？

6-13 什么样性质的误差服从偏态分布？什么样性质的误差服从正态分布？请各举一例说明。

6-14 在调整好的自动机上加工一批小轴，加工中又调整了一次刀具，试分别画出这批小轴加工后以概率密度为纵坐标和以频数为纵坐标的尺寸误差分布曲线，并简述这两条曲线的异同点。

6-15 车削一批轴的外圆，其尺寸要求为 $\phi 20_{-0.1}^{0}$ mm，若此工序尺寸按正态分布，方均差 σ = 0.025mm，公差带中心小于分布曲线中心，其偏移量 e = 0.03mm。试指出该批工件的常值系统性误差及随机误差多大？并计算合格品率及不合格品率各是多少？

6-16 在方均差 $\sigma = 0.02$mm 的某自动车床上加工一批 $\phi 10$mm± 0.1mm 小轴外圆；问：

（1）这批工件的尺寸分散范围多大？

（2）这台自动车床的工序能力系数是多少？

若这批工件数 $n = 100$，分组间隙 $\Delta x = 0.02$mm，试画出这批工件以频数为纵坐标的理论分布曲线。

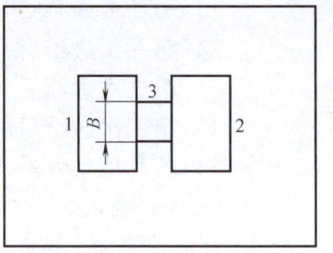

图 6-100 题 6-12 图

6-17 在自动车床上加工一批外径为 $\phi 11$mm± 0.05mm 的小轴。现每隔一定时间抽取容量 $n = 5$ 的一个小样本，共抽取 20 个顺序小样本，逐一测量每个顺序小样本每个小轴的外径尺寸。并算出顺序小样本的平均值 $\bar{x}_i$ 和极差 R_i，其值列于表 6-6。试设计 $\bar{x}$-R 点图，并判断该工艺过程是否稳定？

表 6-6 顺序小样本数据表　　　　　　　　　　　　　　　　（单位：mm）

样本号	均值 $\bar{x}_i$	极差 R_i	样本号	均值 $\bar{x}_i$	极差 R_i
1	10.986	0.09	11	11.020	0.09
2	10.994	0.08	12	10.976	0.08
3	10.994	0.11	13	11.006	0.05
4	10.998	0.05	14	11.008	0.05
5	11.002	0.10	15	10.970	0.03
6	11.002	0.07	16	11.020	0.11
7	11.018	0.10	17	11.996	0.04
8	10.998	0.09	18	10.990	0.02
9	10.980	0.05	19	10.996	0.06
10	10.994	0.05	20	11.028	0.10

6-18 为什么机器零件一般都是从表面层开始破坏？

6-19 试述表面粗糙度、表面层物理力学性能对机器使用性能的影响。

6-20 为什么在切削加工中一般都会产生冷作硬化现象？

6-21 什么是回火烧伤？什么是淬火烧伤？什么是退火烧伤？为什么磨削加工时容易产生烧伤？

6-22 试述机械加工中工件表面层产生残余应力的原因。

6-23 试述机械加工中产生自激振动的条件。并用以解释再生型颤振、耦合型颤振的激振机理。

6-24 车刀按图 6-101a 所示的方式安装加工时有强烈振动发生，此时若将刀具反装（图 6-101b），或采用前后刀架同时车削 6-101c，或设法将刀具沿工件旋转方向转过某一角度装夹在刀架上（图 6-101d），加工中的振动就可能会减弱或消失，试分析其原因。

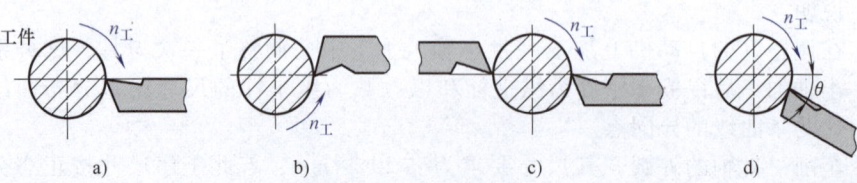

图 6-101 题 6-24 图

参考文献

［1］ 顾崇衍，等. 机械制造工艺学［M］. 西安：陕西科学技术出版社，1990.
［2］ 包善裴，王龙山，于骏一. 机械制造工艺学［M］. 长春：吉林科学技术出版社，1995.
［3］ 王先逵. 机械制造工艺学［M］. 3版. 北京：机械工业出版社，2013.
［4］ 宾鸿赞，曾庆福. 机械制造工艺学［M］. 北京：机械工业出版社，1990.
［5］ 陈懋圻. 机械制造工艺学［M］. 沈阳：辽宁科学技术出版社，1986.
［6］ 于骏一，夏卿，包善裴. 机械制造工艺学［M］. 长春：吉林教育出版社，1986.
［7］ 王信义，计志孝，王润田，等. 机械制造工艺学［M］. 北京：北京理工大学出版社，1990.
［8］ 袁慧娟，李容来. 机械制造工艺学［M］. 上海：上海科学技术出版社，1987.
［9］ 于骏一，吴博达. 机械加工振动的诊断、识别与控制［M］. 北京：清华大学出版社，1994.
［10］ 柯里凯尔 Я Д. 零件机械加工精度的数学分析［M］. 祝玉光，译. 北京：机械工业出版社，1983.

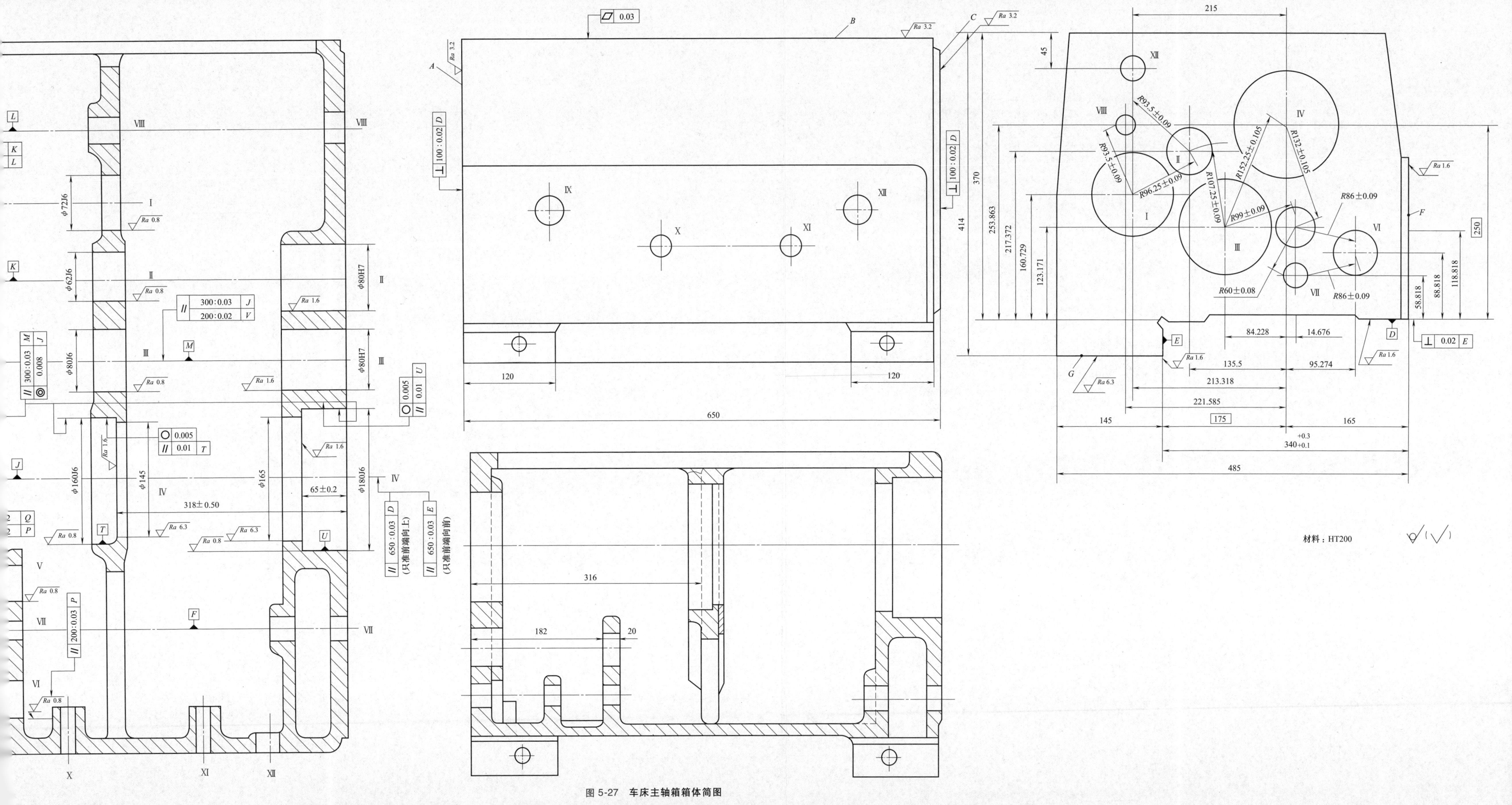

图 5-27 车床主轴箱箱体简图